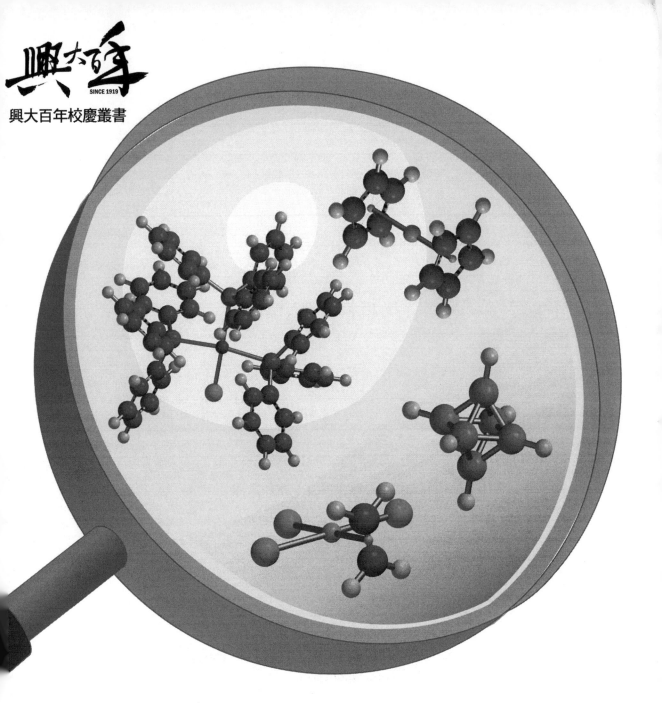

有機金屬化學解題良伴

Problem Solving Companion for Organometallic Chemistry

洪豐裕 著

 國立中興大學出版中心

謝誌

撰寫這本《有機金屬化學解題良伴》的動機起於修習有機金屬化學的學員們表達對習題解題的需求。經由出版社配合出版工作，終於促使本書能順利問世。對於每一位曾經幫助本書順利出版的相關人員都是我要感謝的對象。首先要感謝的是出版社人員的編輯及校正，並要感謝中興大學圖書館出版組黃俊升組長、李萌蘭小姐及方光乾先生的幫忙，也要感謝中興大學化學系曾選修這門課程的同學們對教學內容的回饋意見，他們經常對習題的答案提出一些不同的看法，讓我受益良多。

在個人學習化學的道路上，已故清華大學化學系張昭鼎教授、美國印地安納州 U. of Notre Dame 化學系的 Thomas P. Fehlner 教授，以及於二○一四年病故的美國俄亥俄州立大學 Ohio State University 化學系的 Sheldon G. Shore 教授，對我有深遠的影響。從一九八○年代在 Fehlner 教授的實驗室開始學習玻璃真空系統的操作，及後來在 Shore 教授的實驗室學習以高真空系統處理易爆的硼化物的合成工作，都是寶貴的學習經驗，對日後回台任教的研究工作有相當助益，對於他們的友善接納及耐心教導表達由衷感謝。歷年來從我實驗室畢業的學生們，也是我要感謝的對象，因為他們在研究過程中經常做出一些我從課本上沒有學習到的驚奇結果，推進我想更深入理解化學的動力。對於國科會（現為科技部）長期以來對本實驗室研究工作經費的支持，讓我們能無後顧之憂，專心於研究，個人也表達深深的感謝。教學研究工作需要每天長時間的投入，家人的支持是不可少的，特別要感謝他們的體諒。

中興大學化學系　洪豐裕
2018 年於台中

前言

　　學習理工科的學子們一定都了解課程中每個章節後面附加練習題的重要性。學子們往往能從練習題的習作過程中更深入體會及掌握課程中各章節的精神。鑒於種種可能的因素，一般的教科書很少針對練習題做深入的解說。特別是有關<u>有機金屬化學</u>的中文教科書在市面上很少見，更遑論有針對<u>有機金屬化學</u>練習題詳細解答的教材。這本《有機金屬化學解題良伴》（Problem Solving Companion for Organometallic Chemistry）可以視為學習<u>有機金屬化學</u>的互輔教材。讀者會發現有些類似題目在不同章節中以相近的形式出現，然而其解答方式會稍有不同，且由淺入深，希望能加深讀者的印象。為了讓讀者能很快地回顧每一章節簡要內容，「練習題」前附有「本章重點摘要」。個人希望這本習題解答能帶給正在研習或已經研習過<u>有機金屬化學</u>這門學科的學子們一個自我比對練習的機會，進而從中更深入了解<u>有機金屬化學</u>的原理及應用。

中興大學化學系　洪豐裕
2018 年於台中

目　錄

第 1 章
有機金屬化學概述

由於在一九五一年的一個偶然的發現（Ferrocene 的發現）打開了一個嶄新的研究領域，並大大地促進了對化學技術進步的重大貢獻。

A serendipitous discovery in 1951 opens an entire new area of research and contributed greatly to the technological contributions of chemistry.

——喬治・考夫曼（George B. Kauffman）

本章重點摘要

有機金屬化學（Organometallic Chemistry）是一門研究含有「金屬—有機配位基（M-C）」鍵結的化合物其化學性質的學科。此處廣義的「金屬」定義除了過渡金屬（Transition Metal Elements）、鑭系（Lanthanides）、錒系（Actinides）及主族金屬（Main Group Metal Elements）元素之外，又可延伸到包括準金屬（Metalloids）如硼（B）、矽（Si）、鍺（Ge）、碲（Te）等等元素。而配位基部分則除了有機配位基外，可延伸到包含 PR_3、$P(OR)_3$、CO、NO、-OR、-SR 等等非有機配位基。皮爾森（G. Pearson）曾提出硬軟酸鹼理論（Hard and Soft Acids and Bases Theory, HSAB），這理論簡化配位基（路易士鹼，Lewis Base）和金屬（路易士酸，Lewis Acid）的作用規則為「硬酸喜歡硬鹼，軟酸喜歡軟鹼」。根據此理論的定義，有機金屬化學可視為「軟酸—軟鹼」的化學。而配位化學則為「硬酸—硬鹼」的化學。早期化學家很難合成含有過渡金屬的有機金屬化合物（Organometallic Compound），主因是受到所謂的 β-氫離去步驟（β-Hydrogen Elimination）的分解機制的限制，這機制造成含有過渡金屬的有機金屬化合物容易分解。了解原因後，化學家就可以巧妙地避開有機金屬化合物被分解的途徑，並合成出一系列含有過渡金屬的化合物。

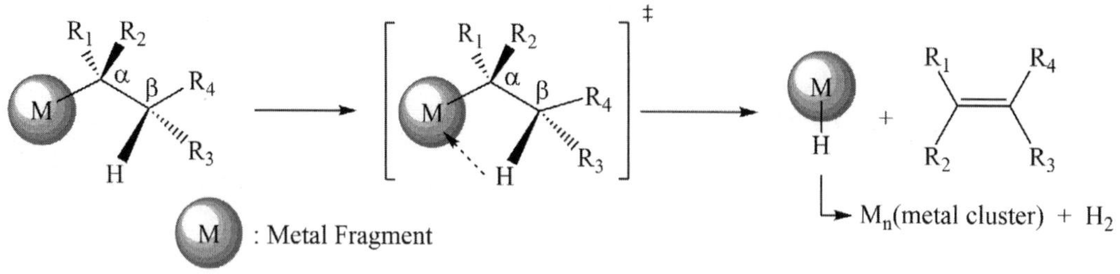

圖 1-1　含有過渡金屬的有機金屬化合物進行

β-氫離去機制（β-Hydrogen Elimination）示意圖

　　早期，被發現最有名的含過渡金屬的有機金屬化合物是鐵辛（或稱為二戊鐵，Ferrocene）。詳究鐵辛奇特的三明治形結構造形及其特別的化學鍵結模式，對日後類似化合物的結構及鍵結的理解上有很重大的貢獻。

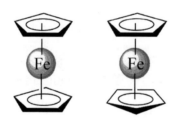

圖 1-2　鐵辛（Ferrocene）的三明治形結構

　　威金森催化劑（Wilkinson's Catalyst, RhCl(PPh₃)₃）的發現也是有機金屬化學發展史上一個重大的里程碑。威金森催化劑為含銠（Rh）金屬的平面四邊形有機金屬化合物。一般在常溫及常壓的情形下，威金森催化劑即可進行對有機烯類化合物之氫化反應（Hydrogenation）。很鮮明地對比在沒有催化劑的存在下反應必須在高溫及高壓下進行的情形。在威金森催化劑中含有三個含磷配位基 PPh₃。含磷配位基上的取代基可有各式各樣的變化，甚至可以做成多牙基或具有光學活性的牙基。各式各樣的磷基（Phosphines）在有機金屬化學的發展過程中扮演相當重要的角色。

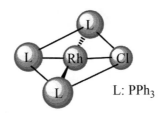

L: PPh$_3$

圖 1-3　威金森催化劑（Wilkinson's Catalyst, RhCl(PPh$_3$)$_3$）的結構圖

　　有機金屬化合物被使用在學術界及工業界當催化劑來進行催化反應的例子相當多，在其他方面的應用也比比皆是。這是一門具活力且被看好的研究領域。

練習題

1

請根據可信度高的學術文獻的定義，解釋何謂有機金屬化學（Organometallic Chemistry）。

Please define "Organometallic Chemistry" according to prestigious and credible literatures.

答：根據全世界化學界權威學會美國化學會（American Chemical Society, ACS）所發行的《有機金屬》（*Organometallics*）期刊中對有機金屬化合物（Organometallic Compounds）所下的定義是指：那些具有直接「金屬─有機配位基」鍵結的化合物。根據此定義，有機金屬化合物內的鍵結至少需包含一個金屬─有機基團（M-C）的鍵。[註] 現在，化學家對有機金屬化合物的定義比較寬鬆。其中，金屬部分除了傳統的過渡金屬（Transition Metal Elements）、鑭系（Lanthanides）及錒系（Actinides）金屬及主族金屬（Main Group Metal Elements）元素外，也可以包括準金屬（Metalloids）如硼（B）、矽（Si）、鍺（Ge）、碲（Te）等等。而配位基部分可延伸到含 PR_3、$P(OR)_3$、CO、NO、-OR、-SR、-H 等等非有機物。甚至有些更寬鬆的定義認為只要在反應過程中有產生金屬─有機基團（M-C）的鍵就可以算是。研究有機金屬化合物的合成方法、分子結構、分子鍵結及化學性質的學問就是有機金屬化學（Organometallic Chemistry）。

2

有機金屬化學（Organometallic Chemistry）和有機化學（Organic Chemistry）及無機化學（Inorganic Chemistry）有何相關性？

What are the relationships between "Organometallic Chemistry", "Organic Chemistry" and "Inorganic Chemistry"?

【註】《有機金屬》（*Organometallics*）期刊對於有機金屬化合物的定義："an 'organometallic compound' will be defined as one in which there is a bonding interaction (ionic or covalent, localized or delocalized) between one or more carbon atoms of an organic group or molecule and a main group, transition, lanthanide, or actinide metal atom (or atoms). Following longstanding tradition, organic derivatives of the metalloids (boron, silicon, germanium, arsenic, and tellurium) will be included in this definition."

答：有機化學（Organic Chemistry）簡單地講是處理以碳原子（C）為中心的化合物的化學；無機化學（Inorganic Chemistry）概括地講是處理非以碳原子為中心的化合物的化學。而有機金屬化學（Organometallic Chemistry）根據定義則是處理以金屬離子和有機基團（M-R）為中心的化合物的化學。有些化學家從無機化學（Inorganic Chemistry）的角度切入去看有機金屬化學，比較強調金屬（屬於無機）的變化部分；有些則從有機化學的角度切入去看有機金屬化學，比較強調有機取代基的作用。持後者想法的有些化學家甚至將有機金屬化學命名為金屬有機化學（Metal-organic Chemistry），特別強調有機化學的部分。

3

有機化學（Organic Chemistry）和有機金屬化學（Organometallic Chemistry）雖有重疊但仍是兩個不同的化學領域。請由電負度（Electronegativity）的觀點來說明兩者的區別。

Please differentiate "Organic Chemistry" from "Organometallic Chemistry" from the viewpoint of "Electronegativity".

答：有機化合物的中心是碳原子，所鍵結的大多是氫原子。氫原子的電負度（Electronegativity）小於碳原子。因此，有機化合物的碳原子比較傾向帶負電荷。有機金屬化合物的中心是金屬原子，金屬原子的電負度（Electronegativity）一般來說都小於碳原子。因此，有機金屬化合物的金屬原子比較傾向帶正電荷。因為分子的活性中心原子的帶電荷傾向相反，因此兩者之間的化學性質有很大的差異。

補充說明：例如有機化合物的 C-H 鍵上 H 帶正電荷，而有機金屬化合物的 M-H 鍵上 H 帶負電荷。

4

請由鍵能（Bond Enthalpy）的觀點來說明有機化學（Organic Chemistry）和有機金屬化學（Organometallic Chemistry）的區別。

Please differentiate "Organic Chemistry" from "Organometallic Chemistry" from the viewpoint of "Bond Enthalpy".

答：有機化合物的中心是碳原子，所鍵結的不論是氫、氧、氮等原子，所形成的鍵其鍵能約在 100 kcal/mol 左右，算是強的化學鍵結。而有機金屬化合物的中心通常是過渡金屬原子，因為含有 d 軌域的緣故，所鍵結的不論是碳或其他原子，所形成的鍵其鍵能約在 20-50 kcal/mol 範圍，不算是強的化學鍵結。後者斷鍵比前者容易。因此，一般而言有機金屬化合物的反應性（活性）通常比有機化合物大。

5

請由分子的外觀及物理性質來說明有機金屬化合物（Organometallic Compounds）和有機化合物（Organic Compounds）的不同。

Please point out the differences between "Organic Compounds" and "Organometallic Compounds" from their apperances and physical properties.

答：含過渡金屬的有機金屬化合物通常展現顏色，有些甚至具有磁性。這是由過渡金屬的 d 軌域中有未成對的電子所造成。有機金屬化合物的分子結構變化性很大。有機化合物通常沒有顏色，也沒有磁性。有機化合物的分子結構變化性不大，通常為鏈狀或環狀。

6

有機金屬化合物（Organometallic Compound）和配位化合物（Coordination Compound）都是指含有金屬的化合物，有時候不容易加以定義及區別。請試著根據皮爾森（Pearson）所提出的硬軟酸鹼理論（Hard and Soft Acids and Bases Theory，簡稱 HSAB）的定義來加以區分。並以此說明有機金屬化學（Organometallic Chemistry）和配位化學（Coordination Chemistry）的不同。

Try to differentiate "Organometallic Compound" from "Coordination Compound" according to the definition from Pearson's "Hard and Soft Acids and Bases Theory (HSAB Theory)". Also, explain the differences between "Organometallic Chemistry" and "Coordination Chemistry" according to this theory.

答：根據皮爾森（Pearson）提出硬軟酸鹼理論（Hard and Soft Acids and Bases Theory，簡稱 HSAB 理論），配位化合物（Coordination Compound）如 $Co(NH_3)_6^{3+}$

中心金屬 Co(III) 為高氧化態所以是「硬」酸，且配位基 NH$_3$ 為「硬」鹼；而有機
金屬化合物（Organometallic Compound）如 Cr(CO)$_6$ 的中心 Cr(0) 金屬為低氧化態
是「軟」酸，且配位基 CO 為「軟」鹼。當然，這中間有些模糊地帶。有些金屬化
合物的金屬中心上面可能同時鍵結上「硬」和「軟」的配位基。皮爾森的硬軟酸鹼
理論簡化的結論即是「硬酸喜歡硬鹼，軟酸喜歡軟鹼」，認為這樣形成的化合物比
較穩定。配位化學（Coordination Chemistry）是處理配位化合物的化學，根據皮爾
森的定義，配位化學是「硬酸—硬鹼」的化學；而有機金屬化學（Organometallic
Chemistry）是處理有機金屬化合物的化學，是「軟酸—軟鹼」的化學。

補充說明：注意硬軟酸鹼（Hard and Soft Acids and Bases）和強弱酸鹼（Strong
and Weak Acids and Bases）的定義不同。硬軟酸鹼是指陰或陽離子（基團）是否容
易被相反電荷離子（基團）極化（Polarizability）的程度。容易被極化的為軟，反
之為硬。強弱酸鹼是指含質子（H$^+$）酸的質子解離程度大者為強酸，反之為弱酸；
強鹼是指解離氫氧離子（OH$^-$）程度大者為鹼，反之為弱鹼。

7

有機金屬化合物（Organometallic Compound）和配位化合物（Coordination
Compound）都是指含有金屬的化合物。化學家將配位化學（Coordination
Chemistry）的發展認定在十九世紀末葉；而有機金屬化學（Organometallic
Chemistry）的發展一般被認定在二十世紀中葉。請說明有機金屬化學發展
在時間序上比配位化學慢很多的原因。

"Organometallic Compounds" and "Coordination Compounds" are compounds
all contain metal centers. The development of "Coordination Chemistry" is
around the late 19th century; yet, it is in the middle of 20th century for
"Organometallic Chemistry". Explain the reason why the development of
"Organometallic Chemistry" is much later.

答：有機金屬化合物中心金屬為低氧化態，當暴露在空氣中進行實驗操作時其中
心金屬容易被氧化，造成分子瓦解；而配位化合物中心金屬為高氧化態，則無此隱
憂。因此，處理有機金屬化合物通常會在隔絕氧氣的狀態下進行實驗操作，導致化

學家必須建立真空系統來應付實驗操作，技術層面的要求比較高。還有一個原因是有些有機金屬化合物的結構很特殊，在當時並沒有好的鍵結理論（Bonding Theory）可以來解釋其構型。另外一個更棘手的原因是有些有機金屬化合物會發生 β-氫離去機制（β-Hydrogen Elimination）導致被合成出的化合物瓦解，無法得到預期的化合物。此機制在下題中說明。

補充說明：早期稱配位化合物為錯合物（Complex），取其化合物的內部鍵結錯綜複雜之意，並非結構錯誤（wrong）的化合物。現代，化學家對於錯合物的定義比較模糊，甚至有時把有機金屬化合物也稱為錯合物。

8

有機金屬化合物（Organometallic Compound）和配位化合物（Coordination Compound）都是指含有金屬中心的化合物，金屬中心通常帶有正價數或是零價，很少數會帶負價數。根據路易士酸鹼理論（Lewis Acids and Bases Theory），這樣的金屬中心是屬於路易士酸（Lewis Acid）。然而，有時候化學家認為在某種情況下金屬本身可以展現路易士鹼性。請說明金屬鹼性（Metal Basicity）。

"Organometallic Compounds" and "Coordination Compounds" are compounds which contain central metals. These metal centers are neutral or mostly positively charged. They are regarded as "Lewis Acids". The metal center might be considered to exhibit "Basicity" in some circumstances by Chemists. Please provide a proper illustraion for "Metal Basicity".

答：一般金屬離子被視為路易士酸（Lewis Acid），因為整體而言，金屬離子於鍵結時有空的軌域去接受來自其他配位基所提供的電子。根據路易士酸鹼理論，這些提供電子的基團為路易士鹼（Lewis Base），而接受電子的金屬離子被則視為路易士酸（Lewis Acid）。但在某些低氧化態的金屬，其中有些在 HOMO（Highest Occupied Molecular Orbital，最高被電子佔有軌域）附近的軌域有充足的電子雲且比較向外暴露，可以和親電子基反應，此時這些軌域呈現金屬鹼性（Metal Basicity）。應該說，總體而言金屬離子是具路易士酸性的，但在某些區域卻顯出路

易士鹼性。就如同有些國家總體而言是貧窮的，但其中某些人還是很富裕的，其道理是一樣的。

9

有機金屬化學發展的初期，化學家曾多次試圖合成含過渡金屬的有機金屬化合物，結果發現金屬和烷基之間（M-R）的鍵結很容易斷鍵，導致分子瓦解。化學家曾懷疑可能是由於金屬和烷基之間（M-R）的鍵結能量太弱，導致 M-R 斷鍵所造成的。後來發現事實並非如此單純。請說明這段發展過程。

In the early age of the development of Organometallic Chemistry, chemists found that it was difficult to make transition metal-containing Organometallic Compound since its M-R bond tends to break during the synthesis of it. It was speculated that the easiness of breaking the M-R bond is due to its weakness. In fact, it is not the case. Explain.

答：在有機金屬化學發展的早期，化學家發現將烷基接到過渡金屬的基團上容易發生金屬—烷基的鍵斷裂，導致分子分解的結果。本來以為是由於金屬—烷基鍵結太弱所造成的。然而，事實上並非如此。一般的金屬—烷基鍵能在 20-50 kcal/mol 之間。雖然比 C-C 鍵的鍵能（在 100 kcal/mol 左右）來得弱些，但仍是不算太弱的鍵結。真正造成金屬—烷基的鍵斷裂的原因是含過渡金屬的有機金屬化合物上的 R 取代基進行 β-氫離去機制（β-Hydrogen Elimination）分解的結果。

10

上述提到，有機金屬化學發展的初期，化學家發現過渡金屬和烷基之間（M-R）的鍵結很容易斷鍵，導致分子瓦解。正確的理解是當有機金屬化合物上的 R 取代基含有 β-碳時，其上的氫容易進行 β-氫離去機制（β-Hydrogen Elimination），最後導致有機金屬化合物分解。請說明有機金屬化合物分解後的可能產物是什麼。

While the R group of a transition metal-containing organometallic compounds bearing β-hydrogen, it is easy to undergo the so called "β-Hydrogen Elimination" process. Point out the possible products for the reaction.

答：有機金屬化合物發生 β-氫離去機制發生後的產物是烯類（alkene）加金屬氫化物（[M]-H）。後者可進一步形成金屬團簇（Metal Cluster, M_n）且放出氫氣（H_2）。大分子量的金屬團簇通常在有機溶劑中溶解度差，會造成黑色或灰色沉澱。

11

含過渡金屬的有機金屬化合物經常會發生 β-氫離去機制（β-Hydrogen Elimination），而導致有機金屬化合物瓦解，因而困擾早期有機金屬化學研究者。(a) 請繪出此機制，並說明為何含過渡金屬的有機金屬化合物經常會發生此解離機制。(b) 鐵辛（Cp$_2$Fe）雖然為含過渡金屬的有機金屬化合物，卻十分穩定。鐵辛顯然可避開此解離機制。請說明原因。(c) 請提出幾個可避開此解離機制的方法。

Answer the following questions about "β-Hydrogen Elimination" process. (a) Draw out the mechanism of "β-Hydrogen Elimination" process and explain why it only takes place for transition metal complexes. (b) Why can "Ferrocene" be exemplified from "β-Hydrogen Elimination" process? (c) Point out at least three ways of preventing the "β-Hydrogen Elimination" process.

答：(a) 在有機金屬化合物上的 R 取代基進行 β-氫離去機制的分解過程中，因有機取代基的 β-碳上的氫（β-氫）可接近中心金屬，開始時會和金屬作用形成四圓環中間體，再逐漸形成金屬—氫鍵及金屬—烯基的弱鍵結，最後烯基從金屬中心離去。當中心金屬具有 d 軌域（或 f 軌域）時形成四圓環中間體比較容易，即含過渡金屬的有機金屬化合物比較容易發生 β-氫離去機制的原因，而含主族金屬的有機金屬化合物因不含 d 軌域（或 f 軌域）或軌域已填滿。因此，不容易發生 β-氫離去機制。此機制發生後的產物是烯類加上金屬氫化物（metal hydride, [M]-H）。金屬氫化物不穩定，可能自己結合形成多金屬的叢化物（metal cluster）且放出氫氣（H_2）。

(b) 鐵辛五圓環（η^5-C_5H_5, Cp）碳上的氫在環平面上，由於 sp^2 混成的關係，氫原子很難往中心金屬（Fe）彎曲過去形成四圓環中間體（如下左圖）。因為這因素，所以鐵辛可避開 β-氫離去機制。鐵辛為很穩定的化合物。但當中心金屬為很重（很大）的金屬時（如下右圖），其上的 d 軌域（或 f 軌域）有可能會大到和金屬辛環上的氫產生作用，最終可能導致 C-H 斷鍵，分子瓦解。為了避免發生 β-氫離去機制可以將氫原子取代成甲基，藉以拉長氫原子和中心金屬的距離，或將五角環（Cp）上的五個氫以甲基取代，取代後五角環（η^5-C_5Me_5）稱為 Cp*。如果只有一個氫以甲基取代，取代後五角環（η^5-C_5H_4Me）稱為 Cp'。

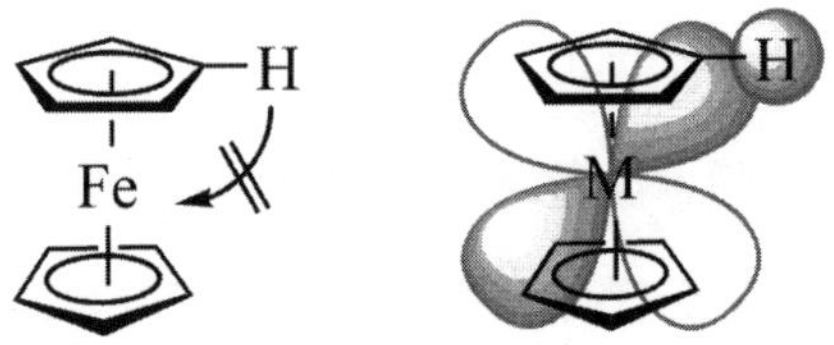

(c) 當 β-氫離去機制背後的原因被了解後，化學家就可以設法避開其分解機制。在 β-氫離去機制的分解機制過程中，有機金屬化合物上的 R 取代基的 β-碳上的氫會和中心金屬形成四圓環中間體。如果有辦法可以避免形成四圓環中間體，應該就可以避免導致化合物分解的 β-氫離去機制。第一個可行的方法是以甲基（CH_3）當接在金屬的取代基。由於甲基上沒有 β-碳所以就沒有 β-氫，可以避開 β-氫離去機制。另外，也可將 β-位置的氫改成鹵素。其他，如將烷基（R）改成矽基（SiR_3），讓金屬和矽之間的鍵拉長，β-氫離去機制機會減小。再則，就是利用類似鐵辛的方式接上 Cp 環，避開 β-氫離去機制。另外，像是將烷基（R）改成苯基（Ar），也可以使 β-氫離去機制機會減小。總之，避免 β-氫離去機制的方式很多，主要的關鍵就在能避開形成四圓環的中間體即可。

補充說明：有些教科書將 β-氫離去機制（β-Hydrogen Elimination）寫成 β-Hydride Elimination。其實 hydride 是指形成 [M]-H 後的氫才是 hydride，那時是中間產物，之前在 [M]-R 上的 β-氫是 hydrogen。此機制應該是指在 [M]-R 上的 β-氫被解離，所以講 β-Hydrogen Elimination 比較正確。

> | 12 | 含過渡金屬的有機金屬化合物經常會發生 β-氫離去機制（β-Hydrogen Elimination），而導致有機金屬化合物瓦解。而含主族金屬（Main Group Metal Elements）的有機金屬化合物則可以不必擔心 β-氫離去機制（β-Hydrogen Elimination）而穩定存在。請說明其中原因為何。 |
> | --- | --- |
> | | Explain the reason why those Organometallic Compounds, which are made of main group metal elements, are mostly stable in room temperature and free from "β-Hydrogen Elimination" process. |

答： 過渡金屬因含有 d（或 f）軌域，電子雲散布比較遠（diffuse），混成（Hybridization）上對角度要求也比較不像碳化合物（有機化合物）那麼嚴苛，這樣會使含金屬四圓環中間體的張力減小。另一方面，過渡金屬體積較大，有比較大的空間接納外來的其他反應物。如此一來，使 β-氫離去機制比較容易進行。而含主族金屬的有機金屬化合物，其金屬上沒有適當可用的 d 軌域。基於上述理由，含主族金屬的有機金屬化合物不容易發生 β-氫離去機制。例如，早期用於當抗震劑（Antiknocking Agent）的四乙基鉛（Et_4Pb, tetraethyllead）、有名的格林納試劑（RMgX）、RLi 及 R_2Zn 等等都是穩定的含主族金屬的有機金屬化合物。

> | 13 | 含過渡金屬的有機金屬化合物經常會發生 β-氫離去機制（β-Hydrogen Elimination）。若將化合物上的烷基換成矽基（$-SiMe_3$）是否能避免此解離機制發生？ |
> | --- | --- |
> | | Could an Organometallic Compound, which is made of transition metal element with a $-SiMe_3$ group, be stable in room temperature and free from "β-Hydrogen Elimination" process? |

答： 將烷基換成矽基（$-SiMe_3$）後，碳上的氫和中心金屬距離較遠，發生 β-氫離去機制的可能性降低，動力學上不利反應進行。另外，如果 β-氫離去機制真的發生在 $[M]-SiMe_3$ 上，將會產生 Si=C 雙鍵，不如產生 C=C 雙鍵來得穩定，從熱力學的觀點來看也不見得有利於反應進行。因此，將烷基換成矽基（$-SiMe_3$）後應該能避免此解離機制發生。

14

有機金屬化學發展的初期，化學家發現有機金屬化合物的分子容易分解。抗震劑四乙基鉛 $Pb(C_2H_5)_4$ 也是含有金屬 Pb 的有機金屬化合物，然而 $Pb(C_2H_5)_4$ 分子卻很穩定存在。請說明。

Antiknocking agent $Pb(C_2H_5)_4$ contains metal Pb and alkyl groups; yet, it is not subjected to "β-Hydrogen Elimination" process? Why is so?

答：$Pb(C_2H_5)_4$ 雖含有 Pb 金屬，但 Pb 卻不是過渡金屬，不含適當可用的空 d 軌域。因此，不會進行 β-氫離去步驟（β-Hydrogen Elimination），$Pb(C_2H_5)_4$ 是穩定化合物，用來當汽油添加的抗震劑，稱為高級汽油。目前，因為鉛汙染的疑慮，全世界開發國家已經盡量不再使用四乙基鉛當汽油添加的抗震劑，而使用以有機物當抗震劑的無鉛汽油。

15

雖然含過渡金屬的有機金屬化合物有發生 β-氫離去機制（β-Hydrogen Elimination）的傾向，但不同案例中其反應速率可能有很大的差別。下列幾個例子中，有機金屬化合物都進行 β-氫離去機制（β-Hydrogen Elimination），但其相對反應速率有些相差甚遠。請加以說明。〔提示：從形成環時的角度所產生的內部張力的因素來考量〕

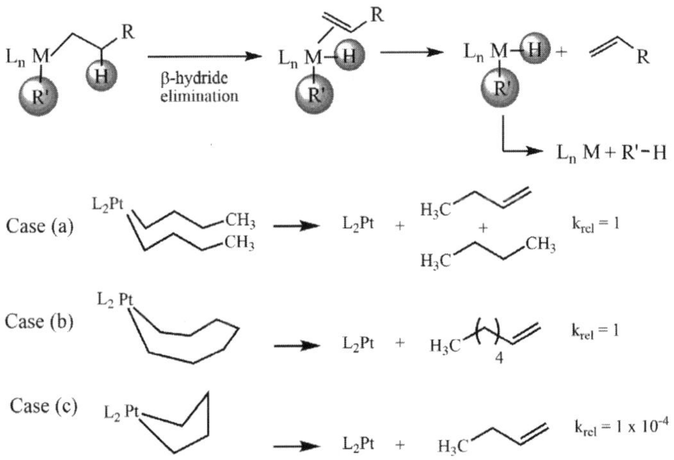

The "β-Hydrogen Elimination" processes take place for the reactions as shown. It was observed that the relative reaction rates are quite different. Explain.

答：要進行 β-氫離去機制（β-Hydrogen Elimination）的分解過程中要形成張力很大的四圓環中間體。在 Case (a) 中，其取代基為鏈狀，若進行 β-氫離去機制張力不大，反應速率快。在 Case (b) 中，其原先為八圓環的金屬環化物，若要進行 β-氫離去機制其內部張力也不大，反應速率快。在 Case (c) 中，其原先為五圓環的金屬環化物，若要進行 β-氫離去機制其內部張力大，將使反應進行增添困難。因此，相較其他 Cases 其相對反應速率常數（k）特別小。

在有機金屬化合物上經常會觀察到 β-碳上的氫被過渡金屬作用，而進行所謂的 β-氫離去機制（β-Hydrogen Elimination）。在很少見出現的狀況下，α-碳上的氫會被中心過渡金屬吸引，這樣的鍵結模式稱為抓氫鍵（Agostic Bonding，Agostic Interaction，抓 α-氫作用）。(a) 請說明此過程。(b) 在什麼情況下這種少見的作用機制會發生？

16

The so called "Agostic Bonding" is not seen frequently. It only takes place in certain rare cases. (a) Explain that the "Agostic Interaction" might be taken place for an "Organometallic Compound" that is made of transition metal element and with alkyl group(s). The process is taken place that the hydrogen atom on the α-carbon of alkyl group might be attracted by transition metal in the course of "Agostic Interaction". (b) Under what condition could this process might be occurred?

答：(a) 在所謂的 β-氫離去機制（β-Hydrogen Elimination）的分解機制過程中會形成四圓環中間體。至於在 α-氫離去機制（α-Hydrogen Elimination）過程中則需要形成張力更大的三圓環中間體。可以想像反應更難進行，動力學上更不利於反應進行，因此速率會更慢。α-氫離去機制發生的必要條件是中心金屬極缺電子（遠離十八電子規則）。α-氫離去機制發生的中間過程會有抓氫鍵的作用發生。抓氫鍵發生時可從 ^{1}H NMR 來觀察，當 α-碳上的氫尚未斷裂前，其化學位移往 downfield 方向移動。

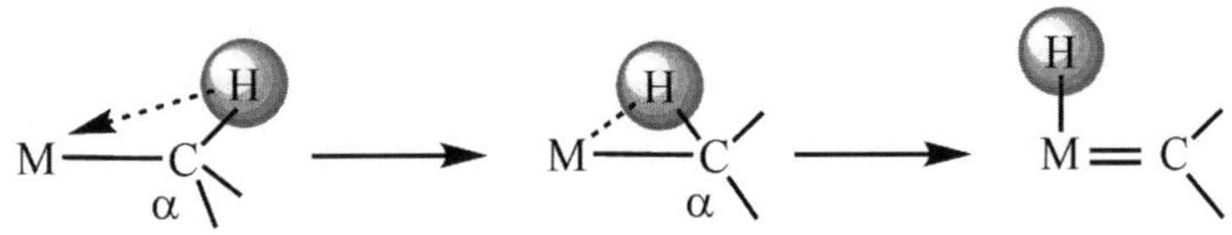

(b) α-氫離去機制發生的最好方式是中心金屬連結一個 R 基如 [M]-R，如此可以和轉移的 α-H 形成 RH 離去，增加反應驅動力。如果 α-氫離去機制真的發生，將產生金屬碳烯（Metal Carbene, M=C），通常是不穩定的狀態，熱力學上不利反應進行。

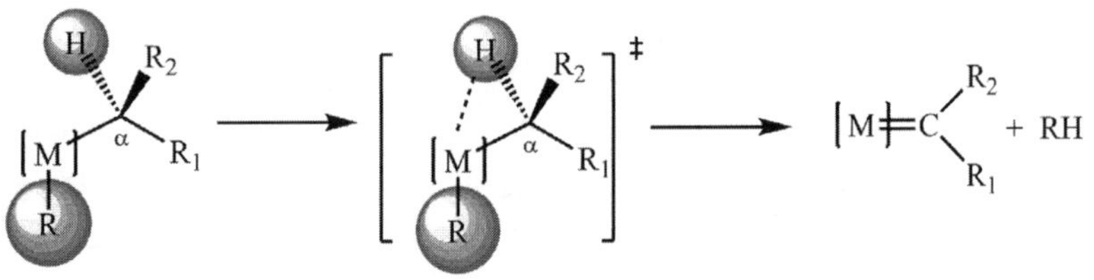

鐵辛（Ferrocene，$(\eta^5\text{-}C_5H_5)_2Fe$，$Cp_2Fe$，或稱二戊鐵）的發現是個美麗的意外。包森（Pauson）及米勒（Miller）同時在一九五一年利用類似下述的氧化方法試圖合成有機化合物 Fulvalene（$C_{10}H_8$），卻意外地發現合成一個含有鐵的化合物，分子式為 $C_{10}H_{10}Fe$，它是一個非常穩定的分子。

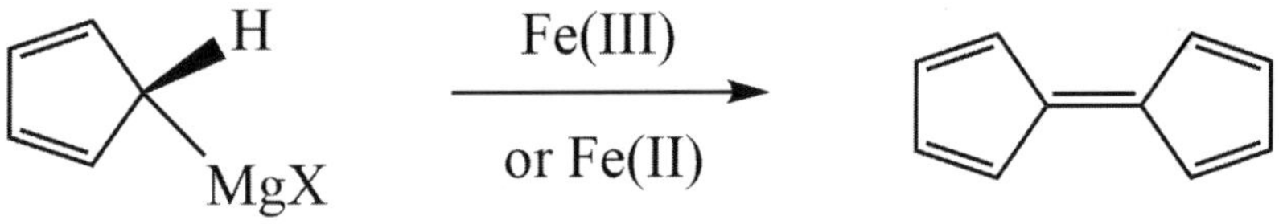

有趣地，這兩個人同時都錯誤地將此新合成含有鐵的化合物結構描述成如下圖示。

歷史的偶然，威金森（Wilkinson）無意中看到這篇報導，他認為他們對分子結構做這樣的假定是有問題的。後來，他能正確地預測出此新合成化合物的結構為類似三明治構型。請參考文獻並說明為什麼威金森會認定包森及米勒同時定錯了新合成化合物的結構，而威金森卻能在尚未有 X-光單晶繞射法提供數據出爐之前就能預測鐵辛結構為類似三明治構型的過程。

17

In 1951, Pauson and Miller tried to make pure organic compound Fulvalene ($C_{10}H_8$) through oxidation from the corresponding organic compound by Fe(II) or Fe(III). Unexpectedly, a rather stable compound $C_{10}H_{10}Fe$ containing Fe(II) was observed. Irony, both teams wrongly assigned the structure for this newly-made compound. Later, Wilkinson rightly assigned the structure of this compound and it was named as "Ferrocene". Please propose a reason to account for this incident.

答： 一九五一年兩組英國化學家包森（Pauson）及米勒（Miller）意外地合成一個非常穩定的有機金屬化合物 $C_{10}H_{10}Fe$，後來被稱為鐵辛（Ferrocene，$(\eta^5\text{-}C_5H_5)_2Fe$，$Cp_2Fe$，或稱二戊鐵）。然而，他們都將新合成的化合物的結構做了錯誤的描述，如下圖。

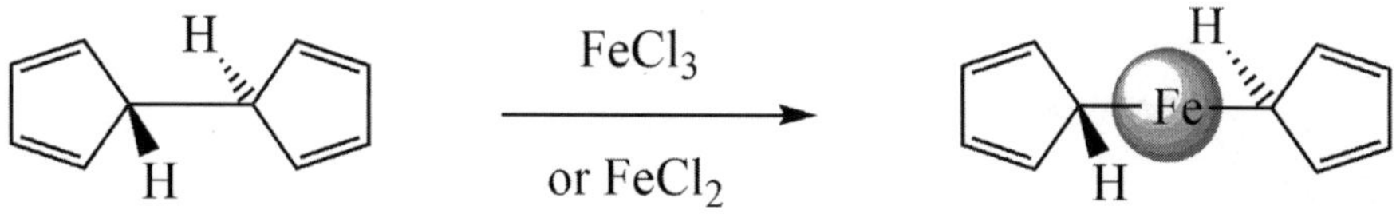

同年，威金森（Wilkinson）卻認為新合成的化合物如果以上述描述的結構方式存在時，會有可能因 β-氫離去機制（β-Hydrogen Elimination）而分解的疑慮，化合物很可能不穩定。因此，他試圖將此新化合物的鍵結模式加以修改，後來修改成中心鐵原子和環戊二烯基五角環之間有一個 σ-鍵結加上兩個 π-鍵結模式（最左圖），他認為這樣可以使化合物更為穩定。接著，他馬上意識到此種描述法可有多種共振形式，根據共振的概念最後的結果等同於最右圖。而這威金森所推斷的三明治形結構也在隔年（一九五二年）由其他研究者以 X-光晶體結構測定法加以證實。威金森

（G. Wilkinson）於一九七三年和費雪（E. O. Fischer）同時獲頒諾貝爾化學獎。

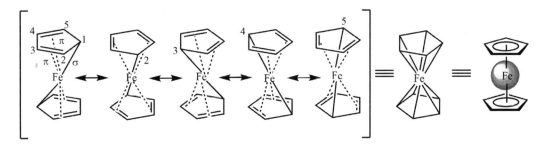

補充說明：讀者最好將最右圖繪在五角環（Cp 環）和鐵離子（Fe^{2+}）間的直線視為兩者之間「有作用力」即可，而非如路易士結構理論的「單鍵」。用路易士結構理論來描述鐵辛的鍵結是不可行的。鐵辛的鍵結應當以分子軌域理論（Molecular Orbital Theory, MOT）來描述比較恰當。

18

當初，鐵辛（Ferrocene，$(\eta^5\text{-}C_5H_5)_2Fe$，或稱二戊鐵）被合成出來時，包森（Pauson）及米勒（Miller）試著將此化合物的鍵結描述成鐵辛中心的二價鐵離子和有機環戊二烯基之間以傳統的 σ-鍵結方式結合。後來經 X-光單晶繞射法提供晶體結構數據後，這種描述法被證實是錯誤的。請說明為何這兩位化學家會使用那種描述方式？以現在的鍵結理論及對鐵辛晶體結構的理解，包森及米勒所使用的描述方式有何錯誤？

Both Pauson and Miller teams wrongly assigned the structure for this newly-made compound, Ferrocene. They assigned the bonding between Fe(II) and Cyclopentadienyl as a σ-bond. It was proven wrong latter. Why did they do it in this way? What is wrong with their assignment from today's viewpoint?

答：在包森（Pauson）及米勒（Miller）的描述中，新合成的化合物中鐵離子（Fe(II)）和環戊二烯基（Cyclopentadienyl）之間以 σ-鍵結。主要原因在於當時科學家大多數受到鏈狀理論（Chain Theory）的影響，且當時都還沒有金屬與配位基之間有可能會形成 π-鍵結的概念（這需要待日後引進量子力學的軌域間重疊的概念）。最後經 X-光晶體結構測定證實包森（Pauson）及米勒（Miller）對新合成的化合物的描述是錯誤的，而威金森（Wilkinson）的想法是對的。

補充說明：早期化學家受到<u>鏈狀理論</u>（Chain Theory）的影響，傾向將化合物描繪成鏈狀，當時化學家對立體分子的鍵結模式缺乏了解，尤其沒有 π-鍵結的概念，那是描述<u>鐵辛</u>鍵結所不可或缺的。其實，後來發現有些化合物中<u>環戊二烯基</u>的確也可以只以 σ-鍵結方式存在，即以 η^1-C_5H_5 方式鍵結中心金屬。多圓環以 σ-方式鍵結金屬在日後的研究中也所在多見，通常是為了使金屬中心符合<u>十八電子規則</u>（18-Electron Rule）的結果。

19

目前，提供分子立體結構最好的儀器方法是 <u>X-光單晶繞射法</u>（X-Ray Diffraction Method）。此法提供分子內各原子的相關位置即是分子的 3D 結構，因而提供鍵長、鍵角、雙面角等等資料。然而，在一九五一年 <u>X-光單晶繞射儀</u>相當昂貴，當年<u>威金森</u>（G. Wilkinson）推測<u>鐵辛</u>（Ferrocene）的奇特分子構型時並沒有辦法由此法來提供分子的 3D 結構。請問他如何推測鐵辛（Ferrocene）的奇特三明治結構？

Wilkinson predicted the structure of Ferrocene in 1951. At that time, he could not access the X-ray diffraction technique, which now has been frequently used in structure determination. How could he reach the correct conclusion without using that technique?

答：一九五一年<u>威金森</u>（G. Wilkinson）預測<u>鐵辛</u>（Ferrocene）具有奇特的三明治形構造。中心鐵離子為正二價，上下兩<u>環戊二烯基</u>（Cyclopentadienyl）為負一價。帶負一價的<u>環戊二烯基</u>（Cp⁻）具有六個 π-電子，應該具有如同苯環的芳香性（aromaticity）。當時<u>威金森</u>在哈佛大學做研究工作，<u>X-光單晶繞射儀</u>已經開始商業化但仍相當昂貴，<u>威金森</u>無法取得在哈佛大學使用 <u>X-光單晶繞射儀</u>的機會，他轉而以傳統化學方法來間接證明<u>鐵辛</u>上的<u>環戊二烯基</u>環具有如同苯環似的芳香性。具有芳香性的苯環是進行<u>取代反應</u>而非<u>加成反應</u>。的確，<u>威金森</u>的實驗發現<u>鐵辛</u>上的<u>環戊二烯基</u>環進行<u>取代反應</u>而非<u>加成反應</u>，證明此環具有類似苯環的特性，因而間接地證明<u>鐵辛</u>具有三明治構型。反之，如果根據<u>包森</u>（Pauson）及<u>米勒</u>（Miller）對新合成的化合物的結構描述，<u>環戊二烯基</u>環具有雙鍵特性應該進行<u>加成反應</u>而非<u>取代反應</u>。

20	除了包森（Pauson）及米勒（Miller）所使用於合成鐵辛（Ferrocene）的方法外，請舉出至少其他兩個合成方法。 List at least two methods for making Ferrocene.

答：鐵辛（Ferrocene）可直接以 $FeCl_2$ 和 NaCp 反應而得，而後者可由 $C_{10}H_{12}$（Cp dimer）和 Na 反應產生。Cp dimer 在高溫下裂解成 monomer（C_5H_6）。C_5H_6 和 Na 反應產生 NaCp 及氫氣（H_2）。要注意氫氣在高溫下產生爆炸的危險性。早期 Cp 的來源也可以是從 TlCp，但因 Tl 具有毒性，目前 TlCp 並不常用。

(a) $C_{10}H_{12} + 2\ Na \rightarrow 2\ NaCp + H_2$

$FeCl_2 + 2\ NaCp \rightarrow Cp_2Fe + 2\ NaCl$

(b) $FeCl_2 + 2\ TlCp \rightarrow Cp_2Fe + 2\ TlCl$

補充說明：Cp dimer（$C_{10}H_{12}$）是味道很重的化合物，實驗操作應盡量在抽氣櫃內進行。Cp 是 Cyclopentadienyl 的簡寫，從命名來看它被視為帶一個負電荷（$C_5H_5^-$）。它可以用 η^1-、η^3-或 η^5-方式來和金屬鍵結，最常見的是 η^5-方式。

21	在實驗操作上，化學家將金屬辛（metallocene）上環戊二烯基（Cp）環上的氫全部以甲基取代修飾，稱為 Cp*（η^5-C_5Me_5）；或只將一個氫取代修飾，稱為 Cp'（η^5-C_5H_4Me）。請問如此做有何優點及缺點？ What are the advantages and disadvantages for replacing one or all -H groups by -CH$_3$ (Cp' or Cp*) groups from Ferrocene in terms of experimental operation?

答：將鐵辛上的 Cp 上每個氫以甲基取代稱為 Cp*，十個甲基取代後的鐵辛稱為 Cp*$_2$Fe。單純沒有取代的鐵辛（Ferrocene, Cp$_2$Fe）具有離子性，在有機溶劑中的溶解度不佳。而一般有機金屬化合物的反應均在有機溶劑中進行。因 Cp*$_2$Fe 在有機溶劑中的溶解度變很好，有利於反應進行。同時，甲基上的氫更遠離中心金屬，使 β-氫離去機制（β-Hydrogen Elimination）更難發生。另外，十個甲基也可保護中心金屬鐵離子避免遭受親核基攻擊的可能性，使分子更穩定。若 Cp 上只以一個甲基

取代一個氫稱為 Cp'，理由同上，Cp'$_2$Fe 在有機溶劑中的溶解度變好，使反應容易進行。當然，將金屬辛的 Cp 上的氫以甲基取代需要更多實驗步驟，合成既耗時且價格又較高，除非必要，化學家較少使用。使用 Cp*或 Cp'在實驗操作上有一缺點，就是原先在 ^{1}H NMR 光譜上觀察到的簡單及化學位移位置特別的 Cp 訊號（4-6 ppm）轉移到容易和一般烷基混淆的區域（0-2 ppm），增加 ^{1}H NMR 光譜圖辨識上的困難。

補充說明：^{1}H NMR 光譜圖由核磁共振光譜儀（Nuclear Magnetic Resonance, NMR）取得。

22

化學家認為鐵辛（Ferrocene）上的兩個 Cp 環在室溫下繞著中心鐵離子 Fe(II) 在做快速旋轉。請問使用什麼實驗儀器方法可以觀測得到這個快速旋轉現象？

By what kind of experimental operation or instrumentation can a chemist observe the rapid rotation of Cp ring around the metal center Fe(II) in Ferrocene?

答：因為鐵辛幾何結構的關係，在固態或相當低溫下，鐵辛上的兩個 Cp 上共十個氫的環境並不完全相同。理論上，在 ^{1}H NMR 光譜圖中，Cp 上的十個氫應顯出多組不同吸收峰。結果是在室溫下 ^{1}H NMR 光譜圖只顯示一根吸收峰。意味著，鐵辛上的兩個 Cp 環上共十個氫環境完全相同。由此推測是兩個 Cp 五圓環繞著金屬鐵離子 Fe(II) 做快速旋轉運動所致。Cp 環快速旋轉的結果使氫的環境被平均掉，而視為等同，在 ^{1}H NMR 光譜圖只顯示一根吸收峰。

補充說明：Cp 環快速旋轉的其他例子如 CpMn(CO)$_3$，在相當低溫下 Cp 的氫環境不相同，形成多組吸收峰。而在室溫下 Cp 的五個氫環境相同，只有一組吸收峰。這現象可由觀察在不同溫度下量測 ^{1}H NMR（稱為變溫 NMR 技術，Variable Temperature NMR）光譜圖的變化得知。Cp 接在金屬上在 ^{1}H NMR 化學位移通常出現在 4-6 ppm 間，不受其他基團如烷基的干擾，很容易辨認。

23

化學家認為在常溫下蔡司鹽（Zeise's Salt, K[(η²-C₂H₄)PtCl₃]）中以 π-形式鍵結的乙烯配位基事實上是繞著中心 Pt(II) 做自由旋轉。(a) 請問化學家使用什麼實驗儀器方法可以觀測得到這個乙烯快速旋轉現象？(b) 試著以乙烯上所使用的 π-形式軌域和 Pt(II) 金屬上所使用的適當的 d 軌域發生軌域重疊方式來說明這現象。(c) 早期化學家並不認為乙烯可以接到金屬上，原因為何？

At room temperature, the coordinated ethene ligand freely rotates around the Pt metal center in Zeise's Salt, K[(η²-C₂H₄)PtCl₃]. (a) Explain how do chemists know that the ethene ligand indeed freely rotates around the Pt metal. (b) Try to explain the phenomenon of free rotation using orbitals overlap from both fragments. (c) In the early age, chemists did not accept the concept that olefin can attach to metal. Why is so?

答：(a) 蔡司鹽的結構已相繼被分別以 X-光繞射法（X-Ray Diffraction Method）及中子繞射法（Neutron Diffraction Method）確立。在固態下，此化合物為平面四邊形（Square Planar）結構，乙烯配位基則垂直於此平面上。一般認為在常溫下乙烯配位基繞著 Pt(II) 做自由旋轉。理論上，可將乙烯配位基 *cis* 位置上的兩個 Cl 中的一個換成其他鹵素（如 Br），如此在固態或低溫下乙烯上四個氫取代基環境並不完全相同，在 ¹H NMR 光譜上可以區分。如果在室溫下 ¹H NMR 實驗觀察仍只顯示一根吸收峰（即四個氫環境完全相同），應該就可以推論是乙烯配位基繞著 Pt(II) 做快速旋轉運動，使氫的環境被平均掉所導致。

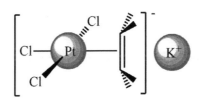

(b) 乙烯基和 Pt 金屬間的鍵結可援用分子軌域理論來加以說明。亦即由乙烯最高被電子佔有的 π 軌域（HOMO, Highest Occupied Molecular Orbital）提供電子到金屬的相對應混成空軌域上，兩者結合成 σ 鍵。再由金屬反提供電子到乙烯的 π 反鍵結軌域（LUMO，Lowest Unoccupied Molecular Orbital，最低沒被電子佔有軌域）上

而形成 π 鍵，此即所謂的<u>杜瓦—查德—鄧肯生模型</u>（Dewar-Chatt-Duncanson Model）所形容的<u>互相加強鍵結</u>（Synergistic Bonding），如下圖所示。

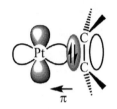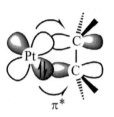

在室溫下乙烯配位基可以繞著 Pt(II) 做快速旋轉運動的另一看法是，想像在垂直此面 90º 的方向有另外一組 d 軌域，乙烯基可旋轉 90º 即可和 Pt 金屬的另外一組 d 軌域重疊而形成鍵結。其實 Pt(II) 應該還有其他適當的軌域可以和乙烯基旋轉較小角度即可重疊而形成鍵結，形成鍵結得到穩定能量可以彌補乙烯基旋轉時破壞原先鍵結所需要的能量。如此一來，乙烯基繞著 Pt(II) 做 360º 旋轉並不需要太大能量。因此，乙烯配位基在室溫下可以繞著 Pt(II) 做快速旋轉。

(c) 在<u>杜瓦—查德—鄧肯生模型</u>（Dewar-Chatt-Duncanson Model）被提出乙烯可能鍵<u>結到金屬上</u>之前，早期化學家並不認為乙烯可以接到金屬上。原因之一是早期化學家並沒有 π 鍵結的概念，其二是從常見的觀察現象而來。因為乙烯置於鋼瓶中販售並沒有觀察到乙烯有減少的現象，所以一般化學家並不認為乙烯可以和金屬作用。

24　核磁共振光譜儀（Nuclear Magnetic Resonance, NMR）在化學研究上是很常見且重要的儀器。其中，^{1}H NMR 是觀測氫原子因所處的環境不同產生不同化學位移的方法。傳統上設定 TMS（Tetramethylsilane, SiMe$_4$）上氫原子化學位移為零點。分子中不同環境的氫原子會因其上的電子密度比 TMS 上氫原子的電子密度的多寡而在 ^{1}H NMR 上有不同吸收峰位置。電子密度少，設為正值；電子密度多，則設為負值。<u>氫陽離子</u>（質子，Proton，H$^+$）及<u>氫陰離子</u>（Hydride, H$^-$）的電子密度很不相同，請預測此兩種離子的化學位移為正值（TMS 零點的右邊）或負值（TMS 零點的左邊）？

The chemical shift of hydrogen in ^{1}H NMR might be altered with different environments. Predict the direction of chemical shift of "proton" and "hydride" by setting the shift of TMS as zero in ^{1}H NMR for reference.

答：氫原子因在分子中所處的環境不同，電子密度也不同。氫原子上電子密度的多寡大略可由 ^{1}H NMR 光譜吸收峰位置來判斷。化學家以 TMS（SiMe$_4$）上氫的化學位移在 ^{1}H NMR 光譜中設定為零點當參考點。在有機化合物中氫和碳鍵結時，因電負度比碳小，電子密度比原來氫原子為小，稱為質子或氫陽離子（Proton, H$^+$），此時化學位移為正值，即假設在以 TMS 化學位移為零點的左邊。若是氫和金屬鍵結，通常氫的電負度大於金屬，氫吸引金屬的部分電子密度，造成電子密度比原來增加，稱為氫陰離子（Hydride, H$^-$），此時 ^{1}H NMR 光譜吸收峰化學位移為負值，即在以 TMS 化學位移為零點的右邊。質子或氫陽離子化學位移通常在 0-10 ppm 之間，或更高一些，而氫陰離子位移可從負值到-40 ppm，甚至更低。

25　請說明威金森催化劑（Wilkinson's Catalyst, RhCl(PPh$_3$)$_3$）的化學成分及其重要性。

Please provide the chemical formula for Wilkinson's Catalyst, RhCl(PPh$_3$)$_3$ and point out the importance of this compound in catalysis.

答：威金森催化劑（Wilkinson's Catalyst, RhCl(PPh$_3$)$_3$）為含銠（Rh）金屬的平面四邊形有機金屬化合物，含有三個磷配位基 PPh$_3$。在溫和條件下可對有機烯類進行氫化反應（Hydrogenation）。磷配位基上的取代基可有被修飾成不同形式，或修改成多牙基，或具有光學活性的牙基。以後者修飾的威金森催化劑可進行不對稱合成反應（Asymmetric Synthesis）。

26　有機金屬化學（Organometallic Chemistry）的發展和催化反應（Catalysis）有何關聯？

What is the relationship between the development of "Organometallic Chemistry" with "Catalysis"?

答：在學術界及工業界使用有機金屬化合物當催化劑來進行催化反應的例子非常多。主要是有機金屬化合物鍵結及結構的特性所導致。因為將有機金屬化合物應用於催化反應的需求，也促進有機金屬化學的發展。

第 2 章
有機金屬化學常用鍵結理論

分子軌域理論很精確，卻不實用；價鍵軌域理論很實用，卻不精確。

Molecular Orbital Theory (MOT) is too true to be good; Valence Bond Theory (VBT) is too good to be true.

——詹姆士・休伊（James Huheey）

本章重點摘要

化學家所處理的化學問題其核心都是分子。要充分掌握分子的性質，必須先從了解它的外觀結構（Structure）開始，然後是它的內部鍵結（Bonding），接著是研究它的化學反應性（Chemical Reactivity），最後一步是延伸它在學術及工業上的應用性（Application）。

化合物在常溫下如果是固體且可以形成結晶，就可以 X-光晶體繞射法來鑑定其結構，如此就能了解分子的外觀結構（Structure）。此方法是目前最直接得到在三度空間內原子在分子內部排列的方法。至於要了解分子內部鍵結（Bonding），化學家必須使用各種化學鍵結理論（Chemical Bonding Theory）。常見的有路易士結構理論（Lewis Structure Theory, LST）、價鍵軌域理論（Valence Bond Theory, VBT）及分子軌域理論（Molecular Orbital Theory, MOT）。後兩者是從量子力學延伸出來的理論。各種不同理論各有其優缺點和適用的情境。不過，在有機金屬化學裡，以分子軌域理論的等級較高，比較能解釋分子所展現的重要現象如顏色及磁性等等。另外有一個主要預測以「非金屬」元素為中心原子所構成的化合物結構的理論，稱之為價軌層電子對斥力理論（Valence-Shell Electron-Pair Repulsion Theory, VSEPR）。

此理論主要是以斥力（Repulsion）為基礎，考量分子內部的電子對間產生斥力的關係，這理論認定在幾種可能的結構異構物中以最小斥力為架構的化合物的構型為最穩定。然而，在預測以過渡金屬元素為中心原子所構成的化合物的幾何形狀時經常發生誤判。主要原因是在於過渡金屬元素經常含有 d^n（n = 1~9）電子，在不同的配位基及不同的幾何形狀的配位下，其配位場穩定能量（Ligand Field Stabilization Energy, LFSE）可能扮演一個決定性的角色。

　　有效原子數規則（Effective Atomic Number Rule, EAN Rule）原是指原子的價殼層的總價電子數（包括原子本身的價電子及由配位基提供之電子數目）達到鈍氣組態時最為穩定。因此，分子中個別原子（除氫原子外）有達到鈍氣組態的傾向。以第二週期元素為例，因四個價軌域（$2p_x$、$2p_y$、$2p_z$ 及 2s）共需要填入八個電子，即外層總價電子數達到八為穩定狀態，稱之為八隅體規則（Octet Rule）。第二週期元素從碳開始大多遵守此規則。而第三週期元素則偶而會有超越八隅體規則的情形，這些元素可能使用了包含 3d 的軌域（或其他可用的軌域），而使鍵結數目達到五或六，甚至以上。在過渡金屬化合物中有效原子數規則幾乎等同於十八電子規則（18-Electron Rule），即原子價殼層的總價電子數達到十八個（一個 ns、三個 np 及五個 (n-1)d 軌域，n > 3）時最為穩定。第一列過渡金屬元素（除了比較前面及後面的元素〔Early and Late-transition metals〕）外，大多數遵守此規則。

　　下圖表示鐵辛（Ferrocene, $(\eta^5\text{-}C_5H_5)_2Fe$）的分子軌域能量圖，價電子從最底層 a_{1g} 填到 a'_{1g} 軌域共需十八電子，鐵辛遵守十八電子規則，且因價電子均已配對，所以鐵辛為反磁性（Diamagnetic）的分子。

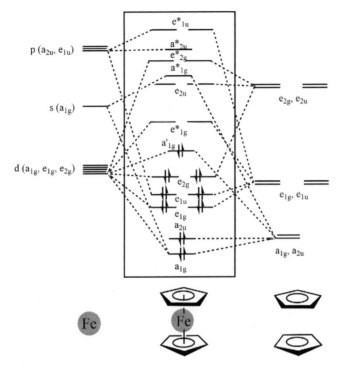

圖 2-1　鐵辛（Ferrocene, $(\eta^5\text{-}C_5H_5)_2Fe$）的分子軌域能量圖

　　在有機金屬化合物中雙核金屬很常見，如下圖雙鈷金屬化合物 $Co_2(CO)_8$。因其中 CO 配位基當成架橋羰基（Bridging carbonyl）和端點羰基（Terminal carbonyl）能量差不多，以下兩種幾何構型在溶液中能迅速地轉換，就是藉著架橋和端點配位基 CO 的轉變來達成，這種 CO 轉換機制在這類型多核金屬化合物中很常見。

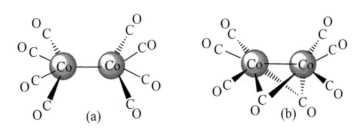

圖 2-2　雙鈷金屬化合物 $Co_2(CO)_8$ 的兩種幾何構型：

(a) 一氧化碳配位基全部為端點羰基（Terminal carbonyl）；

(b) 同時具有架橋羰基（Bridging carbonyl）和端點羰基（Terminal carbonyl）

　　根據定義，多核金屬化合物（至少三個以上〔含〕金屬），且具有直接的金屬—金屬鍵者稱為<u>叢金屬化合物</u>（Metal Cluster Compounds）。當金屬數目越大時，內部電子流動越容易，此時個別金屬中心可能不再遵守<u>十八電子規則</u>，而有點類似金屬鍵的內部鍵結情形。此類型的鍵結方式中，電子流動性較大的特性化學家形容為<u>電子非定域化</u>（Electron-delocalization），主要是相對應於鍵結中電子流動性較小的<u>定域化</u>（Localization）的鍵結模式，例如常見有機物中的碳—碳、碳—氫、碳—氧、碳—氮鍵等。鍵結電子是否容易被定域化和原子的<u>電負度</u>（Electronegativity）有關。電子容易被定域化的分子鍵結情形可以用<u>有效原子數規則</u>來規範；反之，電子不易被定域化的分子鍵結情形，必須用其他理論如<u>韋德規則</u>（Wade's Rule）來描述。

　　有機金屬化合物的鍵結模式比有機化合物要來得多樣化，偶而會出現非傳統鍵結模式所規範的形式，例如<u>抓氫鍵</u>（Agostic Bonding）、<u>分子氫錯合物</u>（Molecule Hydrogen Complex）、<u>原子嵌入</u>（Interstitial）等等特殊的鍵結形態。

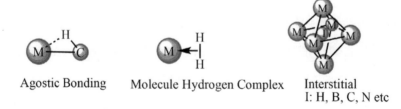

Agostic Bonding   Molecule Hydrogen Complex   Interstitial
                                                 I: H, B, C, N etc

圖 2-3　幾個非傳統鍵結模式的例子

　　理論上，在金屬—有機取代基鍵上的 α-碳上的氫因為混成的關係應該往遠離金屬的方向偏。然而，在中心金屬為很缺電子的情況下，其上的 α-氫可能彎向中心金屬，此現象可由 ^{1}H NMR 觀察 α-氫的化學位移往<u>低磁場</u>（downfield）方向移動來驗證。這種鍵結模式稱為<u>抓氫鍵</u>（Agostic Bonding）。極端的情形是最後導致 C-H 斷鍵，此類似 <u>β-氫離去步驟</u>的機制，可以視為 <u>α-氫離去步驟</u>，比較少見。

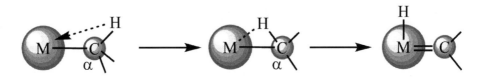

圖 2-4 抓氫鍵（Agostic Bonding）模式

　　有機化合物的原子間的鍵結中經常會提及 σ-及 π-鍵結，而只有在含有過渡金屬的化合物才有機會出現 δ-鍵結。分辨 σ-、π-及 δ-鍵結的方式是從兩個參與鍵結原子（或基團）的軸線（z 軸）上看過去，電子雲沒被切割，而為圓柱體者稱為 σ-鍵結。以此類推，從軸線上看過去，電子雲被切成兩瓣者是為 π-鍵結；被切成四瓣者是為 δ-鍵結。第一個具有金屬—金屬間四重鍵（Quadruple Bond）的金屬化合物 $Re_2Cl_8^{2-}$ 於一九六四年被科頓（F. A. Cotton）發現。化合物 $Re_2Cl_8^{2-}$ 中其金屬—金屬間的四重鍵分別為一個 σ、兩個 π 及一個 δ 鍵。此處兩個 Re 金屬基團必須採取掩蔽式（eclipsed, D_{4h}）組態，δ-鍵結才有可能形成。

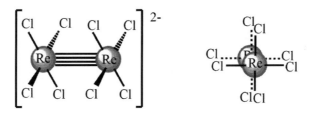

圖 2-5 從不同角度看化合物 $Re_2Cl_8^{2-}$

練習題

1　請說明化學家如何充分掌握分子的特性。

Explain how do chemists handle the properties of a "Molecule".

答：「分子」是化學問題的核心。化學家要充分掌握分子的性質，首先要從分子的外觀結構（Structure）開始了解，再來則是理解分子內部鍵結（Bonding），這時候需要應用化學鍵結理論（Chemical Bonding Theory），接著是研究分子的化學反應性（Chemical Reactivity）。對分子的特性有充分了解後，最後一步是評估它在學術或工業上的應用性（Application）。簡化為：結構（Structure）→ 鍵結（Bonding）→ 反應性（Reactivity）→ 應用性（Application）。

2　承上題，請說明化學家如何充分掌握分子的特性如結構（Structure）、鍵結（Bonding）及其化學反應性（Chemical Reactivity）。

Explain how do chemists deal with the properties of molecule such as structure, bonding and chemical reactivity.

答：如果分子可以形成結晶，就可以 X-光晶體繞射法來鑑定其結構，藉此以了解分子的結構（Structure）。化學家使用各種化學鍵結理論（Chemical Bonding Theory）來解析分子的內部鍵結（Bonding）情形。而掌握分子的化學反應性（Chemical Reactivity）方面，一般是以動手做實驗來測試。另外，現代計算量子化學（Computational Quantum Chemistry）的技巧也可以在某範圍內提供有用的資訊。

在有機化學（Organic Chemistry）領域裡有所謂的八隅體規則（Octet Rule）。在含有過渡金屬的化合物領域中，如有機金屬化學（Organometallic Chemistry）及配位化學（Coordination Chemistry），有所謂的十八電子規則（18-Electron Rule）。請回答下列問題。(a) 說明何謂「有效原子數規則（Effective Atomic Number Rule, EAN Rule）」和「有效核電荷（Effective Nuclear Charge）」，及兩者之間的差別。(b) 說明為何絕大多數含單金屬（及大部分含多金屬）的金屬羰基化合物（M(CO)$_n$）遵守十八電子規則（18-Electron Rule）？(c) 含金屬化合物並不一定不遵守十八電子規則，舉出至少三種不遵守十八電子規則的類型。(d)「有效原子數規則（EAN Rule）」有外層共用價電子總數要達到鈍氣組態的意涵。因此，配位金屬化合物如 Fe(H$_2$O)$_6^{2+}$ 仍不被視為遵守十八電子規則，雖然其總價電子數目為十八個電子。說明之。

There is so called "Octet Rule" in Organic Chemistry; and "18-Electron Rule" in Organometallic Chemistry and Coordination Chemistry. Please answer the following questions. (a) Explain the terms: Effective Atomic Number Rule (EAN Rule) and Effective Nuclear Charge. Also, explain the differences between "Effective Atomic Number Rule" and "Effective Nuclear Charge". (b) Explain the reason why most of metal carbonyls (M(CO)$_n$) obey the "18-Electron Rule". (c) List at least three types of metal complexes those do not obey the "18-Electron Rule". (d) Although the total valence electrons count of a classic coordination complex such as Fe(H$_2$O)$_6^{2+}$ is 18, this complex is normally not regarded as obeying the "18-Electron Rule". Explain.

答：(a) 有效原子數規則（Effective Atomic Number Rule, EAN Rule）是指一原子外層共用價電子總數達到鈍氣組態時為穩定狀態，因而分子中所鍵結的各原子有達鈍氣組態的傾向。在有機化合物中，EAN 規則可視為等同八隅體規則（Octet Rule）。在含有過渡金屬的化合物中，EAN 規則可視為等同十八電子規則（18-Electron Rule），即化合物中所有配位基所提供參與鍵結的電子數加上中間金屬的價電子數等於十八個，達到鈍氣組態時最為穩定。有效核電荷（Effective Nuclear Charge）是指原子外層電子真正感受到內部原子核的吸引力。兩者名稱接近，內涵卻差很多。(b) 一般而言，含單核（Mono-nuclear）過渡金屬之金屬羰基化合物（M(CO)$_n$）大多數均遵循有效原子數規則。主要原因是 CO 為強場配位基且立體障礙很小，不會造成電子數飽和前空間已過飽和的現象。(c) 雖然十八電子規則對判斷過渡金屬化合物的穩定度是一個很不錯的指標，然而，其中仍有許多例外情形發生。譬如，過渡金屬元素中早期金屬及晚期金屬（Early/Late Transition Metals）可能不遵守十八電子規則。例如，早期過渡金屬所形成的錯合物如 $(\eta^5\text{-}C_5H_5)_2TiCl_2$ 只有十六個電子，因為中心金屬沒有足夠的空間來容納額外的配位基。另外，具 d^8 組態的重金屬常受 Jahn-Teller Distortion 的影響而傾向形成為一個具十六個電子的平面四邊形（Square Planar）錯合物。其他如當叢金屬化合物（Metal Cluster）內金屬數目越來越大時，在化合物內的電子流動越容易，可以使用較少電子就可以達成整體鍵結的目的。使得個別金屬中心越來越可不遵守十八電子規則。(d) 在配位金屬化合物如 $Fe(H_2O)_6^{2+}$ 雖然總價電子數目為十八電子，仍不被視為遵守十八電子規則。原因是根據配位場論（Ligand Field Theory），H_2O 為弱場配位基，$Fe(H_2O)_6^{2+}$ 內有尚未成對的 d 電子為順磁性，不符合十八電子規則要求化合物需達到鈍氣組態分子為逆磁性的概念。

補充說明：「有效原子數規則（Effective Atomic Number Rule, EAN Rule）」和「有效核電荷（Effective Nuclear Charge, Z*）」觀念不要混淆。後者是指一原子的外層電子感受真正核的吸引力。有效核電荷（Z*）等於質子數（Z）減去遮蔽常數（S）的值，$Z^* = Z - S$。

4

有一個簡單可以預測分子結構的理論是價軌層電子對斥力理論（Valence Shell Electron Pair Repulsion theory，簡稱 VSEPR）。然而，這理論並不適用於預測中心原子為過渡金屬元素所構成的配位化合物或有機金屬化合物的結構，為何如此？

Explain that the Valence Shell Electron Pair Repulsion theory (VSEPR theory) is not always suitable for the interpretation of molecular structure having transition metal as the central atom.

答： 價軌層電子對斥力理論（VSEPR）只考慮斥力因素，並沒有考量以過渡金屬元素為中心的化合物所可能產生的結晶場穩定能量（Crystal Field Stabilization Energy, CFSE）的因素大小及影響，而這個因素（CFSE）在某些情況下是決定性的。因此，以價軌層電子對斥力理論預測以過渡金屬元素為中心所構成的化合物結構容易造成誤判。但是，VSEPR 理論在預測以主族元素為中心的分子的形狀可靠度很高。

5

當繪製同核雙原子分子（Homodinuclear molecule）如氮氣（N_2）或氧氣（O_2）分子的分子軌域能量圖（Molecular Orbital Energy Diagram）時，其組成的原子軌域能階是一樣的。而異核雙原子分子（Heterodinuclear molecule）如一氧化碳（CO）或一氧化氮（NO）時，其組成的原子軌域能階稍有不同。以同核雙原子分子的分子軌域能量圖為基礎繪出異核雙原子分子如一氧化碳（CO）或一氧化氮（NO）的分子軌域能量圖。並說明 NO 分子的鍵結能以分子軌域理論（Molecular Orbital Theory, MOT）解釋，卻無法以價鍵軌域理論（Valence Bond Theory, VBT）來說明。

Using the molecular orbital energy diagram for homodinuclear molecules N_2 and O_2 to draw out the molecular orbital energy diagram for heterodinuclear molecules CO and NO. Also, explain the Valence Bond Theory (VBT) cannot interpret the bonding of NO; yet, Molecular Orbital Theory (MOT) can.

答： 從同核雙原子分子的分子軌域能量圖為基礎到異核雙原子分子的分子軌域能量圖稍有不同。電負度比較大的原子，軌域能量較低。如 O 大於 C，O 的軌域能量較 C 低。NO 分子有奇數電子，而價鍵軌域理論（VBT）的鍵結要求電子一定要配對。因此，NO 分子的鍵結無法以價鍵軌域理論（VBT）解釋。分子軌域理論（MOT）解釋描述 NO 分子的鍵結為如右下圖示。雖然有一個未成對的電子存在，仍無損於整體分子的穩定度。當然，NO 若能氧化成 NO^+，穩定度更好。以 Bond Order 觀點，前者為 2.5 鍵，而後者為 3 鍵，比較穩定。因此，NO 傾向於氧化成 NO^+。

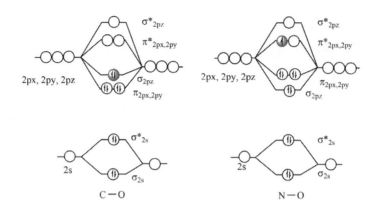

目前，常用於解釋分子鍵結的理論有<u>價鍵軌域理論</u>（Valence Bond Theory, VBT）及<u>分子軌域理論</u>（Molecular Orbital Theory, MOT）。然而，前者無法解釋過渡金屬化合物的顏色現象，而後者卻能。請加以說明。

6

Explain that the Valence Bond Theory (VBT) cannot interpret the color of Coordination Compound or Organometallic Compound; yet, Molecular Orbital Theory (MOT) can.

答：以<u>分子軌域理論</u>（MOT）來解釋化合物顏色。化合物顏色現象的產生是電子在 HOMO 及 LUMO 軌域附近的軌域間跳動，吸收可見光的某部分，由互補光所造成的顏色。<u>價鍵軌域理論</u>（VBT）只考慮 HOMO 以下的有填電子的鍵結軌域，沒有考慮以上沒有填電子的反鍵結軌域部分。因此，<u>價鍵軌域理論</u>（VBT）無法解釋化合物的顏色現象。反之，<u>分子軌域理論</u>（MOT）同時考慮「鍵結軌域」及「反鍵結軌域」。因此，<u>分子軌域理論</u>（MOT）可以解釋化合物的顏色現象。

<u>簡併狀態軌域</u>（Degenerate Orbitals）是指能量相同而波函數不同的軌域，如三個 2p 軌域就是簡併狀態軌域。原子內只有簡併狀態的函數才能做「軌域混成」。在學理上，碳原子的 2s 及三個 2p 軌域原本是不允許混成的，因為能量有些許差異。請說明為何有碳原子的 sp、sp^2 及 sp^3 等等混成軌域的情形。

7

In principle, only when orbitals are degenerate then the corresponding functions can undergo the process of "hybridization". Thereby, the "hybridization" of 2s and 2p orbitals in carbon atom is not allowed in strict sense since these two orbitals are not degenerate. Explain why "hybridization" of sp, sp^2 and sp^3 for carbon atom are frequently seen in textbook.

答：薛丁格（Schrödinger）在一九二五年提出令人驚豔的波動方程式來形容粒子（電子）的運動行為。簡化的一維薛丁格波動方程式如下：-(h^2/8π^{2}m)(d^2/dx^2)Ψ(x) + V(x)Ψ(x) = EΨ(x)，這種表示法為本徵方程式（Eigenfunction Equation, H Ψ = E Ψ）表示法的一種。設若 Ψ$_1$ 及 Ψ$_2$ 為下述微分方程式的解，且為簡併狀態（Degenerate），即能量相同（E），而波函數（Ψ$_1$, Ψ$_2$）不同者。假設現有一新函數 Ψ$_{new}$ 為原先解 Ψ$_1$ 及 Ψ$_2$ 的線性組合：Ψ$_{new}$ = aΨ$_1$ + bΨ$_2$。可以得到的結論是新的線性組合的波函數（Ψ$_{new}$）仍為原本微分方程的解：HΨ$_{new}$ = H(aΨ$_1$+ bΨ$_2$) = aHΨ$_1$+ bHΨ$_2$ = aEΨ$_1$+ bEΨ$_2$= E(aΨ$_1$+ bΨ$_2$) = EΨ$_{new}$。也就是說，簡併狀態函數是可以做線性組合形成新的函數，且仍為原本微分方程的解。這就是「軌域混成」的理論基礎。依照這原理，2s 和 2p 能量原本有稍微差異，學理上是不能執行軌域混成。但是因為 2s 和 2p 能量差異很小，化學家仍默許這些軌域混成，才有我們熟悉的 sp、sp^2 及 sp^3 混成。甚至延伸到 d 軌域的混成，而有 dsp^3 及 d^{2}sp^3 混成。理論上，被混成後的軌域視為等值（Equivalent）。但是，其中的 dsp^3 混成形成雙三角錐形，並不是每個軌域等值。dsp^3 混成最好視為由 sp^2 + dp 混成組合而成。三角面為 sp^2 混成，軸線為 dp 混成，個別（sp^2 或 dp）等值，彼此之間（sp^2 和 dp）並不等值。

8 原子和原子之間的鍵結模式有幾種。(a) 請分別對 σ-、π-及 δ-鍵結加以定義。(b) 一般而言，有機化合物的碳—碳之間不可能形成 δ-鍵結，請說明。

(a) Please provide proper definitions for σ-, π- and δ-bond. (b) Explain that δ-type bonding is not possible for pure organic C-C bond.

答：(a) 在化學鍵結中經常會提到 σ-、π-與 δ-鍵結。σ-及 π-鍵結在有機化合物中經常出現，而 δ-鍵結只有在含有過渡金屬的化合物才可能發生。以兩個甲基（CH$_3$·）來形成乙烷說明 σ-鍵結最為直接。將兩各自混成後的甲基（CH$_3$·）軌域鍵結，形成乙烷後，兩甲基之間的電子雲，從兩參與鍵結原子的軸線（z 軸）看過去為圓柱體，或者說電子雲為一整體沒有被上下切割的鍵結形態，稱為 σ-鍵結。

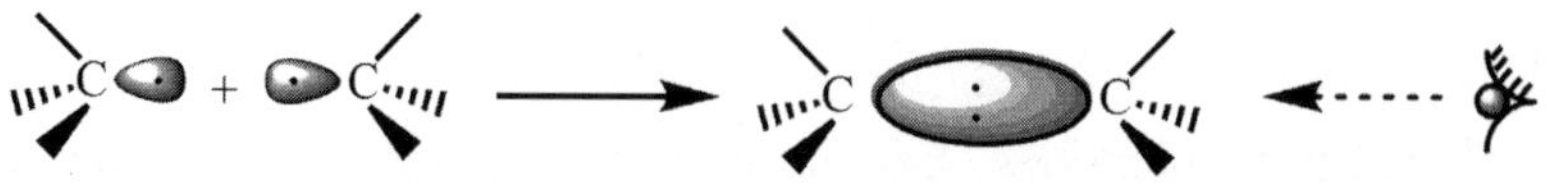

若是以甲基（$CH_3\cdot$）和 $Mn(CO)_5$ 基團來形成 σ-鍵結，說明如下圖。

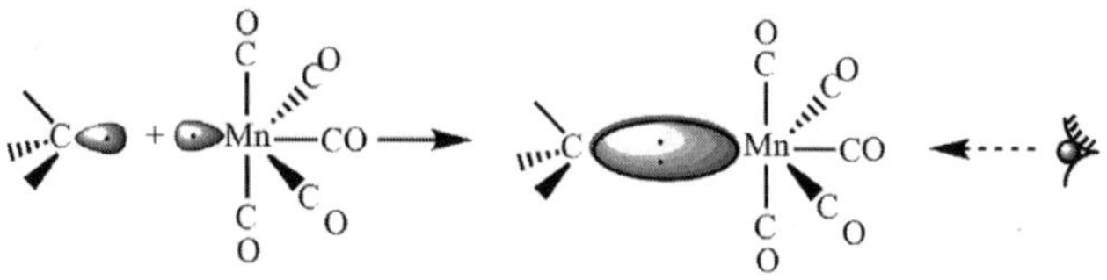

以烯類型成為例，適當的相對應 p 軌域鍵結形成 π 軌域。鍵結以後，從兩參與鍵結基團軸線看過去電子雲被切成兩半，是為 π-鍵結。

若炔類（或烯類）是以其 π 軌域來和過渡金屬的適當的相對應 d 軌域來鍵結。鍵結以後，從兩參與鍵結基團軸線看過去電子雲被切成兩半，是為 π-鍵結。

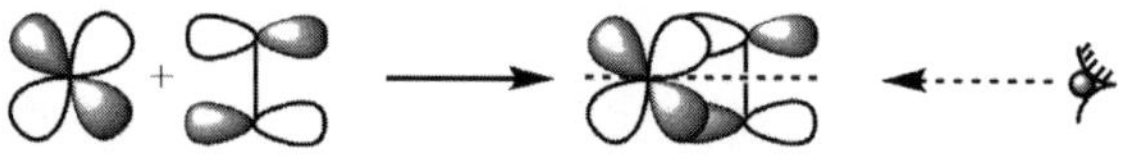

δ-鍵結是以兩個過渡金屬上面適當的 d 軌域面對面相鍵結而成。鍵結以後，從兩參與鍵結過渡金屬原子的軸線（z 軸）看過去電子雲被切成四片，是為 δ-鍵結。

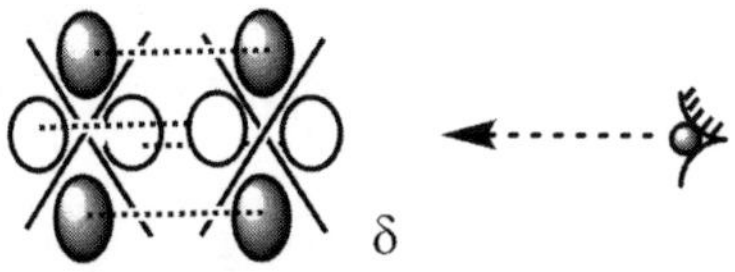

(b) δ-鍵結在有機物中沒有相對應的例子，因為碳原子沒有 d 軌域，或者更精確地講是「沒有能量足夠低的 d 軌域」可以利用來參與鍵結。

9　當一個分子同時具有高的 HOMO（Highest Occupied Molecular Orbital，最高被電子佔有軌域）和低的 LUMO（Lowest Unoccupied Molecular Orbital，最低沒被電子佔有軌域）時，其化學活性比較大，請說明。

Explain that a molecule with both high HOMO and low LUMO shall show good chemical reactivity.

答：化學反應發生時通常為 A 分子的 HOMO 軌域和 B 分子的 LUMO 軌域形成正面性的重疊，而 A 分子的 HOMO 軌域上的電子提供到 B 分子的 LUMO 軌域上。反之，B 分子的 HOMO 軌域和 A 分子的 LUMO 軌域發生重疊，由 B 分子的 HOMO 軌域上的電子提供到 A 分子的 LUMO 軌域上。同時具有高 HOMO 和低 LUMO 的分子，或是說 HOMO 及 LUMO 接近能量中線（Barycenter）的分子，因能量差比較小，容易進行此種作用。因此，分子化學活性比較大。

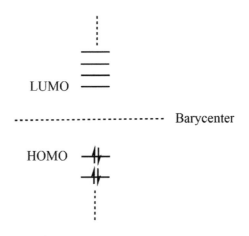

請為下列化合物中所被指定的配位基的鍵結方式給予適當的命名。

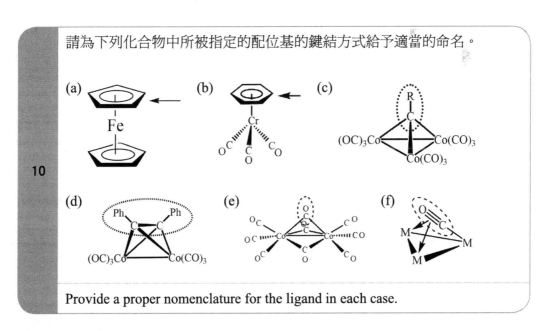

10

Provide a proper nomenclature for the ligand in each case.

答：(a) $\eta^5\text{-}C_5H_5$；(b) $\eta^6\text{-}C_6H_6$；(c) $\mu_3\text{-CR}$；(d) $\eta^2\text{-}\mu_2\text{-PhC}\equiv\text{CPh}$；(e) $\mu_2\text{-CO}$；(f) $\eta^1\text{-}\mu_2\text{-}$

μ_2-CO。

補充說明：符號 η^n-代表配位基上有 n 個原子鍵結到一個金屬上，μ_n-代表一個配位基鍵結到 n 個金屬上。

11	指出下列含單金屬化合物中何者不遵守十八電子規則（18-Electron Rule）。(a) $(C_5H_5)_2Ni$；(b) $Mo(CO)_4Cl_2^{2-}$；(c) $Mn(CO)_6^+$；(d) $(C_3H_5)Mn(CO)_4$；(e) $Mn(CO)_5(-C(=O)CH_3)$；(f) $Fe(CO)_4Cl_2$；(g) Cp_2TiCl_2；(h) $RhCl(PPh_3)_3$。 Which of the metal complexes as shown do not obey the "18-Electron Rule"?

答：(a) $(C_5H_5)_2Ni$：如果兩個配位基均以（η^5-C_5H_5）形式配位，以中性方式來計算，Ni(0)：10；2 η^5-C_5H_5：5 x 2 = 10。價電子總數為二十個電子，不遵守十八電子規則，有兩個未成對電子具順磁性。兩個配位基如果以（η^5-C_5H_5）及（η^3-C_5H_5）形式配位，以中性方式來計算，Ni(0)：10；η^5-C_5H_5：5；η^3-C_5H_5：3。價電子總數為十八個電子，沒有未成對電子具逆磁性。(b) $Mo(CO)_4Cl_2^{2-}$遵守十八電子規則。Mo(0)：6；4 CO：4 x 2 = 8；2 Cl^-：2 x 2 = 4。總數為十八個電子。(c) $Mn(CO)_6^+$遵守十八電子規則。分子內個別單位提供價電子數如下。Mn(I)：6；6 CO：6 x 2 = 12。價電子總數為十八個電子，且 CO 為強配位基，電子皆成對具逆磁性。(d) $(C_3H_5)Mn(CO)_5$：如果（C_3H_5）配位基以（η^3-C_3H_5）形式配位，以中性方式來計算，Mn(0)：7；5 CO：5 x 2 = 10；（η^3-C_3H_5）：3。價電子總數為二十個電子，不遵守十八電子規則。如果（C_3H_5）配位基以（η^1-C_3H_5）形式配位，以中性方式來計算，Mn(0)：7；5 CO：5 x 2 = 10；（η^1-C_3H_5）：1。價電子總數為十八個電子，遵守十八電子規則。具逆磁性。(e) $Mn(CO)_5(-C(=O)CH_3)$ 遵守十八電子規則。Mn(I)：6；5 CO：5 x 2 = 10；$-C(=O)CH_3^-$：2。總數為十八個電子。(f) $Fe(CO)_4Cl_2$ 遵守十八電子規則。Fe(II)：6；4 CO：4 x 2 = 8；2 Cl^-：2 x 2 = 4。總數為十八個電子。(g) Cp_2TiCl_2 不遵守十八電子規則。Ti(IV)：0；2 Cp^-：2 x 6 = 12；2 Cl^-：2 x 2 = 4。總數為十六個電子。〔註：Ti 為早期金屬（Early Transition Metals）。〕(h)

RhC1(PPh$_3$)$_3$ 不遵守十八電子規則。Rh(I)：8；Cl$^-$：2；3 PPh$_3$：3 x 2 = 6。總數為十六個電子。〔註：Rh 為具 d^8 組態的重金屬。〕

補充說明：計算有機金屬化合物的總體價電子數目的方法有「中性」及「離子性」兩種。以鐵辛為例。「中性」算法，配位基 Cp 環視為中性環，提供五個價電子；中間金屬鐵可視為中性，提供八個價電子（4s^{2}3d^6）；總共為十八個電子。而「離子性」算法，將 Cp 環視為帶負一價陰離子，提供六個價電子；而中心鐵金屬為正二價陽離子，提供六個價電子（4s^{0}3d^6）；總共仍為十八個電子。前者方法比較不易造成混亂，但後者看法比較接近實驗事實，只是電荷值沒有那麼大的差異。比較好的看法是視鐵辛鍵結模式為介於中性及離子性之間的「極性共價鍵」鍵結模式。

Neutral		Ionic	
C$_5$H$_5$·	5 e$^-$	C$_5$H$_5$$^-$	6 e$^-$
Fe^0	8 e$^-$	Fe^{2+}	6 e$^-$
C$_5$H$_5$·	5 e$^-$	C$_5$H$_5$$^-$	6 e$^-$
	18e$^-$		18e$^-$

12　請針對下列含金屬化合物舉出：(a) 中心金屬的氧化態；(b) 中心金屬的 d 電子數目；(c) 中心金屬的總價電子數目。並指出哪些金屬化合物容易被還原，哪些容易被氧化。(a) (η^5-C$_5$H$_5$)$_2$Co；(b) (η^6-C$_6$H$_6$)$_2$Mo；(c) (RO)$_3$W≡CMe；(d) Re(CO)$_3$(CNCH$_3$)$_2$Cl；(e) Pt(CO)$_2$Br$_2$；(f) [PtC1$_3$(C$_2$H$_4$)]$^-$；(g) Fe$_2$(CO)$_8$(μ-CH$_2$)；(h) (η^6-C$_5$H$_5$N)Cr(CO)$_3$；(i) Cp$_2$Ni；(j) Cp$_2$Fe；(k) CpCo(PPh$_3$)X；(l) Cp$_2$V；(m) Cp$_2$ZrCl(OMe)。

Point out the characters of the metal complexes as shown. (a) Oxidation state; (b) The number of d electrons; (c) Total valence electrons; (d) Which metal complexes are subjected to oxidation, or reduction?

答：答案如下列表。有些化合物雖不遵守十八電子規則，但因為其他理由，仍然是穩定的。

化合物	氧化態	d 電子數	總價電子數	氧化或還原
(a) $(\eta^5\text{-}C_5H_5)_2Co$	Co(II)	7	19	易氧化
(b) $(\eta^6\text{-}C_6H_6)_2Mo$	Mo(0)	6	18	穩定
(c) $(RO)_3W\equiv CMe$	W(III)	3	12	易還原
(d) $Re(CO)_3(CNCH_3)_2Cl$	Re(I)	6	18	穩定
(e) $Pt(CO)_2Br_2$	Pt(II)	8	16	穩定（d^8）
(f) $[PtCl_3(\eta^2\text{-}C_2H_4)]^{-1}$	Pt(II)	8	16	穩定（d^8）
(g) $Fe_2(CO)_8(\mu\text{-}CH_2)$	Fe(II)	6	18	穩定（金屬—金屬鍵）
(h) $(\eta^6\text{-}C_5H_5N)Cr(CO)_3$	Cr(0)	6	18	穩定
(i) Cp_2Ni	Ni(II)	8	20	易氧化
(j) Cp_2Fe	Fe(II)	6	18	穩定
(k) $CpCo(PPh_3)(CO)$	Co(II)	7	18	穩定
(l) Cp_2V	V(II)	3	15	易還原
(m) $Cp_2ZrCl(OMe)$	Zr(IV)	0	16	穩定（早期金屬）

13　有一雙金屬化合物的結構如下。如果要讓此雙金屬化合物的中心金屬遵守十八電子規則（18-Electron Rule），則此時金屬—金屬之間的鍵級（Bond Order）應為何？請以金屬為 Co 和 Ni 為例來加以說明。

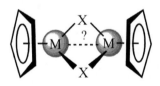

M: Co, Ni
X: NO

Assuming that the structures of two bimetallic compounds are as shown and the "18-Electron Rule" is obeyed. What are the bond orders of each of these two compounds?

答：Bond Order 的中文翻譯有鍵級、鍵次、鍵序等等，本書採用「鍵級」。若要遵守十八電子規則（18-Electron Rule），則兩者的金屬—金屬之間的鍵級（Bond Order）依次為 Co-Co 三鍵、Ni-Ni 雙鍵。其中架橋 NO 提供三個電子。兩組 NO 平均分配給兩個金屬各三個電子。在某些情形下，NO 可提供一個電子，但是在這個例子，架橋 NO 只能視為提供三個電子。

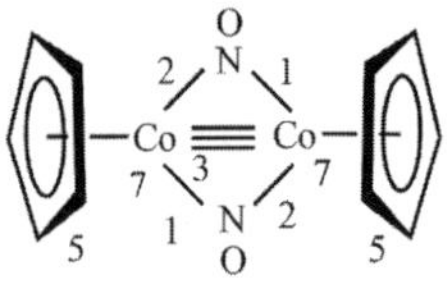

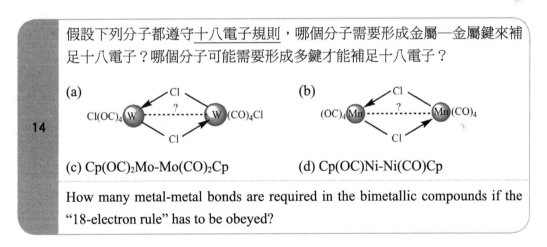

補充說明：每形成一個金屬—金屬鍵要算對方提供一個電子給己方金屬。理由可以從八隅體規則來說明。當 A 和 B 原子具有七個價電子，形成化學鍵時，根據八隅體規則，A 原子或 B 原子都須將其他原子（B 原子或 A 原子）所提供參與鍵結的電子算入，如此一來 A 和 B 原子都遵守八隅體規則。因此，若形成金屬—金屬二鍵或三鍵要算提供二個或三個電子給金屬。

$$:\overset{..}{\underset{..}{A}}\cdot\ +\ \cdot\overset{..}{\underset{..}{B}}:\ \longrightarrow\ (\overset{..}{\underset{..}{A}}:\overset{..}{\underset{..}{B}}:)$$

假設下列分子都遵守十八電子規則，哪個分子需要形成金屬—金屬鍵來補足十八電子？哪個分子可能需要形成多鍵才能補足十八電子？

14

(a) Cl(OC)₄W ⋯ W(CO)₄Cl（架橋 Cl）

(b) (OC)₄Mn ⋯ Mn(CO)₄（架橋 Cl）

(c) Cp(OC)₂Mo-Mo(CO)₂Cp

(d) Cp(OC)Ni-Ni(CO)Cp

How many metal-metal bonds are required in the bimetallic compounds if the "18-electron rule" has to be obeyed?

答：(a) 計算由每個單位貢獻的價電子數的總和，金屬中心已滿足十八電子規則，不需要再形成金屬—金屬鍵。此處 Cl 可當架橋配位基，以中性算法視為提供三個電子。

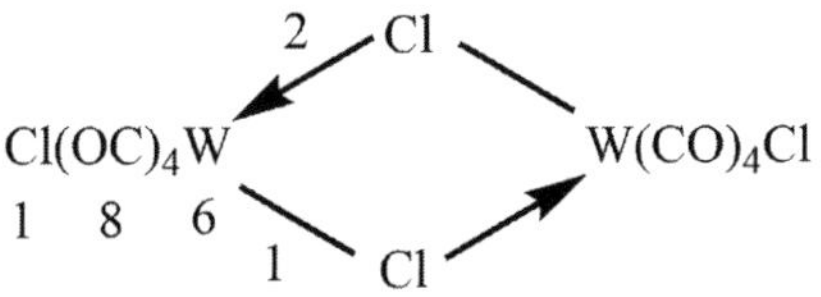

Cl(OC)₄W 2/Cl W(CO)₄Cl
1 8 6 1/Cl

(b) 金屬中心已滿足十八電子規則，不需要再形成金屬—金屬鍵。

2
Cl
(OC)4Mn
Mn(CO)4
8 7
1
Cl

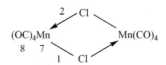

(c) 計算由每個單位貢獻的價電子數總和只有十五個，金屬中心尚未滿足十八電子規則，因此需要形成金屬—金屬三鍵來彌補。

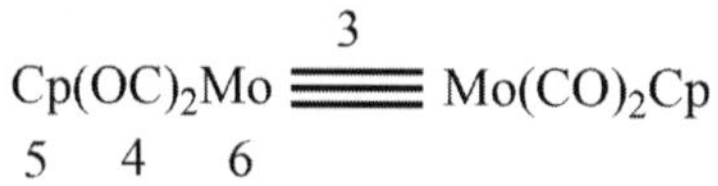

3
Cp(OC)2Mo
Mo(CO)2Cp
5 4 6

(d) 同上，金屬中心尚未滿足十八電子規則，需要形成金屬—金屬一個鍵來彌補。

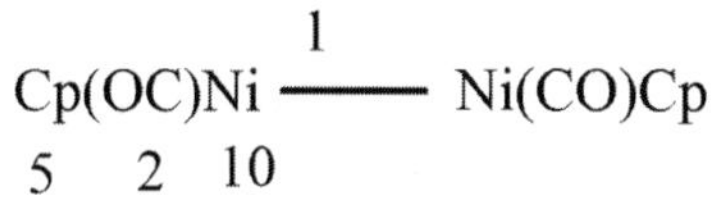

1
Cp(OC)Ni
Ni(CO)Cp
5 2 10

補充說明：以鹵素當雙金屬化合物的架橋原子的情形很常見。以中性算法視為提供三個價電子，若以離子（X^-）來看視為提供四個價電子。

15

假設以下含雙金屬化合物的金屬中心的總價電子數目遵守十八電子規則（18-Electron Rule）。此時金屬—金屬之間是否必須形成鍵？若有形成鍵，其鍵級（Bond Order）為何？

(a)

S
C
Co
?
Co
C
S

(b)

O
C
C
O
?
Mo
Mo
C
O
C
O

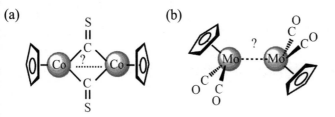

Point out the bond orders between two metals for the bimetallic compounds as shown.

答：(a) 計算金屬中心由各單位貢獻而來的價電子數和為十六。因此，需要形成金屬—金屬雙鍵來達到金屬中心遵守十八電子規則。(b) 各單位貢獻的價電子數和為十五，需要形成金屬—金屬三鍵來達到金屬中心遵守十八電子規則。

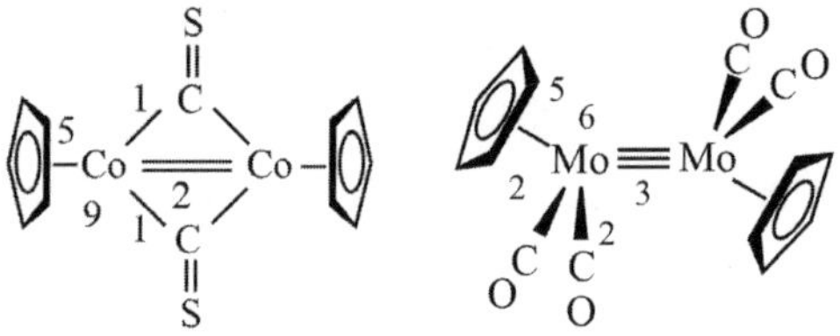

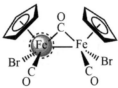

下圖為一個雙金屬化合物，由 X-光單晶繞射法所提供其晶體結構數據顯示分子內 Fe-Fe 間的鍵結是單鍵，且包括一個μ_2-CO。請算出此金屬化合物的金屬中心的總價電子數目。請分別指出個別從金屬及配位基所提供的電子個數，再加總。此金屬化合物金屬中心是否遵守十八電子規則（18-Electron Rule）？

16

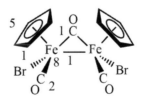

The structure of the bimetallic compound shows here that the bonding between Fe-Fe is a single bond and with a μ_2-CO ligand. Does the metal center of this compound obey the "EAN rule"?

答：此金屬化合物遵守十八電子規則。分子內個別單位提供價電子數如下。Fe：8；CO：2；Cp：5；Br：1；μ_2-CO：1；Fe-Fe：1。總價電子為十八個電子。

補充說明：形成金屬—金屬鍵要算提供一個電子給對方金屬。

17

以環戊二烯基（Cp）及羰基（CO）和金屬 Mn 形成的有機金屬化合物 $(\eta^5\text{-}C_5H_5)Mn(CO)_3$ 的構型一般稱為三腳琴凳（Three-legged Piano Stool）構型。在化合物都遵守十八電子規則的條件下，請提供更多三腳琴凳化合物及四腳琴凳（Four-legged Piano Stool）化合物的例子。

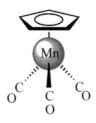

Transition metal complex $(\eta^5\text{-}C_5H_5)Mn(CO)_3$ is having a three-legged piano stool shape. Please provide more examples of transition metal complexes with three-legged piano stool shape as well as four-legged piano stool assuming that all complexes obey the "18-Electron Rule".

答：一些三腳琴凳（Three-legged Piano Stool）化合物的例子：

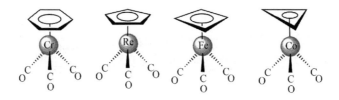

一些四腳琴凳（Four-legged Piano Stool）化合物的例子：

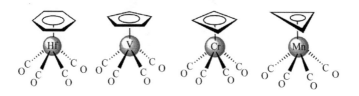

18

鎳辛（Nickelocene, $(\eta^5\text{-}C_5H_5)_2Ni$）比鐵辛（Ferrocene, $(\eta^5\text{-}C_5H_5)_2Fe$）多了兩個價電子，有點遠離十八電子規則。當鎳辛和含丙烯基的格林納試劑（Grignard Reagent, $(C_3H_5)MgX$）反應後，生成含丙烯基（$\eta^3\text{-}C_3H_5$）的鎳錯合物，此新形成的鎳錯合物遵守十八電子規則。請繪出其可能結構。

The sandwich compound Nickelocene (Cp_2Ni) has two more electrons than another sandwich compound Ferrocene (Cp_2Fe). The reaction of Cp_2Ni with Grignard Reagent ((C_3H_5)MgX) produced an allylic nickel complex. Draw out its structure assuming that it obeys the "18-Electron Rule".

答： 鎳辛（Nickelocene）為二十個價電子的錯合物，雖然可以存在，但有很大的傾向要形成十八個價電子的錯合物。鎳辛可和含丙烯基的格林納試劑（Grignard Reagent, RMgX）反應生成含丙烯基的錯合物，以中性方式來算丙烯基視為提供三個價電子的配位基。此產物遵守十八電子規則，為穩定化合物。

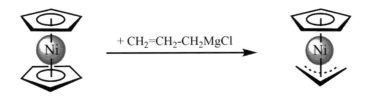

$$+ CH_2=CH_2\text{-}CH_2MgCl$$

鐵辛（二戊鐵，Ferrocene，$(\eta^5\text{-}C_5H_5)_2Fe$）被稱為三明治化合物，化合物上兩個環戊二烯基離子（Cp^-）環互相平行。化學家發現有些金屬辛上的兩個環並不互相平行而是有大夾角，而稱為彎曲金屬辛（Bent Metallocene）。舉出一個彎曲金屬辛的例子，並說明形成環不互相平行的原因。

19

Provide an example for "Bent Metallocene". What is the factor that causes the bending?

答： Cp_2MCl_2（M: Zr, Ti）為彎曲金屬辛的例子，只有十六個電子。可以想像開始的 Cp_2M 只有十四個電子，為了盡量趨近十八電子規則，而需要再加一些取代基如 Cl 形成 Cp_2MCl_2，結果是兩個 Cp 環無法平行。如果為了滿足十八個電子而再加入更多取代基可能會太擁擠，造成分子不穩定。

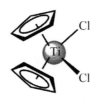

補充說明： 讀者可以自己推想為何下圖的兩個 Cp 環平行的金屬辛 Cp$_2$TiCl$_2$ 的結構並不如彎曲構型來得穩定。

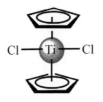

有一個奇特的分子(CpNi)$_3$(μ_3-CO)$_2$ 以雙三角錐形（Trigonal BiPyramidal, TBP）的構型存在。請計算個別 Ni 金屬中心有沒有符合十八電子規則。如何看待這分子？這是一個帶有奇數電子的分子，應該有磁性。這分子傾向進行被氧化或還原？

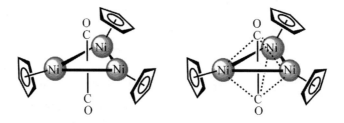

The metal complex (CpNi)$_3$(μ_3-CO)$_2$ is existed as a trigonal bipyramidal structure. Count the valence electrons for each Ni atom. Does metal center obey the "18-Electron Rule"? If not, why? Is this compound paramagnetic or diamagnetic?

答： 分子(CpNi)$_3$(μ_3-CO)$_2$ 總價電子數為奇數，有未成對電子即具有磁性，不符合十八電子規則。如果以分子軌域理論來看待(CpNi)$_3$(μ_3-CO)$_2$，如同在三明治化合物中鈷辛（Cp$_2$Co），雖然總價電子數為奇數，是順磁性（Paramagnetic），仍然還是可能存在。每個 Ni 上算成 18(⅓) 個電子。如果整體分子氧化成 +1 價時，則每個 Ni 符合十八電子規則，分子會比較穩定。因此，此分子傾向被氧化。另一個看法是分子(CpNi)$_3$(μ_3-CO)$_2$ 是處在能量相對位置曲線的局部極小值（Local Mimimum）位置，是可以存在；而氧化的分子 [(CpNi)$_3$(μ_3-CO)$_2$]$^+$ 是在最小值（Global Mimimum）位置，更為穩定。

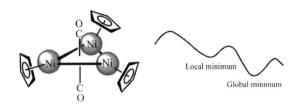

補充說明：當越來越多金屬以具有直接的金屬—金屬鍵結合而成叢金屬化合物（Metal Cluster Compounds），則金屬中心越有可能不遵守十八電子規則。

金屬辛(η^5-C_5H_5)$_2$Co 並不遵守十八電子規則，為十九個價電子的分子。雖然(η^5-C_5H_5)$_2$Co 傾向氧化成十八個價電子的離子化合物(η^5-C_5H_5)$_2$Co$^+$，然而在室溫下(η^5-C_5H_5)$_2$Co 相對於同族的(η^5-C_5H_5)$_2$Rh 穩定許多。(η^5-C_5H_5)$_2$Rh 在室溫下則相當不穩定，會轉變成雙聚物 $C_{20}H_{20}Rh_2$，化學家指出此雙聚物可能有三種不同構型。(a) 根據下面分子結構圖，分別舉出金屬及配位基所提供來的價電子數目，加總之後個別的 Rh 金屬是否遵守十八電子規則。(b) 根據下面提供的 ^{1}H NMR 數據，決定三種不同構型中何者為最可能的結構。

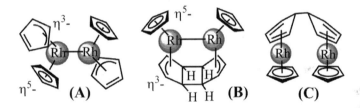

表 2-1　雙聚物 $C_{20}H_{20}Rh_2$ 的 ^{1}H NMR 數據

5.2 ppm	5.0 ppm	3.3 ppm	2.2 ppm
(s, 10 H)	(m, 4 H)	(m, 4 H)	(m, 2 H)

The sandwich compound Cp$_2$Co is relatively stable in room temperature; yet, another sandwich compound Cp$_2$Rh with the same structural pattern is not. It will be dimerized to form a bimetallic compound, $C_{20}H_{20}Rh_2$. There are three possible structural isomers with this formula. (a) Do all the Rh atoms obey the "18-electron rule"? (b) Select the most probably structure based on the ^{1}H NMR data.

答：(a) 金屬錯合物內個別金屬的總價電子數目，包括分別從金屬及配位基提供來的價電子數，如下圖。這三種構型錯合物上個別金屬都遵守<u>十八電子規則</u>。(b) ¹H NMR 數據顯示，所有氫的環境有 10：4：4：2 的比例關係。乍看之下，三種構型錯合物上個別金屬都符合 10：4：4：2 的比例關係。唯有 2.2 ppm 比較可能是結構 C 上兩個接合的環戊二烯基上的氫，或是結構 B 上四角環上的氫，以 η^3-形式鍵結的單獨氫的吸收峰通常在 4~6 ppm 之間。因此，分子 B 和 C 為可能構型。

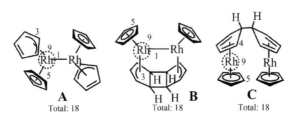

A
Total: 18

B
Total: 18

C
Total: 18

補充說明：辨認分子的結構通常需要幾種儀器方法來互相驗證而決定。以目前光靠一組 ¹H NMR 光譜數據來下判斷，其實是不足夠的。如果能加上 ¹³C NMR 光譜數據，則判斷上會更有把握。

以下為不同形態的分子。請回答下列問題。(a) 三個鈷（Co）金屬所處的環境都不一樣。請計算每個鈷金屬中心的價電子總數。特別指出單獨硫（S）原子如何提供價電子於每個鈷金屬中心，及總共提供多少個價電子鍵結中。(b) 計算這個含鈷金屬三層三明治化合物的總價電子數。(c) 個別計算鈷金屬和鐵（Fe）金屬中心的總價電子數。(d) 計算釕（Ru）金屬中心的總價電子數。

22

(a)

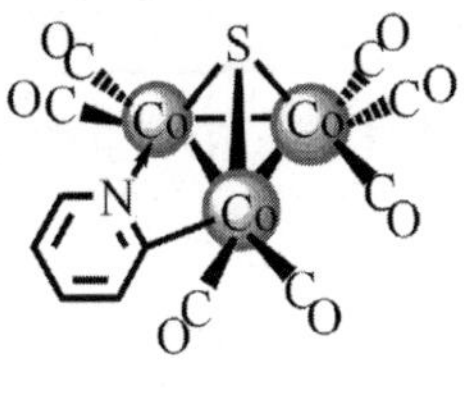

(b)

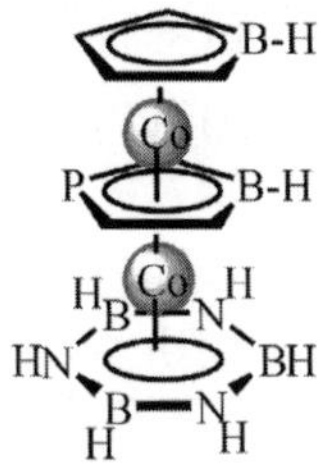

(c)

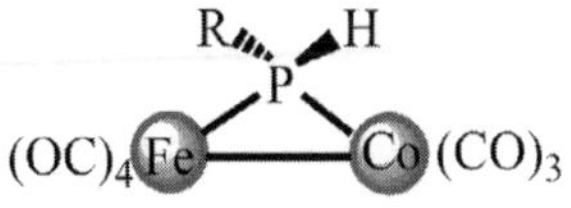

(d)

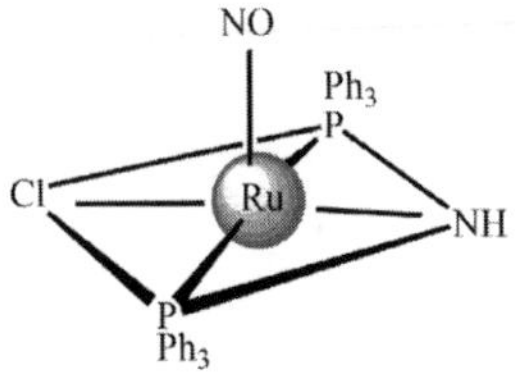

Answer the following questions. (a) Point out the number of electrons donated from each sulfur atom in bonding. Count the total valence electrons in cobalt metal center. (b) Count the total valence electrons for this sandwich compound. (c) Count the total valence electrons for each metal centers. (d) Count the total valence electrons in ruthenium metal center.

答：(a) 為使三個鈷原子遵守十八電子規則，硫原子提供四個價電子於鍵結中。原則上，硫原子有六個價電子可提供，但在此只使用其中四個。除非硫原子當叢化合物（Cluster Compound）的中心原子才有可能提供出所有的六個價電子於鍵結中，否則硫原子當端點原子必須至少保留一對電子保護自己，避免被親核性攻擊。(b) 總電子數為三十二。(c) 兩個金屬都遵守十八電子規則。(d) 若將兩個 NO 視為個別提供三個及一個價電子，Ru 金屬中心電子數為十七，不遵守十八電子規則，還原成負一價即可遵守十八電子規則。若將兩個 NO 都視為提供三個價電子，Ru 金屬中心電子數為十九，不遵守十八電子規則。氧化成正一價即可遵守十八電子規則。

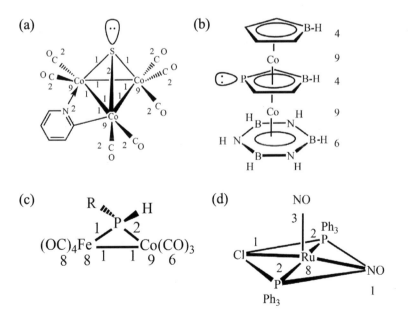

23

含鉬金屬化合物 Mo(CO)₆ 和 NaCp 反應，產生的單金屬產物（A），金屬中心符合十八電子規則。將單金屬產物（A）氧化後產生雙金屬產物（B），個別鉬金屬中心仍然遵守十八電子規則。雙金屬產物（B）在高溫加熱下釋放出兩個 CO 生成雙金屬產物（C）。請根據上訴描述，繪出反應物（A）及所有產物分子（B）及（C）的結構。

Mono-metal complex (A) was obtained from the reaction of Mo(CO)₆ with NaCp. This compound (A) obeys the "18-Electron Rule". Bimetallic compound (B) was resulted from the oxidation of (A). The "18-Electron Rule" is held here. Two CO groups were released in high temperature and led to the formation of (C). Draw out the structures of (A), (B) and (C).

答：產物（A）、（B）及（C）分子結構如下圖。在合成產物（A）時要避開含有氧氣的環境，否則容易產生（B），（B）為紅色化合物容易辨認。從（B）到（C）並不容易，需要丟掉兩個 CO，反應要在高溫下進行。分子（C）金屬間具有三鍵。

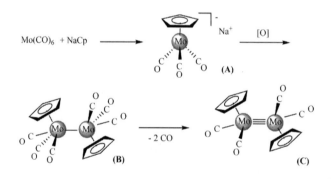

24

幾個含金屬化合物如下所示。請算出個別含金屬化合物內被圈選的金屬中心的總價電子數目。請指出個別從金屬及配位基所提供的電子個數，再加總。何者不遵守十八電子規則（18-Electron Rule）？

(a)   (b)   (c)

(d)   (e)

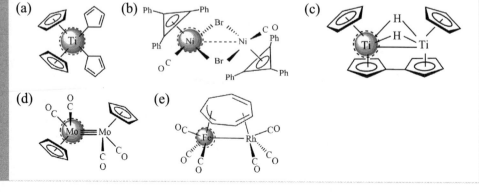

Point out the total valence electrons count of the circled metal centers of the compounds as shown. The total valence electrons count shall indicate the contribution from ligands, metal center and possible metal-metal bond.

答：答案如下圖示。(a) η^5-或 η^1-C_5H_5 以中性算法分別提供五及一個價電子。(b) 不需要形成金屬—金屬。(c) 架橋的 H 只能算提供一個電子給其中一個金屬。(d) Mo-Mo 之間形成金屬—金屬三鍵，要算提供三個電子給金屬。(e) Fe-Rh 之間形成金屬—金屬單鍵，要算提供一個電子給金屬。和 Fe 配位的環算提供三個電子。共有(b)、(d) 和 (e) 遵守<u>十八電子規則</u>。

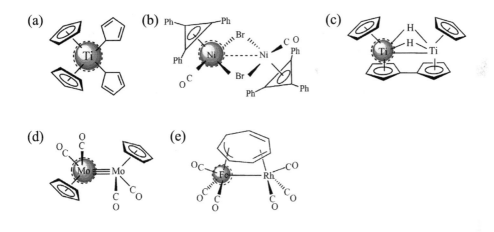

幾個含金屬化合物如下所示。請算出此金屬化合物內被圈選的金屬中心的總價電子數目。請指出個別從金屬及配位基所提供的電子個數，再加總。何者不遵守<u>十八電子規則</u>（18-Electron Rule）？

25

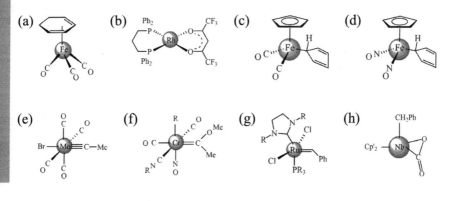

(i) (j) (k)

(l) (m) (n)

(o)

$Co_2(CO)_5(PPh_3)(\mu_2\text{-}\eta^2\text{-}C_2H_4)$

(p) (q)

(r) (s)

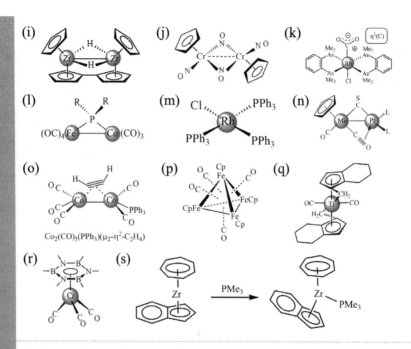

Point out the total valence electrons count of the metal centers of the compounds as shown. The total valence electrons count shall indicate the contribution from ligands, metal center and possible metal-metal bond. How many of them obey the 18-Electron Rule?

答：答案如下圖示。例子 (d) 的 NO 分別提供一個及三個電子給 Fe 金屬，若都提供三個電子給 Fe 金屬，則違反十八電子規則。例子 (f) 的 Cr=C 算提供兩個電子。例子 (l) 的 PR_2 共提供三個電子。其中提供一個電子給 Fe 金屬，兩個電子給 Co 金屬。例子 (n) 中的-CO 算提供四個電子。其中，以 σ-鍵結方式提供兩個電子給 Mn 金屬，以 π-鍵結方式提供兩個電子給 Pt 金屬。例子 (s) 中 PMe_3 提供兩個電子使含鋯金屬化合物遵守十八電子規則。共有 (b)、(g)、(h)、(i) 和 (m) 不遵守十八電子規則。

(a) (b) (c) (d)

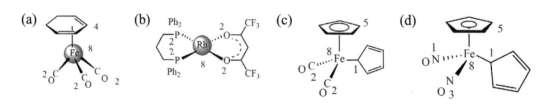

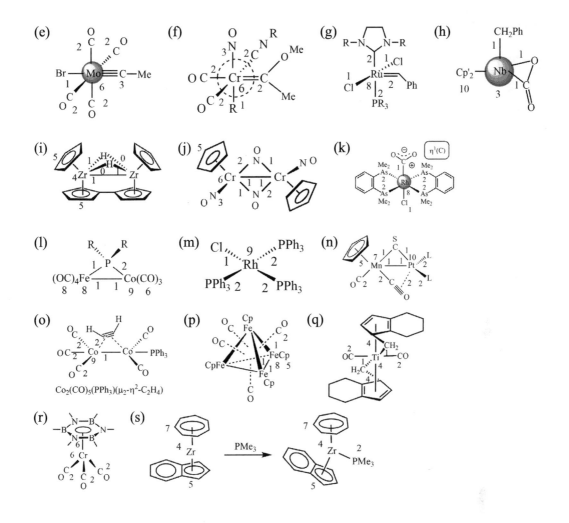

幾個多層三明治金屬化合物（Multiple-Decker Organometallic Compounds）如下圖示。請算出這些金屬化合物的總價電子數目。請指出個別從金屬及配位基所提供的電子個數，再加總。〔提示：利用十八電子規則（18-Electron Rule）再加以延伸。〕

26

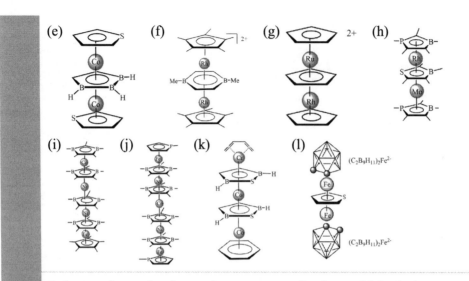

Point out the total valence electrons count for the multiple-decker compounds. The total valence electrons are contributed both from ligands and metal centers.

答：答案如下圖示。以中性算法，其中 B-R 基團在環內算提供零個電子，C-R 算提供一個電子，P-R 算提供兩個電子，S 算提供兩個電子。

化合物	電子數	化合物	電子數	化合物	電子數
(a)	30	(e)	32	(i)	54
(b)	32	(f)	32-2=30	(j)	69
(c)	42	(g)	32-2=30	(k)	42
(d)	18	(h)	30	(l)	32

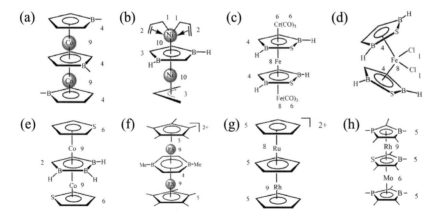

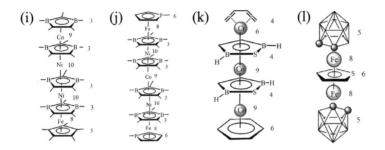

補充說明： 化學家曾試圖合成長鏈的多層三明治化合物來當成一維的電子導線。

然而，其合成挑戰性相當高，當長度越長時其產率越低，且化合物容易斷鍵。

27

幾個有機金屬化合物的分子式提供如下，請繪出其結構。

(a) Rh(COD)$_2$(BPh$_4$)；(b) (Indenyl)$_2$W(CO)$_2$；(c) Fe$_2$(CO)$_6$(η^4-μ_2-C$_4$R$_4$)；

(d) RhCl(PPh$_3$)$_3$；(e) Os$_3$(CO)$_9$(NO)$_2$（結構異構物）

〔提示：COD（cyclooctadiene），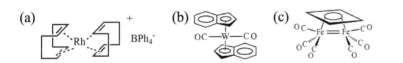； Indenyl，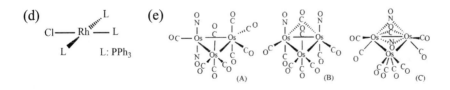〕

Please draw out the structure for each corresponding compound as shown.

答： 化合物的構型如下所示。其中 (e) 有幾種的可能構型都遵守十八電子規則

（18-Electron Rule），只舉出其中三種構型。

(a)

(b)

(c)

(d)

(e)

(A)　(B)　(C)

28

將 WCl$_4$ 和 K$_2$C$_8$H$_8$ 反應，可產生雙金屬產物 W$_2$(C$_8$H$_8$)$_3$。請繪出分子可能結構。

The reaction of WCl$_4$ and K$_2$C$_8$H$_8$ led to the formation of a bimetallic compound W$_2$(C$_8$H$_8$)$_3$. Please draw out its possible structure.

答：WCl₄ + K₂C₈H₈ → W₂(C₈H₈)₃。產物分子的結構如下圖。下面的 C₈H₈ 配位方式比較特別。如果每個 W 金屬都要遵守十八電子規則，則上面的 C₈H₈ 配位方式需視為提供六個電子的環（η^6-C₈H₈）。

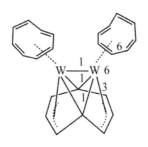

有一個由 1,3,5,7-環辛四烯（cyclooctatetraene, C₈H₈）配位的雙金屬產物 *trans*-μ[1-5:4-8-η-cyclooctatetraene]-bis(η^5-cyclooctadienyl)ruthenium 被合成出來。針對其分子結構有兩種看法，其表達如下圖。請說明其鍵結並指出是否每個金屬都遵守十八電子規則。

29

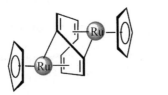
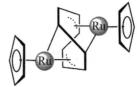

A 1,3,5,7-cyclooctatetraene (C₈H₈) coordinated bimetallic compound *trans*-μ[1-5:4-8-η-cyclooctatetraene]-bis(η^5-cyclooctadienyl)ruthenium was made. There are two viewpoints for the structure of this compound. Illustrate their bonding and point out whether each metal center obeys the "18-electron rule".

答：左圖的看法中每個金屬都遵守十八電子規則，但是圖示並不正確，和 Ru 以 σ-鍵方式鍵結的 C 上少了一個氫。而右圖的看法中每個金屬只有十七個電子，但是和 Ru 以 σ-鍵方式鍵結的 C 上的表示法是正確的。兩種表示法都有不完美的地方。

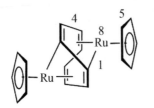
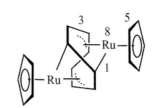

有一個雙鈷金屬化合物被合成出來，鑑定後發現其結構如下圖。化學家對分子進行拆分來了解其鍵結的方式可以有許多種。(a) 第一，將其上的（η^2-μ_2-PhC≡CPh）當成配位基，以 π-鍵結方式接到雙鈷 $Co_2(CO)_6$ 上，形成 (η^2-μ_2-PhC≡CPh)$Co_2(CO)_6$。請說明此種鍵結方式，並指出鈷金屬中心是否遵守<u>十八電子規則</u>。(b) 其次，將其上的每個（-CPh）視為一個可以提供三個電子的基團，再參與於整個鍵結中。請說明此種鍵結方式，並指出鈷金屬中心是否遵守<u>十八電子規則</u>。

30

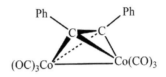

The structure of a bimetallic compound (η^2-μ_2-PhC≡CPh)$Co_2(CO)_6$ is shown. (a) It can be regarded as alkyne coordinates to metals through π-bonding. Illustrate it and point out whether both the metal centers obey the "18-electron rule". (b) It can also be regarded as each -CPh group of alkyne contributes three electrons in bonding. Explain.

答：(a) 將 PhC≡CPh 當作能提供四個電子的配位基，各提供兩個 π-電子到每個鈷上，Co：9；CO：3 x 2 = 6；Co-Co：1。總價電子數為十八個電子。(b) 將 CPh 視為一基團，提供一個電子到鈷上，兩個 CPh 基團共提供兩個電子到鈷上，Co：9；CO：3 x 2 = 6；Co-Co：1。總價電子數為十八個電子。兩種看法都可以使金屬中心遵守<u>十八電子規則</u>。

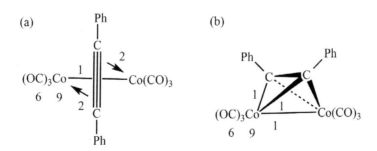

31

下面圖示的雙鐵金屬化合物是由 $Fe_2(CO)_9$ 和 MeN=NMe 反應而得。請算出此金屬化合物的鐵金屬中心的總價電子數目。請分別指出個別從金屬及配位基所提供的電子個數，再加總。此金屬化合物金屬中心是否遵守十八電子規則（18-Electron Rule）？

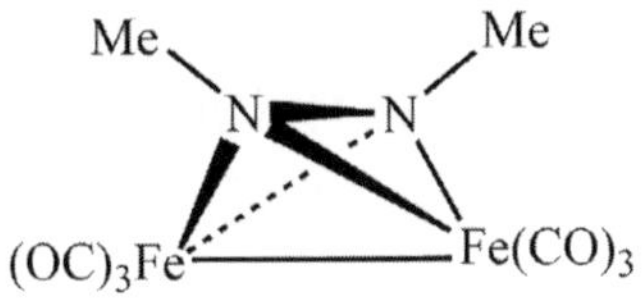

The reaction of $Fe_2(CO)_9$ with MeN=NMe produced a bimetallic compound. Its structure is as shown. Point out the total valence electrons count for the metal center of this compound. The total valence electrons are contributed both from ligands and metal center

答：計算金屬中心由各單位貢獻而來的價電子數如圖示。為遵守十八電子規則。兩個 NR 單位分別提供兩個及一個價電子數到個別金屬 Fe 上。

補充說明：N 本有五個價電子，形成 N-Me 及 N-N 鍵用掉兩個。剩三個價電子可使用於和兩個鐵金屬鍵結。

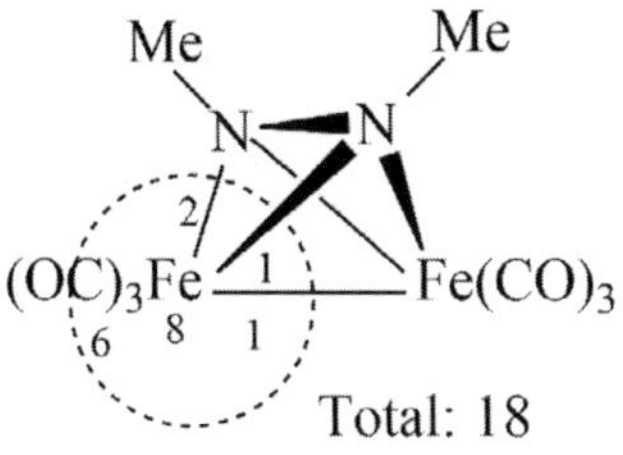

Total: 18

32

雙錸（Re）金屬化合物 $Re_2Cl_8^{2-}$ 是第一個被發現具有四重鍵（Quadruple Bond）的化合物。四重鍵包括一個 σ-、兩個 π-及一個 δ-鍵結。(a) 請解釋四重鍵的組成。(b) 請以軌域方式定性地繪出其中的 σ-、π-及 δ-鍵結。(c)其中 δ-鍵結需要此分子採取掩蔽式（Eclipsed, D_{4h}）組態才能形成。請加以說明。(d) 一般 Re-Re 間的單及雙鍵共價半徑鍵長分別為 1.31 Å 及 1.19 Å 左右。由 X-光單晶繞射法所提供其晶體結構數據顯示此分子內 Re-Re 間的鍵長是 2.24 Å，這個 Re-Re 間的鍵長為 2.24 Å 的數值有何特別之處？

Bimetallic complex, $Re_2Cl_8^{2-}$, was the first compound discovered with a quadruple bond between metals. (a) Explain the reason for $Re_2Cl_8^{2-}$ to form quadruple bond between its own two Re metals. (b) Draw out σ-, π- and δ-bonding of this compound qualitatively. (c) Explain the reason why only under eclipsed form (D_{4h}) can δ-bonding then be formed. (d) The bond length of Re-Re is 2.24 Å. Is there any unusual about this short bond length? [Hint: The covalent bond lengths for single and double bond between two Re atoms are 1.31 Å and 1.19 Å, respectively]

答：(a) 金屬化合物 $Re_2Cl_8^{2-}$ 具有四重鍵，分別為一個 σ、兩個 π 及一個 δ。其中 δ-鍵結是以兩個過渡金屬 Re 上面適當的 d 軌域面對面相鍵結而成。鍵結以後，從兩個參與鍵結原子的軸線（z 軸）看過去，電子雲被切成四片是為 δ-鍵結。注意，有機化合物沒有形成 δ-鍵結的可能。

(b)

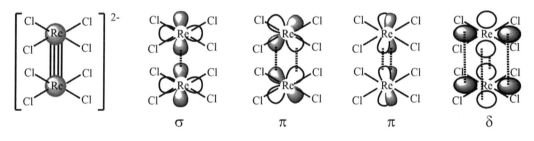

(c) 兩個 Re 金屬基團必須採取<u>掩蔽式</u>（eclipsed, D_{4h}）組態才能讓兩個 Re 金屬上的 d_{xy} 軌域產生好的重疊，得到 δ-鍵結。<u>間隔式</u>（staggered, D_{4d}）組態無法使兩個 Re 金屬上的 d_{xy} 軌域產生好的重疊，故無法得到 δ-鍵結。

(d) Re-Re 間的鍵長是 2.24 Å，是很短的 Re-Re 鍵。隱含 Re-Re 間具有多重鍵的信息。但是要注意三鍵和四鍵的鍵長相差很小，單獨由鍵長的資訊去判斷形成三鍵和四鍵，有誤判的可能性。金屬化合物 $Re_2Cl_8^{2-}$ 具有四重鍵的判定，除了實驗上提供 Re-Re 之間有很短的鍵的資訊外，理論上也提供兩個 Re 金屬上的 d_{xy} 軌域有產生好的重疊的可行性，因此可以說服化學家相信金屬化合物 $Re_2Cl_8^{2-}$ 的 Re-Re 之間具有四重鍵。

補充說明：在某一個情形下炔類化合物和過渡金屬之間也可形成 δ-鍵結。當炔類化合物和過渡金屬以 Dewar-Chatt-Duncanson 的模式鍵結時，其中一個 π*軌域接受金屬的 π-逆鍵結（π-Backbonding）時可視為形成 δ-鍵結。

第一個被發現具有金屬—金屬間四重鍵（Quadruple Bond）的金屬化合物是 $[Re_2Cl_8]^{2-}$。此處兩個 Re 金屬基團必須採取掩蔽式（eclipsed, D_{4h}）組態，δ-鍵結才有可能形成。假設每個取代基 Cl 上提供一個 s 軌域參與形成 LGO。根據群論方法推導出由所有八個取代基組成的 Total Representation。由 Total Representation 和徵表作用再 Reduced 出對稱。從徵表找出中心 Re 金屬中合適的 d 軌域能和此八個 π 軌域鍵結者。

D_{4h}	E	$2C_4$	C_2	$2C_2'$	$2C_2''$	i	$2S_4$	σ_h	$2\sigma_v$	$2\sigma_d$		
A_{1g}	1	1	1	1	1	1	1	1	1	1		x^2+y^2, z^2
A_{2g}	1	1	1	-1	-1	1	1	1	-1	-1	R_z	
B_{1g}	1	-1	1	1	-1	1	-1	1	1	-1		x^2-y^2
B_{2g}	1	-1	1	-1	1	1	-1	1	-1	1		xy
E_g	2	0	-2	0	0	2	0	-2	0	0	(R_x, R_y)	(yz, xz)
A_{1u}	1	1	1	1	1	-1	-1	-1	-1	-1		
A_{2u}	1	1	1	-1	-1	-1	-1	-1	1	1	z	
B_{1u}	1	-1	1	1	-1	-1	1	-1	-1	1		
B_{2u}	1	-1	1	-1	1	-1	1	-1	1	-1		
E_u	2	0	-2	0	0	-2	0	2	0	0	(x,y)	

The first compound discovered which having quadruple bond is $[Re_2Cl_8]^{2-}$. Here, two Re metal fragments have to take eclipsed form (D_{4h}) then δ-bonding is possible. Assuming that every Cl provides one orbital to participate in forming LGO, the total representation shall be able to obtain from the method of Group Theory. This total representation might be further reduced by employing the Character Table. One might find suitable d orbitals from Re metals to have positive overlap with eight π-orbitals. Explain it.

答：這問題可從 D_{4h} 對稱開始，推導出八個取代基組成的 Total Representation。或者先簡化成 C_{4v} 對稱著手，先組合由四個取代基組成的 Total Representation。首先，根據群論 C_{4v} 對稱方法推導出 Total Representation Γ_{tot}: 4,0,0,2,0。由 Total Representation 和 C_{4v} 徵表作用 Reduced 出 $\Gamma_{tot} = A_1 + B_1 + E$。中心 Re 金屬中合適的 d 軌域只有 4 d_{x2-y2} 能和此四個 π 軌域其中的 b_{1g} 鍵結。若考慮更複雜的 D_{4h} 對稱，能和八個 π 軌域鍵結者也是只有 4 d_{x2-y2} 軌域。

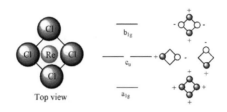

有一個含三鋨（Os）金屬化合物 $Os_3(CO)_9(NO)_2$ 是由 $Os_3(CO)_{12}$ 在 120ºC 下和 NO 反應產生的主產物。以 ^{13}C 核磁共振光譜儀（NMR, Nuclear Magnetic Resonance）檢測，光譜顯示有比例為 4：2：2：1 的四組吸收峰。其紅外光（IR）吸收頻率分別為 v_{co}: 2000 和 v_{NO}: 1750 cm^{-1}。(a) 根據上述資料繪出此含三鋨金屬化合物的結構。(b) 根據紅外光（IR）譜資料解釋此金屬化合物是否具有架橋 CO(s)。(c) 若不理 NMR 及 IR 光譜數據而只就其分子式 $Os_3(CO)_9(NO)_2$ 加以猜測，有多少可能的結構異構物符合此分子式的要求？前提是化合物 $Os_3(CO)_9(NO)_2$ 其上的每個鋨金屬都必須符合十八電子規則（18-Electron Rule）。

34

The reaction of $Os_3(CO)_{12}$ with NO at 120ºC produced $Os_3(CO)_9(NO)_2$ as the major product. There are four signals show up in ^{13}C NMR in the ratio of 4:2:2:1. The absorptions of v_{co} and v_{NO} are 2000 and 1750 cm^{-1} in IR, respectively. (a) Draw out the structure(s) of this product. (b) Is there any bridging CO in this compound? (c) How many isomers are possible regardless the spectroscopic data if only the "18-Electron Rule" is held?

答：(a) 原先金屬化合物 $Os_3(CO)_{12}$ 的 CO 全是端點羰基（Terminal carbonyl）形式。和 NO 反應後，三個 CO 為兩個 NO 所取代。取代後有下列幾種構型都符合十八電子規則要求。

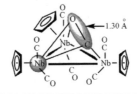

| Orginal | Product (A) | Product (B) | Product (C) |

(b) 若只考慮 IR 吸收光譜數據，顯示並沒有架橋 CO(s)。應該只有 Product(A) 是符合此條件的。

(c) 若只要遵守十八電子規則，而不考慮光譜數據，則 Product(A)、Product(B) 及 Product(C) 都是符合的。還有其他可能構型沒列入，讀者可自己試做。

補充說明：若 IR 不夠明確區分產物的構型，則使用 X-光繞射法（X-Ray Diffraction Method）是最直接有效的方法。要注意的是由分子晶體經 X-光繞射法得到的構型，不一定完全能反映出化合物在溶液狀態下的構型，在溶液中分子構型可能會有變異現象。

35

化學家驚訝地發現在一個含三鈮（Nb）金屬化合物 $Cp_3Nb_3(CO)_7$ 晶體結構有一個架橋到三個鈮金屬的一氧化碳配位基 μ_3-CO，且是以非對稱方式鍵結到三個鈮金屬上。此一氧化碳配位基 μ_3-CO 有不尋常的長 C-O 鍵長（1.30(1) Å），且有不尋常低的 IR 吸收頻率（ν_{co}）在 1330 cm⁻¹ 位置。請根據這些數據來解釋這化合物結構。並計算三個鈮金屬個別的總價電子數目，總價電子數目為從金屬本身及相對應配位基所提供來的價電子個數總和。

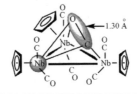

There is a triply bridged CO (μ_3-CO) being found in the structure of $Cp_3Nb_3(CO)_7$ as shown. The bond length of C-O bond (1.30(1) Å) is long and the absorption of C-O in IR is low (ν_{co} = 1330 cm⁻¹). Rationalize the structure based on these data. Point out the total valence electrons count of the metal centers of the following compounds. Note that the total valence electrons are contributed both from ligands and metal center.

答：由各單位貢獻的價電子數如下圖示。所有 Nb 金屬中心都符合十八電子規則要求。其中有一個特別的 CO，先以 σ-鍵方式鍵結到一個 Nb 金屬後，再以 π-鍵方式分別鍵結到兩個 Nb 金屬。此時 CO 等於提供六個電子參與鍵結，且接受三個 Nb 金屬基團的逆鍵結（backbonding），因此 C-O 鍵變很長，從原來的三鍵往雙鍵甚至更長方向拉開。

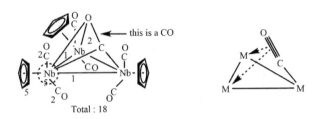

Total : 18

在紅外光譜中，一氧化碳（CO）只展現唯一的 2143 cm^{-1} 吸收峰。單金屬羰基化合物 Ni(CO)$_4$ 其羰基（CO）的吸收峰約出現在 2000 cm^{-1} 附近。而雙金屬羰基化合物 Co$_2$(CO)$_8$ 則顯示兩組吸收峰分別約在 2000 cm^{-1} 和 1800 cm^{-1} 附近。請解釋此光譜現象。

36

There is only one IR absorption signal at 2143 cm^{-1} for free CO. A simple metal carbonyl such as Ni(CO)$_4$ has absorption signals around 2000 cm^{-1}. The bimetallic compound such as Co$_2$(CO)$_8$ exhibits two sets of IR absorption signals around 2000 cm^{-1} and 1800 cm^{-1}. Explain.

答：一氧化碳（CO）在紅外光譜中只展現一個吸收峰。單金屬羰基化合物 Ni(CO)$_4$ 在紅外吸收帶約在 2000 cm^{-1} 附近，皆為端點羰基（Terminal carbonyl）。而雙金屬羰基化合物 Co$_2$(CO)$_8$ 上分別有端點羰基（Terminal carbonyl）及架橋羰基（Bridging carbonyl）兩種形式。前者紅外吸收峰出現在 2000 cm^{-1} 左右，後者出現在 1800 cm^{-1} 附近。

補充說明：架橋 CO 紅外吸收峰出現在較低的地方是因為接受雙金屬的電子逆鍵結（backbonding）的機制所造成的。從金屬來的逆鍵結電子密度進入 CO 的反鍵結軌域造成 CO 鍵變弱，導致紅外吸收頻率下降。

37

在紅外光譜（IR）中一氧化碳（CO）只展現唯一的一個紅外光吸收峰出現在 2143 cm^{-1} 位置。當一氧化碳以配位方式鍵結到過渡金屬上時，紅外光吸收帶頻率下降。簡單的過渡金屬羰基化合物（$M(CO)_n$）其羰基的紅外吸收帶約出現在 2000 cm^{-1} 左右。當過渡金屬羰基化合物如 $Fe(CO)_3(PR_3)_2$ 上有三個羰基時，最多會出現三個紅外光吸收峰。但是隨著分子越對稱，其吸收峰個數越少。學理上，當金屬化合物 $Fe(CO)_3(PR_3)_2$ 以雙三角錐形（TBP）構型存在時，因為配位基不同分布，而產生三種可能構型。請繪出這三種構型。如果化合物的紅外光譜中 CO 的 IR 吸收頻率 v_{CO} 在 2000 cm^{-1} 附近呈現的樣式如下圖，根據此光譜圖哪一種構型是合理的？

2000 cm^{-1}

In principle, there are three structural isomers for $Fe(CO)_3(PR_3)_2$ in the form of trigonal bipyramidal (TBP). Which form is the most likely to be the right one by judging it merely based on the IR pattern (v_{CO}) that is shown around 2000 cm^{-1}?

答： 金屬化合物 $Fe(CO)_3(PR_3)_2$ 以雙三角錐形（TBP）構型存在可能有三種構型（A）、（B）和（C），根據群論 CO 的 IR 吸收峰個數分別為三根、二根和一根。因此，$Fe(CO)_3(PR_3)_2$ 以（B）構型存在可能性最高。在構型（B）中，三個 CO 以 C_{3v} 方式排列，會產生 $a_1 + e$ 對稱，都是 IR active。因此，有兩組吸收峰，通常是一大一小。

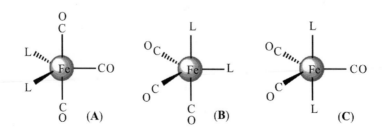

下圖為鐵辛（Cp₂Fe）採取間隔式（staggered）組態的近似分子軌域能階圖。(a) 請從配位基組成 e_{1g} 的 LGO。(b) 請為 e_{1g} 找到金屬上相對應的相同對稱軌域。(c) 若鐵辛（Cp₂Fe）採取掩蔽式（eclipsed, D₅ₕ）組態，請從配位基組成 e_{1g} 對稱的 LGO。〔LGO：Ligand Group Orbital。由對稱等值的（equivalent）配位基上的軌域以線性相加減而成的軌域。〕

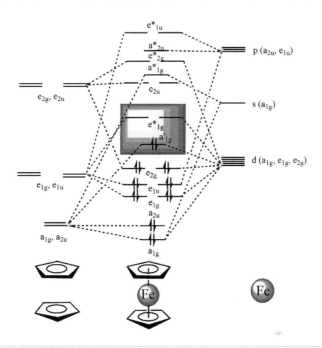

A qualitative molecular energy diagram is shown for Ferrocene (Cp₂Fe) while taking staggered configuration. (a) Illustrate the process of the construction of LGO of e_{1g} from ligands. (b) Find out proper orbitals for e_{1g} from metal to fit these LGO. (c) Illustrate the process of the construction of LGO of e_{1g} from ligands if Ferrocene taking eclipsed (D₅ₕ) form.

答：(a) 鐵辛（Cp₂Fe）採取間隔式其 e_{1g} 的 LGO 如下，e_{1g} 是兩個簡併狀態軌域（doubly degenerate orbitals）。

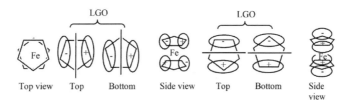

(b) e_{1g} 的 LGO 可配上金屬的 d_{yz}, d_{xz} 軌域。

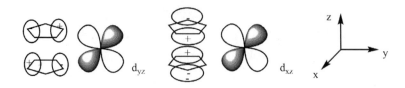

(c) 採取<u>掩蔽式</u> e_{1g} 的 LGO 如下。

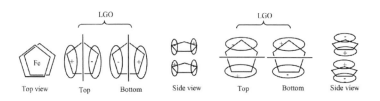

承上題，<u>鐵辛</u>（Cp_2Fe）可採取掩蔽式（eclipsed, D_{5h}）或間隔式（staggered, D_{5d}）構型。上圖則為鐵辛（Cp_2Fe）採取間隔式構型的近似分子軌域能階圖。(a) 請指出哪一個軌域是 HOMO 及 LUMO？(b) <u>鎳辛</u>（Cp_2Ni）具有二十個價電子。將二十個價電子填入圖中，並說明<u>鎳辛</u>是順磁性（Paramagnetic）還是<u>逆磁性</u>（Diamagnetic）。(c) 根據所填入電子的圖形，指出鎳辛容易被氧化或是被還原。(d) 根據所填入電子的圖形，指出鎳辛可當氧化劑或還原劑。(e) <u>鈷辛</u>（Cp_2Co）具有十九個價電子。根據上訴原理，說明鈷辛是順磁性還是逆磁性？可當氧化劑或還原劑？(f) 鐵辛（Cp_2Fe）和鈷辛離子（Cp_2Co^+）是等電子（Isoelectronic），同樣具有十八個價電子，說明何者的第一<u>游離能</u>（Ionization Energy）及<u>電子親合力</u>（Electron Affinity）比較大。

The molecular energy diagram for Cp_2Fe, which is taking staggered form, is shown previously. (a) Which orbital is HOMO？Which orbital is LUMO？(b) By using this diagram to predict the magnetism of Cp_2Ni. Is it paramagnetic or diamagnetic? (c) Dose this Cp_2Ni tend to be oxidized or reduced? (d) Can Cp_2Ni be employed as oxidant or reductant? (e) Do the same evaluation for Cp_2Co. (f) Cp_2Co^+ and Cp_2Fe are isoelectronic. Compare the first "Ionization Energy" and "Electron Affinity" for both species.

答：(a) 在鐵辛採取間隔式（staggered）組態的例子中，軌域 a'$_{1g}$ 是 HOMO，e*$_{1g}$ 軌域是 LUMO。(b) 根據 Hund 法則，鎳辛（Cp$_2$Ni）第十九及二十電子則以半填滿方式填入 e*$_{1g}$ 軌域，有兩個未成對電子，具有順磁性（Paramagnetic）。(c) 鎳辛第十九及二十電子在反鍵結軌域，容易取走，容易被氧化。(d) 因此，鎳辛可當提供兩個電子的還原劑。(e) 鈷辛（Cp$_2$Co）第十九電子單獨填入 e*$_{1g}$ 軌域，有一個未成對電子，具有順磁性（Paramagnetic），容易取走，被氧化，所以鈷辛可當提供一個電子的還原劑。(f) 鈷辛離子（Cp$_2$Co$^+$）和鐵辛（Cp$_2$Fe）雖是等電子，但前者帶正電，第一游離能（Ionization Energy）比較大。因前者帶正電，電子親合力（Electron Affinity）也比較大。

40

單獨的環丁二烯為長方形時，電子填入 π-軌域都成對，是 singlet。理論上，當環丁二烯為正方形時，電子填入 π-軌域，有兩個未成對電子，為 triplet。(a) 請繪出正方形環丁二烯的個別能階圖，並加以說明。(b) 學理上，當環丁二烯為正方形時，是處於不穩定狀態。化學家利用過渡金屬基團 Fe(CO)$_3$ 和它結合，使其成穩定狀態。說明之。

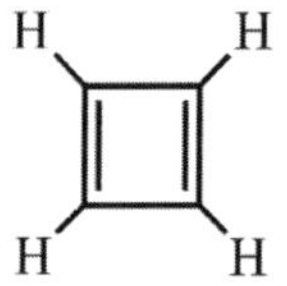

Square form 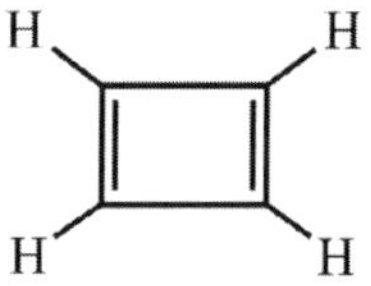　　　Rectangular form

While cyclobutadiene (C$_4$H$_4$) in its square shape, the π-electrons are in its triplet state. It is singlet while cyclobutadiene in its rectangle shape. (a) Plot out the energy diagram and explain it. (b) Although the triplet state cyclobutadiene in its square shape is not stable, transition metal fragment (Fe(CO)$_3$) can stabilize it. Please explain it.

答：(a) 左圖是環丁二烯為正方形時的狀況，其中有兩個簡併狀態軌域，根據韓德法則（Hund's rule）兩個電子以未成對電子方式（為 triplet）填入圖中簡併狀態軌域，是為順磁性。右圖是環丁二烯為長方形時的狀況，其中沒有簡併狀態軌域，所有電子以成對電子方式（為 singlet）填入圖中軌域，是為逆磁性。

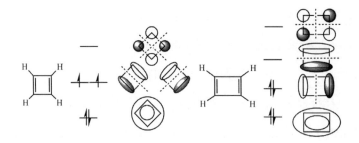

(b) 環丁二烯為正方形時，系統為 triplet，為不穩定狀態。如果和金屬鐵基團（Fe(CO)$_3$）結合形成 (η^4-C$_4$H$_4$)Fe(CO)$_3$ 時，此時正方形環的丁二烯視為帶負二價（C$_4$H$_4^{-2}$），有六個 π-電子，符合 Aromaticity 的要求，所有電子都成對，為穩定狀態。

補充說明：由此處可以看到因為過渡金屬的介入，使原本不穩定的正方形環丁二烯變成穩定分子的一部分。

41

兩層三明治金屬辛化合物（Metallocene）如鐵辛遵守十八電子規則（18-Electron Rule）。從一個觀點，若將每個組成鐵辛的單位（兩個 Cp$^-$ 及一個 Fe(II)）其電子數都視為六，總數則為 3 x 6 = 18。因此，多層三明治化合物電子數可依層次為 5 x 6 = 30、7 x 6 = 42、9 x 6 = 54 等等類推。化學家發現多層三明治化合物（Multiple Decker Compounds）比一般兩層三明治金屬辛（Metallocene）對填入電子數的容忍範圍較大。說明之。

The multiple-decker compounds always show greater tolerance towards electron counting than common sandwich compounds. Explain.

答：用分子軌域理論來描述鐵辛（Ferrocene, (η^5-C$_5$H$_5$)$_2$Fe）其分子軌域能量圖如下。一般金屬辛（Metallocene）以遵守十八電子規則（18-Electron Rule）為原則。鐵辛 HOMO 電子填到 a'$_{1g}$ 軌域遵守十八電子規則，若為鈷辛則第十九個電子填入

LUMO（e*$_{1g}$ 軌域，反鍵結軌域）。因為金屬辛的特殊結構即使電子填入反鍵結軌域並不太會影響其分子的穩定度。從某個角度來看，Cp 可視為三牙基，是很強的鍵結。相對地，若是價電子低於十八電子規則不太多時，仍是穩定的。即三明治化合物對電子數在十八電子附近變動有適當的容忍度。當三明治化合物的層越多時，其 HOMO 與 LUMO 之間的軌域能量差越接近，電子數目在預期值附近變動的容忍度更大，而不太會影響其分子的穩定度。因此，多層三明治化合物（Multiple Decker Compounds）對填入電子數的容忍範圍比金屬辛（Metallocene）大。從另一個觀點，每個組成金屬辛三明治化合物的基團的電子數都視為六，總數為 3 x 6 = 18。多層三明治化合物電子數可依其層的數目而為 5 x 6 = 30、7 x 6 = 42、9 x 6 = 54 等等。當多層三明治化合物的總價電子數在理論值上下變動不太大時，分子還能維持穩定狀態。

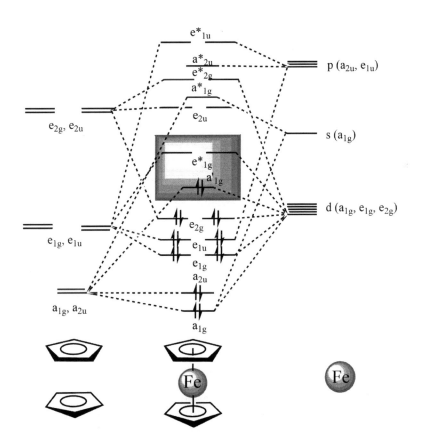

| 42 | 有些化學家試圖在已合成三明治化合物（Sandwich Compounds）如鐵辛（Cp₂Fe）的基礎上繼續合成多層三明治化合物（Multiple-Decker Compounds）。請說明化學家如此做的原先目的和目前所遭遇到的困難。 |
| | Explain the original goal and difficulties encountered for chemists to synthesize the multiple-decker compounds. |

答：化學家合成多層三明治化合物（Multiple-Decker Compounds）的原先目的是試圖製造奈米級 1D 導線。可以想見的困難是當分子越來越長時，其反應產率會越低，分子也越來越不穩定，不易得到目標產物。另外，實驗上量測其線性方向導電度也不容易。

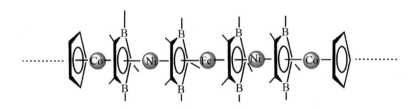

| 43 | 在週期表中第二列或第三列過渡金屬具有 d^8 組態者，如 Rh(I)、Ir(I)、Pd(II)、Pt(II) 等等，有強烈傾向形成四配位的平面四邊形（Square Planar）的幾何構型，且為具十六個價電子數的化合物，不遵守十八電子規則（18-Electron Rule）。對比之下，第一列過渡金屬具有 d^8 組態者，並沒有形成平面四邊形的幾何構型的強烈傾向，而是平面四邊形或正四面體（Tetrahedral）的幾何構型都可能發生。請加以說明。 |
| | Metal complexes which are made of the second and third row transition metals with d^8 configuration tend to form square planar geometry and a total of 16 valence electrons count. While, the first row transition metals might be with either square planar or tetrahedral geometry. Explain. |

答：第二列及第三列過渡金屬具有 d^8 組態的金屬常受 Jahn-Teller Distortion 的影響而傾向形成平面四方形（Square Planar）的幾何構型。其中五個 d 軌域分裂成四組。因為第二列及第三列過渡金屬的結晶場強度較強，$d_{x^2-y^2}$ 軌域與 d_{xy} 軌域能量差

值很大，電子填到 d_{xy} 軌域，為一個具十六個電子的錯合物。最上面的 d_{x2-y2} 軌域能量很高，不會填入電子。而第一列過渡金屬的結晶場強度不強，形成平面四方形不一定佔有優勢。此時，形成正四面體其立體障礙比較小，反而有利。

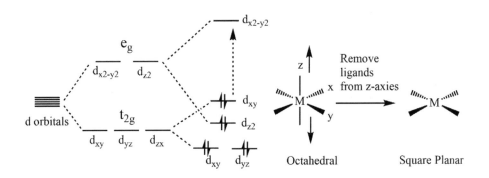

假設分子 $(\eta^4\text{-}C_4H_4)Mo(CO)_4$ 是存在。(a) 如果此分子的四個 CO 配位基具 C_{4v} 對稱，預測有多少 CO 的 IR 吸收峰。(b) 請繪出正四面形環丁二烯離子的四個 π 軌域，並找出中心 Mo 金屬中的合適軌域（s、p 或 d）能和此四個 π 軌域鍵結者。

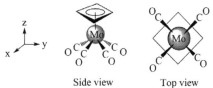

Side view　Top view

C_{4v}	E	$2C_4$	C_2	$2\sigma_v$	$2\sigma_d$		
A_1	1	1	1	1	1	z	x^2+y^2, z^2
A_2	1	1	1	-1	-1	R_z	
B_1	1	-1	1	1	-1		x^2-y^2
B_2	1	-1	1	-1	1		xy
E	2	0	-2	0	0	$(x,y)(R_x, R_y)$	(yz, xz)

Assuming that the compound $(\eta^4\text{-}C_4H_4)Mo(CO)_4$ is exist. Answer the following questions. (a) How many IR absorption signals for C-O might be observed if the four CO groups of the compound taking C_{4v} symmetry. (b) Draw out the four π-orbitals of the ring and find out appropriate orbitals (s, p or d) from Mo metal to have positive overlap with them.

答：(a) 首先，根據群論（Group Theory）方法推導出 Total Representation Γ_{tot}: 4,0,0,2,0。由 Total Representation 和徵表作用 Reduced 出 $\Gamma_{tot} = A_1 + B_1 + E$。其中 A_1 和 E 是 IR active。因此，只有兩個 C-O 的 IR 吸收峰。

(b) 正四面形環丁二烯離子的四個 π 軌域如下。能和此四個 π 軌域鍵結的中心 Mo 金屬的合適軌域者如下。5s, $4d_{z^2}$ → a_{1g}，5p_x, 5p_y → e_u，$4d_{x^2-y^2}$ → b_{1g}。

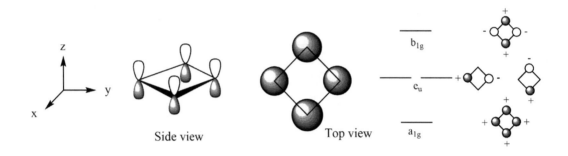

Side view　　　　Top view

45

描述含過渡金屬化合物如配位化合物或有機金屬化合物分子鍵結常用的幾個理論分別是分子軌域理論（Molecular Orbital Theory, MOT）、價鍵軌域理論（Valence Bond Theory, VBT）和配位場論（Ligand Field Theory, LFT）理論。請利用這幾個理論來描述 $Cr(CO)_6$ 的鍵結。

Briefly describe the bonding of $Cr(CO)_6$ by using Molecular Orbital Theory (MOT), Valence Bond Theory (VBT) and Ligand Field Theory (LFT).

答：分子軌域理論（Molecular Orbital Theory, MOT）對分子鍵結的處理方式是將可用於參與鍵結的各組成原子軌域以線性組合（Linear Combination）的方式組合成分子軌域。以六配位之正八面體（Octahedral, O_h）的金屬化合物 $Cr(CO)_6$ 為例。其主要的鍵結分子軌域能量圖如下。注意，下圖只考慮配位基和金屬的 σ-鍵結部分，而 π-鍵結部分則暫時省略。

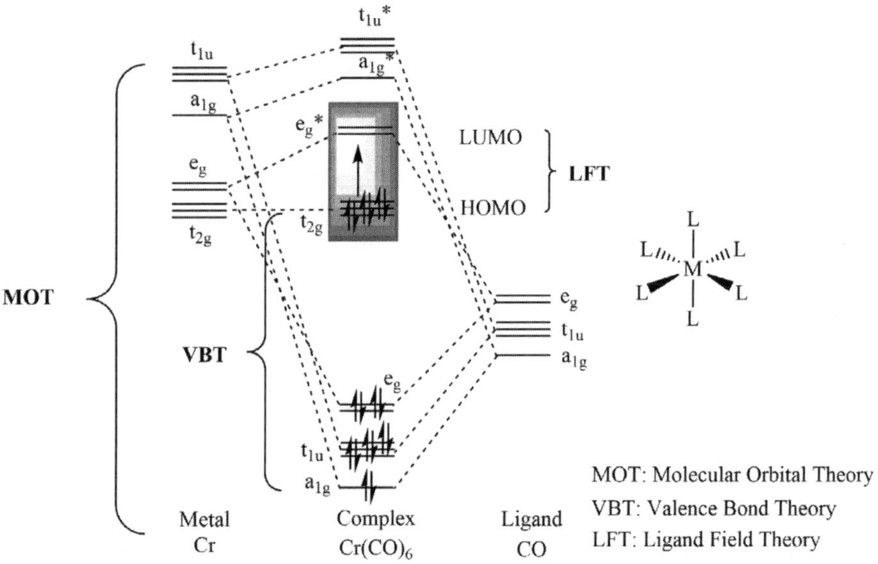

中心金屬的 4s、4p 及 3d 共九個軌域在正八面體的環境下分裂成 t_{1u}、a_{1g}、e_g 及 t_{2g} 等四組。而六個配位基的 σ-軌域在此環境下分裂成 a_{1g}、t_{1u} 及 e_g 等三組。兩邊找到對稱一樣的軌域來鍵結形成鍵結軌域及反鍵結分子軌域。注意此時金屬的 t_{2g} 沒有找到相對應的軌域來形成鍵結，為非（不）鍵結軌域（Non-bonding Orbital），在加入配位基和金屬的 π-鍵結考慮時，此 t_{2g} 軌域有機會被使用到。從最下面 a_{1g} 軌域填至 t_{2g} 軌域時共需填入十八個電子，從 e_g* 開始為反鍵結軌域。在配位化學中，電子從 t_{2g} 軌域躍遷至 e_g* 反鍵結軌域（在配位化學中被稱為 e_g）所需能量被定義為 10 Dq。當躍遷能量出現在可見光區時，則化合物展現顏色。配位場論（Ligand Field Theory, LFT）處理的部分是 HOMO 和 LUMO 軌域範圍，即 t_{2g} 軌域和 e_g* 反鍵結軌域的區域。價鍵軌域理論（Valence Bond Theory, VBT）處理的部分是 HOMO 軌域以下的區域。可以說價鍵軌域理論（Valence Bond Theory, VBT）和配位場論（Ligand Field Theory, LFT）都是分子軌域理論（Molecular Orbital Theory, MOT）的特例。價鍵軌域理論無法解釋光譜現象或磁性，因完全忽視反鍵結軌域部分。配位場論勉強可以解釋光譜現象或磁性，但很粗糙。分子軌域理論雖然比較複雜，但比較完善及精確。

假定 ML_6 是正八面體的結構分子，下圖提供 ML_6 的分子能量圖的一部分（M：過渡金屬，L：配體）。(a) 請完成全圖。(b) 解釋 $Cr(CO)_6$ 分子遵守十八電子規則，並將價電子填入圖中。(c) 說明哪兩個能階間的跳動導致「10Dq」？(d) 你認為 $Cr(CO)_6^{2-}$ 是順磁性或逆磁性？

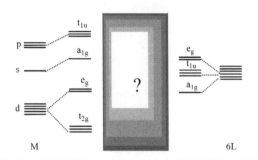

Assuming that ML_6 molecule (M: transition metal, L: ligand) is having an octahedral geometry. Part of the energy diagram of ML_6 is shown. (a) Please finish this diagram. (b) Fill electrons to the plot and illustrate that compound $Cr(CO)_6$ obeys the "18-electron rule". (c) Which two states transfer does cause the "10 Dq"? (d) Is $Cr(CO)_6^{2-}$ a paramagnetic or diamagnetic species?

答： (a) 如下圖示。(b) 電子從最下面 a_{1g} 軌域填至 t_{2g} 軌域（HOMO）時共需填入十八個，$Cr(CO)_6$ 有十八個價電子，分子很穩定。(c) 電子從 t_{2g} 軌域躍遷至 e_g^* 反鍵結軌域（在配位化學中被稱為 e_g）所需能量在配位場論（Ligand Field Theory, LFT）理論中被定義為 10 Dq。(d) $Cr(CO)_6^{2-}$ 比 $Cr(CO)_6$ 多兩個電子，根據韓德法則（Hund's rule）填入圖中 e_g^* 反鍵結軌域，是簡併狀態，有兩個未成對電子，是順磁性（paramagnetic）。

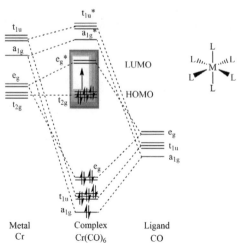

47

有機物通常不具有顏色。而含過渡金屬的有機金屬化合物或配位化合物則通常具有鮮豔顏色。以六配位之正八面體（Octahedral, O_h）的金屬化合物 ML_6 為例，利用分子軌域理論（Molecular Orbital Theory, MOT）來說明含過渡金屬化合物的顏色現象。

It is a common observation that transition metal-containing organometallic compounds always exhibit colorful appearance. Using octahedral ML_6 (O_h) as an example to illustrate it.

答：以六配位之正八面體（Octahedral, O_h）的金屬化合物 ML_6 為例。其主要的鍵結分子軌域能量圖如下。注意，下圖只考慮配位基和金屬的 σ-鍵結部分，而 π-鍵結部分則暫時省略。電子從 t_{2g} 軌域躍遷至 e_g^* 反鍵結軌域。當躍遷能量出現在可見光區時，則化合物展現互補光顏色。

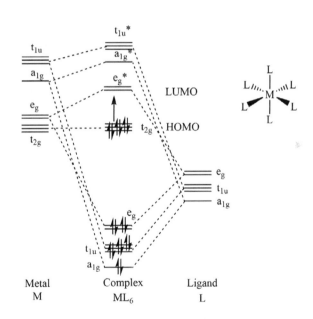

48

上述提過，含過渡金屬的有機金屬化合物或配位化合物則通常具有顏色。但是具有六配位之正八面體（Octahedral, O_h）的金屬化合物 $M(CO)_6$（M: Cr, Mo, W）均為白色。請說明原因。

Transition metal-containing compounds always exhibit diverse color. Although $M(CO)_6$ (M: Cr, Mo, W) are transition metal-containing organometallic compounds, yet, they are colorless. Explain.

答：參考上題，圖中為只有考慮 σ-鍵結的情形。下圖為加入考慮<u>配位基 π-逆鍵結</u>的情形。配位基上面原先尚未使用到的軌域共組成十二個 LGOs，可以從群論推導出共形成四組 t_{1u}、t_{1g}、t_{2g}、t_{2u}。其中只有和金屬中有對稱性符號相同的 t_{2g} 軌域可和金屬鍵結。當同時考慮 σ-鍵結及 π-逆鍵結的情形時，中心金屬的 ns、(n-1)d 和 np 軌域都可參與鍵結。

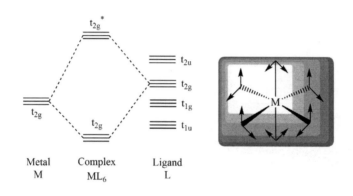

當加入 π-鍵結模式時，原來純粹以 σ-鍵結模型為考慮的模型發生改變。下左圖顯示 CoX_6^{3-} 的情形，因 X 的外層軌域電子已填滿，造成 10 Dq 減少；下右圖顯示 $M(CO)_6$（M: Cr, Mo, W）的情形，CO 有 π*軌域尚未填電子，造成 10 Dq 增加。注意下左圖 t_{2g}*填電子，造成 t_{2g}* → e_g*能量較低，10 Dq 減少。下右圖 t_{2g} 沒有填電子，t_{2g} → e_g*能量較高，10 Dq 增加。在這例子中，10 Dq 能量吸收甚至超出可見光而在紫外光的範圍，因而 $M(CO)_6$ 為白色。

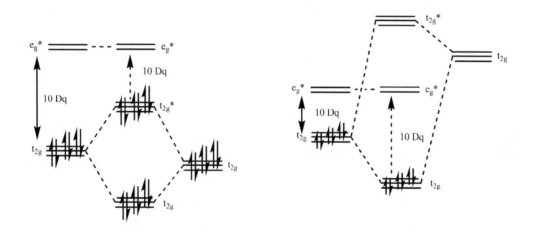

49	含零價的單核過渡金屬化合物可能藉著金屬—金屬鍵形成多核過渡金屬化合物，且伴隨著顏色變化。單核過渡金屬化合物 $Fe(CO)_5$ 為白色。當 $Fe(CO)_5$ 脫掉其中的一個或多個 CO 時，所形成的多核金屬化合物如 $Fe_2(CO)_9$ 及 $Fe_3(CO)_{12}$ 顏色由白色變淺棕色到金黃色，顏色越來越深。請加以說明。
	Although $Fe(CO)_5$ is colorless, $Fe_2(CO)_9$ and $Fe_3(CO)_{12}$ are both intense colored compounds. Explain.

答：參考上題，在 $Fe(CO)_5$ 的情形，其 $t_{2g} \rightarrow e_g^*$ 能量吸收超出可見光而在紫外光的範圍，因而為白色。$Fe_2(CO)_9$ 和 $Fe_3(CO)_{12}$ 有 Fe-Fe 金屬鍵，造成 HOMO 和 LUMO 軌域的電子轉遷移出現在可見光的範圍，因而具有顏色。$Fe_3(CO)_{12}$ 比 $Fe_2(CO)_9$ 有更多 Fe-Fe 金屬鍵，吸收可見光的遷移吸收更多，使顏色越來越深。

50	第二週期元素通常遵守八隅體規則（Octet Rule），即外層總價電子數達到八為穩定狀態。對碳元素而言就只能形成四個鍵。在正八面體叢金屬化合物 $Ru_6(CO)_{17}(\mu_6\text{-}C)$ 中發現主族元素（如 C）嵌入在中心位置，好像碳元素和週遭金屬形成六個鍵，中間的碳元素似乎已經違反八隅體規則，價鍵軌域理論（VBT）無法解釋這樣的鍵結模式。化學家如何處理這類型的鍵結模式？
	In a Ru compound, $Ru_6(CO)_{17}(\mu_6\text{-}C)$, with octahedral geometry, a main group element C is encapsulated in the center. It is unlikely to be easily explained away by VBT since the centered C disobeys the "Octet Rule". How to interpret this phenomenon by other bonding theories?

答：將主族元素嵌入叢金屬化合物的鍵結模式的研究在一九七〇至一九八〇年代很盛行，主要是和工業界想將煤轉換成石油的催化反應需求有關。這些研究是模擬主族元素如「碳」或「氫」在金屬表面的性質及接在金屬表面上的 CO、CO_2 或 H_2 斷鍵情形。早期研究偏重在如釕（Ru）和鋨（Os）等等的重金屬。此處，主族元素可能完全嵌入叢金屬內部。因為中間的 C 和六個金屬原子都看似有鍵結，似乎已經違反八隅體規則。然而，此種鍵結最好以分子軌域理論來描述。將原子與可參

與鍵結的軌域組合成分子軌域，電子再從下往上填。將中間的 C 和週遭六個金屬原子視為有「作用力」，而不需要受到價鍵軌域理論裡的兩中心／兩電子鍵（Two Centers/Two Electrons Bond，或簡化為 2c/2e 鍵）看法的限制。類似的情形可想像當從鐵煉成鋼的時候是將少量的 C 原子嵌入由鐵原子排列而成的結構的洞內，此時的 C 原子的情形類似在叢金屬化合物內的鍵結。

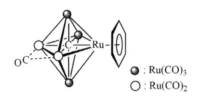

: $Ru(CO)_3$
: $Ru(CO)_2$

51

在鐵辛（Ferrocene, $(\eta^5\text{-}C_5H_5)_2Fe$）中兩個環戊二烯基（$Cp^-$）是平面的五角形。有一個特別的配位基 *nido*-$[B_9C_2H_{11}]^{2-}$ 類似英國白金漢宮御林軍的軍帽，它的開口處為一個五角環，不但形狀且鍵結能力都類似 Cp^- 環，可以和 Fe(II) 形成類似鐵辛的化合物 $[(\eta^5\text{-}B_9C_2H_{11})_2Fe]^{2-}$。不同之處在於配位基 *nido*-$[B_9C_2H_{11}]^{2-}$為負二價，環戊二烯基（$Cp^-$）是負一價。請說明此兩配位基不同之處。

An interesting ligand is *nido*-$[B_9C_2H_{11}]^{2-}$ in which there is an open five membered-ring with similar bonding capacity as that of Cp^-. The reaction of it with $FeCl_2$ might lead to the formation of $[(\eta^5\text{-}B_9C_2H_{11})_2Fe]^{2-}$. Although they are similar in bonding mode, yet differences can be found between them. Point out the differences between these two ligands, *nido*-$[B_9C_2H_{11}]^{2-}$ and Cp^-.

答：*nido*-$[B_9C_2H_{11}]^{2-}$當配位基具有類似 Cp^- 的鍵結能力，可以形成類似鐵辛的化合物 $[(\eta^5\text{-}B_9C_2H_{11})_2Fe]^{2-}$。和帶負一價 Cp^-不同之處在於 *nido*-$[B_9C_2H_{11}]^{2-}$為帶負二價配位基。鐵辛為中性的化合物，而 $[(\eta^5\text{-}B_9C_2H_{11})_2Fe]^{2-}$為帶負二價的化合物。$Cp^-$環和 Fe 的鍵結能力也比 *nido*-$[B_9C_2H_{11}]^{2-}$和 Fe 的鍵結強。畢竟，*nido*-$[B_9C_2H_{11}]^{2-}$和 Fe 的鍵結的五角環原子中有 B 及 C，大小並不一致。

	多碳環配位基（C_nH_n）和金屬鍵結可形成 Sandwich 形式的化合物。中心金屬有沒有可能從環中間穿過去？說明之。
52	The reaction of polycarbon ring (C_nH_n) with metal could form sandwich type compound. Is it possible for metal to shift between both sides of the ring in the case where ring size is big enough? Explain it.

答：以空間填充式模型（Space Filling Model）來看比較清楚。多碳環配位基（C_nH_n）的中心幾乎被軌域填滿，除非環很大才有可能有空間讓中心金屬從環中間穿過去。不過，這種可能性很小，因為環很大時不一定形成平面。如 C_8H_8 可能以 chair form 形式存在。近來，倒是有些化學家對兩個或更多個多碳環之間的相互勾串的化合物的研究很有興趣。

第 3 章
配位基的角色種類及應用

磷基非常有用，因可調整電子效應及立體障礙效應。

Phosphines are so useful because they are electronically and sterically tunable.

——卡布楚列（R. H. Crabtree）

我們都知道配位基和金屬離子鍵結會明顯地影響中心金屬離子的性質，但是配位基同時本身也可以展現自己的化學特性及反應性。

We now know that ligands influence the central metal ion significantly and can display reactivity and undergo chemistry of their own while still bound to the metal ion.

——傑佛瑞・A・勞倫斯（Geoffrey A. Lawrance）

本章重點摘要

有機金屬化合物由金屬及配位基組成。其中金屬的變化有限，就只有電子組態及氧化數。變化最多的其實是配位基。它可影響有機金屬化合物的電子及立體障礙效應（Electronic & Steric Effect）、在溶液中的溶解度、提供中心金屬的電子密度的能力、改變中心金屬的氧化還原電位及對邊效應（*Trans* effect）等等。可以說選擇恰當的配位基可以改變整個有機金屬化合物的特性及效能，甚至在催化反應中可以影響產物的選擇性（Selectivity）引導產物偏向某種構型（Conformation）。

有些配位基和金屬的鍵結，除了 σ-鍵結（σ-Bonding）外，還可能會再加上 π-逆鍵結（π-Backbonding），使整個「金屬—配位基」的鍵結增強。配位基可提供不同的電子數於鍵結中。常見的配位基除了 CO 及 PR_3 外，有些是平面環狀配位基。

其中以五角環的環戊二烯基（η^5-C$_5$R$_5$）最為常見，四角環的環丁二烯環（η^4-C$_4$R$_4$）及六角環的苯環（η^6-C$_6$R$_6$）次之。

　　一氧化碳（CO）是常見的配位基，可以端點（Terminal）或架橋（Bridging）方式來和一個金屬或多個金屬鍵結形成金屬羰基化合物（M(CO)$_n$）。以架橋（Bridging）方式和兩個以上金屬鍵結時以 μ_n-CO 來表示，n 為架橋金屬的數目。金屬羰基化合物的 CO 和金屬的鍵結模式的理論描述類似烯類或炔類和金屬的鍵結模式，皆為互相加強鍵結（Synergistic Bonding）的類型，即是鍵結中同時有 σ-鍵結（σ-Bonding）及 π-逆鍵結（π-Backbonding）發生。之所以稱為互相加強鍵結的意思就是金屬和配位基之間因這類型的鍵結而互相加強。當 π-逆鍵結發生時，因接受從金屬來的電子密度進入 CO 的反鍵結軌域（Anti-bonding Orbital）而使其頻率（ν_{CO}）下降。接越多金屬鍵結時，經由 π-逆鍵結（π-Backbonding）而來的電子密度進入 CO 的反鍵結軌域（Anti-bonding Orbital）越多，而使其頻率（ν_{CO}）下降越嚴重。

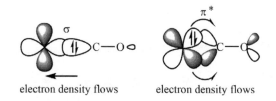

圖 3-1　金屬羰基化物鍵結情形：左圖為 σ-鍵結，右圖為 π-逆鍵結

　　到目前為止，三取代磷基（PR$_3$）可能是最常見且最重要的配位基。三取代磷基於鍵結時提供兩個電子，磷上取代基的大小及推拉電子能力都會影響三取代磷基的電子效應（Electronic Effect）及立體障礙效應（Steric Effect），進而影響其配位能力。就是因為三取代磷基的多樣性，它常常被用來取代 CO 配位基的角色。三烷基磷（PR$_3$）的立體障礙效應可以 Tolman 對三烷基磷錐角（Cone Angle(Θ)）的定義來得到概念，錐角越大立體障礙效應越大。根據 Tolman 對錐角的定義是指當三烷基磷接到金屬上（原來是指 Ni，且距離為 2.28 Å 時），將它以 360º 旋轉所涵蓋的範圍。

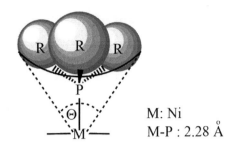

M: Ni
M-P : 2.28 Å

圖 3-2　Tolman 對三烷基磷錐角（Cone Angle(Θ)）的定義

　　除了上述提到以單牙方式鍵結到金屬的磷基外，也有各式各樣的雙（多）牙基常被使用於和金屬的鍵結上。一個最有名的雙牙磷基是 1,2-Bis(diphenylphosphino)ethane（**dppe**）。雙（多）牙基和金屬鍵結使錯合物比單牙基和金屬鍵結時更為穩定，稱之為多牙基效應（Chelate Effect）。從熱力學的觀點上來看，此效應的主因為亂度因素（Entropy Effect）而非能量因素（Enthalpy Effect）。雙（多）牙基和金屬鍵結過程反應的亂度增加，造成平衡常數變大。除了上述原因外，另一個因素為統計上的效應（Statistic Effect）。在反應中如果單牙基和金屬產生斷鍵，在溶液中再鍵結回來的機會可能不大。反之，多牙基上即使有一個牙基和金屬產生斷鍵，尚有其他牙基鍵結在金屬上，因此，暫時斷開的牙基再次回頭來鍵結的機會相對比較大。有些雙牙磷基被修飾成具有光學活性（Optical Active）的雙牙基。在不對稱合成中，被具有光學活性雙牙基修飾過後的威金森形態催化劑，可以影響氫化反應（Hydrogenation）的結果，使催化後的生成物具有掌性。

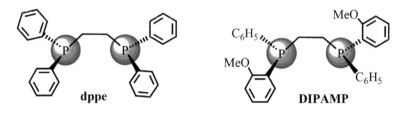

圖 3-3　左圖為常見的雙牙磷基 **dppe**，右圖為具有光學活性的雙牙基 **DIPAMP**

　　除了上述以有機架構為主的磷基外，化學家開發一種特別的含有金屬架構的含

磷雙牙配位基 (η^5-C$_5$H$_4$PPh$_2$)$_2$Fe，俗稱 **dppf**。**Dppf** 可視為從鐵辛（Ferrocene）衍生出來的雙牙磷基。**Dppf** 和金屬有不同的配位方式，可接單或雙金屬。因 Ferrocene 上兩個 Cp 環可繞著金屬自由轉動，如此可讓雙磷基之間的距離隨著單（或雙）金屬化合物基團的大小來進行調整，能形成更穩定的鍵結。文獻中將 **dppf** 和單或雙金屬（大部分為單金屬）鍵結所形成的錯合物應用於催化反應中的報導很常見。

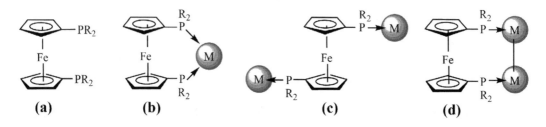

圖 3-4　(a) **dppf**；(b) **dppf** 和單金屬鍵結模式；(c) & (d) **dppf** 和雙金屬鍵結模式

不飽和有機物（烯類及炔類）和金屬間的鍵結模式曾經困擾化學家多時。後來，分子軌域理論被引用進來解釋不飽和有機物（特別是乙烯基）和金屬間的鍵結。鍵結時由乙烯的 HOMO 的 π 軌域提供兩個電子到金屬上適當的 LUMO 軌域，結合成 σ 鍵，再由金屬上的 HOMO（可能是金屬上的 d 軌域）提供電子到乙烯的 LUMO（π 反鍵結軌域）上形成 π 鍵。這種鍵結方式一般稱為杜瓦—查德—鄧肯生（Dewar-Chatt-Duncanson, DCD）模式。此種結合模式具有互相加強鍵結（Synergistic Bonding）的特性。使本來不認為有可能形成強的化學鍵結的不飽和有機物（烯類及炔類）和金屬間的鍵結成為可能。

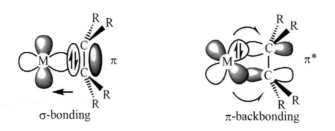

圖 3-5　杜瓦—查德—鄧肯生（Dewar-Chatt-Duncanson, DCD）模式。

(a) 左圖為 σ-鍵結；(b) 右圖為 π-逆鍵結

　　近幾十年來，由於工商業急速發展，人類社會對能源的需求孔急，加上原油及天然氣的價格經常劇烈波動，影響全球經濟發展甚鉅。如何掌握穩定油源的供應成為每個工商業發達國家必須嚴肅面對的課題。長久以來，科學家一直試圖提高將煤轉化為汽油及其他副產物製程（即費雪—特羅普希反應〔Fischer-Tropsch, FT〕）的效率，以應付日益枯竭的地表層的石油儲量。一般相信在費雪—特羅普希反應中 CO 被鍵結到多個金屬上，最後導致 C 和 O 鍵被裂解。因而有關 CO 和金屬之間的鍵結的研究曾經相當熱門。俗稱的一碳化學（C1 Chemistry）即以煤（C）為起始物，以化學方法將其轉化成為含一個碳的大宗原物料（如 CO 或 CH_4），最後再將其轉化為各種油品及其他工業產品的方法。

　　CO 與 NO^+ 和 CN^-，皆為具有提供二電子能力的配位基。根據 Tolman 對錐角定義的延伸，這三個線形分子配位基的錐角（Cone Angle）很小，在錯合物中幾乎不會造成立體障礙（Steric Hindrance）。雖然，這三個線形分子均為等電子，然而，因帶電荷不同，這三個線形分子當成配位基時提供 σ-電子及接受 π-電子的能力會有所差別，其中和金屬之間的鍵結總能力以 CO 為最好。NO 視情況可為具有提供三或一個電子能力的配位基。使用汽柴油的引擎排放廢氣物中通常含有 NO，為有害物質，是造成酸雨及臭氧層破壞的成分之一。現代汽機車均裝置觸媒轉換器，將引擎排放的 NO 轉換為無害的 N_2 和 O_2。NO 也是目前所知最小有神經性傳導效應的分子。CN^- 通常和鈉或鉀形成白色鹽類，因其為劇毒化合物，使用上必須特別小心。

　　環狀配位基以環戊二烯基離子（$C_5H_5^-$，Cp 環）最為常見。可以平面五碳環以 π 方式和金屬鍵結，此狀態以 $\eta^5\text{-}C_5H_5$ 方式來表達。它也可以非平面方式以三個碳或一個碳和金屬鍵結，分別以 η^3- 及 η^1- 來表達。形式上 $\eta^5\text{-}C_5H_5$ 可視為帶負一價具有六個 π 電子的平面五碳環，符合芳香族性（Aromaticity）的要求。

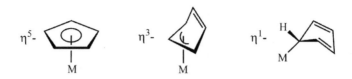

圖 3-6　環戊二烯基離子（C₅H₅⁻）可分別以 η⁵-、η³-及 η¹-方式和金屬鍵結

　　通常以帶負一價的環戊二烯基離子（Cp）和金屬鍵結形成的三明治化合物具有離子性，對有機溶劑的溶解度不甚理想。若將五角環上的五個氫以甲基取代稱為Cp*（η⁵-C₅Me₅），此時鍵結後的金屬辛（Metallocene）對有機溶劑的溶解度變好，對在有機溶劑中的反應性有幫助。以 Cp*為配位基也可以有效地保護中心金屬免受外來反應物的攻擊。當中心金屬為重金屬時，Cp*上甲基離開金屬比較遠，可以避免 Cp*上甲基的氫和重金屬的擴張軌域（Diffused Orbital）作用，導致化合物產生分解反應。雖然使用 Cp*有其優點，卻也有不利的地方。譬如 Cp*價格昂貴，操作麻煩等等。另外，在 ¹H NMR 光譜辨認上從原本的不易受干擾的 Cp 區域吸收峰位移到易受干擾的烷基範圍，造成辨識上的不便。如果在 Cp 五角環的五個氫上只取代一個甲基則稱為 Cp'（η⁵-C₅H₄Me）。除了鐵辛（Ferrocene）外，較重原子形成的釕辛（Ruthenocene）和鋨辛（Osmocene）等均可以三明治結構方式存在。

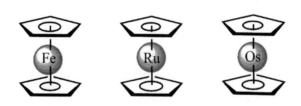

圖 3-7　鐵辛、釕辛和鋨辛的三明治結構

　　環戊二烯基離子（C₅H₅⁻）環上 π 軌域與中心金屬 Fe 結合成鐵辛分子時可採取掩蔽式（eclipsed, D₅ₕ）或間隔式（staggered, D₅d）組態。下圖為採取掩蔽式組態時的分子軌域能階圖。若從最底下的分子軌域開始填電子到 a₁'共需填入十八個電子。因遵守十八電子規則及所有電子均配對，鐵辛為穩定且為逆磁性（Diamagnetic）的分子。

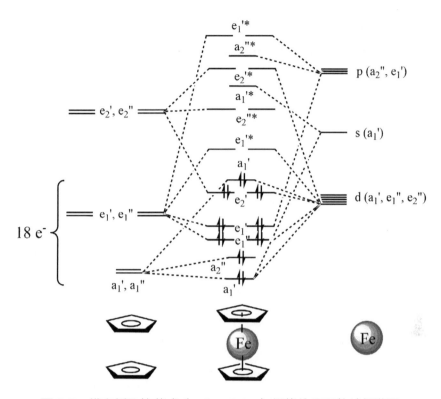

圖 3-8　鐵辛採取掩蔽式（eclipsed, D_{5h}）組態的分子軌域能階圖

　　除了環戊二烯基（$C_5H_5^-$）外，其他不同個數碳環如 $C_3Ph_3^+$、$C_4H_4^{2-}$、C_6H_6、$C_7H_7^+$ 和 $C_8H_8^{2+/2-}$ 等都可利用類似方式與中心金屬結合。對這些不同個數碳環的看法，或視為中性，或視為帶有適當的電荷，盡量使它符合芳香族性（Aromaticity）的要求。

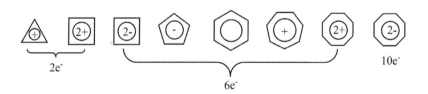

圖 3-9　平面多角環配位基符合芳香族性

　　在 $(\eta^6\text{-}C_6H_6)Cr(CO)_3$ 中苯環以 η^6-的方式和 Cr 鍵結。此時 $\eta^6\text{-}C_6H_6$ 視為具有提供六個 π 電子的中性配位基，苯環繞著中心鉻金屬自由轉動。另外，在

(η^5-C_5H_5)Co(η^4-C_4H_4) 分子內，兩個環（五及四角環）分別以 η^5-及 η^4-的方式和中心 Co 金屬鍵結。^{1}H NMR 實驗可證明這兩個環其上的氫環境都相同，可見這兩個環也都繞著中心金屬自由轉動。這種多角碳環以平面方式存在的鍵結模式，在傳統有機化合物中很難發生。

乙炔擁有兩對互相垂直的 π 電子，比乙烯多一對。當乙炔和單金屬結合成錯合物時，視為提供其上的兩個 π 電子；當和雙（或多）金屬結合成錯合物時，應視為提供其上所有的四個 π 電子。

另一個與金屬結合時可提供四個 π 電子的配位基是順-1,3-丁二烯。和乙烯一樣，順-1,3-丁二烯與金屬結合時形成互相加強鍵結（Synergistic Bonding）。另外，丙烯基（allyl）當配位基時可視為一個電子或三個電子的提供者，帶一個正電（$C_3H_5^+$）時可視為兩個電子的提供者。

過渡金屬與碳基團的結合可能形成安定的「金屬—碳」間的雙鍵或三鍵的化合物，前者稱為金屬碳醯化合物（Metal Carbene, M=CR_2），後者稱為金屬碳炔化合物（Metal Carbyne, M≡CR）。

傳統碳醯（Carbene, R_2C:）的化學活性太強，容易自身結合成烯類。因此單離出碳醯的想法一直無法實現。直到一九九一年，才由 Arduengo 成功地分離出新形態的碳醯即氮異環碳醯（N-Heterocyclic Carbene, NHC），並以 X-光單晶繞射法鑑定其結構。氮異環碳醯為目前熱門的配位基，可提供兩個電子參與和金屬的鍵結形成錯合物，錯合物中「金屬—碳」間是強的鍵結。

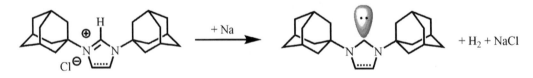

圖 3-10   具有金剛烷大立障的氮異環碳醯（N-Heterocyclic Carbene, NHC）的合成

練習題

<table>
<tr>
<td rowspan="2">1</td>
<td>第一個被發現具有環戊二烯基（C_5H_5）當配位基的分子是鐵辛（Ferrocene，$(\eta^5\text{-}C_5H_5)_2Fe$，$Cp_2Fe$，或稱為二戊鐵）。將環戊二烯基視為帶負一價電荷（$\eta^5\text{-}C_5H_5^-$）時，為提供六個電子配位基。如果將環戊二烯基看成中性 $\eta^5\text{-}C_5H_5$，則當成提供五個電子的配位基。絕大多數情形環戊二烯基以 η^5-形式和過渡金屬鍵結。少數情形下，環戊二烯基也可成為提供一個電子或三個電子的配位基而以 η^1-或 η^3-形式和過渡金屬鍵結。請說明。</td>
</tr>
<tr>
<td>Normally, the cyclopentadienyl ring (C_5H_5) acts as a η^5-type ligand in coordinating towards transition metals. It can be regarded as a neutral 5-electrons donor ($\eta^5\text{-}C_5H_5$) or an anionic 6-electrons donor ($\eta^5\text{-}C_5H_5^-$). Sometimes, it can also act as a 3-electrons donor ($\eta^3\text{-}C_5H_5$) or even a 1-electrons donor ($\eta^1\text{-}C_5H_5$). Explain it.</td>
</tr>
</table>

答：環戊二烯基當成配位基時常用五碳環以 π-鍵結形式和金屬鍵結合。這種鍵結方式通常以 $\eta^5\text{-}C_5H_5$ 來表示，此為最常見的環戊二烯基鍵結模式。它也可用三個碳或一個碳來和金屬鍵結，分別以 η^3-及 η^1-來表示。若將 $\eta^5\text{-}C_5H_5$ 視為帶負一價，則此環具有六個 π 電子，符合<u>芳香族性</u>（Aromaticity）規則，此時配位基提供六個 π 電子參與和金屬鍵結，且此五個碳原子共平面，比較穩定。以 $\eta^3\text{-}C_5H_5$ 方式和金屬鍵結較為少見，因為會破壞五個碳環的<u>芳香族性</u>，在能量上較不利，若採取這種鍵結模式大多數是為了使金屬錯合物滿足<u>十八電子規則</u>（18-Electron Rule）。另外，採取 η^1-這種鍵結模式，也可能是為了使金屬錯合物滿足<u>十八電子規則</u>。此時，環戊二烯基離子以 η^5-或 η^3-方式和金屬配位，視為 π-鍵結；以 η^1-方式和金屬結合時，視為 σ-鍵結。

補充說明：環戊二烯基以 η^5-方式來和金屬鍵結，五碳環會有環繞著金屬以幾乎自由旋轉的方式運動。以 η^3-或 η^1-方式來和金屬鍵結，在高溫時也會有其他的運動方式，如在 η^1-鍵結方式會有金屬基團進行對五碳環的 1,2-shift 運動機制。

2	一氧化碳（CO）常被用來當配位基和過渡金屬鍵結，形成穩定的金屬羰基化合物（M(CO)$_n$）。蒙德法（Mond Process）是工業界用來從混合的鐵、鈷、鎳等含金屬礦物中純化出鎳的方法。請說明何謂蒙德法。
	Carbon monoxide (CO) has been frequently used in making metal carbonyls (M(CO)$_n$) as ligand to form stable compound. In Mond Process, the Ni could be isolated from the mixture of Fe, Co, Ni etc. in ambient temperature. Explain.

答：蒙德法（Mond Process）是利用在室溫下鎳金屬能與 CO 鍵結的特性，將鎳金屬從混有其他金屬的礦物中單離出來的方法。在混有鐵、鈷、鎳等其他金屬的礦物中只有鎳可以與 CO 在室溫下配位形成金屬羰基化合物 Ni(CO)$_4$。其他金屬則要在更嚴苛的條件下（更高溫或高壓）才能形成金屬羰基化合物。且 Ni(CO)$_4$ 具揮發性，在稍微加溫的情形下可以和礦物固體混合物分開。分離出來的 Ni(CO)$_4$ 在加熱下，Ni-CO 鍵斷開，可獲得純的鎳，掉出來的 CO 可以再循環利用。

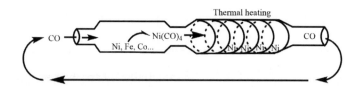

補充說明：裝 CO 的鋼瓶的成分不能含鎳合金，因為在開關處經常旋轉摩擦鎳金屬可能暴露在表面，有可能和 CO 形成金屬羰基化合物 Ni(CO)$_4$。在開關處會因為經常旋轉摩擦，溫度較高導致 Ni(CO)$_4$ 在高溫度下 Ni-CO 鍵斷開，釋放出有毒的 CO，而導致一氧化碳中毒。

3	當一氧化碳（CO）和過渡金屬鍵結時，因為 π-逆鍵結效應（π-backbonding effect）的結果 CO 的鍵級（Bond Order，或稱為鍵次、鍵序）變弱。如果 CO 被鍵結到多核金屬上，CO 的鍵級會變為更弱。依此推想化學家試圖利用 CO 和多核金屬鍵結的用意為何？
	Chemists tried to reduce the bond order of CO by allowing it to coordinate to transition metals. The final goal is to break the strong CO bonding. Why do they want to do so?

答：<u>費雪─特羅普希反應</u>（Fischer-Tropsch, FT）是一個將煤碳（Coal）轉變成碳氫化合物（包括氣態碳氫化合物及液態汽油）的方法。化學家相信在<u>費雪─特羅普希反應</u>（Fischer-Tropsch, FT）中 CO 被裂解的機制，應該和 CO 被架橋到含多核金屬的催化劑上再被裂解有關。藉由 CO 被鍵結到多核金屬上，CO 的鍵級變弱，以此來模擬在費雪─特羅普希反應中 CO 在金屬上被裂解的機制。

補充說明：一般工業界的<u>費雪─特羅普希反應</u>採取非均相催化反應（Heterogeneous reaction）方式，反應過程在催化劑的金屬表面上進行，很難以一般化學家常用儀器追蹤。要了解其反應機制最好利用化學家熟悉的方法即以單獨分子形式利用如 NMR 及 X-ray 等等相關儀器來研究，化學家再將研究結果推演到金屬表面上的化學反應過程。

4

由實驗結果得知當一氧化碳（CO）和過渡金屬鍵結時，CO 的鍵級會變弱，這可由紅外光譜（IR）吸收頻率下降得到證實。請說明當 CO 隨著鍵結到過渡金屬的數目增加時，其 IR 吸收頻率持續降低的原因。

The bond order of CO is gradually reduced as it coordinates to more and more transition metals. It is reflected on the lower and lower IR absorption frequency of the coordinated CO. Explain it.

答：一氧化碳（CO）以 <u>σ-鍵結</u>（σ-bonding）方式鍵結到過渡金屬上，過渡金屬再以 <u>π-逆鍵結</u>（π-backbonding）方式提供電子密度給 CO 進入它的反鍵結軌域，如此導致 CO 頻率降低。其他常見的 CO 架橋為雙金屬架橋（μ_2-CO）及三金屬架橋（μ_3-CO），也有少見的四金屬架橋（μ_4-CO）。另外有些當端點用的 CO 鍵結到金屬上，也可利用其上的 C≡O 的 π 軌域提供電子對給另一個金屬。當 CO 架橋到越多金屬，則其 ν_{CO} 值越小，表示 π-逆鍵結程度越大，金屬上電子藉著逆鍵結進入 CO 的反鍵結軌域，CO 的鍵級下降，CO 鍵級越弱，越容易斷鍵。

補充說明：想像在<u>費雪─特羅普希反應</u>中，CO 可能接在金屬表面的多個金屬原子上（如下圖示），CO 鍵級變弱。而在高溫下達到 C-O 鍵容易被斷鍵的結果。

一氧化碳（CO）可視為路易士鹼（Lewis base）可以和路易士酸（Lewis acid）例如過渡金屬反應。(a) 請繪出 CO 分子軌域圖及軌域能量圖。(b) 接著利用 CO 分子軌域的 HOMO 及 LUMO 軌域和過渡金屬 d 軌域鍵結的情形來說明互相加強鍵結（Synergistic Bonding）的概念。(c) 請說明當 CO 和過渡金屬鍵結形成金屬羰基錯合物（M(CO)$_n$）時，往往 CO 振動頻率會低於未鍵結之前的 2143 cm^{-1} 的原因。(d) 請說明當 CO 和不含過渡金屬的路易士酸 BF$_3$ 鍵結形成 F$_3$B・CO 時，CO 振動頻率反而高於原先未鍵結前的 2143 cm^{-1}。過渡金屬和 BF$_3$ 在此有何不同作用？

5

(a) Draw out the molecular orbital energy diagram for CO. (b) Using the interaction of the HOMO and LUMO orbitals of CO with transition metal to illustrate the concept of "Synergistic Bonding". (c) Normally, the vibration frequency of CO is reduced after coordinating to transition metal such as in metal carbonyls (M(CO)$_n$). Please provide a proper explanation for it. (d) The combination of CO and BF$_3$ leads to the formation of F$_3$B・CO. The vibration frequency of CO is higher than its free state 2143 cm^{-1}. Explain it.

答： (a) CO 分子的 HOMO 及 LUMO 軌域圖及軌域能量圖如下。

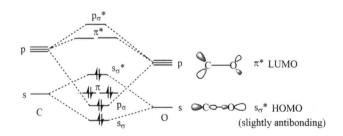

(b) 金屬羰基化合物中 CO 和金屬的鍵結模式和烯類或炔類和金屬的鍵結模式相類似，皆為互相加強鍵結（Synergistic Bonding），即是有 σ-鍵結（σ-Bonding）及 π-逆鍵結（π-Backbonding）同時發生。因為有此機制使此類鍵結增強。其中

「Synergistic」就是互相加強的意思。從分子軌域理論（Molecular Orbital Theory）來看，CO 的 HOMO 軌域波函數主要是集中在碳上。這軌域供給一對電子給中間金屬原子的 LUMO 空軌域（一般為 d 軌域）形成 σ-形式的鍵結，同時金屬 d 軌域上具有一對電子的 HOMO 非結鍵（Nonbonding），也可反提供給電子到 CO 上的 LUMO，即空的 π-反鍵結（π-Antibonding）軌域，而形成 π-鍵形式的結合，其情形如下圖所示。因為有逆鍵結（Backbonding）的鍵結途徑使得 M-CO 的鍵結增強，而有雙鍵的特性。另一方面也可紓解中間金屬因配位基所提供的累積過多的電子密度，而使整個系統更趨穩定。單獨 CO 的 IR 振動頻率為 2143 cm^{-1}。鍵結後，由金屬藉由逆鍵結將電子雲導入 CO 的反鍵結軌域中，破壞 CO 鍵級，促使 CO 的振動頻率下降。

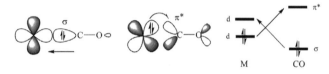

(c) 因為當 CO 和過渡金屬鍵結形成金屬羰基錯合物（M(CO)$_n$）時，有 π-逆鍵結（π-Backbonding）的鍵結途徑，電子密度進入 CO 的反鍵結軌域，使得 CO 振動頻率低於 2143 cm^{-1}。

(d) 此處 (d) 和 (c) 不同。因為 CO 的 HOMO 有點反鍵結的特性，和 BF$_3$ 鍵結形成 F$_3$B・CO 時，將反鍵結的不利因素排除反而使 CO 振動頻率升高。且 B 為主族元素，沒有 d 軌域，無法進行逆鍵結提供 d 電子雲進入 CO 的反鍵結軌域。因此，無法使 CO 的頻率下降。

6

以 CO 當配位基鍵結到過渡金屬上除了常見的端點（terminal）方式外，也可以架橋（bridging）方式為之。符號 μ$_2$-CO 表示一個 CO 鍵結到兩個金屬上；μ$_3$-CO 表示一個 CO 鍵結到三個金屬上。請定性地繪出當 CO 以 (a) μ$_2$-CO 形式鍵結的軌域形狀；以 (b) μ$_3$-CO 形式鍵結的軌域形狀。〔提示：可以先將 CO 的 HOMO 和 LUMO 軌域簡化視為 s 及 p 軌域再來混成。〕

Qualitatively draw out the bonding of μ$_2$-CO and μ$_3$-CO towards two and three transition metals complexes, resepectively.

答： CO 的 HOMO 及 LUMO（doubly degenerate）軌域形狀如下。

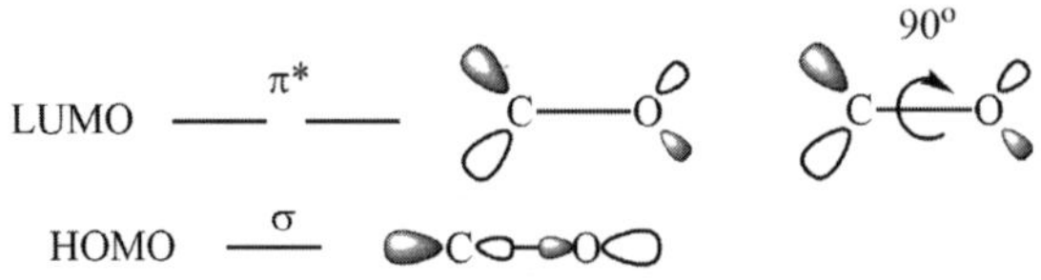

若簡化來看，只看 CO 上 C 的位置。將 CO 的 HOMO 及其中的一個 LUMO 軌域形狀混成。形成類似 s 及 p 混成的兩個混成軌域，但有向前傾的方向性，而非直線。再將混成後的兩個軌域個別和金屬鍵結。

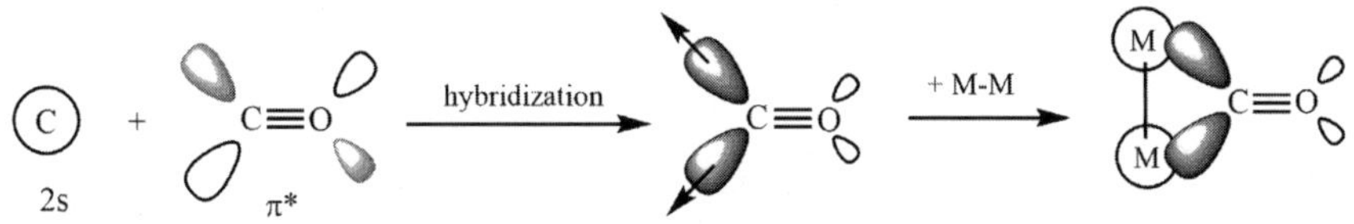

將 CO 的 HOMO 及兩個 LUMO 軌域形狀混成。形成類似 sp^2 混成的三個混成軌域，但有向前傾的方向性，為三角錐形。再將混成後的三個軌域和三個金屬個別鍵結。

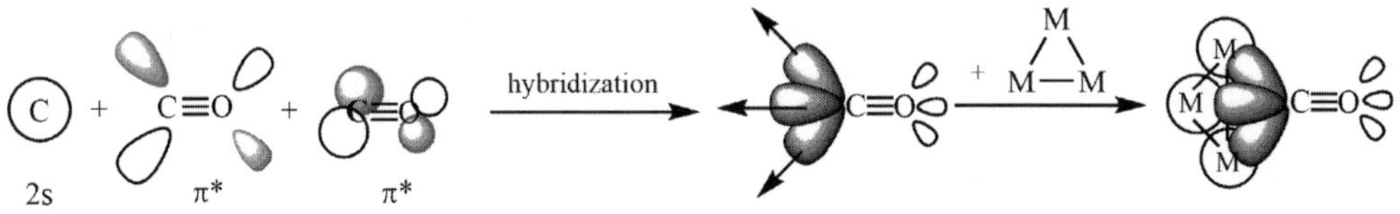

7

有機金屬化合物的中心金屬為低氧化狀態，因此有時候可以形成多金屬化合物，且可有直接的金屬—金屬鍵。有些原子或基團可以當架橋（bridging）跨接兩個（甚至多個）金屬之間。如氫（H）或鹵素（X）等原子或苯基（Ph）等基團都可以當架橋（bridging）。其中以氫原子來當架橋效果最好。請加以說明。

Some atoms or groups (such as hydrogen, halide, alkyl, phenyl et al.) could act as bridging atoms. Hydrogen atom is regarded as the best one among them. Explain it.

答：氫原子的 s 軌域是球形的，比較沒有鍵結角度的限制，其他基團如烷基及苯基可使用於鍵結的軌域不是球形的，鍵結角度比較受限制。因此，以氫原子來當架橋鍵結最好。

8	下面三個分子均為<u>等電子</u>（Isoelectronic）及<u>等結構</u>（Isostructural）：NO^+、CO 和 CN^-。這三個分子均可當配位基鍵結到金屬上，且都具有 σ-提供電子和 π-接受電子的能力。請比較這三個配位基個別的 σ-提供電子和 π-接受電子的能力的順序。將兩種能力加總考量，哪一個會是最強的配位基？ Compare the σ-donating and π-accepting capacities of NO^+, CO and CN^-. Which one is the best ligand in terms of the combination of both factors?

答：NO^+、CO 與 CN^- 這三配位基雖均為線形，然而，因其分子所帶電荷不同的緣故，其提供 σ-電子及接受 π-電子的能力各有差異。而其中 CO 雖然 σ-提供電子和 π-接受電子的能力都不是最好，但其和金屬之間的綜合鍵結能力最好。

表 3-1　NO^+、CO 與 CN^- 三配位基提供 σ-電子及接受 π-電子能比較

	提供 σ-電子能力	接受 π-電子能力
NO^+	最差	最好
CO	介於中間	介於中間
CN^-	最好	最差

9

有些配位基鍵結到金屬上，同時具有 σ-提供電子和 π-接受電子的能力。前者稱為 σ-鍵結（σ-bonding），後者稱為 π-逆鍵結（π-backbonding）。π-逆鍵結為金屬上適當軌域的電子回饋到配位基上空的軌域。如果要讓逆鍵結變得更有效，配位基在其接受電子的軌域（LUMO 或其上的附近軌域）必須有能量較低的空軌域，來有效地接收金屬回饋的電子密度。根據這個概念，指出以下的幾個配位基中，何者有形成逆鍵結的可能性？(a) CH_3；(b) PH_3；(c) CO；(d) NH_3；(e) NO^+；(f) $Si(Me)_3$；(g) C_2H_2；(h) C_6H_6。

A lower antibonding orbital of ligand is beneficial for the backbonding from metal to ligand (M → L). Which of the ligands are available for accepting backbonding from metal?

答：(a) CH_3 沒有能量較低的空軌域；(b) PH_3 有能量較低的空軌域如 d 軌域或 σ*軌域；(c) CO 有能量較低的 π*空軌域；(d) NH_3 沒有能量較低的空軌域；(e) NO^+有能量較低的 π*空軌域；(f) $Si(Me)_3$ 有能量較低的空軌域如 d 軌域或 σ*軌域；(g) C_2H_2 有能量較低的 π*空軌域；(h) C_6H_6 有能量較低的 π*空軌域。

10

當含鉬（Mo）金屬羰基錯合物 $Mo(CO)_6$ 其上有三個 CO 被不同配位基（L）取代，且形成 *fac*-$L_3Mo(CO)_3$ 形式時，其紅外光譜（IR）吸收頻率及吸收峰個數如下表所示。(a) 請說明金屬羰基錯合物 *fac*-$L_3Mo(CO)_3$ 其上有三個 CO 配位基以 facial 形式鍵結，為何只有觀察到兩根 CO 吸收峰。(b) 此兩根 IR 吸收峰對應到不同 CO 振動模式，為何化學家要得到加權平均（Weighted Average）值而不是直接的兩根吸收峰平均值？(c) 請說明為何 No. 4 吸收頻率最高，而同為磷基的 No. 3 吸收頻率低。(d) 請說明為何 No. 4 吸收頻率比 No. 1 高。(e) 請說明為何含 P 的配位基（No. 2-4）比含 N 的配位基（No. 1），其 IR 吸收頻率較高。

表 3-2　金屬錯合物 *fac*-L₃Mo(CO)₃ 其 IR 吸收峰頻率及個數如下

（其中 L 為不同配位基）

No.	L	$v_{CO}(cm^{-1})$	Weighted Average $v_{CO}(cm^{-1})$
1	Py	1888, 1746	1793
2	PPh₃	1934, 1835	1868
3	PMe₃	1945, 1854	1884
4	PF₃	2090, 2055	2067

Three carbonyl groups of a transition metal complex Mo(CO)₆ have been replaced by three phosphine ligands and forms *fac*-L₃Mo(CO)₃. The number of absorption siganls and frequencies of *fac*-L₃Mo(CO)₃ for CO are shown. (a) Explain why only two signals are observed although three CO ligands are presented in *fac*-L₃Mo(CO)₃. (b) How did the chemists obtain the weighted average value for the IR absorption frequency? (c) Explain the fact that the IR absorption frequencies are higher in No. 4 and lower in No. 3 although they are all with phosphine ligands. (d) Explain the fact that the IR absorption frequencies are higher in No. 4 than in No. 1. (e) Explain the fact that the IR absorption frequencies are higher for P- than N-containing ligands.

答：(a) *fac*-L₃Mo(CO)₃ 其上的三個 CO 採取 C₃ᵥ 對稱。根據群論只能有兩組 IR active 吸收峰，分別是 A₁ 及 E。其中 E 是 doubly degenerate。(b) 加權平均（Weighted Average）的吸收峰值= (1 x A₁ + 2 x E) / 3。(c) F 是拉電子基，Me 是推電子基。PF₃ 有比 PMe₃ 較好的逆鍵結（Backbonding）能力。較少電子密度進入 CO 的反鍵結軌域，因此，在 No. 4 中 CO 吸收頻率比 No. 3 高。(d) F 是拉電子基，Py 是推電子基。PF₃ 有比 Py 較好的逆鍵結（Backbonding）能力。因此，在 No. 4 中 CO 吸收頻率比 No. 1 高。(e) 含 N 的配位基比含 P 的配位基其推電子能力強，電子密度進入 CO 的反鍵結軌域，導致其 IR 頻率較低。

在紅外光譜（IR）中以 facial 方式配位的三羰基取代金屬錯合物 *fac*-L₃Mo(CO)₃ 其在 IR 的吸收頻率及吸收峰個數如下表所示。請分別從 (a) σ-引導效應（σ-Inductive）的論點，及從 (b) π-共振效應（π-Resonance）的論點兩方面來說明造成 IR 吸收頻率越往表下越低的原因。請先討論從 No. 1 到 No. 4 的吸收頻率變化，再討論從 No. 1-4 和 No. 5-6 的吸收頻率差異。

表 3-3　金屬錯合物 *fac*-L₃Mo(CO)₃，其 IR 吸收頻率及吸收峰個數如下
（L 為不同配位基）

No.	L	$v_{CO}(cm^{-1})$	Weighted Average (1: 2) $v_{CO}(cm^{-1})$
1	PF₃	2090, 2055	2067
2	PCl₃	2040, 1991	2007
3	P(OPh)₃	1994, 1922	1946
4	PPh₃	1934, 1835	1868
5	dien	1898, 1758	1805
6	Py	1888, 1746	1793

The number of IR absorption siganls and frequencies of *fac*-L₃Mo(CO)₃ for CO are shown. (a) Explain the reduction of IR absorption frequencies by the viewpoint of σ-Inductive effect only. It may start from the differencies between No. 1 to No. 4 then between No. 1-4 and No. 5-6. (b) Also, explain the observed facts from the viewpoint of π-resonance effect.

答：實驗測量到的 IR 吸收峰個數有兩根，其加權指數後的數值如表最右邊。

(a) σ-引導效應的論點：F 為拉電子基，而 Ph 為推電子基。所以，鍵結後配位基 PF₃ 比 PPh₃ 提供較少電子密度給金屬。金屬逆鍵結（Backbonding）方式提供給電子密度進入 CO 的反鍵結軌域，前者較後者少。因此，前者 CO 頻率較後者高。上述表示法只有談到 σ-推拉電子的效應，所以是 σ-引導效應的論點。(b) π-共振效應的論點：F 為拉電子基，而 Ph 為推電子基。所以，PF₃ 的 LUMO 比 PPh₃ 低，有利於接受 M → L 逆鍵結。因此，提供較少電子密度給金屬。同上原理。前者 CO 頻率較後者高。在這裡有談到 π-共振效應，所以是 π-共振效應的論點。兩者中以 π-共振效應的論點比較好。因為 σ-引導效應的論點完全忽略應用反鍵結軌域（Anti-bonding orbitals）。然而，最好的情形是同時考量此兩種論點才能完整。從 No. 1 到 No. 4 都是磷基，IR 吸收頻率變化的理由和其上取代基為推或拉電子基有關。從 No. 5 到 No. 6 是氨基，在此 Py 提供較多電子密度。

12

平面四邊形（Square Planar）金屬錯合物（ML_4）有四個配位基，相鄰的配位基稱為 *cis* 位置，相對的配位基稱為 *trans* 位置。互為 *trans* 位置的配位基對於對方的影響很大。如果一個配位基（A）可以使在其 *trans* 位置的另一配位基（B）容易解離，則稱此原先的配位基（A）為 Labilizing Ligand（易讓對方解離的配位基）。請解釋 Labilizing Ligand（A）會造成在 *trans* 位置的另一配位基（B）比較容易解離的背後原因為何？請從分子在基態和激發態兩種狀態下分別加以討論。

A ligand can be regarded as "Labilizing Ligand" while it destabilizes the ligand in *trans* position of a square planar transition metal complex. Explain this phenomenum both from the ground state and excited state.

答：先從基態（ground state）來討論。對位的兩個配位基（L_1 和 L_2）互相競爭中心金屬（M）可鍵結的軌域，特別是 d 軌域。當一邊鍵結強時（L_1），使用到比例比較多中心金屬可鍵結的軌域，而另一邊鍵結使用到比例比較少中心金屬可鍵結的軌域，因而鍵變弱（L_2），容易解離。此處 L_1 為 Labilizing Ligand。Labilizing Ligand 的意思是使對邊位置的另一配位基容易解離的配位基，Labilizing Ligand 不容易有適當的中文翻譯，也許可翻譯成「易使它者解離配位基」，但顯然有點拗口。

再從激發態（excited state）的角度來討論。當外來配位基（L_3）加入時形成五配位的雙三角錐中間體，Labilizing Ligand（L_1）和中心金屬鍵結較強，通常可藉著 **π-逆鍵結**（π-Backbonding）來分散累積的電子密度，使中間體穩定，取代反應（L_2 被取代）可以加速。

13	將一個正八面體金屬錯合物（M(CO)$_6$, M = Cr, Mo, W）上面的一個 CO 配位基取代成另一配位基（L），若此新的取代基是以硫（S）或磷（P）會比以氧（O）或氮（N）鍵結到金屬上所形成的正八面體金屬錯合物（M(CO)$_{6-n}$L$_n$）較為穩定。請說明其中原由。
	Some of the carbonyl ligand(s) of M(CO)$_6$ (M = Cr, Mo, W) might be replaced by new ligand(s) (L) and formed (M(CO)$_{6-n}$L$_n$). The newly-formed complex is stable with ligand containing sulfur (or phosphrous) than oxygen (or nitrogen) atom. Expalin it.

答：皮爾森（Pearson）提出大家熟悉的硬軟酸鹼理論（Hard and Soft Acids and Bases, HSAB）。簡化這些配位基（路易士鹼）和金屬（路易士酸）的作用規則為「硬酸喜歡硬鹼，軟酸喜歡軟鹼」。正八面體金屬錯合物（M(CO)$_6$, M = Cr, Mo, W）當金屬為零價時，根據 HSAB 的分類為「軟酸」。它會喜歡和「軟鹼」結合形成穩定的錯化合物。含硫（或含磷）取代基一般被視為「軟鹼」，含氧（或含氮）取代基一般被視為「硬鹼」。前者和零價金屬鍵結比較好，使新形成正八面體金屬錯合物（M(CO)$_{6-n}$L$_n$）更為穩定。

14	兩個金屬錯合物 (η^5-C$_5$H$_5$)Re(CO)$_3$（A）及 (η^5-C$_5$H$_5$)Re(CO)$_2$(CSe)（B）的差別在（A）上有一個配位基 CO 被另一個配位基 CSe 取代而形成（B）。它們的 IR 吸收頻率如下所示。請根據這些 IR 吸收頻率數據來推論 CO 或 CSe 何者是比較好的 π-接受者的配位基。〔提示：金屬錯合物（A）的三個 CO 配位基為 C$_{3v}$ 對稱，其 IR 的吸收數值要取加權指數（Weighted Average）。金屬錯合物（B）的兩個 CO 吸收峰值取其平均值即可。〕
	(η^5-C$_5$H$_5$)Re(CO)$_3$　　　　　　2024, 1937 cm^{-1}
	(η^5-C$_5$H$_5$)Re(CO)$_2$(CSe)　　　2005, 1946 cm^{-1}

The IR absorption frequencies of $(\eta^5\text{-}C_5H_5)Re(CO)_3$ and $(\eta^5\text{-}C_5H_5)Re(CO)_2(CSe)$ are shown. Predict whether CO or CSe is a better π-acceptor. [Hint: Three CO ligands are fomed as C_{3v} symmetry for $(\eta^5\text{-}C_5H_5)Re(CO)_3$. The averaged IR signal shall be taken by the method of weighted average. It is taken by the average of two signals for $(\eta^5\text{-}C_5H_5)Re(CO)_2(CSe)$.]

答：後者的兩個 CO 吸收峰值取平均值（$(2005 + 1946) / 2 = 1975.5\ cm^{-1}$）比前者的三個 CO 配位基的吸收峰值取加權值（Weighted Average）（$(2004 + 1937*2) / 3 = 1966\ cm^{-1}$）來得高。表示 CSe 配位基是比 CO 較好的 π-接受者。因為，CSe 提供較少電子密度給金屬，導致 $(\eta^5\text{-}C_5H_5)Re(CO)_2(CSe)$ 其上的 CO 吸收峰值比 $(\eta^5\text{-}C_5H_5)Re(CO)_3$ 為高。

補充說明：前者三個 CO 以 C_{3v} 方式排列，會產生 $A_1 + E$ 對稱，是 IR active。因此，只有兩組吸收峰。其加權值（Weighted Average）算法是 $(A_1 + E*2) / 3$。

一個正八面體金屬錯合物（$M(CO)_6$, M = Cr, Mo, W）在下面的反應中其上面的 CO 配位基被另一種配位基（L）取代。一般情形下，二取代 $M(CO)_4L_2$ 容易形成 *cis* 構型，而三取代 $M(CO)_3L_3$ 容易形成 *facial* 構型。請說明原因為何。〔註：當 L 為錐角（Cone Angle）很大的配位基時，另當別論。〕

15

$$M(CO)_6 + nL \xrightarrow[\text{M=Cr, Mo, W}]{\text{hv or } \Delta} M(CO)_{6-n}L_n + nCO$$

The di- and tri-substituted metal complexes $M(CO)_4L_2$ and $M(CO)_3L_3$ shall take *cis*- and *facial*-forms, respectively, unless the "Cone Angle" of the ligand (L) is too large. Explain it.

答：在 OC-M-CO 的情況下，對位的兩個 CO 配位基互相競爭中心金屬鍵結及逆鍵結的軌域，特別是 d 軌域。此時系統穩定度差。若對位的兩個配位基各為 CO 及 L 時，而配位基 L 的逆鍵結使用到比較 CO 少時，減低和 CO 對中心金屬 d 軌域的競爭。此時系統穩定度較佳。因此，OC-M-L 系統比 OC-M-CO 或 L-M-L 系統要好，比較穩定。除非 L 為取代基錐角（Cone Angle）很大的配位基，否則二取代 $M(CO)_4L_2$ 容易形成兩個 OC-M-L 系統，即 *cis* 構型。同理，三取代 $M(CO)_3L_3$ 容易形成 *facial* 構型。

16

兩個金屬錯合物 $(\eta^5\text{-}C_5H_5)Cr(CO)_2(NS)$（A）及 $(\eta^5\text{-}C_5H_5)Cr(CO)_2(NO)$（B）的差別在錯合物（A）上有一個配位基 NS，錯合物（B）上有一個配位基 NO。錯合物（A）的紅外光（IR）吸收頻率分別在 1962 和 2033 cm^{-1}，錯合物（B）的紅外光（IR）吸收頻率分別在 1955 和 2028 cm^{-1}。請根據這些 IR 吸收頻率數據來推論 NS 或 NO 何者是比較好的 π-接受者的配位基。

The IR absorption frequencies of CO bonds in $(\eta^5\text{-}C_5H_5)Cr(CO)_2(NS)$ are 1962 and 2033 cm^{-1}; while those are 1955 和 2028 cm^{-1} for $(\eta^5\text{-}C_5H_5)Cr(CO)_2(NO)$. Which one is better π-acceptor, NS or NO?

答：前者的兩個 CO 吸收峰值取平均值比後者高。表示 NS 配位基是比 NO 較好的 π-接受者。因此，提供較少電子密度給金屬。根據皮爾森（Pearson）硬軟酸鹼理論（Hard and Soft Acids and Bases, HSAB）的定義，S 比 O 軟，因此推測 NS 比 NO 更為軟鹼。此實驗結果符合 HSAB 理論的預測。

17

將一個正八面體金屬錯合物（$Mo(CO)_6$）上面的三個 CO 配位基以 PEt_3 或 PF_3 取代成 *fac*-$Mo(CO)_3(PR_3)_3$ 構型。金屬錯合物 *fac*-$Mo(CO)_3(PEt_3)_3$ 和 *fac*-$Mo(CO)_3(PF_3)_3$ 的最高 CO 的 IR 吸收頻率分別出現在 1937 cm^{-1} 及在 2090 cm^{-1}。請根據這些 IR 吸收頻率數據來推論 PEt_3 或 PF_3 何者是比較好的 σ-提供者／π-接受者。另外，藉此數據來推論何者有比較短的 Mo-CO 鍵。

The highest IR absorption frequency for CO in *fac*-$Mo(CO)_3(PEt_3)_3$ is 1937 cm^{-1}; while, it is 2090 cm^{-1} for the case of *fac*-$Mo(CO)_3(PF_3)_3$. Predict which one, PEt_3 or PF_3, is a better σ-donor/π-acceptor merely based on these data. Which one has shorter Mo-CO bond length?

答：F 為拉電子基，Et 為推電子基。所以，鍵結後配位基 PF_3 比 PEt_3 提供較少電子密度給金屬。金屬 π-逆鍵結（π-Backbonding）提供給電子密度進入 CO 的反鍵結軌域，前者較後者少。因此，前者 CO 頻率較後者高。PEt_3 是比較好的 σ-提供者，而 PF_3 是比較好的 π-接受者。PEt_3 提供比較多的電子密度給 Mo，Mo 以逆鍵結方式提供電子密度給 CO，增強 M-C 鍵。因此，fac-$Mo(CO)_3(PEt_3)_3$ 有比較強（較短）的 Mo-CO 鍵。

18

以下列出三個金屬錯合物上 NO 配位基的 IR 吸收頻率值。請說明越往下 NO 配位基的 IR 吸收頻率越高的原因。〔提示：金屬錯合物的中心金屬價數分別為正一、正二及正三。〕

$[Cr(CN)_5(NO)]^{4-}$, $v_{NO} = 1515$ cm^{-1}
$[Mn(CN)_5(NO)]^{3-}$, $v_{NO} = 1725$ cm^{-1}
$[Fe(CN)_5(NO)]^{2-}$, $v_{NO} = 1939$ cm^{-1}

The IR absorption frequencies of N-O bonds in the metal complexes are shown. Explain the reason why the absorption frequencies increase along the way down. [Hint: The valences of the metal centers for these complexes are +1, +2 and +3, respectively.]

答：三個金屬錯合物的總價電子數一樣。中心金屬的價數由正一、正二到正三越來越高，能提供出來進入 NO 反鍵結軌域的電子密度越來越少。因此，吸收頻率越下面越高。

19

金屬錯合物 $[RuCl(NO)_2(PPh_3)_2]^+$ 上有兩個 NO 配位基，IR 吸收頻率 v_{NO} 分別為 1687 和 1845 cm^{-1}。兩頻率差值約為 160 cm^{-1}。另外一個金屬錯合物 $(\eta^5$-$C_5H_5)Re(CO)_2(CSe)$ 上有兩個 CO 配位基，IR 吸收頻率 v_{CO} 分別在 2005 和 1946 cm^{-1}，兩頻率差值約為 60 cm^{-1}。說明為何在 IR 吸收頻率差值上，後者比前者為小。

The IR absorption frequencies of NO bonds in the $[RuCl(NO)_2(PPh_3)_2]^+$ are 1687 and 1845 cm^{-1}, respectively. The difference between these two absorptions is about 160 cm^{-1}. While, the IR absorption frequencies of CO bonds in the $(\eta^5$-$C_5H_5)Re(CO)_2(CSe)$ are 2005 and 1946 cm^{-1}, respectively. The difference between these two absorptions is around 60 cm^{-1}. Explain the reason why the value of the former is larger than the latter.

答：CO 為線形分子，振動模式單純。NO 的鍵結模式較為特殊。NO 可以線形（Linear）方式鍵結為提供三電子的配位基，也可以彎曲形（Bent）方式鍵結為提供一電子的配位基。兩種鍵結的振動頻率差值很大。因此和金屬鍵結的 NO 的振動模式比較複雜，振動頻率範圍比較廣，頻率差值比較大。

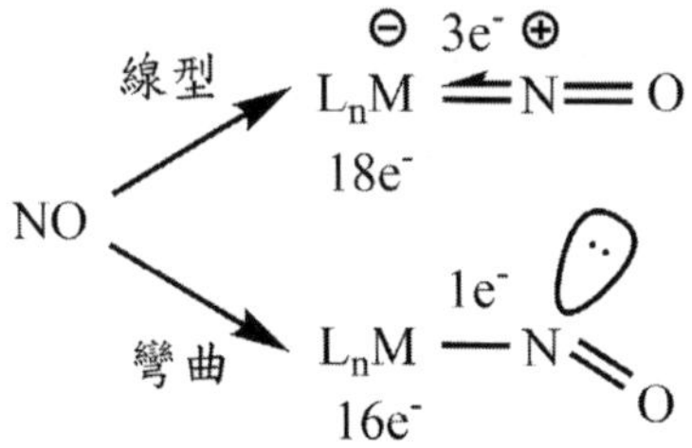

20	有機金屬化合物中常見的配位基為三取代磷基（PR_3）或羰基（CO），這兩種配位基都可提供兩個電子鍵結到金屬上。而一氧化氮（NO）比較彈性，可以當成提供三個或一個電子的配位基。這個可以轉變提供電子數的特性可以被應用到催化反應中。請加以說明。
	Molecule NO can act as three or one electron donor ligand. This character could be employed in catalytic reaction. Explain it.

答：含自由基的 NO 的鍵結模式和 NO^+不同，較為特殊。NO^+為線形（Linear）方式當配位基鍵結時視為提供兩個電子。而 NO 則可以線形（Linear）方式鍵結視為提供三個電子的配位基，也可以彎曲形（Bent）方式鍵結視為提供一個電子的配位基。這種特性可被利用在催化反應上。藉著配位基 NO 結構上的轉變而不需要經由斷鍵的方式，即可改變配位基提供不同電子數目給金屬中心，藉以改變有機金屬化合物的反應金屬中心形成電子數飽和與否的狀態，此種具有彈性提供電子數的特性可被利用在催化反應上。反應時，配位基 NO 以彎曲形（Bent）方式鍵結，在電子數不飽和狀態時即可允許其他配位基進入。反應後，配位基 NO 再以線形（Linear）方式鍵結回去造成電子數過飽和，強迫產物脫離反應金屬中心，完成催化反應。

| 21 | 當一氧化氮（NO）當成配位基鍵結在過渡金屬上時稱為 nitrosyl group（亞硝酸基）。設計良好的含 nitrosyl（NO）的催化劑在催化反應中，展現很有用的功能。請加以說明。 |
| | Illustrate that the nitrosyl (NO) is a useful ligand in transition metal complex catalyzed reaction. |

答：同上題。Nitrosyl 可當三個電子或一個電子提供者，前者為直線，後者為彎曲形。當催化反應金屬中心需形成不飽和時，可借由 nitrosyl 從直線變為彎曲，由提供三個電子變成提供一個電子來達成，這種結構變化不需要耗費太多能量，因此容易進行。視需要 Nitrosyl 可以恢復三個電子提供者，使金屬中心達到飽和。這種特性在催化反應中是很有用的。

補充說明：NO 也是目前發現最小具有神經傳導功能的分子。

22	當 CO 以配位基形式鍵結到單金屬化合物上通常是以端點（Terminal）方式結合。而當 CO 鍵結到雙金屬化合物上則可能有不同方式。如下所示，其中之一種為 CO 以對稱架橋基方式，IR 吸收頻率在 1860-1700cm^{-1} 之間；另一種為 CO 以線形配位基方式結合其中之一的金屬，且又提供電子予另一個金屬，IR 吸收頻率在 1640-1500 cm^{-1} 之間。說明前者的 IR 吸收頻率比較高的原因。

	Symmetrical μ$_2$-CO　　　　Linear μ$_2$-CO
	The IR absorption frequency of CO bond in "symmetrical bridging form" is around 1860-1700cm^{-1}; while, it is around 1640-1500 cm^{-1} in the "linear form". Explain the reason why the former is larger than the latter.

答：對稱性 CO 鍵結到雙金屬上，被視為提供兩個電子的配位基；以線形方式鍵結的 CO，則被視為提供四個電子的配位基。兩個電子是以 σ-鍵結方式接到一個金屬，另外兩個電子是以 π-的鍵結方式提供給另一個金屬。CO 以線形方式鍵結到雙

金屬上，雙金屬提供電子密度給 CO 反鍵結軌域比以對稱鍵結方式較多，IR 吸收頻率比較低。而且，以線形方式鍵結時，提供出去電子密度多，接受逆鍵結電子密度也多，因而導致 CO 的 IR 吸收頻率比較低。

根據皮爾森（Pearson）提出的硬軟酸鹼理論（Hard and Soft Acids and Bases, HSAB），硫（S）為軟鹼，低氧化態的過渡金屬如 Fe(0) 為軟酸。因此，硫（S）很容易和低氧化態鐵產生鍵結。硫（S$_8$）和 Fe(CO)$_5$ 反應後可以生成以下含硫鐵的不同化合物。假設金屬中心遵守十八電子規則（18-Electron Rule），請計算硫原子在這些化合物中提供參與鍵結的電子數。〔提示：硫原子有六個價電子。參與鍵結時提供全部六個價電子的情形並不常見，通常提供兩個或四個價電子於鍵結中。〕

23

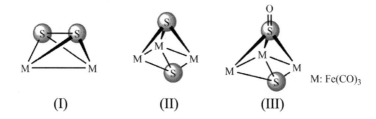

(I)　　　　　(II)　　　　　(III)　　　M: Fe(CO)$_3$

The reaction of Fe(CO)$_5$ with S$_8$ produced several iron-sulfur complexes. Calculate the number of valence electrons donated from sulfur for each case merely based on the "18-Elecetron Rule". [Hint: A sulfur atom has six valence electrons available for donation. Yet, it might only donate 4 or 2 valence electrons in bonding. Only few cases sulfur atom might donate all its 6 valence electrons in bonding.]

答： 硫原子有六個價電子，當端點時頂多提供四個價電子（也可以只提供兩個價電子），剩下的兩個價電子用來保護沒有參與鍵結的區域，使硫原子核不至於因暴露而容易遭受親核性攻擊。在此例子中，硫原子提供四個價電子參與鍵結。其中，(I) 及 (II) 有 lone paired 電子，(III) 頂點的 S 因已接 O 沒有 lone paired 電子，上面的 S 有 O 保護，不需要保留 lone paired 電子。(III) 為 S 提供全部六個價電子於鍵結的例子。

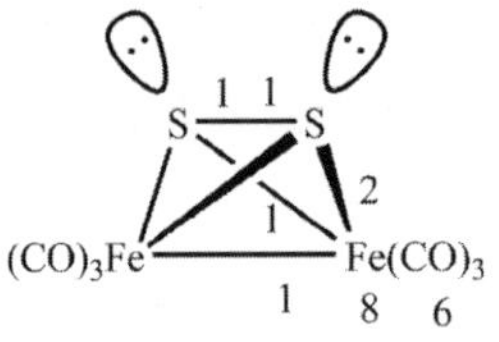

(I) 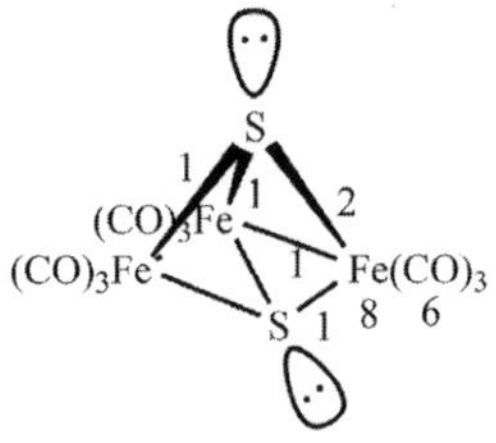　　　　　(II) 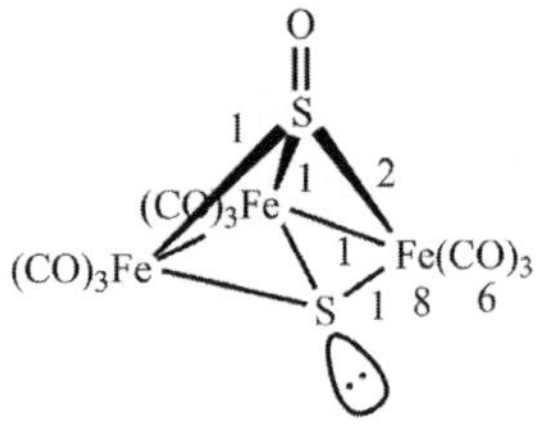　　　　　(III)

24

請說明以下化合物的鍵結情形。先說明配位基 μ_2-CO 以線形方式參與鍵結時提供的電子數。再說明金屬之間是否形成鍵以符合<u>十八電子規則</u>（18-Electron Rule）。

L: CO

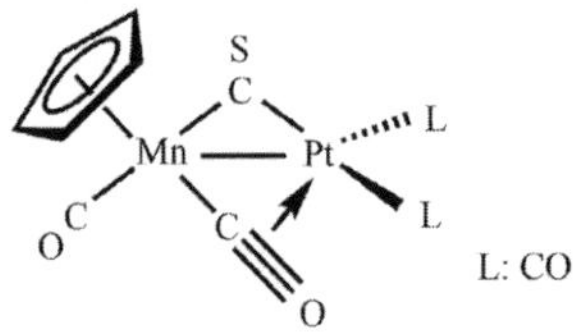

Rationization the structure of the bimetallic complex. Point out how many valence electrons donated from this linear μ_2-CO ligand. Do both metal centers obey the "18-Elecetron Rule"? [Hint: Metal-metal bond]

答：如果金屬—金屬之間有單鍵，則兩金屬中心均符合<u>十八電子規則</u>（18-Electron Rule）。比較特別的是，配位基 μ_2-CO 在下述化合物中提供四個電子數，兩個電子是以 σ-鍵結方式接到 Mn，另外兩個電子是以 π-的鍵結方式提供給 Pt。架橋 μ_2-CS 的角色類似架橋 μ_2-CO，各提供一個電子給兩個金屬。

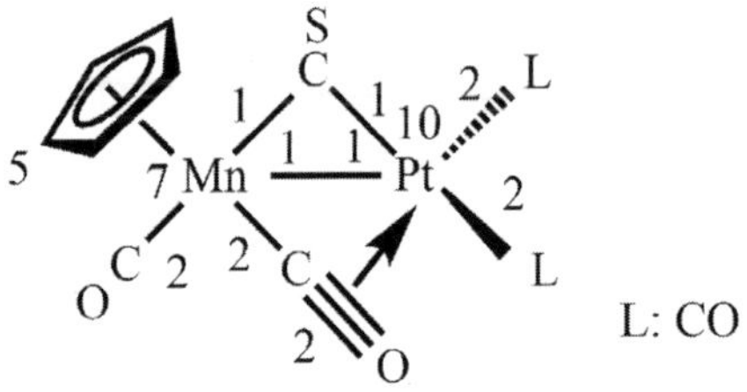

L: CO

乙基離子（ethylium ion, $H_3C\text{-}CH_2^+$）在杜瓦（Dewar）的早期理論研究中視為質子（H^+）和乙烯（$H_2C=CH_2$）在作用的合體，他並且研究質子在兩個碳之間運動情形。請說明杜瓦的研究和後期的杜瓦—查德—鄧肯生模型（Dewar-Chatt-Duncanson Model, DCD）的關係及之間的差別所在。〔提示：雖然質子（H^+）和過渡金屬（M^{n+}）都可視為 Lewis 酸，而乙烯（$H_2C=CH_2$）可視為 Lewis 鹼。不同之處在於，後者（過渡金屬 (M^{n+})）具有提供 π-逆鍵結（π-backbonding）路徑的可能性，而前者質子（H^+）則無此可能性。〕

25

In his early work, Dewar studied the interaction between ethene and H^+ by using the tenhnique of quantum calculations. He, in fact, studied the movment of H^+ around the double bond of ethene. Latter, Chatt and Duncanson extended this model to the interaction involved transition metal and ethane. It was later called "Dewar-Chatt-Duncanson Model (DCD)". Explain the differences between Dewar's early works and laterly the so called "Dewar-Chatt-Duncanson Model (DCD)". [Hint: Proton (H^+) and transition metals (M^{n+}) are all Lewis acid. Yet, the transition metals M^{n+} are having the capacity of "Backbonding" of which H^+ is completely lacking.]

答：最常被化學家引用來解釋乙烯基和過渡金屬之間鍵結的理論是杜瓦—查德—鄧肯生模型（Dewar-Chatt-Duncanson Model, DCD）。這模式延伸自早期杜瓦（Dewar）的研究工作。杜瓦使用早期的量子力學計算方法，來研究質子（H^+）和乙烯（$H_2C=CH_2$）間的作用，與質子在兩個碳之間運動的情形。後來查德（Chatt）和鄧肯生（Duncanson）將這模式延伸到處理烯類和過渡金屬間的鍵結情形。化學家於是稱此種對於乙烯基和金屬間的鍵結方式的描述方式為杜瓦—查德—鄧肯生模型的模式。深入細究其內涵，在杜瓦的早期研究工作中，質子（H^+）是 Lewis 酸。在查德和鄧肯生的研究工作中，過渡金屬（M^{n+}）也是 Lewis 酸。然而，後者（M^{n+}）具有逆鍵結（backbonding）的可能性，是前者質子（H^+）所沒有的。這個引進 d 軌域逆鍵結的概念的部分其實是相當關鍵性的。化學家因此認為在這完整理論模型的推展上，查德和鄧肯生的貢獻不可磨滅。直到現在，這鍵結理論還是被稱為杜瓦—查德—鄧肯生模型（Dewar-Chatt-Duncanson Model）。

化學家利用杜瓦—查德—鄧肯生模型（Dewar-Chatt-Duncanson Model, DCD Model）來解釋烯類鍵結到過渡金屬上的情形。請說明。

26

Chemists use Dewar-Chatt-Duncanson Model (DCD Model) to illustrate the bonding of alkene towards transition metal. Explain it.

答：早期，蔡司鹽（Zeise's Salt, $K[(\eta^2\text{-}C_2H_4)PtCl_3]$）被發現時，化學家無法解釋其結構，因為其中有乙烯配位基以 π-形式鍵結到 Pt(II) 金屬。後來，杜瓦—查德—鄧肯生模型（Dewar-Chatt-Duncanson Model, DCD Model）出現，化學家就可以解釋類似化合物的結構。當烯類和過渡金屬鍵結時，首先由烯類的 HOMO 的 π 軌域提供兩個電子到金屬上適當的空 LUMO 軌域，結合成 σ 鍵。接著再由金屬上的 HOMO（可能是金屬上的 d 軌域）提供電子到烯類上適當的空 LUMO（π 反鍵結軌域）上形成 π 鍵。這種鍵結使兩者之間互相加強（Synergistic），讓烯類和金屬間的穩定鍵結成為可能。鍵結後的烯類 C=C 鍵級減弱，鍵長增加。且烯類上的取代基在鍵結後往離開金屬方向彎曲。

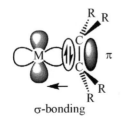

σ-bonding

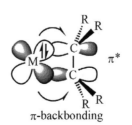

π-backbonding

炔類鍵結到過渡金屬上的情形可以利用杜瓦—查德—鄧肯生模型（Dewar-Chatt-Duncanson Model, DCD Model）來解釋。(a) 請說明。(b) 解釋炔類三鍵的特質為什麼在和過渡金屬鍵結後減小。(c) 原先炔類上的取代基和炔類上的兩個碳是在同一直線上，取代基在鍵結後往離開金屬方向彎曲。請說明。(d) 一般觀念上，鍵結的兩個單位間的鍵結軌域電子雲是分布在兩個單位之間。在此處，金屬和三鍵的個別碳鍵結電子雲分布情形卻不同，如何描述比較恰當？

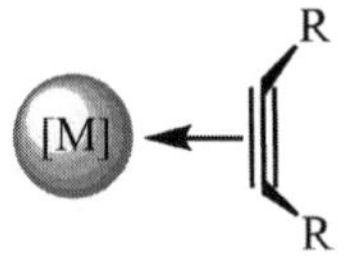

27

(a) Try to use Dewar-Chatt-Duncanson Model (DCD Model) to illustrate the bonding of alkyne towards transition metal. (b) The bond order of alkyne is reduced after coordinating to transition metal. Explain it. (c) The substituents on alkyne will bend away from the metal center after the coordination. Explain this observation. (d) How to properly describe the electron density distributation of the carbon atoms of alkyne after coordinating to transition metal?

答：(a) 炔類當配位基和過渡金屬間的鍵結可用分子軌域理論來加以說明。亦即由炔類 HOMO 的 π 軌域提供電子到過渡金屬的適當軌域上結合成 σ-鍵，再由過渡金屬反提供電子到炔類的 π-反鍵結軌域上而形成 π-鍵，如下圖所示。這種鍵結方式一般稱為杜瓦—查德—鄧肯生（Dewar-Chatt-Duncanson, DCD）模式。原先是用來解釋烯類和過渡金屬間的鍵結模式。

(b) 鍵結後的炔類 C-C 鍵級減弱，鍵長增加。C-C 之鍵長增加也意味著 C-C 鍵被活化，更容易反應，如在氫化反應中對被活化的炔類或烯類容易加氫反應形成烷類。

(I)　　　　　　　　　　　　　　　(II)

(c) 鍵結後炔類上的取代基往離開中心金屬方向偏離。此種結合模式與先前所述的羰基金屬錯合物相類似，皆具有互相加強鍵結（Synergistic Bonding）的特性。即包含鍵結（Bonding）及逆鍵結（Backbonding）。當取代基為強拉電子基（如 CN^-）時會使逆鍵結變更強，M-C 間之鍵結變成有如 σ-鍵。如以共振的觀點視之，當取代基為強拉電子基時，後者的貢獻度增加。注意 C-M-C 之間不是如傳統上的繪圖法形成尖銳的夾角，而是形成類似香蕉鍵（Banana Bond），因而內部張力不會太大。這時可視 C 為 sp^2 混成，R 基在 sp^2 混成中看起來就像是往遠離金屬方向彎曲。

(d) 在這裡 M-C 之間雖然繪有直線，應該視為 M 和 C 之間有「作用力」，而非軌域鍵結方向。其鍵結方式像香蕉鍵（Banana Bond）如右圖。

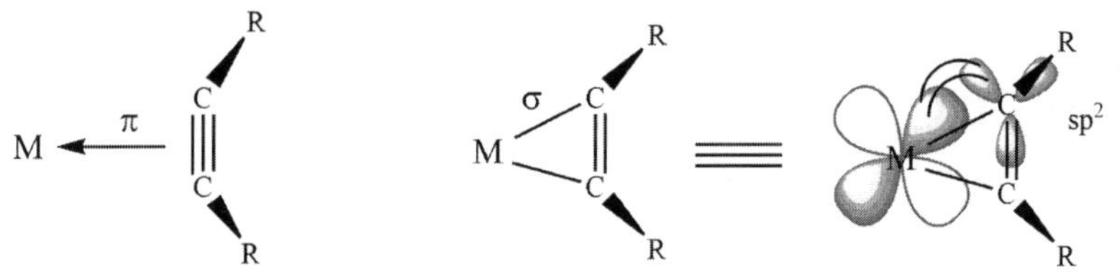

補充說明：化學家習慣用直線來連結原子，其實並不一定能適當地反應出原子間軌域鍵結的方向。

化學家使用杜瓦─查德─鄧肯生模型（Dewar-Chatt-Duncanson Model）來解釋烯類鍵結到金屬的狀況。其實，不只烯類可以鍵結到金屬，炔類也可以，而且更為複雜些。此模型也可以解釋炔類接到雙金屬的狀況。下圖顯示將炔類 $RC≡CR$ 和 $Co_2(CO)_8$ 反應時可以生成 $(η^2\text{-}μ_2\text{-}RC≡CR)Co_2(CO)_6$。請利用杜瓦─查德─鄧肯生模型來說明炔類鍵結到雙鈷金屬的狀況。包括炔類兩端的取代基往離開中心金屬基團的方向而彎曲的現象，原本炔類三鍵的鍵長被拉長，三鍵特質減小。一般發現炔類鍵結到金屬上比烯類鍵結到金屬上形成的鍵結強度更強。純有機物很難以四面體主結構存在，為何此產物以類似四面體主結構卻可以穩定存在。請加以說明。

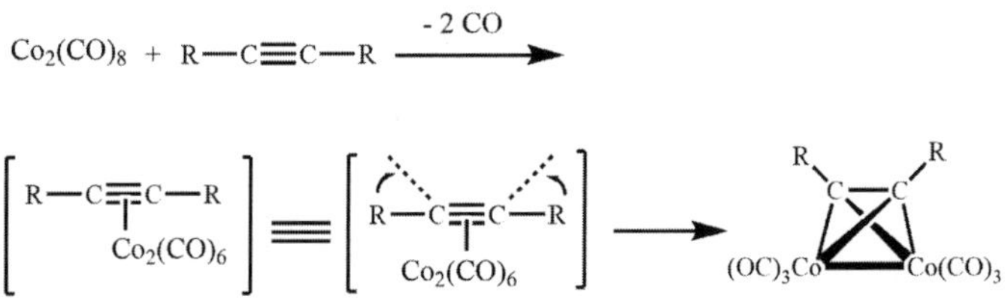

28

The reaction of RC≡CR with Co$_2$(CO)$_8$ yielded (η^2-μ_2-RC≡CR)Co$_2$(CO)$_6$. Using the Dewar-Chatt-Duncanson Model to illustrate the observed fact that the substituents on alkyne bends away from the metal fragment. Explain the character of the triple bond is reduced after coordination, that is, the bond lengh is increased. Also explain that the bonding between alkyne and transition metal is stronger than that of alkene. How can this tetrahedron-like structure be stable? Explain.

答：乙炔具有互相垂直的兩對 π 電子（x 及 y 軸線方向）。雖然和單金屬結合成錯合物時視為提供兩個 π 電子，但仍比乙烯鍵結強。因為第二對 π 軌域電子也會參與鍵結，雖然鍵結效果比第一對 π 軌域來得差一些。炔基上的第一對 π 軌域和金屬鍵結形成 σ-鍵，而第二對 π 軌域和金屬鍵結形成 π-鍵。注意，在金屬與炔基的 π-逆鍵結（π-Backbonding）時可形成 δ-鍵。

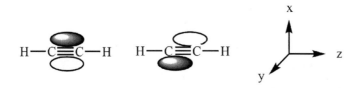

乙炔也可同時提供四個電子給雙核金屬錯合物，如下圖示。炔基以架橋（Bridging）方式鍵結雙鈷金屬上。Co$_2$(CO)$_8$ + RC≡CR → (μ_2-η^2-RC≡CR)Co$_2$(CO)$_6$ + 2 CO。

這種鍵結仍然可利用杜瓦—查德—鄧肯生模型（Dewar-Chatt-Duncanson Model）加以解釋。由於此種反應釋出二莫耳的 CO，因此可以將炔屬烴視為可提供給四個電子的配位基。類似此種類型的炔屬烴錯合物，如鈷錯合物和鎳錯合物，經 X-光繞射法鑑定其結構後發現其金屬—金屬軸與炔屬烴 C-C 軸之間的夾角度約為 90°，碳上的取代基偏離金屬中心及 C-C 鍵被拉長，如同先前理論所預測。

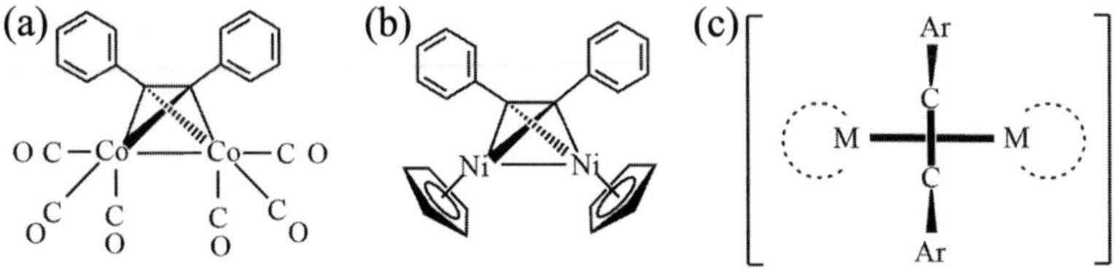

補充說明： 在有機物中，除非特例，無法形成類似四面體主結構的產物而可以穩定存在，因為四面體結構的有機物內部張力太大。然而，過渡金屬的 d 軌域可以有效地疏解分子內部張力，這種類似四面體主結構的有機金屬化合物其實很穩定。

29

丙酮分子（$Me_2C=O$）可以使用 η^2 方式（經由 C=O 雙鍵）或使用 η^1 方式（經由 O）和金屬鍵結。前者類似以烯類 π-鍵結方式接到金屬上，後者類似以配位共價鍵的方式提供兩個電子給金屬。應用皮爾森（Pearson）的硬軟酸鹼（Hard and Soft Acids and Bases, HSAB）理論來說明丙酮傾向以 η^2 方式和哪種類型金屬鍵結？丙酮傾向以 η^1 方式和哪類型金屬鍵結？兩種鍵結模式提供電子數為何？哪種鍵結模式使丙酮鍵結後比較容易受到親核性攻擊？

Acetone $Me_2C=O$ can bond to metal through either η^2-style (*via* C=O) or η^1-style (*via* the lone pair electrons of O). Which types of metals prefer the former, which metals prefer the latter? How to count the elecetrons donated from either way? Which type of bonding is more subjected towards nucleophilic attack? [Hint: Pearson's Hard and Soft Acids and Bases theory (HSAB theory)。]

答： 皮爾森（Pearson）提出大家熟悉的硬軟酸鹼理論（Hard and Soft Acids and Bases, HSAB）。簡化這些配位基（路易士鹼）和金屬（路易士酸）的作用規則為「硬酸喜歡硬鹼，軟酸喜歡軟鹼」。丙酮（$Me_2C=O$）以 η^2 方式（經由 C=O 雙鍵）和金屬鍵結時視為「軟鹼」，喜歡和低價數的金屬（即「軟酸」鍵結）。丙酮（$Me_2C=O$）以 η^1 方式（經由 O）和金屬鍵結時視為「硬鹼」，喜歡和高價數的金屬（即「硬酸」鍵結）。兩種鍵結方式都是提供兩個電子。丙酮（$Me_2C=O$）以 η^2 方式（經由 C=O 雙鍵）和金屬鍵結後，因為提供 C=O 的 π 電子，導致 C 上的電子密度減少，比較容易受到親核性攻擊。

化學家利用原子軌域來做線性組合成分子軌域的簡化的趨近法稱為 LCAO-MO（Linear Combination of Atomic Orbitals – Molecular Orbitals）方法。例如，可以將 1,3-丁二烯（1,3-butadiene）上的四個 p-軌域做線性組合，成為四個 π-形態的分子軌域。請依此法建立 1,3-butadiene 的四個 π-分子軌域，並說明 1,3-butadiene 的三個鍵長為短—長—短。當 1,3-butadiene 鍵結到過渡金屬上時，可能產生鍵長變化。請說明。〔提示：利用互相加強鍵結（Synergistic Bonding）的觀念。〕

30

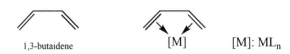

1,3-butaidene   [M]   [M]: MLₙ

Please construct four π-orbitals from 1,3-butadiene through the process of linear combination of its four p-orbitals. Explain the bond lengths of 1,3-butadiene is short-long-short. Also predict the changes of bond lengths of it after coordination towards transition metals.

答： 1,3-丁二烯的四個 p-軌域做線性組合，組合後有四個 π-形態分子軌域，其中能量較低的 1π 及 2π 軌域中填滿電子，能量較高的 3π 及 4π 軌域則沒有填電子。在 2π 軌域中 C2 及 C3 有節面。因此，C2 及 C3 之間相對為長鍵。1,3-丁二烯和金屬軌域鍵結為互相加強鍵結（Synergistic Bonding）。其中，2π 軌域於鍵結後電子密度減少，而 3π 軌域於鍵結後有電子密度引入。在 3π 軌域中 C1-C2 和 C3-C4 之間有節面，鍵由原先短鍵被拉長。因此，當 1,3-丁二烯和金屬軌域鍵結後其鍵長由「短—長—短」往「長—短—長」的方向轉變。1,3-丁二烯和金屬軌域鍵結的情形可視為乙烯和金屬軌域鍵結的延伸。

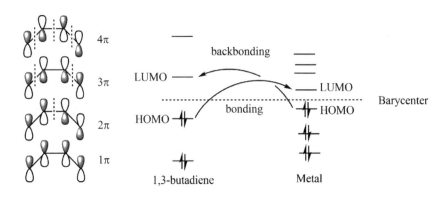

補充說明：鍵結金屬後 1,3-butadiene 鍵長變化可由相關分子的晶體結構得到證實。

有機配位基鍵結到過渡金屬上，由於 σ-鍵結（σ-bonding）及 π-逆鍵結（π-backbonding）的作用，過渡金屬基團有時候可當成推電子基或拉電子基視情況而定。下面左圖中由有機酸（(E)-penta-2,4-dienoic acid）配位形成金屬錯合物，整個錯合物的 pk$_a$ 值比原來未鍵結前的有機酸要來得高。下面右圖有機酸（benzoic acid）配位形成金屬錯合物，整個錯合物的 pk$_a$ 值比原來未鍵結前的有機酸要來得低。請說明。

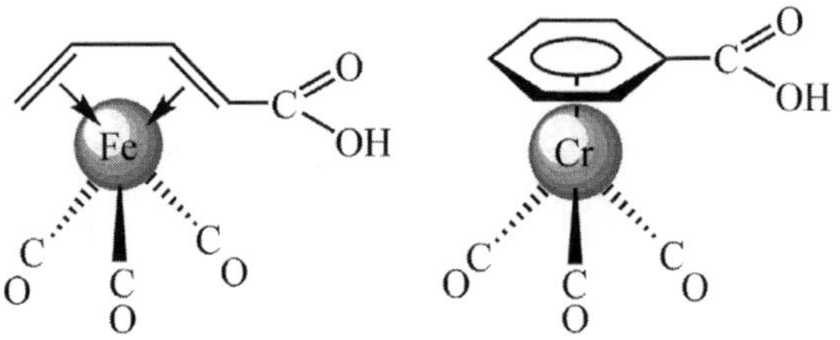

31

The pk$_a$ value of (E)-penta-2,4-dienoic acid ligand is increased after coordinating towards transition metal. Predict the change of pk$_a$ value of benzoic acid before and after coordinating towards transition metal.

答：有機酸解離質子形成共軛鹼，帶負電。若上面接有拉電子基，因能使電荷被分散，更容易解離質子，酸性變高。Fe(CO)$_3$ 基團在此被視為推電子基，使有機酸（(E)-penta-2,4-dienoic acid）的酸解離變不容易。因此，配位到金屬形成錯合物後的酸性變低，pk$_a$ 比原來純有機酸要高。相反地，Cr(CO)$_3$ 基團在此被視為拉電子基，能使有機酸 benzoic acid 的酸解離變容易，當 benzoic acid 配位到金屬錯合物後的酸性變高，pk$_a$ 比原來純有機酸要低。

補充說明：不同金屬基團提供多少個電子參與和配位基的鍵結在第六章會有說明。Fe(CO)$_3$ 基團提供兩個電子參與和配位基的鍵結，被視為推電子基；Cr(CO)$_3$ 基團提供零個電子參與和配位基的鍵結，被視為拉電子基。請參考配位共價鍵（Dative Bond）的鍵結模式。

32

金屬錯合物上的配位基扮演許多不同角色，除了在溶液中的溶解度外，配位基也會伴隨立體障礙效應（Steric Effect）及電子效應（Electronic Effect）。在有機金屬化合物中常見的配位基為三烷基磷。請定義三烷基磷的錐角（Cone Angle）。並舉例說明三烷基磷的錐角會影響它的立體障礙效應（Steric Effect）和它的電子效應（Electronic Effect）。

Provide a proper definition for "Cone Angle". Explain that a phosphine ligand with bulky substituens will both affect the "Steric Effect" and "Electronic Effect".

答：根據 Tolman 最初對三烷基磷錐角的定義，是指當三烷基磷接到 Ni 金屬上且距離為 2.28 Å 時，將三烷基磷以 360º 旋轉所涵蓋的範圍，而構成的一角錐稱為錐角（Cone Angle(Θ)）。當 R 基越大，則錐角越大。有些磷配位基的錐角甚至大於 180º。三烷基磷（PR_3）是常見且重要的配位基。磷上接不同烷基當取代基時會造成三烷基磷在空間所佔的大小不同而影響其配位能力，也會因其形成的立體障礙進而影響錯合物中其他配位基的穩定度。

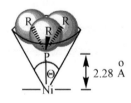

表 3-4   一些常見含磷配位基的錐角（Cone Angle(Θ)）值

Ligand	$\Theta(°)$	Ligand	$\Theta(°)$	Ligand	$\Theta(°)$
PH_3	87	diphos	125	$P(NMe_2)_3$	157
PF_3	104	$P(OPh)_3$	128	$P(i\text{-}Pr)_3$	160
$P(OMe)_3$	107	PEt_3	132	$P(t\text{-}Butyl)_3$	182
PMe_3	118	PPh_3	145	$P(C_6F_5)_3$	184

一般而言，錐角越大則三烷基磷的鹼性越低。原因是中心原子由原來的 sp^3 混成轉變為趨向 sp^2 混成。鹼性越低則配位能力越差。另一方面，錐角越大則越容易和周

遭的其他配位基產生立體推擠使配位鍵變弱，配位基容易被推擠而掉下來。因此，化學家常藉由調整烷基的大小來調節三烷基磷的鍵結能力。

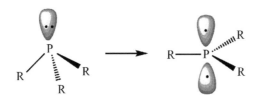

總而言之，三取代磷基（PR$_3$）的<u>錐角</u>（Cone Angle）會造成<u>立體障礙</u>（Steric Effect），而取代基（R）的推或拉電子能力造成<u>電子效應</u>（Electronic Effect）。這些因素會影響三取代磷基和金屬的鍵結能力。

補充說明：三苯基磷（PPh$_3$）的錐角看似很大，那是定義上苯基以 360° 旋轉所涵蓋範圍的結果。由於苯基是平的，苯基在分子內可能以前後擺動方式而非 360° 旋轉方式運動，所以，三苯基磷的<u>立體障礙</u>效應並沒有如數字所顯示的大。

33

一般在有機金屬化合物中常見的配位基為三取代<u>磷</u>基（PR$_3$）。近來，有些化學以二級氧化磷基（Secondary Phosphine Ligand, R$_2$HP(=O), SPO）來替代。請比較這兩種<u>磷</u>基當成有機金屬化合物的配位基其優缺點何在？

Compare the advantages and disadvantages of using "Secondary Phosphine Ligand (R$_2$HP(=O), SPO)" as ligands with frequently used tri-substituted phosphine (PR$_3$).

答：化學家經常以配位基接上過渡金屬形成催化劑。多年來，配位基的使用上以三取代磷基（PR$_3$）最為常見。使用三取代磷基有許多優點，但是也有缺點。缺點之一是尋常的三取代磷基因為磷原子上電子密度較高（從當配位基提供電子的角度視之為它的優點之一）有容易被氧化的問題（缺點）。被氧化後的磷基其配位能力大減，造成原本應有的配位鍵結的功能喪失。另一個可行的方式是刻意讓磷基「部分氧化」。如此一來，化合物不怕氧化，在保存方面就比較容易。在需要使用時，此「部分氧化的磷基」又能轉換成具備如同一般磷基的配位鍵結能力。<u>二級氧化磷</u>

基（Secondary Phosphine Oxide Ligand, $R_2HP(=O)$, SPO）恰巧具備這樣的特色，必要時可轉換成磷酸（$PR_2(OH)$）形式和過渡金屬鍵結。

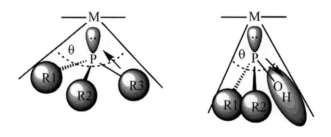

Secondary Phosphine Oxide　　　　Phosphinous Acid　　　　PA-coordinated
(SPO)　　　　　　　　　　　　　　(PA)　　　　　　　　　　metal complex

學理上，$PR_2(OH)$ 在和金屬鍵結時形成的錐角（Cone Angle）比 PR_3 小，在立體障礙效應（Steric Effect）上比較 PR_3 差。而且 $R_2P(OH)$ 提供電子的能力也比 PR_3 較差。因此，當一些催化反應需求配位基有好的提供電子的能力以便有助於氧化加成（Oxidative Addition）步驟，及大的立體障礙效應以便有助於還原脫去步驟時，前者（$PR_2(OH)$）的確不如後者（PR_3）。但是，如果這些缺點不嚴重，反而是避開被氧化的因素最為關鍵時，二級氧化磷基（SPO）可以有學術上及工業上使用的潛力。一般而言，二級氧化磷基（SPO）轉變成磷酸（PA）形式和過渡金屬鍵結的模式比一般三取代磷基（PR_3）更多樣化。在鹼性的環境下，兩個磷酸（PA）可脫去一個質子，連結成類似 acac⁻ 的雙牙基，這是一般三取代磷基（PR_3）所沒有的鍵結形式。而雙牙基在交叉耦合反應（Cross-coupling Reactions）中可促進還原脫去（Reductive Elimination）步驟進行的速率。

34

配位基和過渡金屬鍵結有各種不同形式。除了鍵結時的配位原子種類不同外，配位基配位的原子數也可能不同，例如可以是單牙或以多牙配位。請說明雙牙或多牙配位基（Bi-dentate or Multiple-dentate Ligand）比起單牙配位基（Monodentate Ligand）鍵結到過渡金屬當催化劑的優點。

Point out the advantages of using bidentate ligand than monodentate ligand in transition metals assisted catalytic reactions.

答：雙（多）牙基能使被鍵結後的金屬錯合物比單牙基鍵結時更穩定，這樣的效應稱為多牙基效應（Chelate Effect）。多牙基效應主要來自亂度因素（Entropy Effect）而非能量因素（Enthalpy Effect）。另外，在不對稱合成中，磷基可被修改成具有光學活性（Optical Active）的雙牙基。例如，經過具有光學活性配位基修飾後的威金森催化劑，會直接影響催化氫化反應（Hydrogenation），使生成物具有掌性。另一個有趣的含磷雙牙配位基為 $(\eta^5\text{-}C_5H_4PPh_2)_2Fe$，俗稱 **dppf**，為鐵辛（Ferrocene）的含雙牙磷基的衍生物。這配位基可接在單或雙金屬化合物上。因其上的兩個環戊二烯基可繞著中間金屬轉動，使得雙磷之間的距離可調整。這樣的特性使此含磷雙牙配位基，可端視單或雙金屬化合物的大小或雙金屬鍵距，而調整到適合的鍵結的形狀，再和單或雙金屬鍵結，形成穩定的化合物。以 **dppf** 和單或雙金屬鍵結形成的錯合物應用於催化反應中的例子很常見。

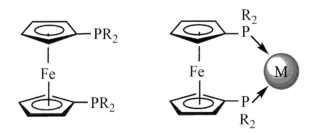

如上所述，使用雙牙配位基在交叉耦合反應（Cross-coupling Reactions）中可迫使兩個欲耦合離去的兩個基團必須在 *cis* 位置，最後迫使這兩個基團進行耦合離去。雙牙配位基一般可促進在催化循環中的還原脫去（Reductive Elimination）步驟的進行速率。

35

兩種雙牙配位基 (η^5-C$_5$H$_4$PPh$_2$)$_2$Fe（**dppf**）和 (Ph$_2$PC$_2$H$_4$PPh$_2$)（**dppe**）如下圖。**dppf** 為鐵辛（Ferrocene）的含磷衍生物雙牙配位基。**dppe** 1,2-Bis(diphenylphosphino)ethane 不具有鐵辛的部分。兩者都能以兩個磷基當雙牙配位到過渡金屬上，鍵結後的金屬化合物經常被當作催化劑來使用。說明這兩種雙牙配位基各有何優缺點。

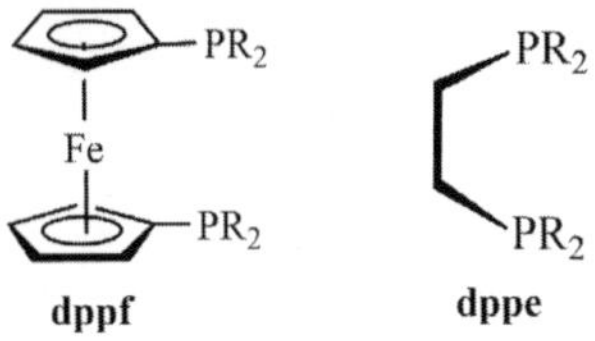

A bidentate ligand, (η^5-C$_5$H$_4$PPh$_2$)$_2$Fe (**dppf**), is a derivative of Ferrocene. List the advantages and disadvantages of using **dppf** as a bidentate ligand than the commonly used bidentate ligand, 1,2-bis(diphenylphosphino)ethane (**dppe**).

答： 一個有趣的含磷雙牙配位基為 (η^5-C$_5$H$_4$PPh$_2$)$_2$Fe（俗稱 **dppf**），為鐵辛（Ferrocene）的含雙牙磷基的衍生物。這配位基可接在單或雙金屬化合物上。因兩環戊二烯基可繞著中間金屬轉動，使得雙磷之間的距離可調整。這樣的特性使此含磷雙牙配位基，可端視單或雙金屬化合物的大小或雙金屬鍵距，而自己調整到適合的鍵結的形狀，再和單或雙金屬鍵結，形成穩定的化合物。以 **dppf** 和單或雙金屬鍵結形成的錯合物應用於催化反應中的例子很常見。

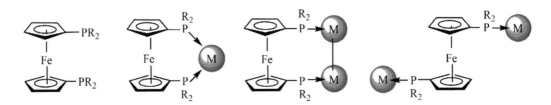

dppe 則是 **dppf** 的相對應的有機物版本。因 **dppe** 的背部乙基骨架的轉動彈性比 **dppf** 較差，因此鍵結的限制比較大。其優點是 **dppe** 的製備相對容易。

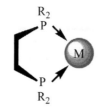

36	氮異環碳醯（N-heterocyclic Carbene, NHC）為近來被廣泛研究的配位基，和一般磷基（PR_3）一樣具有提供兩電子和過渡金屬形成鍵結的能力。請比較這兩種配位基的優缺點，並指出適用於磷基（PR_3）的錐角（Cone Angle）概念是否用於氮異環碳醯（N-heterocyclic Carbene, NHC）配位基。
	List the advantages and disadvantages between two ligands: N-heterocyclic Carbene (NHC) and PR_3. Compare these two ligands from the viewpoint of "Cone Angle".

答：根據 Tolman 最初對三烷基磷錐角的定義，是指當三烷基磷接到 Ni 金屬上且距離為 2.28 Å 時，將三烷基磷以 360° 旋轉所涵蓋的範圍，而構成的一個角錐稱為錐角（Cone Angle(Θ)）。

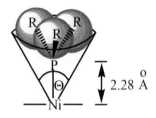

一般磷基（PR_3）當成過渡金屬配位基可提供兩個電子且形成強鍵結。磷基（PR_3）也可因取代基種類不同有大小不同錐角，產生不同的立體障礙（Steric Effect）。磷基上取代基的推或拉電子能力為電子效應（Electronic Effect），也會影響三取代磷基和金屬的鍵結能力。

氮異環碳醯（N-heterocyclic Carbene, NHC）當配位基可提供兩個電子且和過渡金屬形成強鍵結。氮異環碳醯上取代基指向金屬，立體障礙效應比一般磷基（PR_3）要大。氮異環碳醯的毒性比磷基小。製備氮異環碳醯的步驟則比較複雜些。磷基也有容易氧化及具有神經毒性的缺點。

37	氮異環碳醯（N-Heterocylic Carbene, NHC）為目前熱門的配位基，可提供兩個電子參與和金屬的鍵結形成錯合物。說明氮異環碳醯和過渡金屬鍵結時，其方式比較像是施諾克碳醯（Schrock Carbene）或費雪碳醯（Fischer Carbene）？
	Illustrate the bonding between ligand N-Heterocyclic Carbene (NHC) and transition metals. Is this NHC acting more like Fischer Carbene or Schrock Carbene?

答：氮異環碳醯（N-heterocyclic Carbene, NHC）當配位基時可提供兩個電子，且和過渡金屬形成強鍵結，比較像是費雪碳醯（Fischer Carbene）。但是 NHC 上的兩個 N 上有 lone pair 電子，仍有提供額外電子雲給鍵結金屬的可能性。

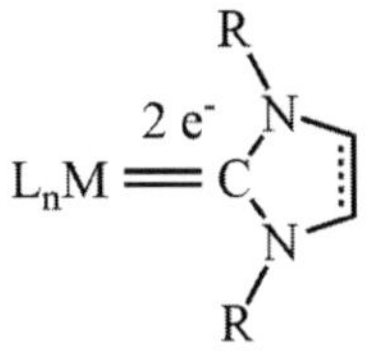

38	皮爾森（Pearson）的硬軟酸鹼理論（Hard and Soft Acids and Bases, HSAB）。可簡化配位基（路易士鹼）和金屬（路易士酸）的作用規則為「硬酸喜歡硬鹼，軟酸喜歡軟鹼」。有些配位基為硬鹼，有些為軟鹼。(a) 請說明半穩定配位基（Hemilabile Ligand）的概念由來及其應用。(b) 下圖為包可華配位基（Buchwald's Ligands）的類型，這些配位基被視為很有效率的磷基，其實是應用半穩定配位基的概念。請說明這類型配位基如何運作。(c) 下圖為包可華配位基類型之一，請說明其上取代基-OMe 所扮演的角色。

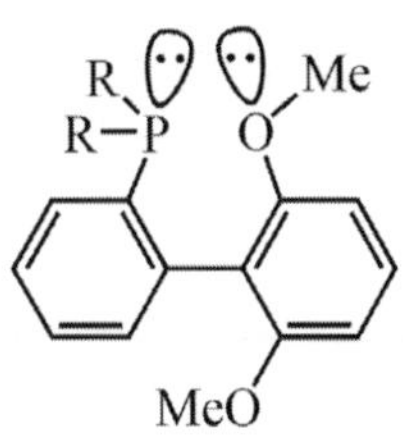

(a) Illustrate the concept and application of "Hemilabile Ligand". (b) Buchwald's Ligands are regarded as efficient ligands in catalysis. In fact, the design of this type of ligand employed the concept of "Hemilabile Ligand". Explain how these ligands function in terms of coordinating capacities towards transition metals. (c) Explain the function of -OMe group in one of the Buchwald's Ligands.

答：(a) 如果雙牙（或多牙）配位基其中之一牙基和過渡金屬是強配位，而另一個牙基是弱配位，則稱此類型雙牙基為半穩定配位基（Hemilabile Ligands）。這類型雙牙（或多牙）配位基，其中之一弱配位基在反應中比較容易暫時先斷開與金屬鍵結（整個雙牙基並沒有完全離去），使金屬中心不飽和，能夠接受反應物來結合進行反應。等反應完成後，可以再接回金屬中心再次達到飽和狀態。這特性在催化反應中可以善加利用。

(b) 包可華配位基（Buchwald's Ligands）技巧地應用半穩定配位基的概念。其中之一磷基和過渡金屬配位強，而另一個牙基（如-OMe、-NR$_2$）是弱配位。在這類型雙牙（或多牙）配位基其中一配位基（如-OMe、-NR$_2$）鍵結較弱，在反應中容易先斷開，使金屬中心變成不飽和，可以接受反應物來進行反應。但是，弱配位基不會完全離去因磷基仍接在金屬上，在反應中弱配位基可能再重新配位回到金屬上。

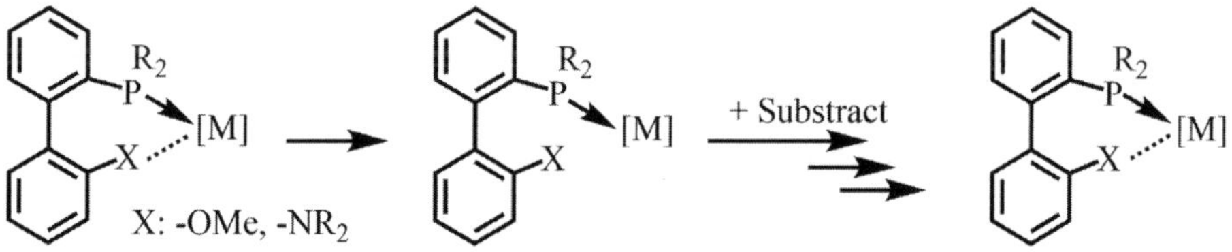

(C) 在包可華配位基上的取代基 -OMe 扮演弱配位基的角色。必要時此弱配位基可先斷開和金屬的鍵結，使金屬中心不飽和。

39	說明 Buchwald 的配位基在鈀催化<u>交叉耦合反應</u>的效果很好的原因。 R: Cy, ^{t}Bu, Ph... X: OMe, NH$_2$, H... Explain the reason why the Buchwald's ligands are efficient in palladium complexes catalyzed cross-coupling reactions.

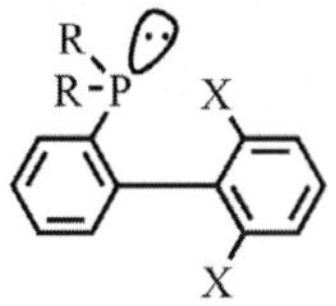

答：Buchwald 的配位以 P 配位基和鈀金屬做強的鍵結，再以其他部位如-OMe 或-NH$_2$ 和鈀金屬做弱的鍵結，形成一強一弱的鍵結。這是<u>半穩定配位基</u>（Hemilabile Ligand）概念的應用。當鈀金屬中心需形成不飽和時，弱鍵結容易離開，讓反應物容易接近金屬中心來反應。當鈀金屬中心需形成飽和時，弱鍵結再結合回來。這樣的配位基在催化反應中往往展現好的效果。

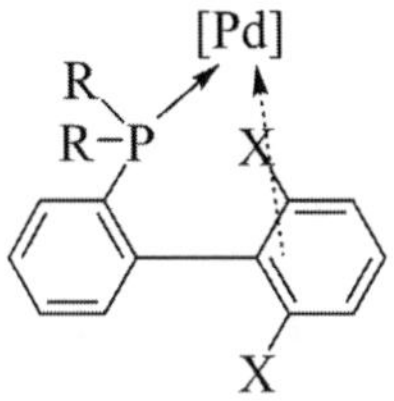

40	(a) 當多牙配位和過渡金屬鍵結時會產生多牙基效應（Chelate Effect），請說明此效應。(b) 當多牙配位是以環狀方式鍵結到過渡金屬時會產生<u>大環效應</u>（Macrocyclic Effect），請說明此效應。 (a) Provide a proper definition for "Chelate Effect" and for (b) "Macrocyclic Effect".

答：(a) 多牙基比單牙基和金屬鍵結時平衡常數大很多，稱為多牙基效應（Chelate Effect）。主要原因是亂度因素。其中比較有名的雙牙基是 en 及 **dppe**，多牙基是 EDTA。

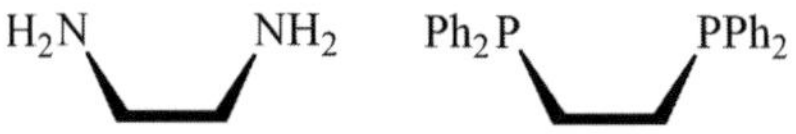

(b) 當多牙基為環狀，和金屬鍵結時，其平衡常數更大，稱為大環效應（Macrocyclic Effect）。比較有名的環狀多牙基是卟啉（Porphyrin），簡化如下圖。生命現象中的血紅素及葉綠素即類似的以大環方式分別配位到鐵離子及鎂離子上面。

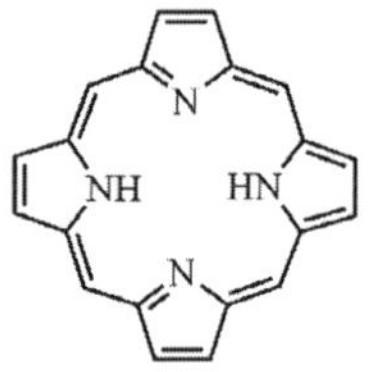

皮爾森（Pearson）提出硬軟酸鹼理論（Hard and Soft Acids and Bases, HSAB），硬酸和硬鹼的鍵結是有利進行的。同理，軟酸和軟鹼的鍵結也是有利進行的。根據皮爾森的理論，N 為硬鹼，過渡金屬如 Pd 等等是軟酸。雙牙配位基 2,2'-bipyridine 鍵結原子是 N 原子，說明為何可以和過渡金屬如 Pd 等等軟酸鍵結。

41

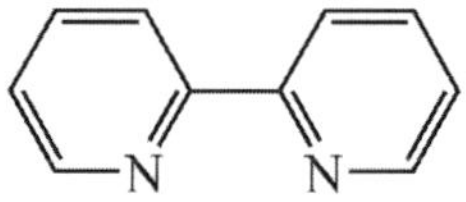

According to Pearson's HSAB theory (Hard and Soft Acids and Bases), N is hard. Explain why a 2,2'-bipyridine could coordinate to soft metal such as Pd?

答：根據皮爾森（Pearson）的硬軟酸鹼理論，N 為硬鹼。但在 2,2'-bipyridine 中，N 上的電子被環上的 π-軌域 delocalized，硬度已經減低。加上雙牙基能使被鍵結後的金屬錯合物比單牙基鍵結時更穩定，因此雙牙配位基 2,2'-bipyridine 可以和過渡金屬如 Pd 等等軟酸鍵結。

補充說明：同理，吡啶（pyridine, C_5H_5N）雖然含有 N，一樣可以鍵結到「軟」金屬上。因此，判定配位基為硬鹼或軟鹼不只是看原子本身，還要考量它所處的環境。

<table>
<tr><td rowspan="2">42</td><td>延伸上題，根據皮爾森（Pearson）硬軟酸鹼理論（Hard and Soft Acids and Bases, HSAB），N 為硬鹼。三牙配位基 HB(pz)₃⁻以 N 為鍵結原子。說明為何 HB(pz)₃⁻可以和被視為軟酸的過渡金屬如 Pd 等等鍵結形成穩定化合物。

</td></tr>
<tr><td>Similar to the above question, explain why a tridentate ligand HB(pz)₃⁻ could coordinate to soft metal such as Pd since N is hard according to Pearson's HSAB theory (Hard and Soft Acids and Bases).</td></tr>
</table>

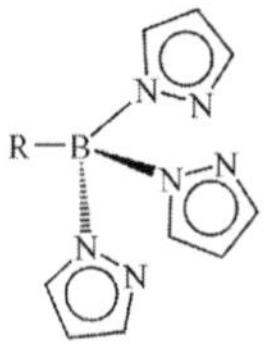

答：N 雖為硬鹼，但在 HB(pz)₃⁻中，N 上的電子被 Imidazole 環上的 π-軌域 delocalized，硬度已經減低。加上三牙基能使被鍵結後的金屬錯合物比單牙基鍵結時更穩定，因此三牙配位基 HB(pz)₃⁻可以和過渡金屬如 Pd 等等的「軟酸」鍵結。HB(pz)₃⁻在此鍵結中提供六個電子。

<table>
<tr><td>43</td><td>有一種獨特的二級氧化磷基（Secondary Phosphine Ligand, R₂HP(=O), SPO）的衍生物（A）如下圖。根據皮爾森（Pearson）硬軟酸鹼理論（Hard and Soft Acids and Bases, HSAB），P 為軟鹼，N 為硬鹼。它可以單牙（P）或雙牙（P∩N）方式當成配位基和過渡金屬 Pd 反應。請說明以下錯合物的鍵結模式。

</td></tr>
</table>

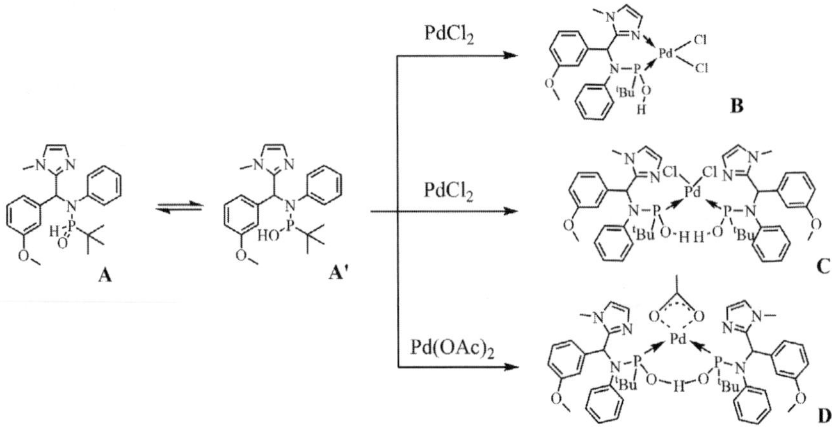

A special kind of "Secondary Phosphine Ligand (R₂HP(=O), SPO)" as shown was used as ligand in the reaction with Pd complexes. Describe the bonding modes of the products.

答：二級氧化磷基 A 可藉由互變異構（tautomerization）的方式形成 A'。A' 可當成磷基。在 B 的鍵結模式中，兩個 A' 以單牙磷基方式鍵結 Pd 金屬。在 C 的鍵結模式中，兩個 A' 其中之一被移去一個氫，再以雙牙磷基（帶負一價）方式鍵結 Pd 金屬，另一邊醋酸根仍為配位基以雙牙基方式鍵結 Pd 金屬。

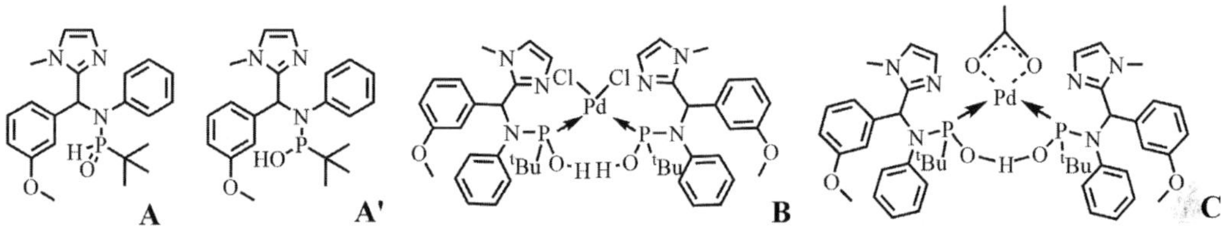

其實，A' 本身也可當成雙牙磷基來使用，產生如下的鍵結模式。Imidazole 上的 N 可配位 Pd 金屬。

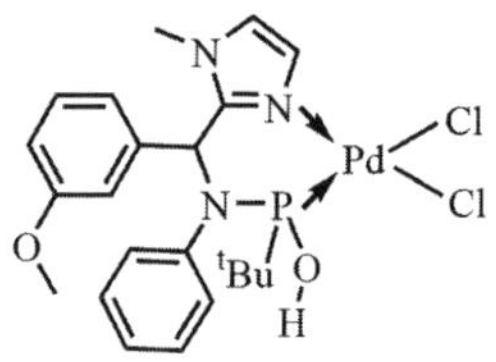

碳醯（Carbene, CH₂）在有機化學中被視為活性很強的分子，存在時間很短，且有單重自旋態（Singlet state）及三重自旋態（Triplet state）兩種可能。但是當碳醯和過渡金屬結合時就會被穩定下來。這種金屬碳醯（Metal Carbene）目前有兩種主流即費雪碳醯（Fischer Carbene）和施諾克碳醯（Schrock Carbene）。(a) 請說明這兩種碳醯在和過渡金屬鍵結上最大的不同之處。(b) 請提供這兩種碳醯的例子。

44

(a) Explain the major differences in terms of bonding for Fischer Carbene and Schrock Carbene towards transition metals. (b) Please provide examples for Fischer Carbene and Schrock Carbene.

答：(a) 費雪碳醯（Fischer Carbene）金屬為低氧化狀態，施諾克碳醯（Schrock Carbene）金屬為高氧化狀態。而且，費雪碳醯（Fischer Carbene）的取代基通常為異核原子，如 O 原子。在鍵結上最大的不同之處，費雪碳醯（Fischer Carbene）被視為以 singlet 狀態和金屬鍵結，而施諾克碳醯（Schrock Carbene）被視為以 triplett 狀態和金屬鍵結。

費雪碳醯（Fischer Carbene）：

施諾克碳醯（Schrock Carbene）：

(b) 費雪碳醯（Fischer Carbene）及施諾克碳醯（Schrock Carbene）的例子。

補充說明：外觀上費雪碳醯（Fischer Carbene）及施諾克碳醯（Schrock Carbene）都是具有 M=C 雙鍵，其實兩者化學性能上有很大差異。費雪碳醯（Fischer Carbene）的碳帶正電荷，易受親核性攻擊（Nucleophilic Attack）；而施諾克碳醯（Schrock Carbene）的碳帶負電荷，易受親電子性攻擊（Electrophilic Attack）。

45

碳醯（Carbene, CR_2）及碳炔（Carbyne, CR）在有機化學中被視為活性很強不穩定的分子。但是當碳醯或碳炔和過渡金屬結合時就會被穩定下來。(a) 請說明單獨的碳醯或碳炔是不穩定的，接上適當的過渡金屬後形成金屬碳醯（Metal Carbene, $M=CR_2$）或金屬碳炔（Metal Carbyne, $M\equiv CR$）就被穩定下來的原因。(b) 請提供兩種類型分子的例子。

(a) The bare Carbene (CR_2) and Carbyne (CR) are not stable. Nevertheless, they can be stabilized by coordinating towards properly chosen transition metals. Explain it. (b) Please provide examples for the Metal Carbene ($M=CR_2$) and Metal Carbyne ($M\equiv CR$).

答：(a) 獨立的碳醯（Carbene, CR_2）及碳炔（Carbyne, CR）各擁有兩個及三個未鍵結電子，是不穩定的。接上適當的金屬後，電子成對，分子就穩定下來。

(b) 費雪碳醯（Fischer Carbene）的例子：

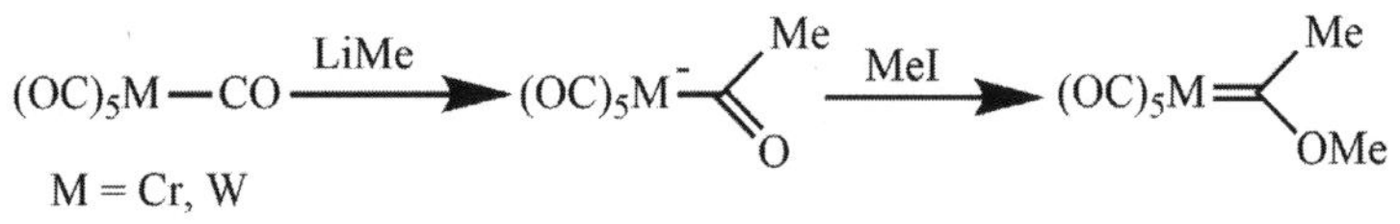

$$(OC)_5M-CO \xrightarrow{\text{LiMe}} (OC)_5M^- -\overset{Me}{\underset{O}{C}} \xrightarrow{\text{MeI}} (OC)_5M=\overset{Me}{\underset{OMe}{C}}$$

$$M = Cr, W$$

碳炔（Carbyne）的例子，可由費雪碳醯（Fischer Carbene）繼續反應而得：

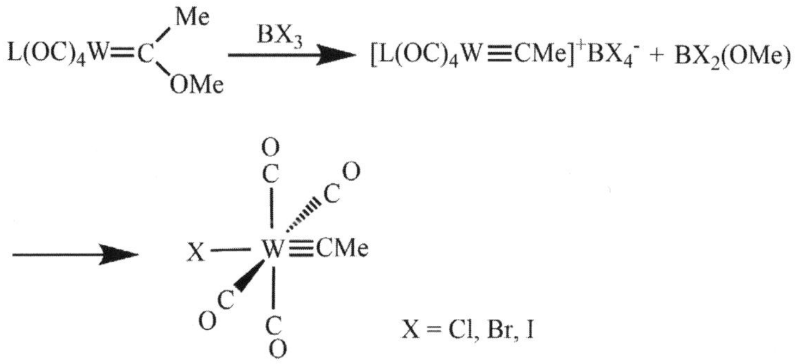

$$L(OC)_4W=\overset{Me}{\underset{OMe}{C}} \xrightarrow{BX_3} [L(OC)_4W\equiv CMe]^+ BX_4^- + BX_2(OMe)$$

$$\longrightarrow \quad X-W\equiv CMe$$

$$X = Cl, Br, I$$

有機金屬化合物中含 σ-或 π-鍵結的情形很常見。但在同一有機金屬化合物中同時具有 σ²-π-鍵結模式則很少見。請舉出具有此種鍵結模式的例子，並說明在何種情況下才可能會發生這類型的鍵結。

46

Provide an example for an organometallic compound having σ^2-π-bonding mode. Under what condition does this bonding mode take place?

答：當有機金屬環化物的中心金屬很缺電子時，且金屬環化物有適當提供 π 鍵的可能性時（如雙鍵），則有可能形成 σ²-π-鍵結。這種鍵結模式通常發生在早期金屬如 Ti、Zr 等等。右圖中 σ²-π-鍵結模式可視為左圖 σ²-鍵結模式的延伸。

一個類似吡咯（pyrrole）構型的含磷五圓環（phosphole）的離子（$C_4H_4P^-$）其結構如下。五角環離子（$C_4H_4P^-$）上的磷具有一對電子可當配位基使用，它也可以使用五角環和過渡金屬 Fe 離子鍵結，形成類似鐵辛（Ferrocene）的三明治結構。請加以說明。

47

A P-containing five-membered ring ($Li^+C_4H_4P^-$) can be act as ligand to coordinate to Fe and form sandwhich type complex, similar structure to Ferrocene. The rings on the metal complex can also act as phosphine ligand. Explain.

答：先將 cyclopenta-2,4-dien-1-ylbenzene 和 Li 反應，可形成含磷五角環離子（$C_4H_4P^-$），再和 $FeCl_2$ 反應，形成類似鐵辛結構的產物。此三明治結構上含磷五角環可以再當成含磷配位基使用，可配位到其他金屬基團如 $Fe(CO)_4$ 上。

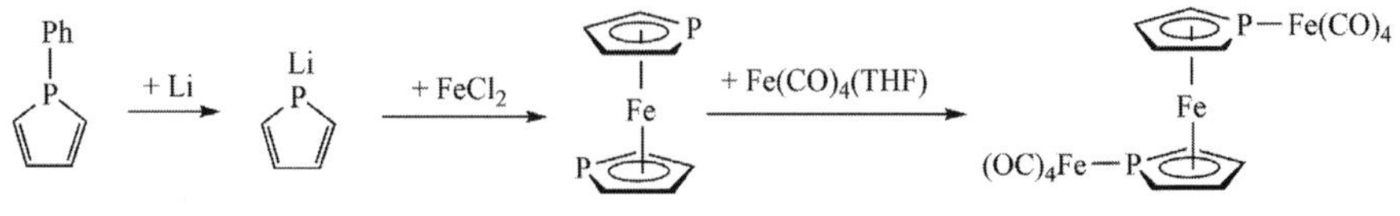

48

一個類似吡啶（pyridine, C_5H_5N）構型的含磷六圓環（phosphinine, C_5H_5P）其結構如下。含磷六圓環（C_5H_5P）上的磷具有一對電子可當配位基使用，和過渡金屬 Mo 形成 σ-形式鍵結。它也可以使用六圓環和過渡金屬 V 形成 π-形式鍵結。請加以說明。

A P-containing six-membered ring can be acted as ligand to coordinate to transition metals in either σ- or π-mode. Explain.

答：含磷六角環可以當成含磷配位基使用，以下為此磷基以 σ-形式配位到金屬上的例子：

$$MoCl_6 \ + \ 6 \ C_5H_5P \ \xrightarrow{\text{Mg, THF}} $$

此磷基也可以 π-鍵結形式配位到金屬基團上：

$$V \ (g) \ + \ 2 \ C_5H_5P \ \longrightarrow $$

以動力學來考量，此磷基以 σ-形式配位到金屬基團上比較快。以熱力學來考量，此磷基以 π-鍵結形式配位到金屬基團上比較穩定。

49	當含鉻羰基化合物 Cr(CO)$_6$ 和苯環（C$_6$H$_6$）反應時，可以形成三明治化合物（Sandwich Compound）。說明為何 Cr(CO)$_6$ 和吡啶（pyridine, C$_5$H$_5$N）反應，則無法形成上述類似的三明治化合物？如何達成合成含鉻三明治化合物？
	Sandwich type compound might be formed through the reaction of Cr(CO)$_6$ with benzene ring (C$_6$H$_6$). Explain why similar result could not be obtained for the reaction of Cr(CO)$_6$ with pyridine (C$_5$H$_5$N). Is there any way to form the sandwich type compound from Cr(CO)$_6$ with pyridine (C$_5$H$_5$N)?

答：不具有大立體障礙取代基（bulky substituent）的 pyridine（C$_5$H$_5$N）因為本身為路易士鹼基的關係，比較容易當成鹼，是以 N 上一對電子配位方式的配位基（η^1-C$_5$H$_5$N），而非以環配位（η^6-C$_5$H$_5$N）形式的配位基。而當 pyridine（C$_5$R$_5$N）上的取代基具有立體障礙時，則有機會當成以六環配位（η^6-C$_5$R$_5$N）的配位基來使用。

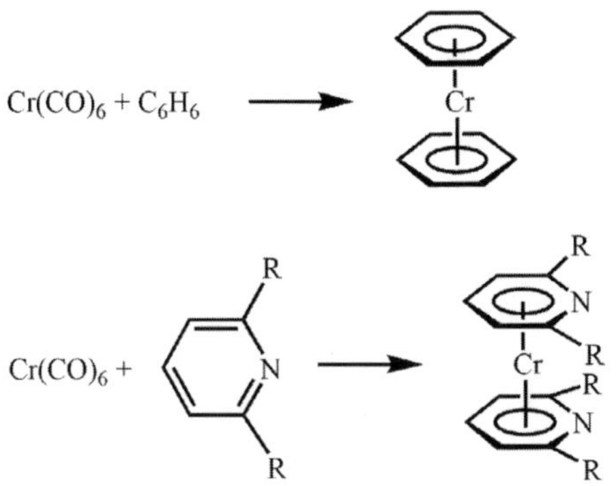

50	說明什麼是「Orthometallation」。
	Explain the term: Orthometallation.

答：通常是苯環的 *ortho-*位置的 C-H 鍵進行對金屬的氧化加成（Oxidative Addition）的步驟。下面例子是磷基上的苯環進行「Orthometallation」的步驟。有時候進行氧化加成可針對不同的金屬。

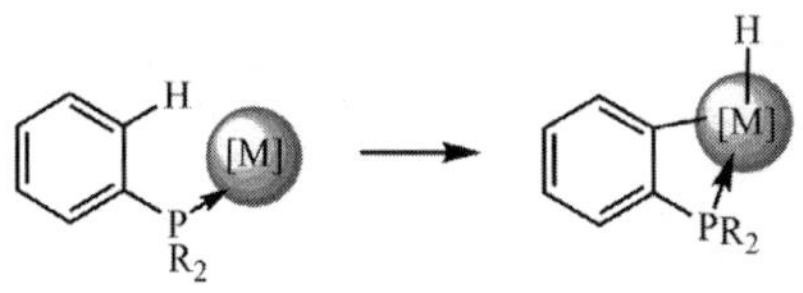

第 4 章
有機金屬化學反應型態

儘管經過深入及廣泛的研究後，目前無機化學家對無機反應仍未能擁有如同有機化學家對有機化學反應機制的（深入）了解。

Despite extensive study, inorganic chemistry has yet to achieve the understanding of reaction mechanisms enjoyed by organic chemistry.

——詹姆士・休伊（James Huheey）

本章重點摘要

要有效地執行一個化學反應，必須掌握反應的完整過程。這完整過程包括從反應物到中間產物，最後到產物的所有反應路徑。此一完整過程即所謂的化學反應的反應機制或反應機理（Mechanism）。無機化合物（包括配位化合物及有機金屬化合物等等）其反應的焦點通常是集中在中心「金屬」上。此類型反應之所以複雜難掌握的原因很多，其中包括金屬原子的種類、氧化態、可能使用的軌域、和金屬鍵結的配位基的種類及個數。如此林林總總的因素使得無機化學家在反應機制的研究上面臨困難重重的挑戰。反應機制研究和反應過程有關，從參與的反應物、過程中產生的中間產物到最後的產物其濃度的變化是時間的函數，必須使用化學動力學（Chemical Kinetics）的方法來研究。反應過程中如果能鑑定出中間產物的種類，可以對整個反應機制有更深入的了解。

近年來，環保意識抬頭。化學家也在努力推廣永續化學（Sustainable Chemistry）或綠色化學（Green Chemistry）。其重點就是在尋找化學反應的最佳化（Optimized Condition）條件，包括盡量使用對環境友善的反應物及溶劑，盡量提高反應產率，減少不必要的副反應及廢棄物。化學家研究反應機制的努力就是希望能有效率地控制反應流程，達到上述的目的。反應機制的研究在環保意識高漲的今日，其意義尤為顯著。

一般常見的無機化合物（包括配位化合物及有機金屬化合物等等）的基本反應步驟大致上有氧化加成（Oxidative Addition）、插入（Insertion）、還原脫去（Reductive Elimination）、脫離（Elimination）、轉移（Migration）、抽取（Abstraction）、親核性攻擊反應（Nucleophilic Attack）、親電子攻擊反應（Electrophilic Attack）、環化反應（Cyclization）、耦合（Coupling）、異構化（Isomerization）及交換（Metathesis）等等。

大多數配位基（Ligands）為具有提供兩電子能力者。於配位化合物（Coordination Compounds）或有機金屬化合物（Organometallic Compounds）中常見的反應為取代反應（Ligand Substitution Reaction），即化合物上的配位基被外來的更強的配位基所取代。取代反應可能採取解離反應機制（Dissociative Mechanism）或是結合反應機制（Associative Mechanism）。其實，大多數的取代反應型態都採取介於兩者之間的交換反應機制（Interchange Mechanism）。在探究反應機理時要特別注意某些本身只藉著結構上的小變化，就可達到具有不同電子配位能力的配位基。其中最有名的是被稱為茚基效應（Indenyl Effect）的特殊配位基 Indenyl 環（茚基）。藉著簡單的結構調整，茚基提供於和金屬鍵結的電子數可以在五和三之間變動，造成錯合物的整體價電子數在飽和及不飽和之間變化。

通常在平面四邊形（Square Planar）的分子，在互為 *trans* 位置的兩配位基會競爭中間金屬的 d 軌域，當一鍵結比較強時，另一個在其 *trans* 位置的鍵結會相對變弱，弱的配位基因而容易被其他外來的配位基所取代，稱之為對邊效應（*Trans* Effect）。兩互為 *cis* 位置（90° 夾角）的配位基不太會互相競爭中間金屬的 d 軌域，也就是說鄰邊效應（*Cis* Effect）在平面四邊形的分子中並不顯著。以下列出一些常見配位基的對邊效應順序。可看出對邊效應比較大的配位基其 π-逆鍵結能力通常較強。唯一例外的氫陰離子 H 比較奇特，雖然沒有 π-逆鍵結能力，卻具有很強的對邊效應。

CO, CN⁻, C₂H₄ > PR₃, H⁻ > Me > Ph, NO₂⁻, I⁻ > Br⁻, Cl⁻ > py, NH₃, OH⁻, H₂O

　　通常稱錯合物有六配位（ML₆，且為正八面體）及遵守十八電子規則時為配位數及電子數飽和，此時錯合物通常處於穩定狀態。平面四邊形（Square Planar）金屬錯合物為四配位且通常可能只有十六價電子數，此時錯合物為配位數及電子數不飽和。若有外來反應物加入如下所示，結果會使產物的金屬氧化數及配位數增加，則稱此步驟為氧化加成（Oxidative Addition）步驟。反之，逆反應使中心金屬氧化數及配位數同時減少，則稱此步驟為還原脫去（Reductive Elimination）步驟。

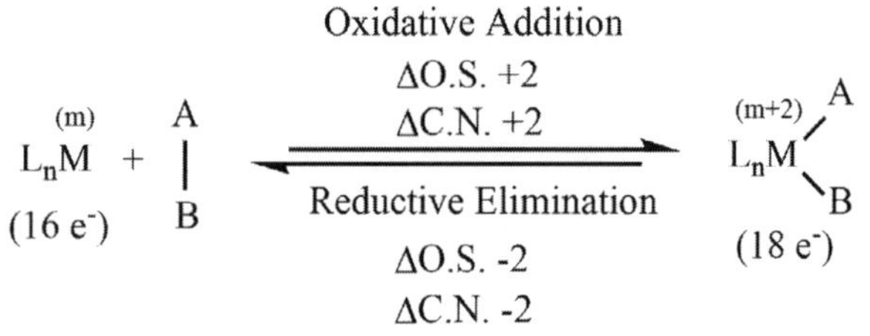

圖 4-1　往右反應為氧化加成步驟，往左逆反應為還原脫去步驟

　　發生氧化加成常見的分子有 H₂、X₂、RX 或 RH 等等。至於 ArH 的氧化加成因必須斷 C(sp²)-H 鍵，需要較大能量，室溫下比較不容易發生。比較有名的 ArH 的氧化加成的例子是鄰位金屬環化反應（Orthometallation），發生在平面四邊形化合物 Ir(PPh₃)₃Cl 上，其磷配位基上的苯環上之 C-H 鍵直接氧化加成到 Ir 金屬上，形成六配位。

　　將小分子插入到 M-R 鍵的反應近來很受重視。在氫醯化反應（Hydroformylation）機制中牽涉到小分子 CO 加成到金屬—烷基鍵中間的過程。原先化學家認為這是走簡單的 CO 插入 M-R 鍵的機制，後來發現也許是烷基先轉移到鄰位的 CO 上，外加的 CO 再配位到空出來的位置上。一般情形下，一氧化碳直接插入 M-R 鍵之間似乎是最常見的步驟，然而，在某些系統中烷基轉移也時有所聞。因為產物都相同，很難辨認。可以用同位素的實驗來驗證反應機制。

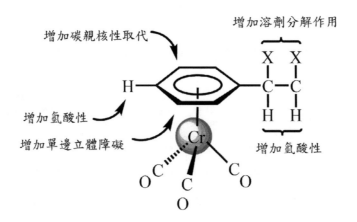

圖 4-2　CO 插入 M-R 的兩種可能機制

　　苯環以 η^6-的方式在 (η^6-C$_6$H$_6$)M(CO)$_3$ 中和 M（M = Cr, Mo, W）鍵結。此時鍵結後苯環的化學活性有明顯的改變。

圖 4-3　(η^6-C$_6$H$_6$)M(CO)$_3$ 上苯環的化學活性改變

　　金屬環化物（Metallacycles）通常是指某一類型含金屬化合物其金屬被嵌在鏈狀有機物環或雜環內。這些鏈狀有機物環或雜環的原子（如 C、N 或 O）是以 σ-鍵方式和相鄰的金屬鍵結。在炔類或烯類被金屬錯合物催化成有機環或雜環衍生物的反應過程中通常會出現金屬環化物的中間物。這類型催化反應以生成含異核的雜環有機物比較有價值。金屬環化物可能為三、四、五、六、七環，其中以五角環較為常見且較為穩定。工業上很有名的烯烴複分解反應（Olefin Metathesis）是以金屬碳醯錯體（Metal Carbene）做為催化劑，反應過程中會產生四環金屬環化物的中間物。

　　在工業上烯屬烴異構化（Olefin Isomerization）步驟是重要的反應。這反應利用金屬催化劑可將價格低廉的烯屬烴，經催化後轉化成雙鍵位置不同但價格較高的烯屬烴。最簡單的烯屬烴異構化步驟是利用金屬氫化物（L_nM-H）當催化劑和烯屬烴連續進行 [1,2] 加成反應（[1,2]-Addition Reaction）和消去反應（Elimination Reaction）而得到雙鍵位置重排後的烯屬烴產物。

　　上述的烯屬烴異構化也可直接以金屬錯合物（L_nM）為催化劑，反應機制和上述使用金屬氫化物會有所不同。以丙烯烴為例，異構化步驟可由丙烯基位置上的 allylic 氫經 [1,3] 轉移而得。

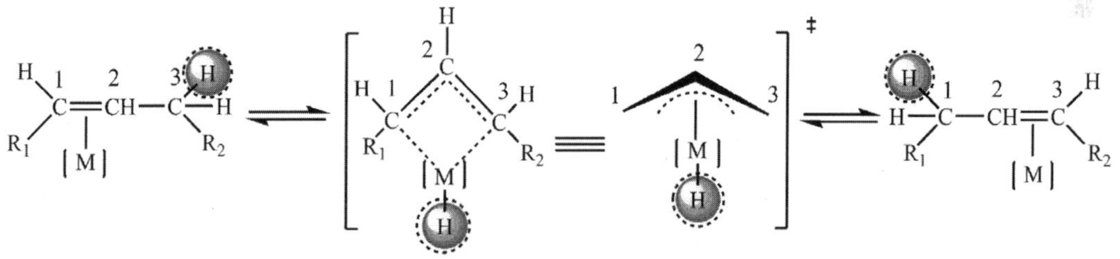

圖 4-4　烯屬烴直接以金屬為催化劑的異構化機制

　　烯類交換反應（Olefins Metathesis）在工業上是一個產值很高的重要反應步驟。藉由金屬錯合物的催化可將不同長度的烯類（通常是一長一短）轉化成長度合宜的烯類。這些碳鏈長度及雙鍵位置改變後的烯類有可能變成經濟價值較高的化學品。

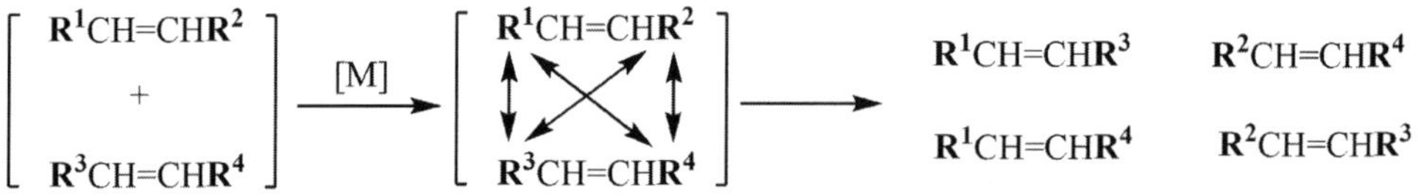

圖 4-5　藉由催化劑改變烯類鏈長度及雙鍵位置的烯類交換反應

練習題

1

一般而言，一個遵守十八電子規則的有機金屬化合物進行取代反應時，是走解離反應機制（Dissociative Mechanism），其反應的$\Delta S^{\ddagger}$是正值。請說明。

In general, it undergoes Dissociative mechanism for a metal complex that obeys the "18-electron rule". The measurement of $\Delta S^{\ddagger}$ is always positive for that process. Explain.

答： 如果一個有機金屬化合物已經遵守十八電子規則，要進行取代反應時理當是走解離反應機制（Dissociative Mechanism）才對，先解離出配位基使金屬中心不飽和，此時的實驗觀察$\Delta S^{\ddagger}$應該是正值。

2

一個有機金屬化合物進行取代反應時，若走結合反應機制（Associative Mechanism），其反應的$\Delta S^{\ddagger}$是負值。請說明。

The measurement of $\Delta S^{\ddagger}$ is always negative for a substitution reaction of a metal complex in which an Associative mechanism process is proceeded. Explain.

答： 當一個有機金屬化合物金屬中心電子數不飽和，低於十八電子規則，要進行取代反應時應該會走結合反應機制（Associative Mechanism），此時配位基會加進金屬中心，導致實驗觀察$\Delta S^{\ddagger}$變成負值。

3

有一反應是有機金屬化合物化合物 $CpRe(NO)(PMe_3)(CH_3)$ 上面的配位基 PMe_3 被外來的另一個 PMe_3 取代，由實驗觀察到其反應的$\Delta S^{\ddagger}$是負值。似乎和解離反應機制有所衝突。化合物上的配位基 NO 可能當三個或一個電子的提供者。以實驗觀察現象為主，請提出可能的反應機制，並說明反應過程到底是進行結合反應機制（Associative Mechanism）或是解離反應機制（Dissociative Mechanism）。

A metal complex CpRe(NO)(PMe₃)(CH₃) obeys the "18-electron rule". During the substitution reaction, the ligand PMe₃ is replaced by another PMe₃ from outside of the complex. The observed $\Delta S^{\ddagger}$ is negative. Does this reaction undergo Associative Mechanism or Dissociative Mechanism? Propose a mechanism to account for the observed fact. [Hint: NO could act as 1 or 3 electrons donor.]

答：取代反應的實驗觀察到$\Delta S^{\ddagger}$是負值，通常是指這種反應機理是走<u>結合反應機制</u>（Associative Mechanism）。奇怪的是 CpRe(NO)(PMe₃)(CH₃) 已經遵守<u>十八電子規則</u>。若要進行取代反應理當是走<u>解離反應機制</u>（Dissociative Mechanism）才對。究其原因是配位基 NO 可以當三個或一個電子的提供者。在當一個電子的提供者時，CpRe(NO)(PMe₃)(CH₃) 算成<u>十六電子</u>分子。因此，取代反應可進行<u>結合反應機制</u>（Associative Mechanism）而不會違反<u>十八電子規則</u>。若以同位素（isotope）實驗加入 PMe₃*就可以清楚說明，其中間產物同時擁有 PMe₃ 及 PMe₃*配位基。

補充說明：在反應過程中如果形成過渡態（或中間產物），測量出的$\Delta S^{\ddagger}$是負值表示過渡態（或中間產物）的亂度減少，這時候通常是幾個反應物結合在一起使量測的亂度減少。其實，比較準確的做法是測量$\Delta V^{\ddagger}$值的變化，即形成過渡態時的體積變化。

4　有機金屬化合物進行配位基取代反應（Ligand Substitution Reaction）時，可能走<u>解離反應機制</u>（Dissociative Mechanism）或是<u>結合反應機制</u>（Associative Mechanism），或是介於兩者之間的<u>交換反應機制</u>（Interchange Mechanism）。通常區別不同反應機制的實驗是觀察$\Delta V^{\ddagger}$或$\Delta S^{\ddagger}$數據，何者比較可信，能區別不同反應機制？若是僅由動力學實驗，利用<u>速率表示式</u>（Rate Law 或 Rate Expression）來區分不同反應機制，有何盲點？

> The Ligand Substitution Reaction might either undergo Dissociative Mechanism, Associative Mechanism or somewhere between these two. Which data ($\Delta V^{\ddagger}$ or $\Delta S^{\ddagger}$) is more reliable in differentiating these two mechanisms? The Rate Law (or Rate Expression) alone is not always a reliable criterion to differentiate them. Why?

答：解離反應機制（Dissociative Mechanism）解離反應的速率表示式（Rate Law 或 Rate Expression）只和反應物（[ML_n]）濃度有關，rate = k[ML_n]。解離反應其過渡狀態的亂度（$\Delta S^{\ddagger}$）及體積（$\Delta V^{\ddagger}$）變化大於零。反之，結合反應機制（Associative Mechanism）的速率表示式和反應物（[ML_n]）濃度及取代基（[Y]）兩項有關，rate = k[ML_n][Y]。結合反應其過渡狀態的亂度（$\Delta S^{\ddagger}$）及體積（$\Delta V^{\ddagger}$）變化小於零。實際的例子中，完全的解離反應或完全的結合反應機制都很少見。大多數的取代反應型態都介於兩者之間，稱為交換反應機制（Interchange Mechanism）。一般而言，量測$\Delta V^{\ddagger}$的變化比量測$\Delta S^{\ddagger}$的變化對反應機制的推斷更為可靠。值得注意的是，如果在結合反應（Associative Reaction）中溶劑有參與反應，其速率表示式本來應該為：Rate = k[ML_n][S]。但因 [S] 為溶劑在反應中濃度變化很小，可視為常數而併入 k 值。因此，其最後速率表示式變為：Rate = k[ML_n]。如此一來，若只從速率表示式來判定其反應機制，可能會被誤以為此取代反應走解離反應（Dissociative Reaction）路徑。至於檢驗溶劑是否參與反應的最簡單方法為更換不同極性之溶劑，通常更換不同溶劑後速率有明顯變化者表示溶劑有參與反應。另外，有些溶劑具有弱的配位能力（Donating Capacity）會干擾化學家對反應機制的辨認。

5

配位化合物（Coordination Compounds）或有機金屬化合物（Organometallic Compounds）中常見的反應為取代反應（Ligand Substitution Reaction）。取代反應可能採取解離反應機制（Dissociative Mechanism）或是結合反應機制（Associative Mechanism）。有一個有機金屬化合物 $(\eta^3\text{-}C_3H_5)Mn(CO)_4$ 的配位基 CO 和 PPh_3 進行取代反應。有可能走結合反應機制或解離反應機制。(a) 請繪出此兩種機制的可能反應途徑。(b) 在 45ºC 時，此化合物和 PPh_3 的取代反應的 $k_1 = 2.8 \times 10^{-4}$ s^{-1}。但是如果是不同有機金屬化合物 $(\eta^1\text{-}C_3H_5)Mn(CO)_5$ 移去其上的配位基 CO 在比較高溫 80ºC 時的速率 $k_1 = 1.64 \times 10^{-4}$ s^{-1}。從上述數據顯示，即使是在比較高溫下後者反應速率仍比前者來得慢。根據上述兩實驗結果數據，哪種機制（結合反應或解離反應）比較符合實驗事實？〔提示：此兩化合物各有 η^3-及 η^1-C_3H_5 配位基，兩者間轉換時，形式上提供電子數相差二。〕

The ligand substitution reaction of $(\eta^3\text{-}C_3H_5)Mn(CO)_4$ with PPh_3 might undergo either Associative Mechanism or Dissociative Mechanism. (a) Draw out these two possible mechanisms. (b) The rate constant for the reaction between $(\eta^3\text{-}C_3H_5)Mn(CO)_4$ and PPh_3 at 45ºC is $k_1 = 2.8 \times 10^{-4}$ s^{-1}. It is 1.64×10^{-4} s^{-1} for $(\eta^1\text{-}C_3H_5)Mn(CO)_5$ at 80ºC to expel one of the CO ligands. The rate is even smaller for the latter with higher reaction temperature. Which mechanism (Associative Mechanism or Dissociative Mechanism) is more likely to take place by judging it merely based on the experimental observation? [Hint: The shift from $\eta^3\text{-}C_3H_5$ to $\eta^1\text{-}C_3H_5$ bonding mode is counted as reduction of two donating electrons.]

答：(a) 因為 allylic 配位基可以 η^3-或 η^1-方式和金屬結合，各提供三或一個電子給金屬。可能進行兩種不同的反應機制。

(b) 實驗數據顯示即使在高溫（80°C）下 $(\eta^1\text{-}C_3H_5)Mn(CO)_5$ 仍不容易斷 Mn-CO 鍵，表示走 Dissociative Mechanism 斷 Mn-CO 鍵比較不容易進行。而且從 $(\eta^3\text{-}C_3H_5)Mn(CO)_4$ 可以輕易轉成不飽和的 $(\eta^1\text{-}C_3H_5)Mn(CO)_4$。所以反應機制應該是以 Associative Mechanism 比較可能。

6

含鈷金屬之催化劑 $(\eta^5\text{-}C_5H_5)CoL_2$（L: CO 或 PPh$_3$）和兩倍劑量的 HC≡CPh 反應，形成五角環的金屬環化物（Metallacycle）。和一般對反應中盡量避開立體障礙效應（Steric Effect）的推測相反，產物金屬環化物中立體障礙大的取代基（-Ph）反而是在接近 CpCo 基團的位置，而不是遠離它。請提出一反應機制來說明此過程及取代基（-Ph）採取此位置的原因。

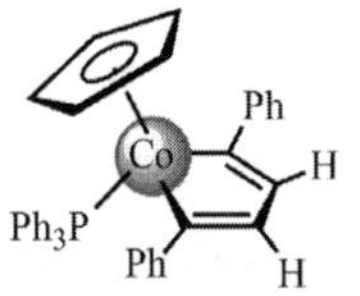

Propose a mechanism for the reaction of CpCo(PPh$_3$)$_2$ with two molar equivalents of HC≡CPh. The reaction leads to the formation of metallacycle. Explain the observation that two -Ph groups are taking the positions of closing to the seemingly bulky fragment than away from it. Provide a reason to account for this observation.

答：下圖為一含鈷金屬之催化劑 $(\eta^5\text{-}C_5H_5)CoL_2$（L: CO 或 PPh$_3$）催化炔類成五角環的金屬環化物（Metallacycle）的過程。若這反應使用 HC≡CPh 為起始物則在形成金屬環化物（Metallacycle）的過程中，應特別注意取代基 Ph 的相對位置。主要是因為在反應過程氧化耦合（Oxidative Coupling）步驟中兩個炔類接近時盡量採取立體障礙小的方位。在 HC≡CPh 中，取代基 H 的立體障礙比較小。因此，由那位置去進行氧化耦合步驟。至於取代基 Ph 和 Cp 之間看似接近，但仍有空間可避開張力。整個反應是個動力學控制（kinetic control）的過程，而非熱力學控制（thermodynamic control）的結果。

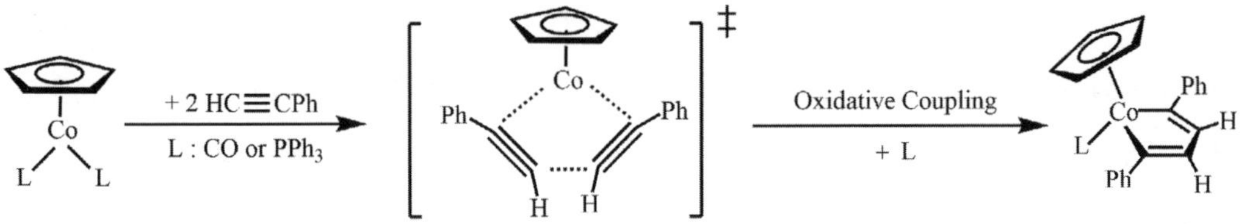

補充說明： 在催化劑存在下的催化反應經常走活化能小的途徑，即使產物的能量不見得是最穩定者。如下圖，產物 P1 的能量比 P2 高，比較不穩定。但產生 P1 的途徑活化能較小，在催化反應主要產物為 P1。

7
上一題提及，含鈷金屬之催化劑 $(\eta^5\text{-}C_5H_5)CoL_2$（L: CO 或 PPh_3）和兩倍劑量的 $HC{\equiv}CPh$ 反應，形成五角環的<u>金屬環化物</u>（Metallacycle）。(a) 其實，利用 $CpCo(PPh_3)_2$ 可催化三倍劑量的 $HC{\equiv}CCH_3$ 得到苯環衍生物。請提出合理的反應機制。(b) 此反應的主產物是 1,2,4-trimethylbenzene，而非熱力學比較穩定的 1,3,5-trimethylbenzene。請說明。(c) 說明在大部分的催化反應都是動力學產物佔優勢，而非熱力學比較穩定的產物。

(a) Propose a mechanism for using $CpCo(PPh_3)_2$ as catalyst to catalyze the formation of benzene derivative from $HC{\equiv}CPh$. (b) Explain the reason why 1,2,4-trimethylbenzene is the major product rather than the thermodynamically stable 1,3,5-trimethylbenzene. (c) Explain that the catalytic reaction always undergoes kinetic controlled pathway rather than thermodynamic controlled pathway.

答： (a) 反應機制如下。(b) 如同在上題中，在催化炔類成五角環的<u>金屬環化物</u>（Metallacycle）的<u>氧化耦合</u>（Oxidative Coupling）過程中，兩個炔類接近時盡量取立體障礙小的方位。這個步驟幾乎決定最後產物苯環衍生物其上取代基 Me 的相對位置。接下來第三個炔類插入形成七角環中間體時並不會影響最後產物取代基的相對位置。這反應最後苯環產物取代基的方位決定於形成七角環時。所以反應主產物是 1,2,4-trimethylbenzene。(c) 催化劑提供特定的反應途徑。由這反應機制（即動力學考量）來決定產物中取代基 Me 的相對位置。所以在催化劑的存在下，通常是動力學產物佔優勢。

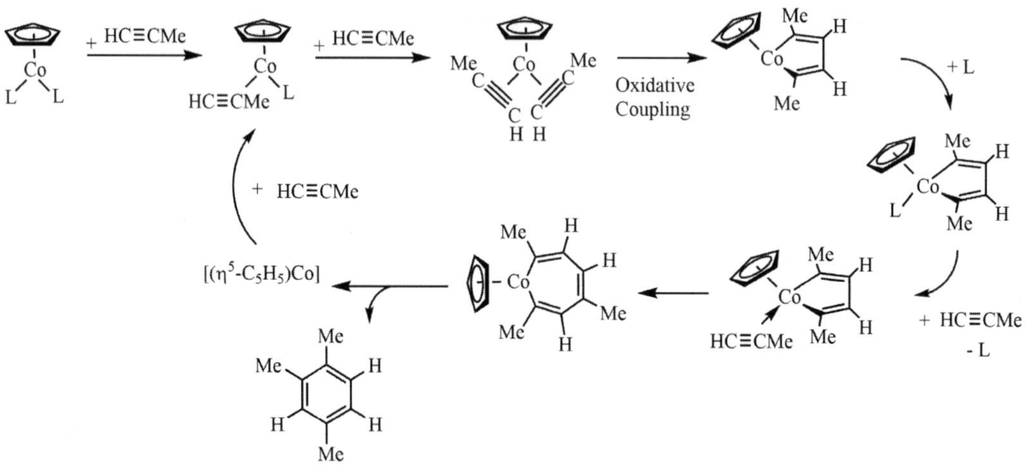

反應機制是了解催化反應很重要的一環。利用 CpCo(PPh₃)₂ 當催化劑可以將三倍劑量的炔類 HC≡CMe 催化成苯環衍生物。請在下圖空格中填滿催化反應機制的中間產物和產物。

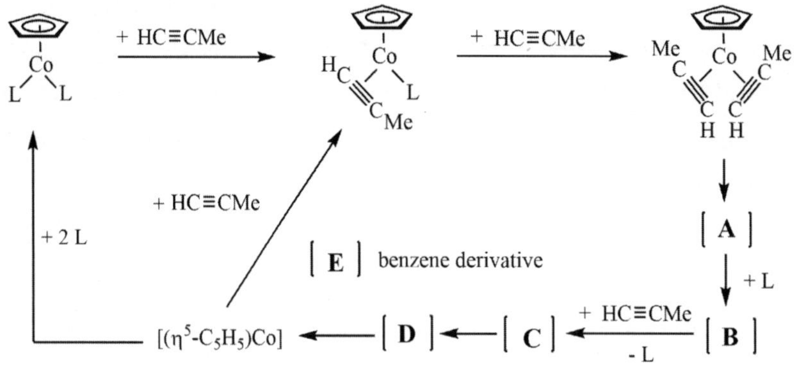

A mechanism for using CpCo(PPh₃)₂ as catalyst to catalyze the formation of benzene derivative(s) from HC≡CPh was proposed. Fill up the following blanks with intermediates or products.

答： 同上題目類似。如果知道整個反應機制的重點，就能填出正確答案。要注意最後產物苯環上取代基 Me 的相對位置，這在形成五角環<u>氧化耦合</u>（Oxidative Coupling）這個步驟過程中幾乎已經被決定了。

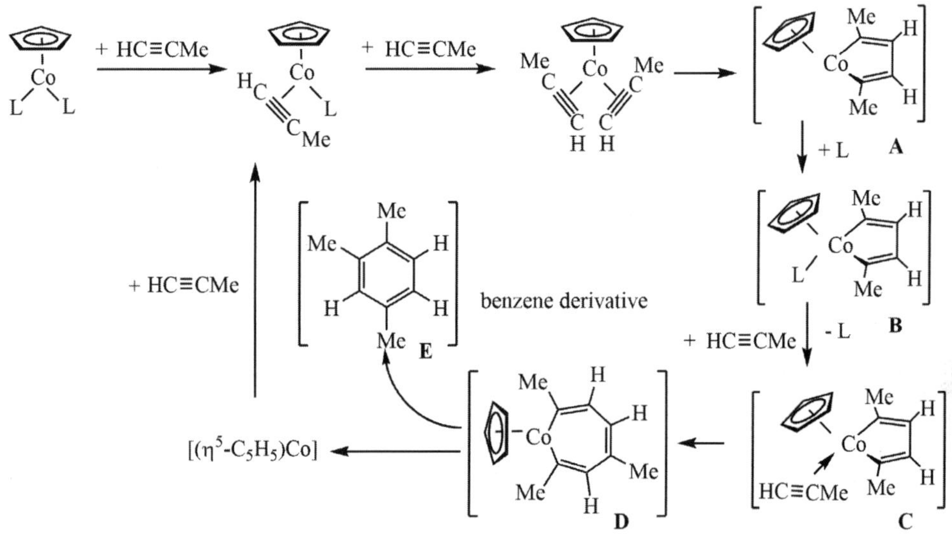

	提出利用 CpCoL$_2$（L: PPh$_3$ or CO）當催化劑將 HC≡CR 及 N≡CR 催化成 pyridine 衍生物的路徑。
9	Provide a route for catalyzing HC≡CR and N≡CR to pyridine derivatives by CpCoL$_2$ (L:PPh$_3$ or CO).

答： 下圖為一含鈷金屬之催化劑 (η^5-C$_5$H$_5$)CoL$_2$（L: CO or PPh$_3$）催化 HC≡CR 及 N≡CR 成 pyridine 衍生物的過程。應特別注意取代基 R 的相對位置。

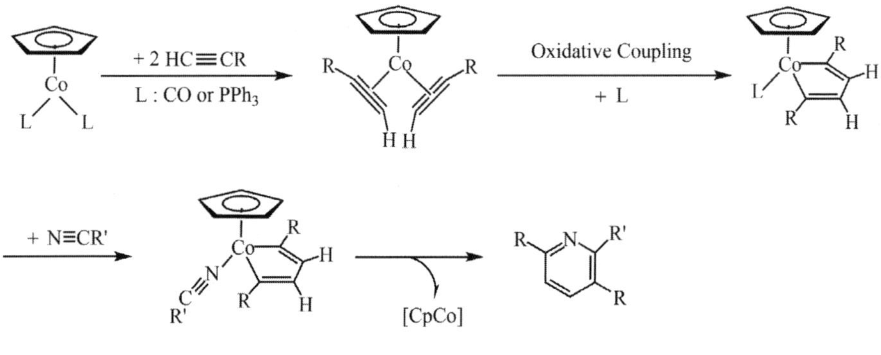

異核環化物噻吩（thiophene）衍生物 C_4R_4S 可經由含特定鈷金屬的催化劑來催化 $RC\equiv CR$ 及硫（S_8）而得。請提出可使用於當催化劑的含鈷金屬化合物。若此催化反應中有形成金屬環物（Metallacycle）中間體，請提出可能的催化反應機制。

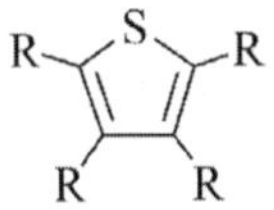

10

A heterocyclic compound C_4R_4S can be obtained through the catalytic reaction of $RC\equiv CR$ with S_8 by a designated cobalt complex, $CpCoL_2$ (L:CO or PPh_3), as catalyst. Please draw out the mechanism for this reaction. [Hint: Metallacycle]

答： $CpCoL_2$（L: CO or PPh_3）是很有效率的環化反應催化劑，可利用它來當催化劑將不飽和有機物環化。缺點是此催化劑對空氣敏感，在氧氣存在下很容易瓦解。其催化途徑如下。

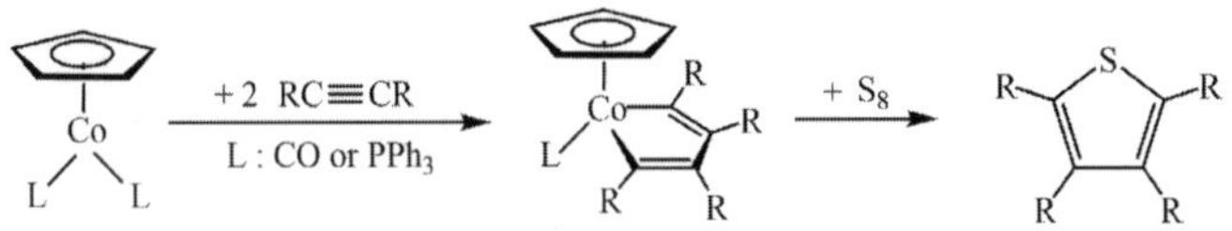

利用 α-pyrone 當起始物照光後可當 η^4-C_4H_4 配位基來使用。(a) 如果在 $(\eta^5$-$C_5H_5)Co(CO)_2$ 共存下，其可能產物為何？(b) 如果和 $Fe(CO)_5$ 共存下，可能產物為何？

11

The α-pyrone could be regarded as the precursor of η^4-C_4H_4 through photochemical reaction. (a) What could be the product in the presence of $(\eta^5$-$C_5H_5)Co(CO)_2$? (b) What could be the product in the presence of $Fe(CO)_5$?

答： 將 α-pyrone 照光後產生活性很大的 η^4-C_4H_4，可當配位基來使用。在金屬基團存在下形成下面產物。若在沒有金屬基團存在下會形成 dimmer 有機物。

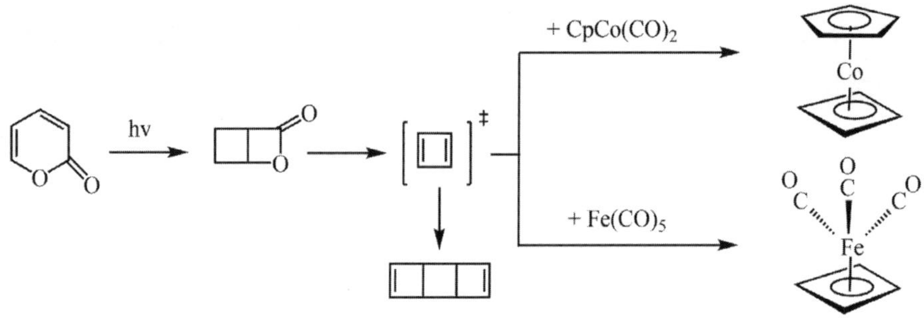
hv
+ CpCo(CO)2
+ Fe(CO)5
Co
Fe

12

反過來，將 (η^4-C_4H_4)$Fe(CO)_3$ 當起始物氧化後可形成當 cyclobutadiene 來使用。請完成下面反應的產物。

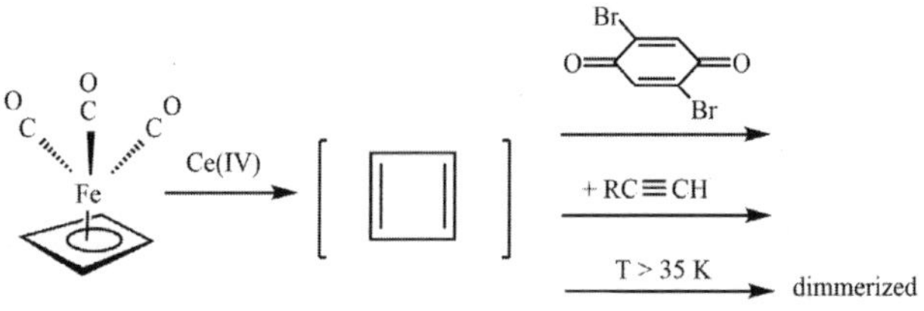
Ce(IV)
+ RC≡CH
T > 35 K
dimmerized

Cyclobutadiene could be produced from (η^4-C_4H_4)$Fe(CO)_3$ by oxidation. It could be regarded as a precursor of η^4-C_4H_4. Please complete the reaction as shown.

答：(η^4-C_4H_4)$Fe(CO)_3$ 氧化後解離出活性大的 cyclobutadiene，可行下面反應。

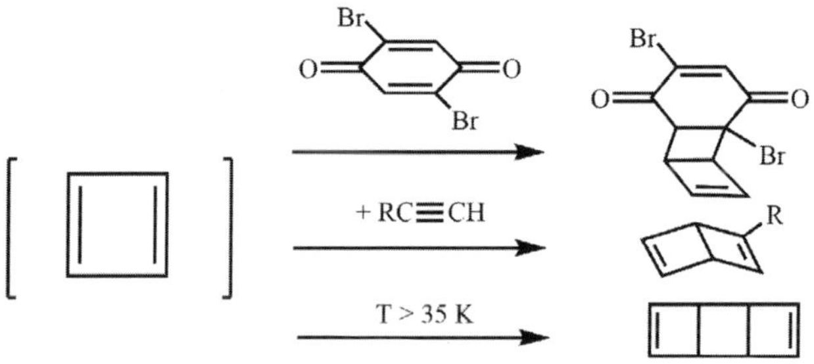
+ RC≡CH
T > 35 K

將一有機金屬化合物照光反應，產物的光譜數據如下。舉出符合光譜數據的產物。

13

光譜數據：

^{1}H NMR (d, ppm)	^{13}C NMR (d, ppm)	Partial IR (cm^{-1})
1.91 (s, 6H)	10.8	1810
5.02 (s, 5H)	51.3	1760
	86.8	
	225.9	

The photochemical reaction of an organometallic compound led to the formation of a new compound. List potential candidate which could fulfill all the data provided.

答：含有 M-CO 鍵的有機金屬化合物可以照射特定光的方式來打斷 M-CO 鍵。^{1}H NMR 光譜指出 Cp 的存在（5.02 ppm），且兩甲基環境相同（1.91 ppm）。^{13}C NMR 光譜指出 Cp 的存在（86.8 ppm），且兩甲基環境相同（10.8 ppm），也有羰基（225.9 ppm）及烯基（51.3 ppm）。紅外光則顯示兩組羰基（1810 cm^{-1}、1760 cm^{-1}），表示端點的 CO 已不見，即 Co-CO 已斷鍵。如果產物必須符合十八電子規則，產物結構可能如下圖，但此產物結構可能不穩定，也許會轉換到更穩定的結構。

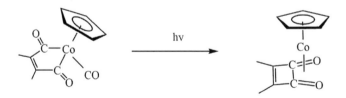

> 請根據所謂的 β-氫離去步驟（β-Hydrogen Elimination）的分解機制概念來說明從 CpFe(CO)(PPh₃)(n-C₄H₉) 經由此分解機制生成 CpFe(CO)(PPh₃)H 和 butene 的結果。CpFe(CO)(PPh₃)(n-C₄H₉) → CpFe(CO)(PPh₃)H + butene。此分解反應的產物可能是 1-butene，或是 cis-和 trans-2-butene。
>
> Propose a mechanism to account for the observed fact that the decomposition of CpFe(CO)(PPh₃)(n-C₄H₉) leads to the formation of CpFe(CO)(PPh₃)H and butene. The organic products might be 1-butene or cis- and trans-2-butene. Explain it. CpFe(CO)(PPh₃)(n-C₄H₉) → CpFe(CO)(PPh₃)H + butene

答： 如下圖，反應機制的第一步是 CpFe(CO)(PPh₃)(n-C₄H₉) 進行 β-氫離去機制（β-Hydrogen Elimination）產生 CpFe(CO)(PPh₃)(H) 加 1-丁烯。如果 1-丁烯以插入反應的方式再次插入 CpFe(CO)(PPh₃)(H) 中，會產生兩種可能產物，其形成烷基可能是直鏈或支鏈。再進行 β-氫離去機制（β-Hydrogen Elimination）一次，就可能產生具有不同雙鍵位置的丁烯。產物可能是 1-butene，或是 cis-和 trans-2-butene。

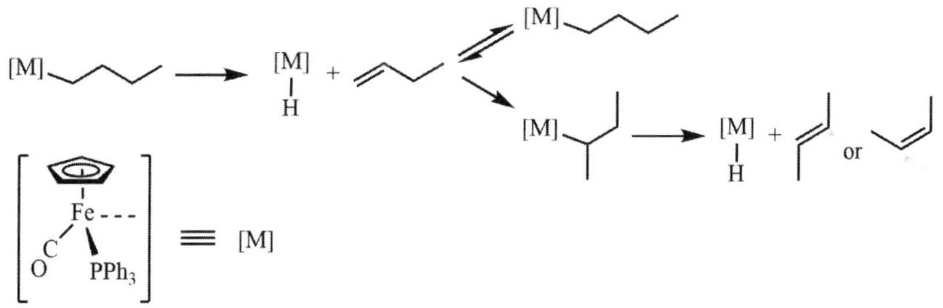

> 請解釋金屬錯合物 MLₙ（L：配位基）可以是穩定的（Stable）卻是易交換的（Labile）。
>
> Explain that some metal complexes MLₙ(L: ligand) could be stable; yet, labile.

答：「穩定（Stable）」是一個熱力學的術語。只要解離平衡常數小 MLₙ（K < 1），它就是穩定的化合物。「易交換（Labile）」是動力學的的術語，當解離速率常數 k₁ & k₋₁ 很大時，這就是一個動力學「易交換（Labile）」的化合物。金屬錯合物 MLₙ 可以同時是被視為「穩定（Stable）」卻是「易交換（Labile）」，其條件是當 K < 1 和 k₁ & k₋₁ 雖都很大，但是 k₋₁ >> k₁ 時。意思是配位基很容易從錯合物 MLₙ 解離出去（Labile），卻更容易配位回來，使錯合物量 $[ML_n]$ 維持很大量（Stable）狀態。

$$ML_n \underset{k_{-1}}{\overset{k_1}{\rightleftharpoons}} ML_{n-1} + L \qquad K = \frac{[ML_{n-1}][L]}{[ML_n]}$$

補充說明：相對應於熱力學的「穩定（Stable）」和「不穩定（Unstable）」，動力學是「不易交換（Inert）」和「易交換（Labile）」。其實，最常見的情形是「穩定（Stable）」的化合物是「不易交換（Inert）」的化合物，「不穩定（Unstable）」的化合物是「不易交換（Inert）」的化合物。

含磷配位基（PR_3）的錐角（Cone Angle, Θ）概念對於配位基的立體障礙效應（Steric Effect）很重要。下面的 CO 解離反應速率常數（k）和配位基（PR_3）的錐角有很大關係。$CoCl_2L_2(CO) \Leftrightarrow CO + CoCl_2L_2$。似乎當配位基的錐角（Cone Angle）越大時，解離的速率常數（k）就越大。請說明此現象。

表 4-1　$CoCl_2L_2(CO) \Leftrightarrow CO + CoCl_2L_2$

L	Cone Angle	k x 10^4(M)
PEt_3	132°	8.1
PEt_2Ph	136°	500.0
$PEtPh_2$	140°	1470.0
PPh_3	145°	速率太快無法量測

For the reaction as shown here, the relationship between rate constant (k) and cone angle (Θ) is shown in the table. It was observed that the larger the cone angle, the larger the dissociation rate of CO. Explain it.

答：$CoCl_2L_2(CO)$ 上 CO 的解離速率和被化合物上其他的配位基（L: PR_3）的排擠力道有關。含三取代磷基（PR_3）的配位基錐角（Cone Angle）越大，因為壓迫到其他配位基如 CO 的力道越大，迫使其解離越容易進行。因此，解離速率常數（k）就越大。如 PPh_3 錐角比較大，其 CO 解離速率快到無法量測。

| 17 | 有機金屬化合物上的配位基可能被具有提供相同電子數的配位基所取代。例如 $Fe(CO)_5$ 的 CO 配位基可被另一種 PMe_3 所取代。然而，每次取代的困難度會越來越增加。請說明。 |

The reaction of $Fe(CO)_5$ with PMe_3 might lead to the replacement of CO by PMe_3. Explain the process is getting harder and harder while more and more COs are replaced by PMe_3 ligands.

答： $Fe(CO)_5$ 的配位基 CO 互相競爭中心金屬「鍵結」及「逆鍵結」的軌域，特別是金屬 d 軌域。若其中的 CO 被 PMe_3 取代時，PMe_3 的逆鍵結使用到比較少，會減少和 CO 的競爭。因此，$OC\text{-}M\text{-}PMe_3$ 比 $OC\text{-}M\text{-}CO$ 系統要穩定，即 $Fe(CO)_4(PMe_3)$ 比 $Fe(CO)_5$ 穩定。系統一穩定下來要進一步做取代就會更困難。因此，每當增加一個 PMe_3 取代基，則下一次取代的困難度便更增加。當然也可以從立體障礙的角度去看，每當增加一個 PMe_3 取代基在錯合物上，因為立體障礙的關係，則下個取代基 PMe_3 要接近的困難度便更增加，當然更難進行取代反應。

| 18 | (a) 化學家利用催化劑來改變有機物上雙鍵的位置是很有用的反應，不只在學術界，在工業界也很有用途。以下是丙烯（Propene）的雙鍵的位置在含過渡金屬催化劑 [Cat.] 的催化下產生轉移的催化反應。請提出反應機制來解釋丙烯雙鍵位置交換的結果。〔提示：1,3-Hydrogen Shift。〕 |

(b) 利用 $Fe_3(CO)_{12}$ 當催化劑前驅物下，3-乙基,1-戊烯（3-ethylpent-1-ene）上原本設定的氫同位素氘（D）的位置，產生位置交換的行為，最後的結果是氘（D）分布在有機物端點位置的碳機率是各為 1/3。$Fe_3(CO)_{12}$ 分子在高溫下解離出 $Fe(CO)_4$ 基團。請提出以 $Fe(CO)_4$ 基團當成催化劑活性物種來進行催化反應的機制來解釋此現象。〔提示：$Fe_2(CO)_9$ 分子同樣在高溫下可解離出 $Fe(CO)_4$ 基團，也可以當催化劑前驅物。〕

(a) Propose a mechanism to account for the observed fact that the location of the double bond of propene might be shifted under metal-containing catalyst. (b) Using $Fe_3(CO)_{12}$ as the metal-containing catalyst in the catalytic reaction, the original position of D in 3-ethyl-pent-1-ene might be shifted to various positions as shown. Explain it.

答：(a) Propene 在含過渡金屬催化劑 [Cat.] 的催化下產生雙鍵位置交換的機制如下。H 從 C(3) 位置轉移到金屬上，形成 allylic 形式，再從金屬轉移到 C(1)位置上。這種機制也稱為氫的 [1,3] 轉移（1,3-shift）。

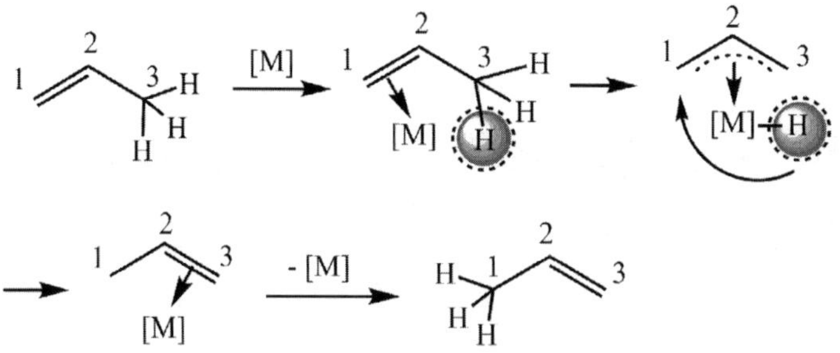

(b) 首先，$Fe_3(CO)_{12}$ 在加熱後先解離出 $Fe(CO)_4$ 基團，再和烯屬烴的雙鍵形成 π-鍵結。一般相信，烯屬烴的異構化是利用形成 π-丙烯基金屬氫化物的中間物（以 η^3-方式），再經由丙烯基位置上的氫經 [1,3] 轉移而得。反應後的結果是，雙鍵換了位置。化學家利用在原來反應物 3-ethyl-pent-1-ene 上的某個氫原子做成同位素（如 [1]H 換成 [2]D）的標記，從產物的氫原子同位素（[2]D）的位置變化來推斷反應機制。如上所述，經由一連串的金屬催化步驟使烯屬烴 3-ethyl-pent-1-ene 上的雙鍵轉移，而最後使烯屬烴被異構化。D 從原先 C1 位置移到 C7 位置。雙鍵從原先 C6-C7 位置移到 C2-C3 位置。同理，可將 D 從原先 C1 位置移到 C3 或 C5 位置。即 C3、C5 或 C7 位置可能性各佔 1/3。

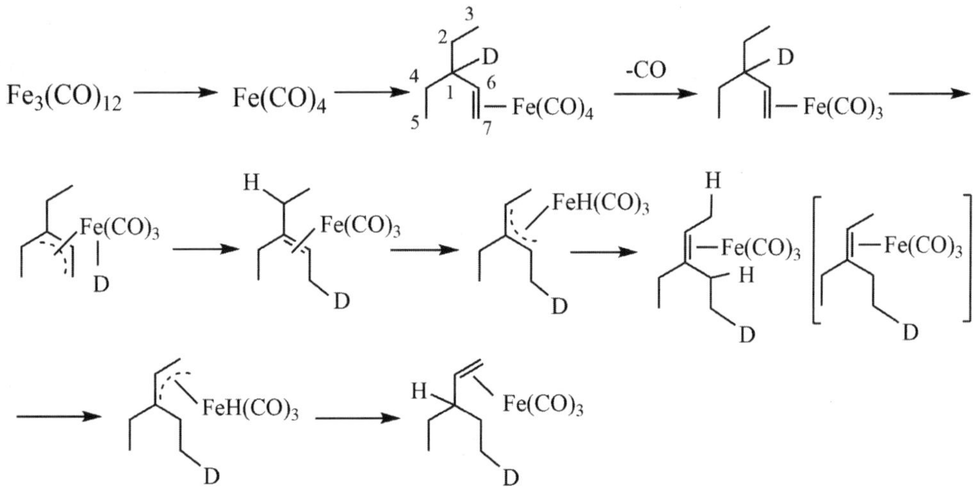

補充說明：以過渡金屬催化劑 [M] 催化雙鍵位置交換的機制通常進行 H 位置 1,3-shift 轉移。中間形成 allylic 形式。如果要進行雙鍵上 H 位置的 1,2-shift 轉移則要使用含 [M]-H 過渡金屬催化劑來執行催化反應。

19

把環戊二烯基（Cp, C_5H_5）的一邊結合成苯環形狀稱為茚基環（Indenyl ring），都能以 η^5-形式當配位基和金屬中心鍵結。雖然只有小的改變，但在某些取代反應中速率有極大的差別，被稱為茚基效應（Indenyl Effect）。請說明此現象及其成因。

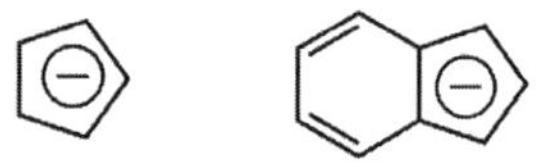

Explain "Indenyl Effect". What is the major cause for this effect?

答：環戊二烯基（Cp, C_5H_5）除了常見的 η^5-形式鍵結提供五個電子外，有時也可成為提供三個電子的配位基，而以 η^3-形式參與鍵結。其中，Indenyl 環（茚基環）可視為由環戊二烯基的五角環在旁邊加上一個六角環而成。這種環的鍵結能力和環戊二烯基環類似。在取代反應時，可從 η^5-轉變成 η^3-使金屬中心不飽和，允許外來取代基進入，因在茚基環（Indenyl ring）上 η^5-轉變成 η^3-損耗的能量可以從重新獲得苯環共振能得到彌補，而不需提供太大能量，因此具有 Indenyl 環（茚基）的化合物在取代反應速率可能比一般相對應含 Cp 環的化合物快上 10^6 倍。這種效果稱

為茚基效應（Indenyl Effect）。如果配位基是簡單環戊二烯基，並不會有此效應，因為單純環戊二烯基從 η^5-轉變成 η^3-鍵結形式會破壞原先存在的芳香類族（Aromaticity）特性，所需要的能量太高，無法如同上述茚基鍵結模式轉換時得到適當的補償。

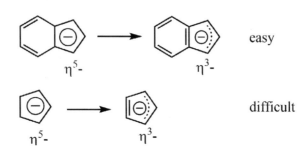

補充說明：此一例子說明慎選配位基的重要性。取用不同的配位基，可能造成完全不同的反應結果。也許在反應速率上天差地別，也許在反應途徑的走向上南轅北轍。

兩個含銠（Rh）金屬的有機金屬化合物 $(\eta^5\text{-indenyl})Rh(CO)_2$ 及 $(\eta^5\text{-}C_5H_5)Rh(CO)_2$ 在外觀上很相似，不同之處在於前者有 η^5-indenyl 配位基，而後者有 $\eta^5\text{-}C_5H_5^-$ 配位基。Indenyl 配位基可視為 Cp 環上再形成苯環。當此兩化合物和三烷基磷 PR_3 進行配位基的取代反應時，前者的反應速率比後者快約 10^8 倍之多。另外，由一個相關實驗觀察到，$(\eta^3\text{-}C_3H_5)Mn(CO)_4$ 的取代反應在 45°C 是一級反應，且 $k_1 = 2.8 \times 10^{-4}\ s^{-1}$。另一個實驗觀察現象是，$(\eta^1\text{-}C_3H_5)Mn(CO)_5$ 的其中之一 CO 離去反應在 80°C 時速率是 $1.64 \times 10^{-4}\ s^{-1}$。後者即使在高溫下反應仍比前者來得慢。推論 Mn-CO 斷鍵是不容易的。請根據以上實驗結果，推論上述兩個含銠（Rh）金屬的有機金屬化合物的取代反應機制，並說明速率有巨大差別的原因。由取代反應的 $\Delta V^{\ddagger}$ 和 $\Delta S^{\ddagger}$ 值通常可推斷反應可能採取解離反應機制（Dissociative Mechanism）或是結合反應機制（Associative Mechanism）。請根據以上實驗結果推測兩者取代反應的 $\Delta V^{\ddagger}$ 和 $\Delta S^{\ddagger}$。

20

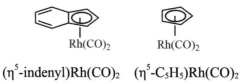

$(\eta^5\text{-indenyl})Rh(CO)_2 \qquad (\eta^5\text{-}C_5H_5)Rh(CO)_2$

The ligand substitution reactions of two organometallic compounds (η^5-indenyl)Rh(CO)$_2$ and (η^5-C$_5$H$_5$)Rh(CO)$_2$ with PR$_3$ were carried out. The rate of the former is 10^8 times as fast as the latter. One related experimental observation stated that the rate of the ligand substitution reaction of (η^3-C$_3$H$_5$)Mn(CO)$_4$ at 45°C is a first order reaction and $k_1 = 2.8 \times 10^{-4}$ s^{-1}. Another experimental observation stated that the rate of the ligand (CO) dissociation reaction of (η^1-C$_3$H$_5$)Mn(CO)$_5$ at 80°C is having $k_1 = 1.64 \times 10^{-4}$ s^{-1}. It shows that the latter is slower than the former even the reaction temperature is higher. Propose reaction mechanisms for both reaction routes based on the experimental data. Point out the reason behind the rate differences. Predict which reaction has the larger $\Delta V^{\ddagger}$ and $\Delta S^{\ddagger}$ for these two ligand substitution reactions.

答：(a) 這種效果稱為茚基效應（Indenyl Effect）。Indenyl 環鍵結能力和環戊二烯基環類似，但仍有不同之處。在取代反應時，可從 η^5-轉變成 η^3-鍵結形式，使金屬中心不飽和，允許取代基（PR$_3$）進入，因茚基環從 η^5-轉變成 η^3-鍵結形式，損耗的能量可以從獲得苯環共振能得到彌補，而不需提供太大能量，因此具有 Indenyl 環的化合物在取代反應中比一般的 Cp 環可快上 10^8 倍速率。如果配位基是簡單環戊二烯基，並不會有此效應，因為環戊二烯基從 η^5-轉變成 η^3-鍵結形式而破壞芳香類族（Aromaticity）特性，所需的能量太高，無法得到補償。

(b) (η^1-C$_3$H$_5$)Mn(CO)$_5$ 即使在高溫（80°C）下仍不容易斷 Mn-CO 鍵，表示

Dissociative Mechanism 比較不容易進行。若進行 Dissociative Mechanism，$\Delta V^{\ddagger}$和 $\Delta S^{\ddagger}$均應為正值。而 $(\eta^3\text{-}C_3H_5)Mn(CO)_4$ 可以輕易轉成不飽和的 $(\eta_1\text{-}C_3H_5)Mn(CO)_4$。所以應該是進行 Associative Mechanism。若是進行 Associative Mechanism，理論上 $\Delta V^{\ddagger}$和 $\Delta S^{\ddagger}$均應為負值。

21

同上題，兩個有機金屬化合物 $(\eta^5\text{-indenyl})Mn(CO)_3$ 及 $(\eta^5\text{-}C_5H_5)Mn(CO)_3$ 和三烷基磷 PR_3 進行配位基的取代反應。兩者的取代反應速率相差百萬倍（$k_1/k_2 \sim 10^6$）。請以<u>茚基效應</u>（Indenyl effect）來說明此實驗結果。

(a)　　　+ PR_3　⟶　　　+ CO　　k_1

(b)　　　+ PR_3　⟶　　　+ CO　　k_2

Two similar compounds $(\eta^5\text{-indenyl})Mn(CO)_3$ and $(\eta^5\text{-}C_5H_5)Mn(CO)_3$ reacted with PR_3 separately through the processes of ligand substitution reactions. The differences in reaction rates are tremendously large ($k_1/k_2 \sim 10^6$). The major difference between these compounds is ligand: the former is an indenyl ring; the latter is a Cp ring. Propose reaction mechanisms for both reactions based on the experimental data. Point out the reason behind this huge rate differences. [Hint: Indenyl effect]

答：類似題目，金屬不同，取代反應速率會有所不同。配位基的取代反應如果能走 Associative Mechanism，通常取代反應速率會比走 Dissociative Mechanism 快很多。因為 Dissociative Mechanism 的第一步就需要斷鍵，需要耗能量。Indenyl 環配位基很特別的是即使在配位基的取代反應需要走 Associative Mechanism 時，只要結構做稍微變化即從 η^5-轉變成 η^3-鍵結形式就能使金屬中心變不飽和，允許取代基進入。這樣的結構改變（從 η^5-轉變成 η^3-鍵結形式）損耗的能量可以從獲得苯環共振能得到彌補，而不需提供太大能量。而簡單的 Cp 環並無進行此機制的可能性。因此，兩者的取代反應速率差可達百萬倍之多。

化學家認為一般的化學反應都是走較為直接而非迂迴的路線。所以從以下實驗觀察由 $Mn(CO)_5(CH_3)$ 轉變成 $Mn(CO)_5(COCH_3)$ 的結果，直覺上看來最直接的就是走 CO 插入反應（Insertion Reaction）途徑，就是 CO 直接插入 $Mn-CH_3$ 之間的反應。但是，化學家後來有不一樣的發現。

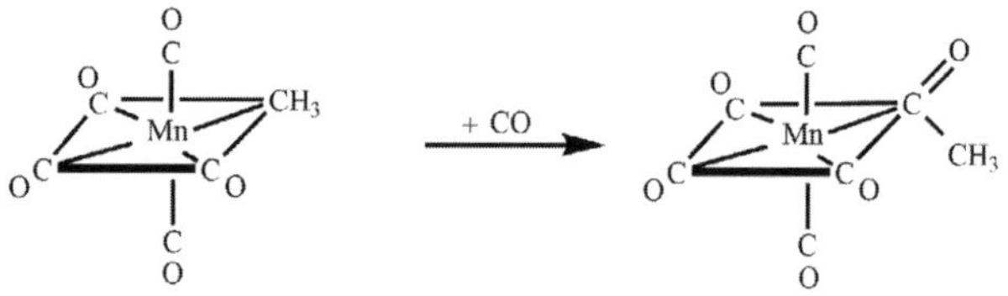

要達到上述相同實驗結果，理論上最少有兩種可能進行的機制。其中之一，就是直接插入反應（Direct Insertion），如下圖，即 B 直接插入 M-A 之間；另外一個，就是轉移後再插入反應（Migratory Insertion），如下圖，即 C 先轉移到 M-A 之間，待金屬中心騰出空軌域再由 B 接上。

直接插入反應（Direct Insertion）：

22　轉移後再插入反應（Migratory Insertion）：

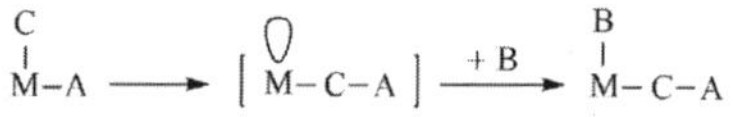

(a) 化學家要如何進行實驗以區分直接插入（Direct Insertion）或是轉移再插入（Migratory Insertion）機制？(b) 化學家進行一個同位素實驗研究，在原先化合物 $Mn(CO)_5(CH_3)$ 的甲基的 *cis* 位置的四個 CO 配位基其中一個 CO 上標記成同位素 ^{13}CO。當此被標記同位素的化合物和外加 CO 的反應後，實驗結果發現有三種不同產物，且產物的比例為 50%：25%：25%（2：1：1）。若單獨根據此實驗結果，上述兩種（直接插入反應或是轉移後再插入反應）機制中，哪種路徑比較符合實驗結果？

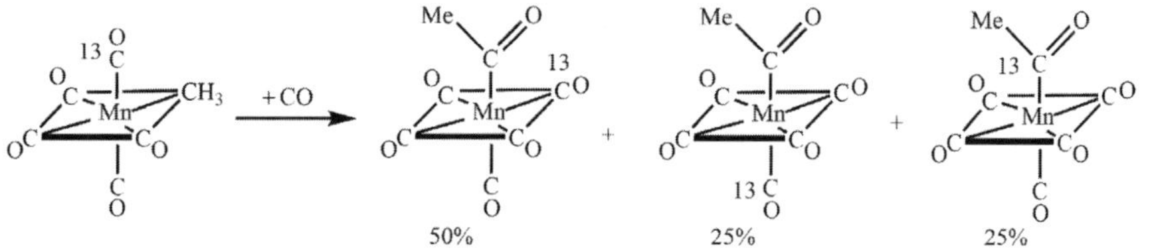

(c) 根據以上結論推演，在上述的同位素實驗中，若 $Mn(CO)_5(CH_3)$ 和外加標記成同位素的 ^{13}CO 反應，請預測其結果。

The reaction of Mn(CO)$_5$Me with external CO to yield Mn(CO)$_5$(COMe) seemingly undergoes a straightforward CO insertion reaction pathway. Yet, it is not as simple as it looks. In principle, there are two possible reaction pathways: one is a straightforward CO insertion pathway, meaning that the external CO directly inserts to the Mn-CH$_3$ bond; another is a migratory insertion pathway, meaning that CH$_3$ group migrates to one of the neighboring CO ligands of Mn firstly and then followed by the coordination of external CO to the released space.

(a) How to differentiate these two distinct reaction mechanisms of "Direct Insertion" and "Migratory Insertion"?

(b) An isotope experiment reaction was carried out with one of the original CO ligand on Mn(CO)$_5$Me was replaced by ^{13}CO and with extra external CO. There were three products being obtained in the ratio of 2:1:1. Which mechanism is more likely fitting the experimental results?

(c) Based on the results from (b), an isotope experiment reaction was carried out by Mn(CO)$_5$Me with external ^{13}CO. What will be the outcome for this case?

答：(a) 光看產物無法區分是<u>直接插入</u>（Direct Insertion）和<u>轉移再插入</u>（Migratory Insertion）的反應機制。而利用同位素實驗可以加以區分。(b) 根據^{13}CO 同位素實驗的結果發現有三種不同產物，且有一定的比例 2：1：1，<u>轉移再插入</u>（Migratory Insertion）的反應機制比較符合實驗結果。如果是<u>直接插入</u>（Direct Insertion）的反應機制，則只會產生一種產物。自然界通常是走最短的反應路徑。因此，此處的<u>轉移再插入</u>（Migratory Insertion）的反應機制是比較不尋常的。(c) 根據此反應機制，同位素^{13}CO 最後會出現在 C(=O)CH$_3$ 基團的 *cis* 位置。

> 舉例說明以下幾個常見的無機反應方式：氧化加成（Oxidative Addition）、還原脫去（Reductive Elimination）、 插 入（Insertion）、 脫 離（Elimination）、抽取（Abstraction）、轉移（Migration）、親電子攻擊反應（Electrophilic Attack）、親核性攻擊反應（Nucleophilic Attack）、環化反應（Cyclization）、 異 構 化（Isomerization）、 耦 合（Coupling） 及 交 換（Metathesis）。
>
> **23**
>
> Several commonly seen inorganic reaction processes are Oxidative Addition, Reductive Elimination, Insertion, Elimination, Abstraction, Migration, Electrophilic Attack, Nucleophilic Attack, Cyclization, Isomerization, Coupling and Metathesis. Please provide example for each case.

答：氧化加成（Oxidative Addition, O.A.）：例如將 RH 加成到活性金屬化合物中間體 [M] 上形成 *cis*-R-[M]-H，則中心金屬的氧化態增加二。這步驟因為有配位數及氧化數同時增加，而被稱為氧化加成步驟。此步驟經常是催化反應的第一步，且可能是速率決定步驟。

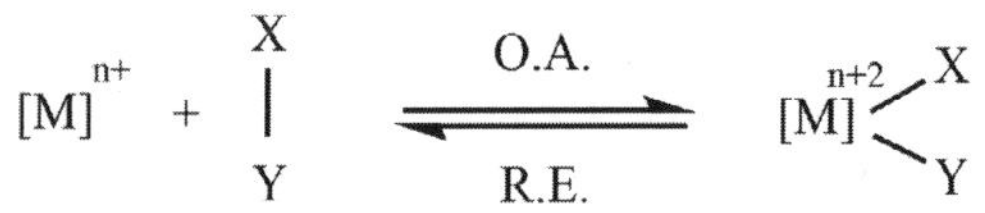

還原脫離（Reductive Elimination, R.E.）：反應物（Substance）在中心金屬與其他部分的取代基作用完後，通常是藉由脫離步驟離開反應中心金屬。這步驟會導致中心金屬的氧化態減少，且配位數也減少。這步驟因為有配位數及氧化數同時減少，而被稱為還原脫離步驟。此步驟通常是催化反應的最後一步。

插入（Insertion）：插入步驟常發生在小分子如 CX（X: O, S, N）等插入金屬和有機物的鍵（M-R）中間。插入步驟是很常用的將小分子結合到大的有機物分子裡面的反應方式。最常見的是 CO 的插入反應。

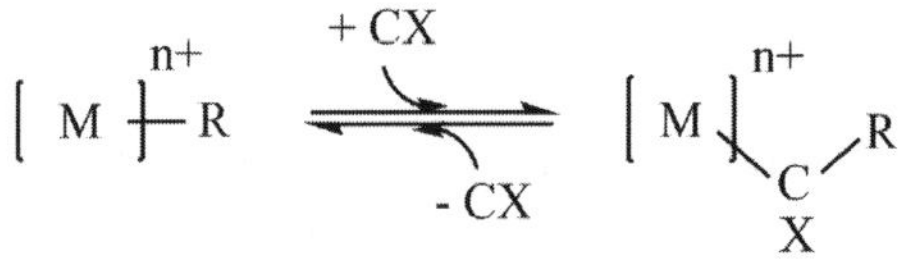

抽取（Abstraction）：抽取步驟通常是將接近金屬中心的飽和有機物上的氫原子抽離。最常見的是所謂 <u>α-氫離去步驟</u>（α-Hydrogen Elimination）分解機制，這是一個類似 <u>β-氫離去步驟</u>（β-Hydrogen Elimination）的分解機制。

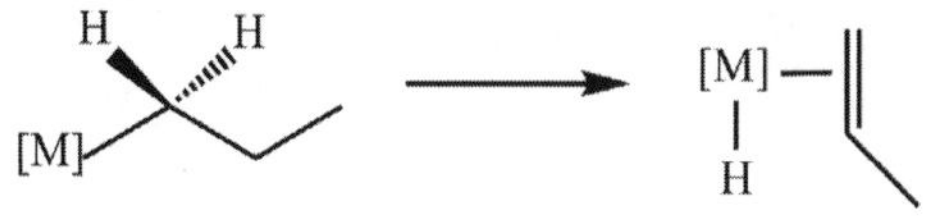

轉移（Migration）：轉移步驟通常是指在金屬中心 *cis* 位置的取代基間的轉移位置動作。最常見的是金屬中心上有機物取代基（R）轉移到 CO 上的步驟，稱為<u>烷基轉移</u>（Alkyl Group Migration）步驟。Ar 及 H 也會進行<u>轉移步驟</u>，但速率較 R 基要慢。

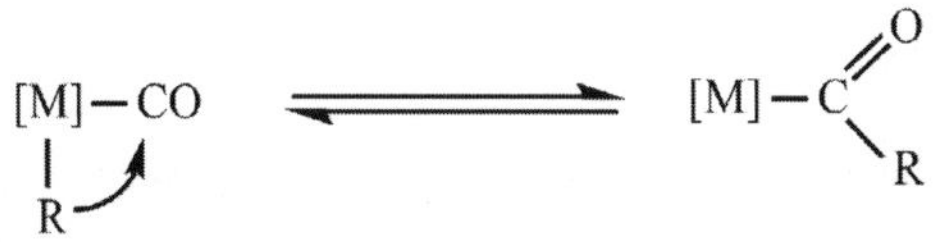

親電子攻擊反應（Electrophilic Attack）：金屬化合物電子密度大，比較容易受親電子基的攻擊。如金屬氧化數低及擁有推電子配位基時。

親核性攻擊反應（Nucleophilic Attack）：金屬化合物電子密度小，比較容易受<u>親核性</u>的攻擊。如金屬氧化數高時。

環化反應（Cyclization）：當多個不飽和有機物和中心金屬鍵結並進行<u>氧化耦合步驟</u>成為大的金屬環化物（Metallacycle）時，稱為<u>環化反應</u>（Cyclization）。<u>環化反應</u>的後續步驟可能是脫掉金屬部分，而使有機物形成合環。這是常用的有機物合環催化反應類型。

異構化（Isomerization）：<u>異構化</u>步驟通常發生在結合於金屬的烷基（M-R）的碳位置的移動。通常經由 <u>β-氫離去步驟</u>（β-Hydrogen Elimination），再經烯類插入（Insertion）步驟，如此連續步驟可使烷基發生碳位置的移動。造成異構化的效果。如果在過程中，配位的烯類從金屬解離，可視為烯類的<u>異構化</u>。

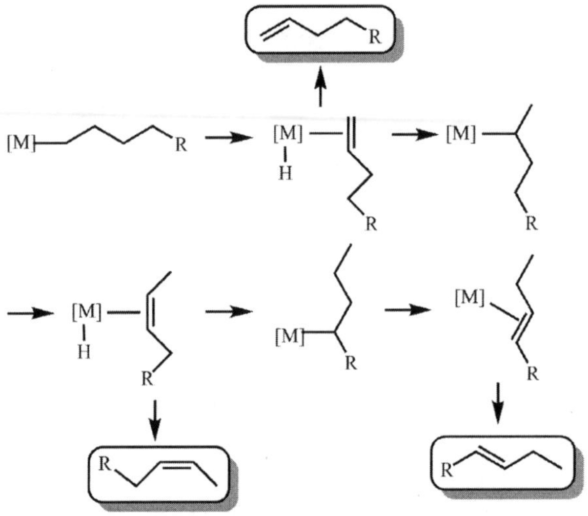

耦合（Coupling）：若有多個不飽和有機物（如烯類或炔類）和中心金屬剛開始是以配位（Coordination）方式鍵結，這些配位後的烯類或炔類之間有機會耦合，和中心金屬鍵結方式由原來 π-鍵結變成 σ-鍵結形式，則中心金屬的氧化數增加二。這步驟因為有耦合發生及氧化數同時增加，也被稱為氧化耦合（Oxidative Coupling）步驟。

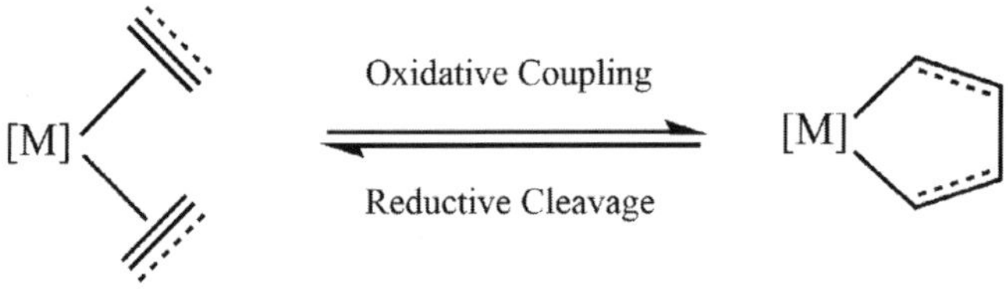

交換（Metathesis）：交換步驟通常發生在不飽和有機物（如烯類或炔類）之間，藉由金屬催化劑來執行交換步驟，可達到不飽和有機物（如烯類或炔類）上的基團互換的效果。

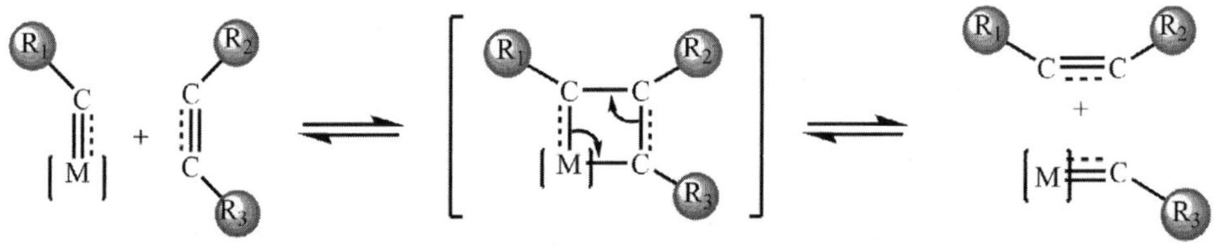

|24| 平面四邊形（Square Planar）金屬錯合物分子對邊（*Trans*）兩配位基互相作用比鄰邊（*Cis*）兩配位基為大，稱為對邊效應（*Trans Effect*）。請說明原因。
The "*Trans Effect*" takes place more frequently in organometallic compounds with Square Planar geometry. Explain. |

答：對位的兩個配位基互相競爭中心金屬可鍵結的軌域，特別是其中的 d 軌域。當一邊鍵結強時，使用到比較多中心金屬可鍵結的軌域，另一邊鍵結使用到比較少中心金屬可鍵結的軌域，因而鍵變弱，容易解離。對邊效應（*Trans* Effect）比較容易發生在平面四邊形（Square Planar）的金屬錯合物分子上，因為，對位的兩個配位基互為 180°，只有此兩配位基在競爭，比較沒有其他因素干擾。如果是在互為 *cis* 位置的兩個配位基，則無此效應，因互為 90° 夾角，不會互相競爭中心金屬可鍵結的軌域。

σ− 鍵結軌域　　　π− 鍵結軌域

|25| 氫原子（Hydrogen atom, H）以形成氫陰離子（Hydride, H⁻）方式鍵結到金屬上（M-H），在有機金屬化合物中很常見。奇特的是於 1984 年庫巴斯（Kubas）發現竟然有以 π-鍵結方式加成到金屬上的氫分子（H_2），這種方式鍵結原本被認為是不會存在的或是存在時間很短的。請說明這種鍵結方式，並指出兩種不同形式的鍵結在 ^1H NMR 光譜中如何加以區分？
Kubas observed that H_2 might coordinate to transition metals through a π-bonding mode. How to differentiate this π-bonding H_2 from commonly observed M-H（Hydride) from ^1H NMR? |

答：一九八四年庫巴斯（Kubas）發現在一些化合物上 H_2 是以分子形態配位到金屬上，H-H 之間尚未斷鍵。這可視為 H_2 分子氧化加成到金屬之前的前驅物狀態，

在 ^{1}H NMR 中 H 的化學位移為正值。而在 M-H 的鍵結方式中，H 以 Hydride 形式存在的現象，在 ^{1}H NMR 中 H 的化學位移為負值。要確定庫巴斯（Kubas）的發現是否為真，最確切的證據是以中子繞射法（Neutron Diffraction Method）來確立 H 原子的位置。傳統上使用的 X-光繞射法比較不容易定出 H 原子的切確位置。

$$[M] + \begin{matrix} H \\ | \\ H \end{matrix} \longrightarrow [M] \blacktriangleleft \cdots \begin{matrix} H \\ | \\ H \end{matrix} \longrightarrow [M] \overset{H}{\underset{H}{\diagdown}}$$

> **26**
>
> 鄰位金屬環化反應（Orthometallation）是金屬環化反應（Cyclometallation）的一種。金屬環化反應是指反應中金屬上的配位基的某部位和金屬發生分子內的環化反應。當金屬化合物 Ir(PPh₃)₃Cl 被加熱到某一程度，銥（Ir）金屬上面磷配位基的苯環和銥金屬產生自身氧化加成反應（Oxidative Addition），這種反應方式稱為鄰位金屬環化反應。鄰位金屬環化反應機制通常在含重金屬且為四配位的平面四邊形結構才容易發生。請加以說明。
>
> By heating Ir(PPh₃)₃Cl, one might observe the so called "Orthometallation process", where a self-oxidative addition process occurs on Ir. It is one kind of "Cyclometallation process". It takes place more frequently in organometallic compounds with Square Planar geometry. Explain.

答：一個有趣的分子內的自身氧化加成反應發生在 Ir(PPh₃)₃Cl 上。在加熱 Ir(PPh₃)₃Cl 後，磷配位基上的苯環和 Ir 產生氧化加成反應，且發生在鄰位（*ortho-*）的碳位置上，這種方式稱為鄰位金屬環化反應（Orthometallation），是金屬環化反應（Cyclometallation）類型的一種。IrCl(PPh₃)₃ 中心金屬具 d⁸ 組態，為四配位的平面四邊形結構。當自身氧化加成發生後配位數增為六。可見發生自身氧化加成反應的分子通常需要具備空間不飽和的條件。發生鄰位金屬環化反應的例子，中心金屬通常是重金屬如 Rh、Ir、Pd、Pt 等等。原因是重的過渡金屬因含有 d（或 f）軌域，電子雲散布比較遠（diffuse），會使形成四圓環的張力減小，使環化反應容易發生。

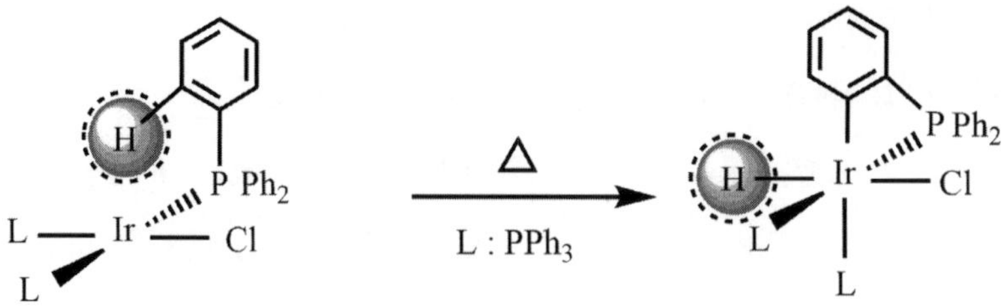

補充說明：有些自身氧化加成反應發生在雙金屬分子上，磷配位在一金屬（M_A）上，而苯環（Ar-H）則產生氧化加成到另外一金屬（M_B）上。

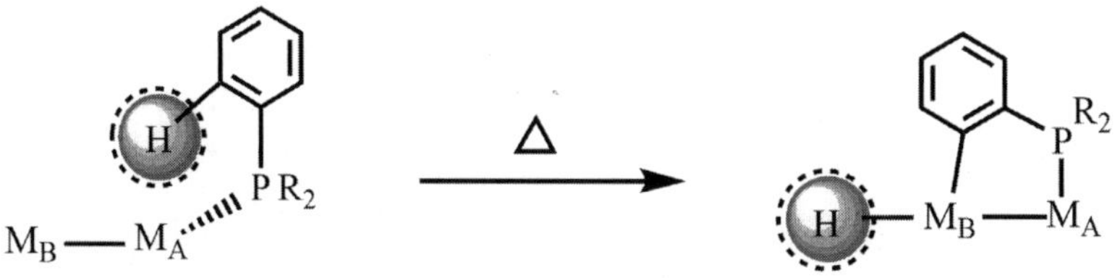

27	化學家常常利用過渡金屬和有機物鍵結來改變有機物的特性。當含鉻金屬羰基化合物 $Cr(CO)_6$ 和 arene 反應，由 $Cr(CO)_6$ 解離 $Cr(CO)_3$ 基團接到 arene 環上形成 $(\eta^6\text{-arene})Cr(CO)_3$，其上的有機物 arene 環的化學活性有明顯的改變。請說明改變為何發生？發生變化後的現象？
	When the metal fragment $Cr(CO)_3$ coordinates to arene and forms $(\eta^6\text{-arene})Cr(CO)_3$, the chemical character of the coordinated arene changed noticeably. What kind of character has been changed? How?

答：當此鉻金屬羰基基團（$Cr(CO)_3$）接到 arene 上時，arene 的化學活性明顯的有以下幾點改變：(a) 受到 $Cr(CO)_3$ 基團是一個強拉電子基的影響，會使得苯環上的 π 電子密度減少，使得苯環上的氫及 Benzylic 位置的氫其酸性增加。因此容許去質子化反應發生。(b) 強拉電子基的 $Cr(CO)_3$ 基團的存在可以穩定 Benzylic 位置的碳陰離子（Carbanion），使得親核性攻擊（nucleophilic attack）在環上變得容易。(c) 鍵結鉻金屬基團 $Cr(CO)_3$ 的 arene 環的一面產生立體障礙，使反應幾乎發生在另一面，而使反應具有立體位向選擇性。以上這些特性都可以在修飾苯環的合成反應上加以利用。

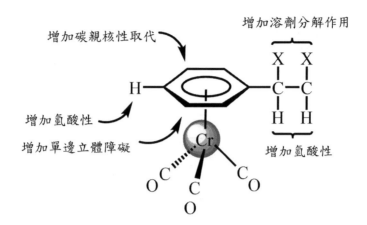

增加碳親核性取代

增加溶劑分解作用

增加氫酸性

增加單邊立體障礙

增加氫酸性

28

日本化學家高橋（Tamotsu Takahashi）利用含鋯金屬化合物 Cp_2ZrCl_2 和正丁基鋰（n-BuLi）反應，產生含鋯金屬的五角環化物（metallacycle）。根據其可能的反應機制，請將下面空格填滿中間產物。

$$Cp_2ZrCl_2 \xrightarrow{\text{+ n-BuLi}} Cp_2ZrBu_2 \longrightarrow \left[\boxed{A} \right] \longrightarrow \left[\boxed{B} \right] \longrightarrow Cp_2Zr$$

Tamotsu Takahashi used Cp_2ZrCl_2 to react with n-BuLi and to form a metallacycle having five-membered ring. Please fill up the blanks with proper intermediates.

答：Cp_2ZrCl_2 和正丁基鋰反應生成金屬五角環化物的反應機制如下。首先，丁基取代 Cl^-，丁基進行 β-氫離去步驟（β-Hydrogen Elimination）機制及 RH 離去，形成中間物 A 和 B。最後進行氧化耦合（Oxidative Coupling）步驟形成金屬五角環化物。

$$Cp_2ZrCl_2 \xrightarrow{\text{+ n-BuLi}} Cp_2ZrBu_2 \longrightarrow \left[\underset{A}{Cp_2Zr} \right] \longrightarrow \left[\underset{B}{Cp_2Zr} \right] \longrightarrow Cp_2Zr$$

<table>
<tr><td>29</td><td>下面為一個常見的化學反應座標關係圖。圖中顯示，反應開始從反應物（R）到過渡狀態（TS）最終到產品（P）的路徑。原則上，化學家常使用兩種方法試圖提高反應速率。請寫出化學家常使用的兩種方法及反應關係圖。

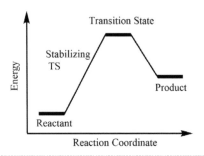

The reaction coordinate diagram shows a flow from the Reactant (R) to Transition State (TS) then to the Product (P). In principle there are two routes possibly to raise the yield of the product. Write down your answer to this question.</td></tr>
</table>

答： 要提高反應速率可藉著：(a) 將反應物（R）變成不穩定，或 (b) 降低過渡狀態（TS）能量。此兩種方法都能使原先的活化能下降，反應速率變快。通常前者方式比較好設計，後者方式因過渡狀態比較難捉摸，不好設計。

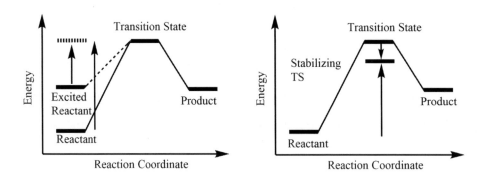

<table>
<tr><td>30</td><td>化學家常在金屬羰基化合物 $M(CO)_x$ 的 CO 取代反應中加入 $O=NR_3$ 以增快反應速率。請說明原因。

The reaction rate might be enhanced drastically by adding $O=NR_3$ into the reaction for removing CO from the metal carbonyl $M(CO)_x$. Explain.</td></tr>
</table>

答：加入 $O=NR_3$ 幫助加速拔掉 $M(CO)_x$ 上的 CO，而產生 CO_2 及 NR_3。一般認為反應過程中形成四角環中間體。

$$M(CO)_x + O=NR_3 \longrightarrow \left[\begin{matrix} M—C\equiv O \\ \vdots \quad \vdots \\ O=NR_3 \end{matrix} \right]^{\ddagger} \longrightarrow \left[\begin{matrix} M \end{matrix} \right]^{\ddagger} + CO_2 + NR_3$$

unsaturated

補充說明：此反應最後的產物可能是 $M(CO)_{x-1}(NR_3)$。此分子的 $M-NR_3$ 鍵不穩定，容易被取代，可以增快接下來的取代反應速率。

31

在 $Cr(CO)_6$ 和配位基（L）的取代反應中，化學家們通常允許 $Cr(CO)_6$ 先和具有提供電子能力的配位基（如 THF）反應形成 $Cr(CO)_5(THF)$。請問在取代反應中使用（如 THF）具有 O-配位錯合物的優勢是什麼？最終反應產物的結構，配位基（L）位置是在與 THF 在互為 *cis* 的位置。說明之。

Compound $Cr(CO)_6$ is allowed to form $Cr(CO)_5(THF)$ before pursuing substitution reaction with other ligand (L). THF is a hard ligand with O-coordinating site. What is the advantage of using it? The final product having L in the *cis* position of THF. Explain.

答：將 $Cr(CO)_6$ 轉成 $Cr(CO)_5(THF)$ 使後者變不穩定，容易進行下面反應。另外，含有 O 配位基（如 THF）在 $Cr(CO)_5(THF)$ 釋出 CO 時可提供孤對電子暫時穩定中間體的空軌域，使新加入的配位基（L）鍵結到此軌域上，最後產物的結構，配位基（L）位置是在與 THF 在互為 *cis* 的位置。

補充說明：這樣的效果有時候也叫 *cis* effect，但不是一般相對應於 *trans* effect 的 *cis* effect。

32

下列為實驗觀察在含金屬羰基化合物 $ML_n(CO)(R)$ 上轉移再插入（Migratory Insertion Process）步驟。當使用不同的 R 基時，插入反應速率的快慢順序如下。請說明原因。

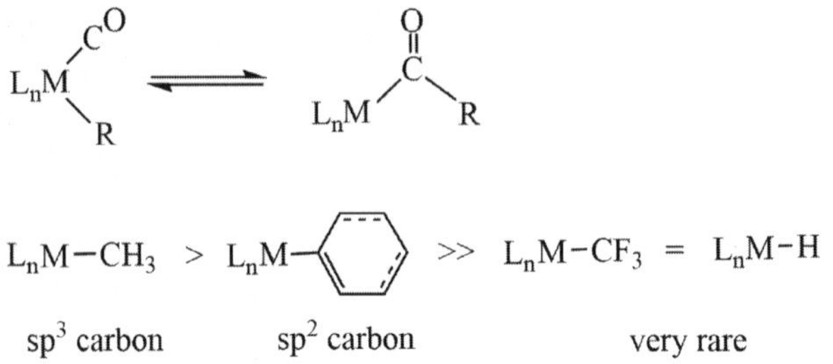

$$L_nM-CH_3 > L_nM-\!\!\!\bigcirc \gg L_nM-CF_3 = L_nM-H$$

sp³ carbon　　　sp² carbon　　　　　very rare

The sequence of reaction rates for alkyl group migratory insertion process is shown. Explain the observation.

答：R 基轉移再插入（Migratory Insertion Process）的速率快慢取決於 R 基和 C≡O 上的 C 上軌域重疊的大小，重疊越大，越容易進行。前兩者（Me、Ph）用於重疊的軌域和 CO 用於重疊的軌域大小差不多，重疊大，容易進行。而 CF_3 是強拉電子基，C 軌域縮小，和 C≡O 上的 C 上軌域重疊小，不容易進行。H 的 1s 軌域小，和 C≡O 上的 C 上軌域重疊小，不容易進行。

33

下列為實驗觀察插入（Insertion Process）步驟的快慢順序。請說明原因。

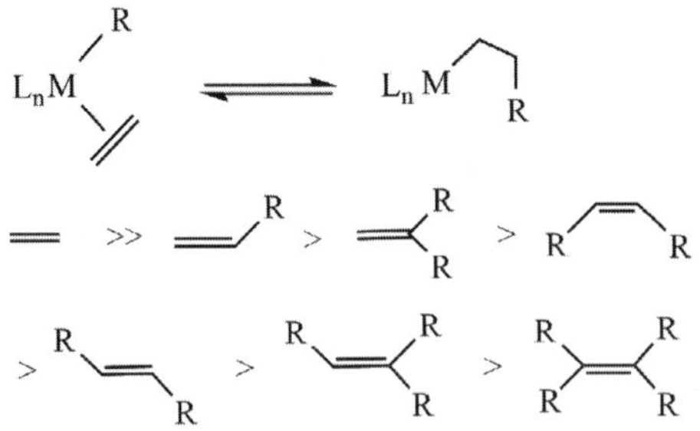

The sequence of reaction rates for alkene insertion process is shown. Explain the observation.

答：插入（insertion process）的快慢和立體障礙（Steric Hindrance）有關。取代基

越少或方位越方便插入的乙烯，其插入反應速率越快。這順序顯然應印證<u>立體障礙</u>因素扮演決定性角色。

34

氫醯化反應（Hydroformylation）是一個很重要的工業反應步驟且是很經典的早期學術研究模型，此反應是利用催化劑將烯類和水煤氣（CO/H_2）混合催化成比原先烯屬烴多一個碳的醛類，原則上沒有起始物的浪費。此反應的機制是早期學術研究中被研究最透徹的反應機制之一。利用 Styrene 和水煤氣（CO/H_2）當起始物，以 $Co_2(CO)_8$ 做為催化劑，請詳細表達此反應機制的每一步驟，直到產生醛類為止。

In the "Hydroformylation process", water gas (CO/H_2) and alkene are converted to the corresponding aldehydes with one more carbon backbone. Its mechanism is one of the most studied. Using styrene as the starting material to describe every steps in this mechanism in detail.

答：早期氫醯化反應是以 $Co_2(CO)_8$ 為催化劑。Step 1：由 $Co_2(CO)_8$（A）和 H_2 反應產生 $HCo(CO)_4$（B），真正具有活性的催化劑是脫去一個 CO 的 $HCo(CO)_3$。Step 2：Styrene 的雙鍵以 π-鍵結方式到 $HCo(CO)_3$ 上配位形成 D。Step 3：進行類似 β-Hydrogen Elimination 的反向反應或稱為插入反應（Insertion Reaction），再加入 CO 形成 E 和 E'，這裡會形成異構物。Step 4：加入 CO 進行 insertion 到 Co-R 之間形成 F 和 F'。Step 5：加入 H_2 反應進行 Reductive Elimination 產生兩種異構物 G 和 G'。

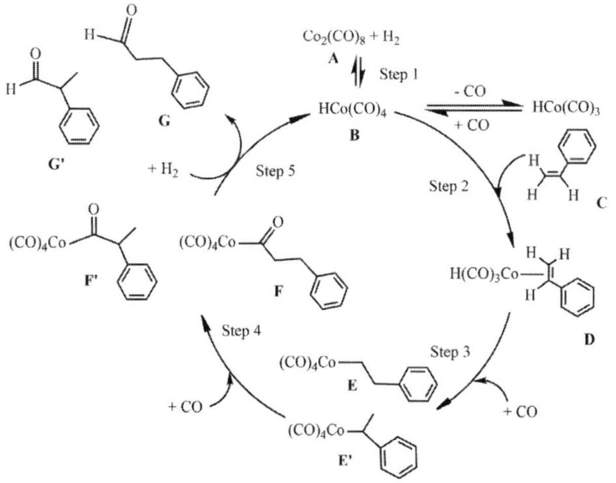

寫出下列反應的產物。

(a)

IrCl(PPh₃)₃ $\xrightarrow{\Delta}$

[Hint: Orthometallation]

(b)

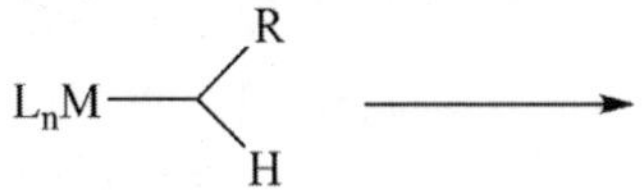

L_nM —CH(R)(H)

[Hint: elimination or α-abstraction]

35

(c)

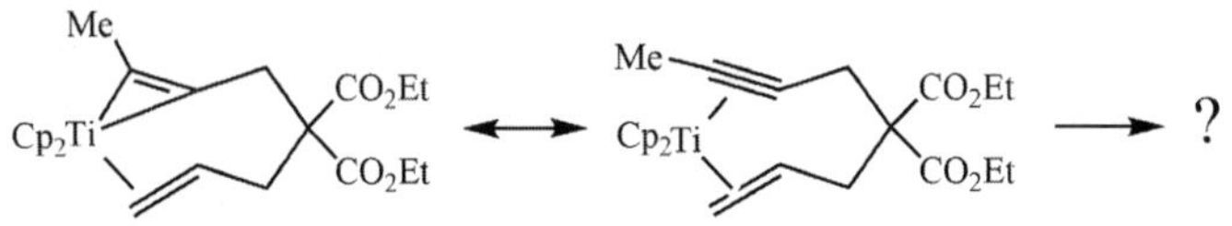

[Hint: Intramolecular Oxidative Coupling Processes]

(d)

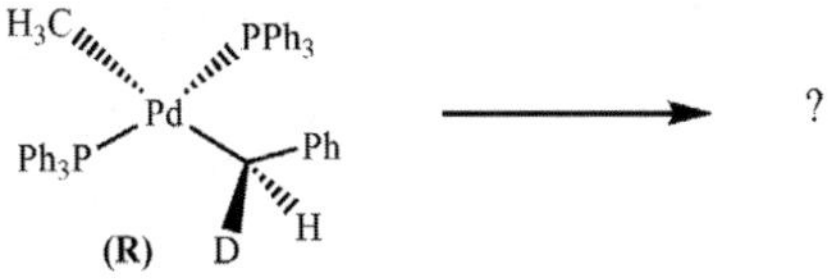

[Hint: Reductive elimination]

Write down the products for the reactions as shown.

答： (a) 進行分子內 Orthometallation 步驟。

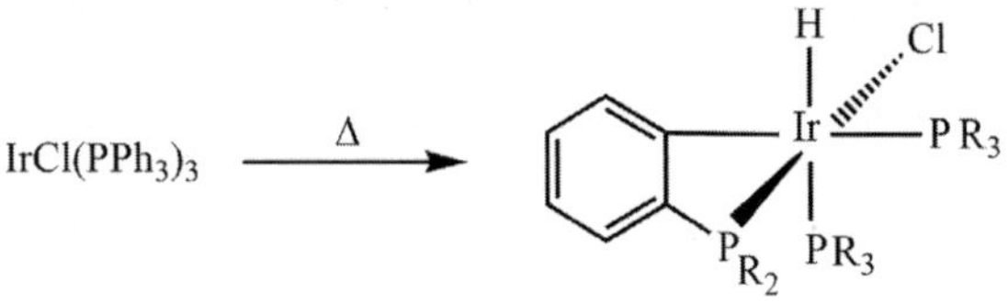

(b) 進行分子內 α-abstraction 步驟。

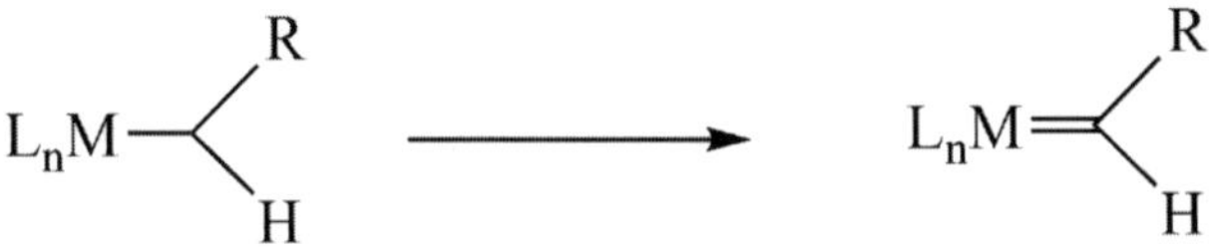

(c) 進行分子內 cyclization 步驟。

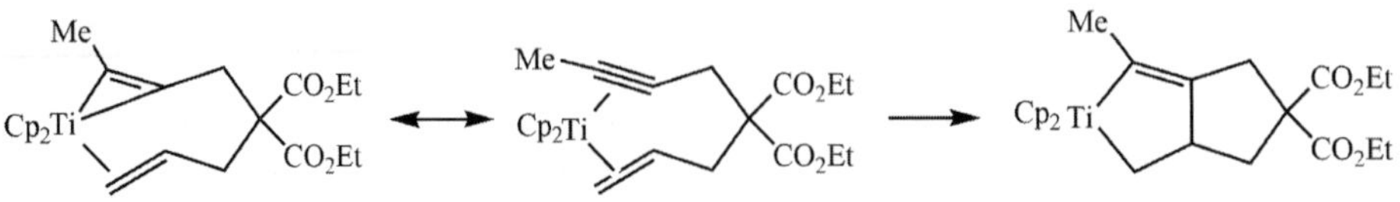

(d) 進行 α-氫離去步驟。

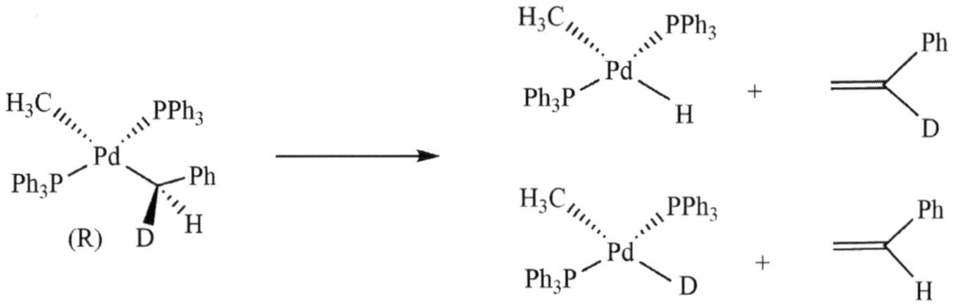

36

NO^+ 和 CO 是等電子（Isoelectronic），在取代反應中 NO^+ 經常扮演取代 CO 的角色。下面反應是否可能發生？

$$Mo(CO)_6 + NOBF_4 \rightarrow Mo(NO)_6(BF_4)_6 + 6\ CO$$

NO^+ and CO are isoelectronic. In principle, a metal complex containing NO^+ ligand can be replaced by CO. Can the reaction take place as shown?

答： 在此，BF_4^- 當陰離子在分子外圍，而 NO^+ 當配位基接金屬。六個 NO^+ 當配位基接金屬上一起競爭 Mo 上能 backbonding 的電子，分子顯然會很不穩定，反應不容易發生。

37

下述直接的還原脫去（Reductive Elimination）步驟被 Hartwig 以熱力學（Thermodynamic）及動力學（Kinetic）的方法仔細研究過。前者和生成鍵有關，後者和斷鍵有關。有關 K_{eq} 及速率的觀察結果如下。請說明之。〔參考文獻：A. H. Roy, J. F. Hartwig, *J. Am. Chem. Soc.* 2001, *123*, 1232。〕

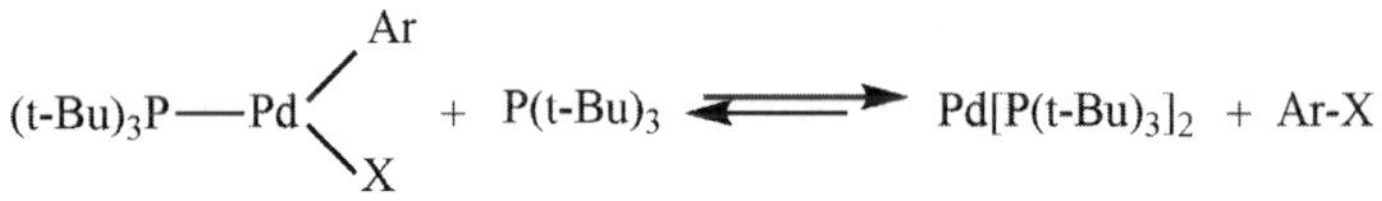

化合物	Ar-X 產率	平衡常數	速率
(a) X = Cl, Ar = *o*-toly	76	10.9×10^2	最慢
(b) X = Br, Ar = *o*-toly	98	32.7×10^{-1}	最快
(c) X = I, Ar = *o*-toly	79	1.79×10^{-1}	快
(d) X = Br, Ar = Ph	68	13.4×10^{-1}	
(e) X = I, Ar = Ph	60	0.51×10^{-1}	

The reductive elimination process was studied by Hartwig thoroughly both from Thermodynamic and Kinetic methods. The former has to do with the formation of chemical bonding; the latter with the breaking of bond. The equilibrium constants (K) and rates (k) from the reactions are shown. Explain. (A. H. Roy, J. F. Hartwig, *J. Am. Chem. Soc.* 2001, *123*, 1232)

答：還原脫去步驟的速率和欲脫去的兩個基團的重疊大小及和 Pd 鍵結的能量有關。在 Case (a) 中反應速率慢，表示 Pd-Cl 斷鍵比較難。而平衡常數大，表示形成 Ar-Cl 鍵是穩定的。其餘的情形類推。Ar-Br 的 Case 次之。Ar-I 的情形最差。

寫出下述各反應的穩定產物。
(a) $NaMn(CO)_5$ + CH_2=CH-CH_2Cl →
(b) $Cp(CO)_2Fe$-CH_3 + CO →
(c) 繪出有機產物結構。

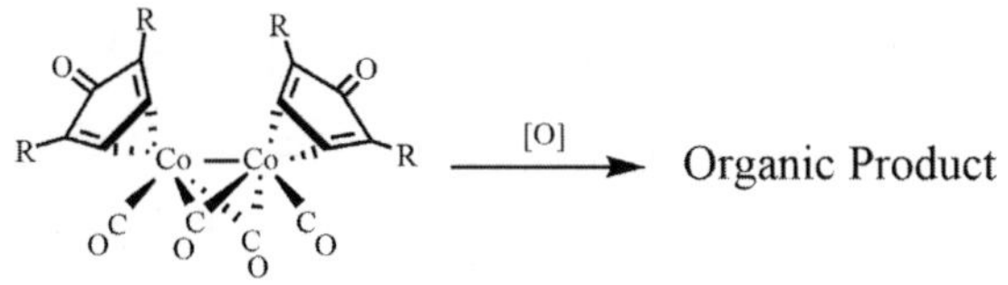

(d)、(e)繪出有機或有機金屬化合物產物結構。

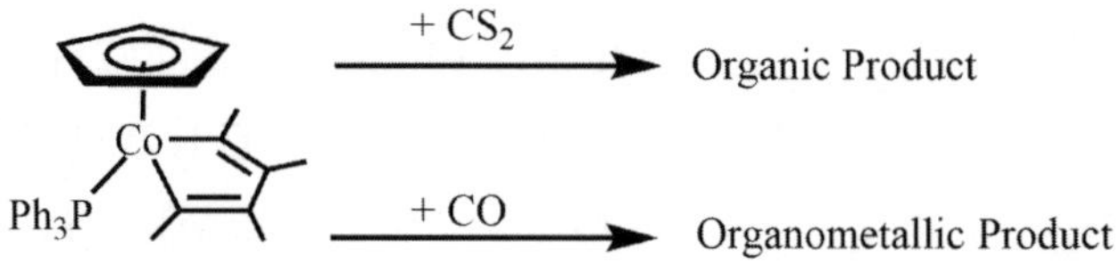

38

Write down the probably stable product from the following reactions.
(a) $NaMn(CO)_5$ + CH_2=CH-CH_2Cl →
(b) $Cp(CO)_2Fe$-CH_3 + CO →
(c) Draw out the structures for organic products.
(d), (e) Draw out the structures for organic or organometallic products.

答：(a) $NaMn(CO)_5$ + CH_2=CH-CH_2Cl → $(\eta^3$-$C_3H_5)Mn(CO)_4$

(b) $Cp(CO)_2Fe$-CH_3 + CO → $Cp(CO)_2Fe$-C(=O)CH_3

(c) 有機產物結構：

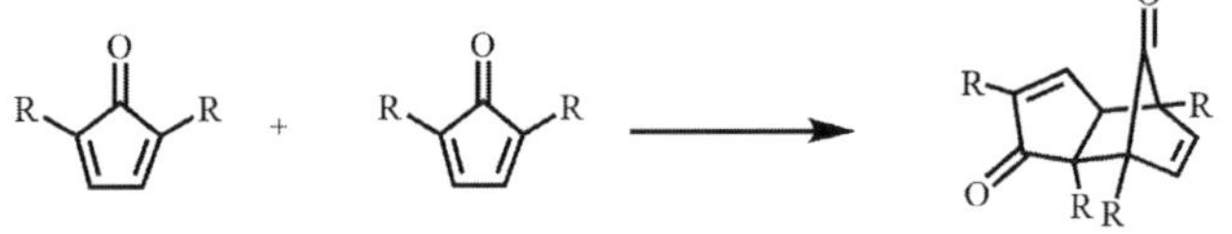

(d) 有機產物結構：

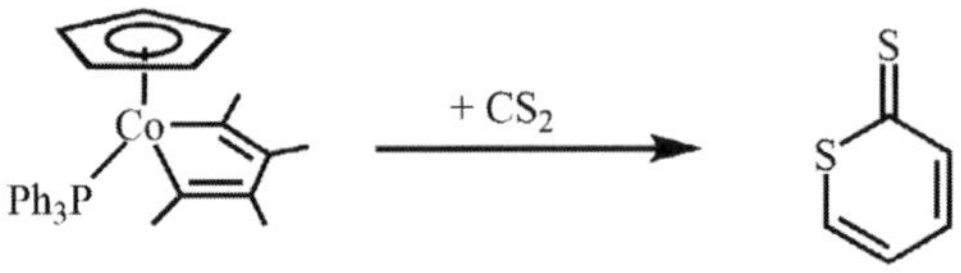

(e) 有機金屬化合物產物結構：

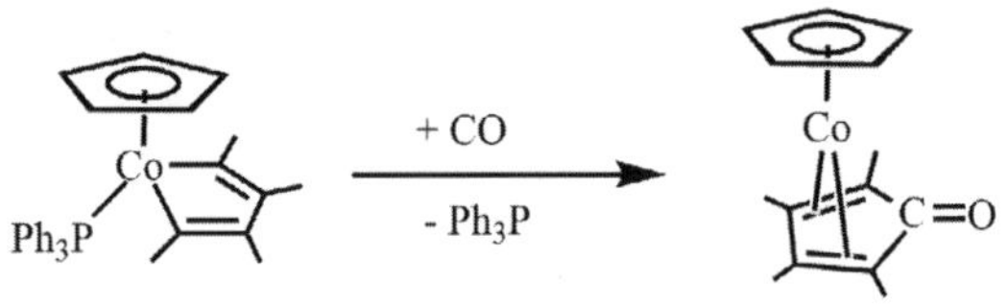

39

提出兩個常被引用的過渡金屬化合物的催化反應的機制，解釋下面反應的實驗觀察結果。如果在選定的位置以同位素氘（^2D）取代氫，再執行實驗，產物為何？

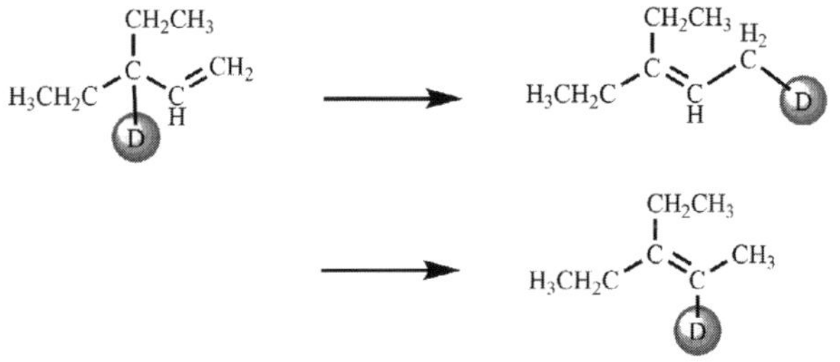

List two of the most employed methods to account for the results. What is/are the reaction product(s) while ^2D is employed.

答：(a) 第一個反應可藉由過渡金屬 [M] 的催化進行類似 allylic 的中間物，最後可視為氫同位素（^2D）進行 1,3-shift 的機制。

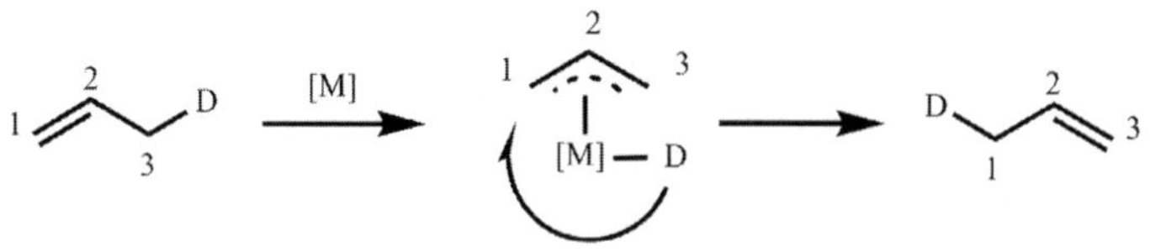

(b) 第二個反應可藉由過渡金屬氫化物 [M]-H 的催化進行一系列 Insertion 及 β-Hydrogen Elimination 步驟，最後可視為氫同位素（^{2}D）進行 1,2-shift 的機制。

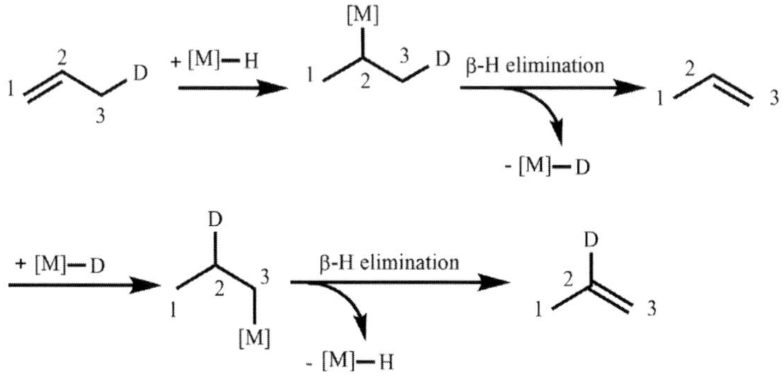

從 Hartwig 的研究中發現，下面的反應有進行氧化加成（Oxidative Addition）及還原脫去（Reductive Elimination）步驟。〔參考文獻：A. H. Roy, J. F. Hartwig, *J. Am. Chem. Soc.*, 2001, *123*, 1232。〕

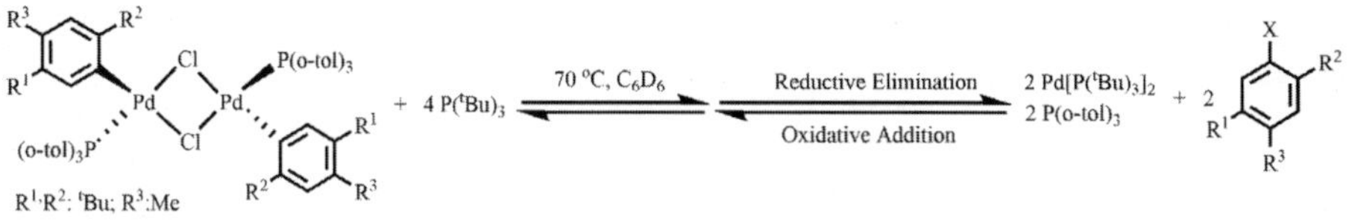

經過詳細的動力學研究之後，其反應機制被提出如下。

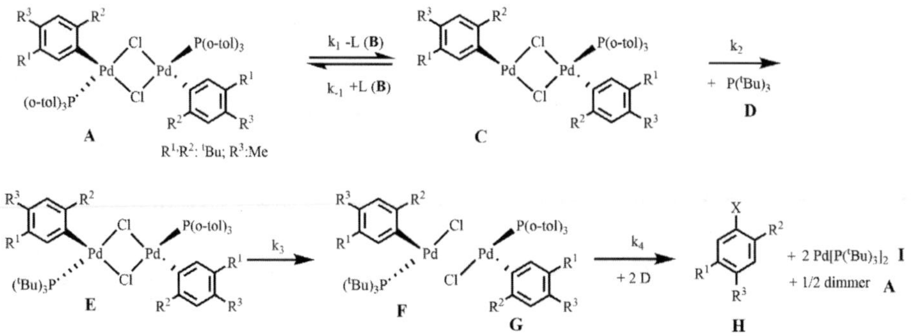

40

$$A \underset{k_{-1}}{\overset{k_1}{\rightleftharpoons}} B + C \quad \text{------------------} \quad (1)$$

$$C + D \xrightarrow{k_2} E \quad \text{------------------} \quad (2)$$

$$E \xrightarrow{k_3} F + G \quad \text{------------------} \quad (3) \quad (\text{r.d.s.})$$

$$F + G + 2D \xrightarrow{k_4} H + 1/2\,A + 2\,I \quad \text{------} \quad (4)$$

(a) 利用穩定狀態趨近法（Steady-State Approximation）的方式導出反應速率定律式。穩定狀態趨近法（Steady-State Approximation）只能應用在中間產物（Intermeiate）上，在某段時間中間產物的生成及消耗速率相當，d[I]/dt=0。請將所導出的反應速率定律式結果與下列實驗數據做比較。

$$\text{rate} = k_{obs}[\text{dimer}]$$

$$k_{obs} = \frac{k_1 k_2 [P(^tBu)_3]}{k_{-1}[P(o\text{-tol})_3] + k_2[P(^tBu)_3]}$$

$$\frac{1}{k_{obs}} = \frac{1}{k_1} + \frac{k_{-1}[P(o\text{-tol})_3]}{k_1 k_2 [P(^tBu)_3]}$$

(b) 根據所導出的速率定律式來判斷，預測當增加 $P(^tBu)_3$ 濃度時對系統反應速率的影響。(c) 同上，預測當增加 $P(o\text{-tol})_3$ 濃度時對系統反應速率的影響。

Hartwig discoved the reaction as shown. It involves both "Oxidative Addition" and "Reductive Elimination" processes. A new reaction mechanism was proposed after carefully examine the reaction by kinectic methods. (A. H. Roy, J. F. Hartwig, *J. Am. Chem. Soc.*, 2001, *123*, 1232.) The reaction mechanism can be simplified as shown. (a) Derive a rate law by using the technique of "Steady-State Approximation". Compare the results with the experimental data. [Hint: The Steady-State Approximation can only be applied on Intermeiates, d[I]/dt=0.] (b) Predict the impact on the reaction rate by increasing $P(^tBu)_3$ based on the equation. (c) Predict the impact on the reaction rate by increasing the amount of $P(^tBu)_3$.

答：這是一個複雜的反應。在此將各個化合物以代號表示。公式可簡化如下。

(a) Rate = $k_3[E] = k_3k_2[C][D]$

使用 Steady-State Approximation（穩定狀態趨近法），這裡 C 是中間產物：

$d[C]/dt = 0 = k_1[A] - k_{-1}[B][C] - k_2[C][D]$

$[C] = k_1[A]/(k_{-1}[B] + k_2[D])$

Rate = $(k_1k_2k_3[D][A])/(k_{-1}[B] + k_2[D]) = k_{obs}[A]$

(b) [D] ↑，rate ↑

(c) [B] ↑，rate ↓

補充說明：穩定狀態趨近法有使用時間性的限制，在反應剛開始及結束前不能使用。利用中間產物（Intermediate）在反應過程中生成及消耗達平衡的關係來達成計算中間產物濃度方法。在反應過程的時間某一點上，中間產物的生成量等於消耗量，此時 d[Intermediate]/dt = 0。

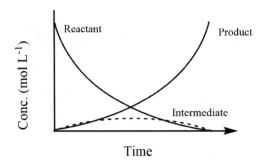

第 5 章
有機金屬化合物合成技術及鑑定

分析儀器對化學家而言如同眼睛對人的重要性。

The importance of analytical instruments to a Chemist is equivalent to eyes to a man.

眼睛就是身上的燈。你的眼睛若瞭亮，全身就光明。

The eye is the lamp of the body. If your eyes are good, your whole body will be full of light.

—— 馬太福音六章二十二節（Matthew 6:22）

本章重點摘要

根據定義，有機金屬化合物（Organometallic Compound）的中心金屬為低氧化態。因此，有機金屬化合物對氧氣較為敏感而容易被氧化。在有機金屬化合物合成操作上應盡量避免反應物暴露在空氣的機會。實際操作上，通常使用真空系統來避開反應物暴露在氧氣下的可能性。一般實驗室最受歡迎且最常使用的真空系統，為約在 10^{-3} torr 左右壓力下操作，且使用鈍氣（如氮氣或氦氣）的 Schlenk 真空系統。此種系統操作容易，且能處理中等當量的反應物。在 10^{-6} torr 左右壓力下操作，且沒有使用鈍氣的玻璃真空系統，歸類為高真空系統（High Vacuum Line），除非需要處理高度厭氧性的化合物外，此技術因操作不便及危險性高而較少被使用。另外，處理大當量的反應物或產物的裝卸程序的儀器是無氧乾燥箱或稱手套箱（Dry Box 或 Glove Box）。

有機金屬化合物合成常用的玻璃反應瓶為圓底燒瓶（Round Flask）或長管瓶

（Schlenk Tube）。反應瓶中預先置入磁石，反應時以電磁攪拌器帶動磁石攪拌溶液使之均勻反應。反應瓶口除了取放藥品溶劑外，通常有一到兩根側臂（side arm）便於抽灌氣體。固態且對氧氣敏感的藥品則於手套箱中裝卸。液態藥品通常以針筒從藥品瓶中抽取，操作必須在鈍氣（如氮氣或氦氣）下進行，以防化合物因暴露於氧氣中造成分解。液態藥品或反應溶液在反應瓶之間的轉移通常以雙頭鋼針為之，這種以雙頭鋼針操作的技術稱為插針技術（Cannula Technique）。

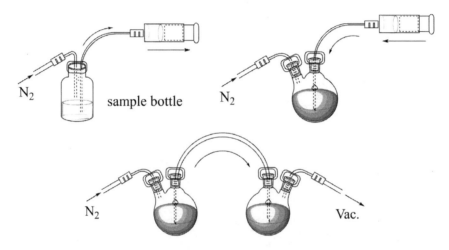

圖 5-1　使用插針技術（Cannula Technique）取得液態藥品防止藥品暴露於氧氣中

　　反應結束後，產物的分離及純化最為重要，且通常為整個合成步驟中最花時間的部分。常見的對有機金屬化合物的分離方法為管柱色層分析法（Column Chromatography），離心式色層分析法（Centrifugal Thin Layer Chromatography, CTLC），部分結晶法（Fractional Crystallization）等等。有機產物的分離則可以 HPLC、MPLC、GC 等等儀器為之。純化後的化合物最常用的鑑定儀器為核磁共振光譜儀（Nuclear Magnetic Resonance, NMR）、紅外光譜儀（Infrared, IR）、X-光單晶繞射儀（X-Ray Diffractometer）、質譜儀（Mass, MS）、元素分析儀（Elemental Analysis, EA）等等。物性的測定有時用到 CV、ESR 等等儀器方法。有些固態化學的研究會用到 TEM、SEM 等等更先進儀器。適當有效的儀器有如合成化學家的眼睛，對於現代化學研究是不可或缺的工具。現代合成化學家經常使用核磁共振光譜儀來取得化合物結構的重要資訊。經過正確辨識後的核磁共振光譜圖，可以提供很多有關化合物結構的訊息。檢驗核磁共振光譜圖必須注意三件事：（一）化學位移（Chemical Shift）、（二）耦合常數（Coupling Constant）、（三）積分（Integration）。現代合成化學家經常使用的另一個重要的工具是 X-光單晶繞射儀（X-Ray Single Crystal Diffractometer）。含過渡金屬的化合物因有 d 或 f 軌域的加入，其結構變得比較複雜且難以預期。通常需要以此方法來取得三度空間中原子在分子內的相關位置的資訊，因而得到鍵長及鍵角等等重要數據。

練習題

1

請說明在有機金屬化學（Organometallic Chemistry）研究中使用適當設備及儀器非常重要。

Explain the importance of using modern facilities and instrumentations in the study of Organometallic Chemistry.

答： 在現代合成化學研究中使用適當設備及儀器非常重要，特別是在有機金屬化學（Organometallic Chemistry）領域。有機金屬化合物（Organometallic Compounds）怕被氧化且分子結構常常出人意表，需要使用適當設備來進行合成工作及後續使用儀器來鑑定產物結構。

2

雖然，有機金屬化合物（Organometallic Compounds）和配位化合物（Coordination Compounds）都是由配位基鍵結到金屬而形成，兩者之間仍有區別。有機金屬化合物的中心金屬為低氧化態，反應需要在厭氧環境下（如玻璃真空系統）才可執行。否則，可能在氧氣存在下，中心金屬因為氧化而導致化合物崩解。然而，有機金屬化合物卻比較不怕水，而水分子是由氧和氫組成，為何有機金屬化合物不怕含有氧的水？請說明原因。

In general, organometallic compounds are vulnerable to oxidation since their metals are in lower oxidation states. Nevertheless, most of the organometallic compounds are stable in the presence of water. Note that water is consisted of oxygen and hydrogen atoms. Why are the organometallic compounds not always vulnerable to water?

答： 一般有機金屬化合物的中間金屬為低氧化態。當金屬遇到氧氣被氧化後形成高氧化態，從皮爾森（Pearson）提出的硬軟酸鹼理論（Hard and Soft Acids and Bases, HSAB）觀點視之，氧化後的金屬從「軟酸」變「硬酸」，因而「硬」的金屬和有機金屬化合物的「軟」的配位基間的鍵結不強，容易斷裂，導致分子瓦解。特別是一些同時具有 σ-鍵結（σ-Bonding）及 π-逆鍵結（π-Backbonding）特性的配位基如 CO、PPh$_3$、烯類、炔類等等。原因是由金屬到配位基的逆鍵結減弱之故。

另外，有機金屬化合物對水的敏感度較對氧為低，有些有機金屬化合物甚至可在酸性的水溶液中做酸化處理而不會分解，因為水中的氧原子已是負二價的還原態，氧化能力非常弱。但在一般情形下仍應盡量避免接觸水氣。況且，沒有刻意做除氧處理的水通常溶有氧氣，有可能會造成有機金屬化合物的分解。另外，水的分子量小，反應中只要一點點水存在就具有相當大的莫耳數，因而可能造成弱的配位基被水取代的結果。水的存在對某些厭水的有機金屬化合物的影響不容忽視，特別是在溼度比較大的地方（如在台灣地區）執行有機金屬化學實驗時，要更注意溶劑除水的必要性。

有機金屬化合物（Organometallic Compounds）比較不怕水。然而，在執行一般有機金屬化合物的反應前，溶劑需先經除氧除水處理。通常在溶劑中以鈉塊（Na）（少數情形下使用鉀(K)）加到二苯基甲酮（Benzophenone）內來除水。溶劑在 Na(or K)/benzophenone 下為深藍到紫色。請說明溶液顏色變化。如果溶液顏色從深藍色開始變為棕色，此時表示溶劑含水量過多，必須更換鈉（或鉀）塊。請說明原因。

3　In normal situation, the solvent has to be degassed and water has to be eliminated from the reactions involved organometallic compound(s). For the latter, the process is carried out by placing solvent in Na/benzophenone. While the color of the solvent remains blue or purple, it indicates that the solvent contains minimum water and acceptable for using in reaction. Explain the reason why the colorless solvent is changed to blue or purple in the presence of Na/benzophenone. If the color of solvent changes to brown, it implies that the solvent contains too much water. Explain it.

答：一般的反應溶劑使用前均需經除氧及除水處理。其中，不含鹵素的溶劑先以鈉塊（或鉀）加二苯基甲酮（Na/Benzophenone）除水處理，再於鈍氣下蒸餾後使用。含水量少的溶劑在 Na/Benzophenone 下為深藍色到紫色，那是因為鈉塊（或鉀）上的電子轉移到二苯基甲酮（Na/Benzophenone）上所造成的顏色變化，當顏色轉為棕色時表示含水量過多，則需重新配製新的溶劑。處理廢棄鈉塊（Na）必

須特別小心，以免發生火災及爆炸。而含鹵素的溶劑則需以 P_2O_5 處理，在鈍氣下蒸餾後使用。實驗操作使用的鈍氣一般為氮氣。精度要求更高時，則使用的鈍氣為昂貴的氦氣。

補充說明：台灣於一九九九年九二一地震時，有化學館受到震動的影響，疑似導致實驗室處理溶劑的蒸餾瓶斷裂，冷凝管的水流出，蒸餾瓶內用於除水的鈉塊（加二苯基甲酮）遇水發生火警，造成部分實驗室燒燬損失。為避免使用 Na 不慎發生火警或爆炸意外，現在有些實驗室改採用以二氧化矽除水的無水溶劑純化系統。然而，在低水含量要求高的實驗其除水效果仍嫌不足。

4　在有機反應有時以鈉塊（Na）（或鉀塊(K)）熔在水銀中形成汞齊來當還原劑。現代有化學家利用鈷辛（Cobaltocene, Cp_2Co）來當還原劑，比用使鈉塊（Na）（或鉀塊(K)）有何長處及短處？

Describe the advantages and disadvantages of using Cobaltocene (Cp_2Co) as reducing agent compared with using Na or K.

答：和鐵辛（Ferrocene, Cp_2Fe）的鍵結模式一樣的鈷辛（Cobaltocene, Cp_2Co）具有十九個價電子，比穩定的鐵辛的十八個價電子多一個，因此鈷辛可當成提供一個電子的還原劑，而且不會有像鈉（Na）或鉀（K）可能遇水引起氫爆的危險，是比較溫和的還原劑。當然，鈷辛不像鈉（Na）或鉀（K）那麼容易取得，價格也比較昂貴，也有使用後的後續處理問題。

補充說明：利用有機金屬化合物鈷辛來當還原劑是觀念上很大的突破。氧化後的鈷辛離子也可當成離子化合物的大型陽離子。通常陰／陽離子（Na 或 K）大小比率懸殊的離子化合物在有水氣存在下不穩定，不利於養晶。以鈷辛離子取代（Na 或 K）當成陽離子，使離子化合物的陰／陽離子大小比率適中，來穩定離子化合物，使其有利於養晶。

5

承上題，早期有機反應使用把鈉塊（Na）或鉀塊（K）熔在水銀（Hg）中形成鈉汞齊（Sodium Amalgam）或鉀汞齊（Potassium Amalgam）來當還原劑。有何優缺點？

Describe the advantages and disadvantages of using Sodium Amalgam (Na/Hg) or Potassium Amalgam (K/Hg) as reducing agent compared with using pure Na or K. Sodium Amalgam or Potassium Amalgam are Sodium or Potassium being evenly dissolved in mercury, respectively.

答：為了使活性增加，早期會把鈉塊（Na）或鉀塊（K）熔在水銀（Hg）中形成鈉汞齊（Sodium Amalgam）或鉀汞齊（Potassium Amalgam），使 Na 或 K 的作用表面積增加。近來，化學家對水銀可能造成嚴重的生態副作用頗有戒心，目前已經很少使用金屬汞齊的方式用來當還原劑。有些化學家以氨（NH_3）來取代水銀的角色。好處是沒有水銀的副作用，且使用後藉著抽氣即可除去氨。缺點是操作不方便，且有操作不慎讓氨含水造成與鈉或鉀激烈反應產生爆炸的危險性。

6

有機金屬化學中使用的溶劑除水通常在溶劑中以鈉塊（Na）（或鉀(K)）加到二苯基甲酮（Benzophenone）內來進行。然而，這不能包括含鹵素的溶劑在內，請問原因為何？

Describe the potential dangerous of using Na in eliminating water from halide-containing solvent.

答：含鹵素的溶劑，若以鈉塊（Na）或鉀塊（K）來處理，可能產生穩定的 NaX 或 KX，且急速放熱，可能造成火警的危險。所以含鹵素的溶劑需以 P_2O_5（實則為 P_4O_{10}）來處理，在鈍氣下蒸餾後使用。使用的鈍氣一般為氮氣。

7	大多數實驗室執行<u>有機金屬化合物</u>（Organometallic Compounds）的反應時，都偏好使用有鈍氣的 <u>Schlenk 真空系統</u>，而不是使用沒有鈍氣的<u>高真空系統</u>（High Vacuum Line）。請說明兩種方法的個別優缺點。 Unless highly sensitive compounds are present, chemists prefer to use Schlenk line rather than the high vacuum line in dealing with the reactions involved organometallic compounds. Describe the advantages and disadvantages of using either Schlenk line or high vacuum line technique.

答：一般將在 10^{-6} torr 左右壓力下操作，且沒有使用鈍氣的玻璃真空系統，歸類為<u>高真空系統</u>（High Vacuum Line）；而將在 10^{-3} torr 左右壓力下操作，且使用鈍氣的玻璃真空系統，視為 <u>Schlenk 真空系統</u>。前者操作較困難，且能處理的化合物量較少，適用於對氧極敏感的化合物（如硼化物）的處理；後者操作較容易，且能處理較大量的化合物，但僅適用於處理對氧不太敏感的化合物（一般有機金屬化合物）的操作。況且，要維持高真空系統運作必須連續二十四小時不斷抽氣及使用液態氮，維護上很麻煩。因此，一般有機金屬化合物的反應比較常在 Schlenk 真空系統下操作。

8	早期研究用玻璃遇到撞擊或高溫容易脆裂。現代<u>玻璃真空系統</u>所使用的玻璃不易脆裂。原因為何？ The modern Schlenk line is made of specific glass, in which small amount of B_2O_3 is added to the major component, SiO_2, of glass. The resulted glass is much tough and not easy to break. Explain.

答：純玻璃由 SiO_2 組成，膨脹係數很高。如果器皿遇熱膨脹不均勻，容易造成脆裂。加入 B_2O_3 後使玻璃膨脹係數變小且玻璃更硬，遇熱膨脹小，就不易脆裂。

9	實驗室常見使用合成方法為「熱化學方法」，另一個比較少用的是「光化學方法」。請說明兩種方法的優缺點。 There are two commonly employed methods (Thermal chemistry method and Photochemistry method) in laboratory works. Point out the advantages and disadvantages for using these methods.

答：一般實驗室使用的合成方法為<u>熱化學方法</u>（Thermal chemistry method）及<u>光化學方法</u>（Photochemistry method）。其中以前者最為常用，且可以處理較大量的反應物。常用的熱化學方法即是將反應物以溶液形式置於反應瓶中再予以加熱。在達熱平衡時溶液分子的能量分布遵守 Maxwell-Boltzmann 的公式，具有超越某斷鍵或轉變分子構型所需活化能的分子，即行<u>斷鍵</u>或<u>轉變分子構型</u>。<u>熱化學反應方式</u>對特定斷鍵比較沒有選擇性，容易產生多種副產物。<u>光化學反應方式</u>則可利用選擇特定波長的光照射反應物，使其斷特定的化學鍵，此法的副產物種類較少。光化學反應方法的缺點是能處理的反應物量較小，另外，在如何選擇適當特定波長的光來照射反應物的過程比較繁瑣，也有可能產生連鎖反應引起爆炸等等的顧慮。在<u>金屬羰基化合物</u>的反應中，選擇<u>光化學方法</u>的主要原因是因為某些<u>金屬羰基化合物</u>（$M_x(CO)_y$）的配位基 CO，可在利用選擇特定波長的光照射下 M-CO 斷鍵而脫去，對<u>金屬羰基化合物</u>的後續反應有利。

10

<u>元素分析</u>（Elemental analysis, EA）對有機物的含氫或含碳（甚至氧或硫）量的百分比量測比<u>有機金屬化合物</u>（Organometallic Compounds）為準。後者對空氣中的氧氣較為敏感易被氧化而分解，這對量測碳和氫的<u>元素分析</u>的百分比含量會造成何種影響？另外，在濕度大的地方如<u>台灣</u>，如果化合物在被量測的過程中暴露到水氣，化合物可能含水分，這對<u>元素分析</u>量測碳和氫的百分比含量有何影響？何者升高？何者降低？

Normally, organometallic compounds are sensitive to oxygen and will be oxidized while exposed to air. What effect might be caused by these oxidized compounds in elemental analysis? Besides, the humidity in Taiwan is often very high in raining days. What effect might be caused by the compounds containing too much water in elemental analysis?

答：一般而言，有機金屬化合物的元素分析的精確度通常比有機化合物差，究其原因是有機金屬化合物對氧氣較為敏感易被氧化，在送測及量測過程中化合物有機會暴露空氣中而被氧化造成誤差。有機金屬化合物在分離純化的過程中也可能因氧化而造成部分化合物分解，使送測樣品純度不夠造成誤差。在合成或分離過程，使用的溶劑若具有配位能力也有可能配位到有機金屬化合物上，也會對分析結果造成誤差。在比較潮濕的地區如台灣，水氣也會扮演造成量測誤差的幫兇之一。當送測樣品被氧化或水氣進入時，顯然地，碳的百分比會下降，而氫的百分比可能會上升。不過，真正情形要看化合物被干擾後是否分解或有其他的副反應而定。

---

11 通常在進行核磁共振光譜（NMR）量測前，待測樣品應盡量除去具有順磁性的物種，請說明理由。

In NMR experiment, paramagnetic species in the sample shall be removed beforehand. Explain.

答：樣品中存在順磁性物種時其產生的磁場會使量測核磁共振光譜（NMR）的樣品在激態存在的時間過短，根據海森堡測不準原理（Heisenberg Uncertainty Principle），如果一分子存在某狀態的時間越短，則其被測量出的能量誤差度越大。在光譜上能量誤差度越大表示吸收峰越寬，造成辨識上的困難。因此，測量核磁共振光譜前樣品溶液應盡量除去具有順磁性的物種。有些含過渡性金屬的化合物分解後可能產生具有順磁性的金屬團簇（含未成對 d 軌域的電子），量測 NMR 前樣品溶液應先過濾除去具有順磁性的沉澱物。

---

12 在早期有關金屬羰基錯合物（$M(CO)_n$）的研究中，化學家常使用紅外光譜儀（IR）。請說明理由和優點。

In the early age of the development of organometallic chemistry, IR was employed in the study of metal carbonyls ($M(CO)_n$). What is the reason and advantages of using IR there?

答：紅外光譜儀（IR）相對於核磁共振光譜儀（NMR）來講價格低廉許多。在大多數情形，分子振動時吸收頻率出現在紅外光區。在沒有參與和過渡金屬鍵結前，一氧化碳（CO）的單一振動頻率出現在 2143 cm^{-1}，且為強吸收。和過渡金屬鍵結後 CO 的振動頻率下降。在 2000-1800 cm^{-1} 附近紅外光頻率區域比較少受其他有機

物官能基的吸收頻率的干擾，因而在光譜吸收峰的判定上較為方便準確。而且藉由吸收峰範圍可判定為端點（Terminal）或架橋（Bridged）的 CO。並且由其吸收峰的個數也可判定其分子對稱情形。

13

一氧化碳 CO 只有一個 IR 吸收峰，出現在 2143 cm^{-1}。理論上，當有兩個 CO 配位基鍵結到金屬上形成金屬羰基錯合物（$M(CO)_2L_m$），應該有兩個 IR 吸收峰。實際上，IR 吸收峰的樣式會因兩個 CO 配位基的夾角而有不同。若夾角為 180°，只有一根吸收峰出現。若夾角不為 180°，而為 120° 或 90° 時，雖有兩根吸收峰出現。但吸收峰相對強度不一樣。請說明。

There are two CO groups in $M(CO)_2L_m$. Explain why only one IR signal was observed from metal carbonyl $M(CO)_2L_m$ in which the bond angle of two COs is 180°. What might the number and shape of IR signals be while the bond angles of two COs are 120° and 90° ?

答： 以夾角不為 180° 為例。以下左右兩圖 CO 振動因偶極矩變化不為零，紅外光吸收是允許的（Allowed）。會出現兩個吸收峰，兩個吸收峰的吸收強度的比值理論上要遵守 $\cot^2\phi$ 公式。以夾角為 120° 的例子，紅外光吸收會出現兩個吸收峰，而吸收強度為 1：3。另外，夾角為 90° 時，會出現吸收強度相同為 1：1 的兩個吸收峰。當夾角為 180° 時，其一振動模式的偶極矩變化為零，另一個不為零。因此，只有一個吸收峰。

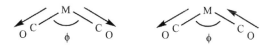

補充說明： 從群論觀點來看，越對稱分子越容易形成簡併狀態，出現的吸收峰個數會減少。

一般情形下，從質譜圖（Mass Spectrum）可以看出有機化合物的主分子量的主峰。然而，從有機金屬化合物（Organometallic Compounds）的質譜圖不見得都能觀察到主分子量的主峰，反而，大多數情形是看到比主分子量為低的吸收峰。當然，偶而在少數情形則會觀察到比該化合物的分子量更大質量的吸收峰。原因為何？

14

It is not always possible to observe the parent peak in mass spectrum for organometallic compound. On contrast, the parent peaks of most of the organic compounds could be obtained readily. Explain it. Normally, several sets of lower mass peaks are shown in mass spectrum for organometallic compound. Occasionally, higher mass than the parent peak might be observed. Explain this particular observation.

答：一般而言，有機金屬化合物比有機化合物不穩定，且較易被氧化或斷鍵，引發分子於質譜量測期間崩解，導致分子組成產生變化。在質譜圖中看到的吸收峰通常比應該有的分子量要低，有少數情形下崩解的碎片會重組，可能形成更大分子量的吸收峰。有機化合物的 C-C 或 C-H 鍵比較強，而金屬—配位基的 M-L 鍵比較弱。因此，有機金屬化合物的質譜圖上得不到主分子量吸收峰的情形比有機化合物要來得普遍。

補充說明：有機金屬化合物通常比有機化合物容易吸水，也經常會造成元素分析上的誤差。

在決定金屬羰基錯合物（M(CO)$_n$L$_m$）的構型時，紅外光譜（IR）提供很有用的協助。例如，在類似正八面體的 Mo(CO)$_4$(PR$_3$)$_2$ 因其上雙磷基取代基的相關位置而有 *cis-* 及 *trans-*Mo(CO)$_4$(PR$_3$)$_2$ 兩種異構物，因而有了不同的對稱。(a) 如果純粹從學理上來分析，群論（Group Theory）這門學問可以提供有用的學理根據。請利用以下所提供的徵表（Character Table），推論此錯合物的兩種異構物其個別紅外光譜的吸收峰個數。(b) 如果實驗結果顯示紅外光譜在 2000 cm^{-1} 附近有三組吸收峰，上述哪個異構物最符合實驗結果？

15

C_{2v}	E	C_2	$\sigma_v(xz)$	$\sigma_v'(yz)$		
A_1	1	1	1	1	z	x^2, y^2, z^2
A_2	1	1	-1	-1	R_z	xy
B_1	1	-1	1	-1	x, R_y	xz
B_2	1	-1	-1	1	y, R_x	yz

D_{4h}	E	$2C_4$	C_2	$2C_2'$	$2C_2''$	i	$2S_4$	σ_h	$2\sigma_v$	$2\sigma_d$		
A_{1g}	1	1	1	1	1	1	1	1	1	1		x^2+y^2, z^2
A_{2g}	1	1	1	-1	-1	1	1	1	-1	-1	R_z	
B_{1g}	1	-1	1	1	-1	1	-1	1	1	-1		x^2-y^2
B_{2g}	1	-1	1	-1	1	1	-1	1	-1	1		xy
E_g	2	0	-2	0	0	2	0	-2	0	0	(R_x, R_y)	(yz, xz)
A_{1u}	1	1	1	1	1	-1	-1	1	-1	-1		
A_{2u}	1	1	1	-1	-1	-1	-1	1	1	1	z	
B_{1u}	1	-1	1	1	-1	-1	1	1	-1	1		
B_{2u}	1	-1	1	-1	1	-1	1	1	1	-1		
E_u	2	0	-2	0	0	-2	0	2	0	0	(x,y)	

The IR pattern is a quite useful tool in determining the shapes of metal carbonyls $M(CO)_nL_m$. There are two structural isomers, *cis*- and *trans*-$Mo(CO)_4(PR_3)_2$, for a pseudo-octahedral compound $Mo(CO)_4(PR_3)_2$. They are different in symmetry pattern. (a) Predict the number of the IR absorption signals by employing the Character Table provided. (b) Which isomer is more likely to be the right one if there are three signals show up around 2000 cm^{-1}?

答： $Mo(CO)_4(PR_3)_2$ 有 *cis*-及 *trans*-$Mo(CO)_4(PR_3)_2$ 兩種構型。

(a) *cis*-$Mo(CO)_4(PR_3)_2$ 的對稱是 C_{2v}。按照群論方法操作時，將四個 CO 視為向量，當成基底函數，在 C_{2v} 徵表下運算。其 Total Representation 的值是 4、0、2、2。將 Total Representation 在 C_{2v} 徵表下化約，得到 $2A_1 + 1B_1 + 1B_2$。$2A_1$、B_1 和 B_2 都是 IR active。因此推論會有四根紅外光譜吸收峰。

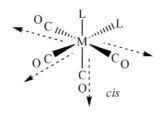

cis

trans-Mo(CO)₄(PR₃)₂ 的對稱是 D_{4h}。操作時將四個 CO 視為向量，當成基底函數，在 D_{4h} 徵表下運算。其 Total Representation 的值是 4、0、0、2、0、0、0、4、2、0。將 Total Representation 在 D_{4h} 徵表下 reduced，得到 $A_{1g} + B_{1g} + E_u$。其中只有 E_u 是 IR active。推論只有一根紅外光譜吸收峰。

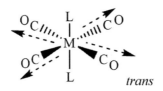

trans

(b) 如果實驗結果發現紅外光譜在 2000 cm⁻¹ 附近有三根吸收峰，異構物中 *cis*-Mo(CO)₄(PR₃)₂ 比較接近實驗結果。有時候有些吸收峰太接近而疊在一起，看起來個數由多變少。若選擇 *trans*-構型，吸收峰個數由少變多，較不可能。當然，如果有機會養出晶體，由 X-光單晶繞射法就可得到最直接的證據。

16　根據群論（Group Theory）的概念來預測且定性地繪出以下金屬羰基錯合物（M(CO)ₙLₘ）在紅外光譜呈現的吸收峰個數：Cr(CO)₆、Fe(CO)₅、*cis*-Cr(CO)₄L₂、*trans*-Cr(CO)₄L₂、*fac*-Cr(CO)₃L₃、*mer*-Cr(CO)₃L₃、(η⁶-C₆H₆)Cr(CO)₃。

Predict the number of the IR absorption signals for the compounds shown here.

答：同上方法，按照群論方法操作時，可推導出理論上紅外光譜的吸收峰個數。

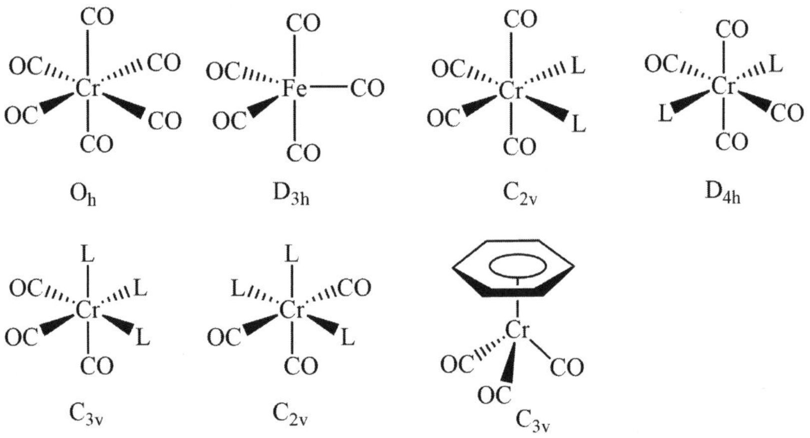

O_h 　D_{3h} 　C_{2v} 　D_{4h}

C_{3v} 　C_{2v} 　C_{3v}

$Cr(CO)_6$ 為 O_h 對稱，只有 T_{1u} 是 IR active。推論有一根紅外光譜吸收峰。$Fe(CO)_5$ 為 D_{3h} 對稱，有 A_2'' 和 E' 是 IR active。推論有兩根紅外光譜吸收峰。*cis*-$Cr(CO)_4L_2$ 為 C_{2v} 對稱，有 $2A_1$ 和 B_1 和 B_2 都是 IR active。推論有四根紅外光譜吸收峰。*trans*-$Cr(CO)_4L_2$ 為 D_{4h} 對稱，只有 E_u 是 IR active。推論有一根紅外光譜吸收峰。*fac*-$Cr(CO)_3L_3$ 為 C_{3v} 對稱，有 A_1 和 E 是 IR active。推論有兩根紅外光譜吸收峰。*mer*-$Cr(CO)_3L_3$ 為 C_{2v} 對稱，有 $2A_1$ 和 B_1 都是 IR active。推論有三根紅外光譜吸收峰。$(\eta^6$-$C_6H_6)Cr(CO)_3$ 為 C_{3v} 對稱，有 A_1 和 E 是 IR active。推論有兩根紅外光譜吸收峰。明顯地，對稱性越高，光譜吸收峰個數越少。越對稱越容易形成簡併狀態。

下面有三個金屬羰基錯合物（$M(CO)_3L_m$, m = 2 or 3）都具有三個羰基（CO）取代基。如果忽略其他取代基（L），這三個分子的 $M(CO)_3$ 基團部分各有不同對稱 C_{3v}（A）、D_{3h}（B）、C_s（C）。根據群論（Group Theory）的概念，分子越對稱越容易產生簡併狀態（degenerate），使得羰基（CO）紅外光譜的吸收峰個數減少。(a) 請說明哪一個錯合物在紅外光譜呈現最多個數的羰基吸收峰。(b) 羰基（CO）展示在紅外光譜的吸收頻率會受其他取代基（L）的影響。若取代基 L 是比磷基（PR_3）更好的推電子基，哪一個錯合物展現最高的吸收頻率（加權平均值）？

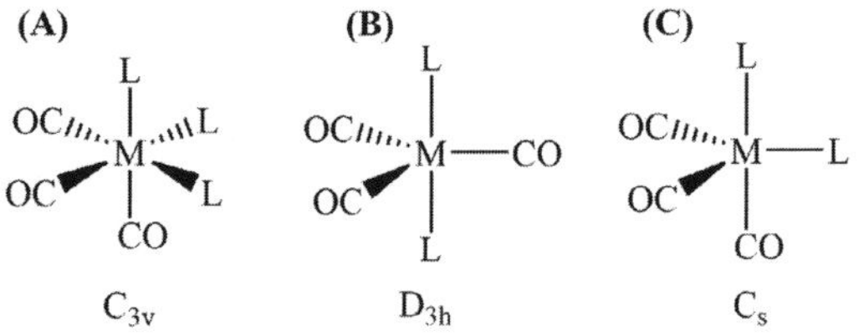

17

(A)　C_{3v}　　(B)　D_{3h}　　(C)　C_s

> Three metal carbonyls $(M(CO)_3L_m$, m = 2 or 3) with carbonyls located at different positions are shown. The symmetry of each compound is C_{3v}(A), D_{3h}(B) and C_s(C). (a) Which compound will exhibit the largest number of absorption peaks? (b) Which one will show the highest absorption frequency (weighted value) while L is a better electron donor than PR_3?

答：(a) 以上三種<u>金屬羰基錯合物</u>（$M(CO)_3L_m$）都各有三個羰基（CO）取代基，理論上最多會有三個羰基紅外光譜的吸收峰，而分子越對稱則因簡併狀態關係吸收峰個數越少。<u>錯合物</u>（C）的對稱性最差，吸收峰個數最多，有三根吸收峰。<u>錯合物</u>（A）有兩根吸收峰。（B）有一根吸收峰。(b) L 為磷基（PR_3）時是推電子基，使對邊的羰基（CO）紅外光譜吸收頻率下降，<u>錯合物</u>（B）的三個羰基和兩個磷基互相垂直，受干擾最小，紅外光譜的吸收頻率應該最高。

18

> 有證據顯示 $Ru(CO)_3(PEt_2)_2$ 存在兩種異構物。其中一種異構物磷基佔據雙三角雙錐結構的軸向位置，另一種異構物磷基佔據赤道位置。紅外光譜法可以區分這兩種異構物嗎？預計每個異構物將有多少 CO 振動吸收峰？
>
> Evidence revealed that there are two structural isomers for $Ru(CO)_3(PEt_2)_2$. One with the phosphine ligands occupy the axial positions of the trigonal bipyramidal (TBP) geometry; the other taking equatorial positions. Can the technique of IR be able to distinguish between them? How many IR signals are expected for COs in each case?

答：(a) 兩種異構物（A）及（B）兩種構型如下。構型（A）根據<u>群論</u>方法推導出 Total Representation Γ_{tot}: 3,0,1,3,0,1。由 Total Representation 和<u>徵表</u>作用 Reduced 出 $\Gamma_{tot} = A_1' + E$。其中有 E 是 IR active。因此，（A）只有一根 C-O 的 IR 吸收峰。構型（B）根據<u>群論</u>方法推導出 Total Representation Γ_{tot}: 3,1,3,1。構型（B）由 Total Representation 和<u>徵表</u>作用 Reduced 出 $\Gamma_{tot} = 2A_1 + 1B_1$。其中有 $2A_1$ 和 $1B_1$ 都是 IR active。因此，（B）有三根 C-O 的 IR 吸收峰。理論上，紅外光譜法可以區分這兩種異構物。

D_{3h}	E	$2C_3$	$3C_2$	σ_h	$2S_3$	$3\sigma_v$		
A_1'	1	1	1	1	1	1		x^2+y^2, z^2
A_2'	1	1	-1	1	1	-1	R_z	
E'	2	-1	0	2	-1	0	(x,y)	(x^2-y^2, xy)
A_1''	1	1	1	-1	-1	-1		
A_2''	1	1	-1	-1	-1	1	z	
E''	2	-1	0	-2	1	0	(R_x, R_y)	(yz, xz)

C_{2v}	E	C_2	$\sigma_v(xz)$	$\sigma_v'(yz)$		
A_1	1	1	1	1	z	x^2, y^2, z^2
A_2	1	1	-1	-1	R_z	xy
B_1	1	-1	1	-1	x, R_y	xz
B_2	1	-1	-1	1	y, R_x	yz

核磁共振光譜（NMR）在現代化學研究上是不可或缺的工具。譜圖上吸收峰的形狀會影響其解析度。兩個鄰近吸收峰如果太寬的話會造成吸收峰間彼此重疊，光譜吸收峰辨識度下降。請說明吸收峰變寬的可能理由。通常在進行核磁共振光譜量測前待測樣品的溶液需先經除氧的步驟，請說明理由。樣品溶液含具有磁性的過渡性金屬也會影響其解析度，請說明理由。

19

The shape of signal in NMR spectra will greatly affect its resolution. Two neighboring broad peaks might be overlapped and make the differentiation of them difficult. Provide the reasons which cause the broadening of signals. Also, explain the reason that the NMR sample has to be degassed beforehand. A sample such as transition metal complex containing paramagnetic species will affect its resolution. Explain.

答：海森堡測不準原理（Heisenberg's Uncertainty Principle）指出，同時量度一粒子的位置（x）和動量（P_x）的精確度受到本質上的限制。其位置（Δx）和動量

（ΔPₓ）的誤差度相乘積約略大或等於普郎克常數（Plank Constant）除以 4 π：Δx•ΔPₓ ≥ h/4π。如果稍加轉換可為ΔE•Δt ≥ h/4π。從前述公式可看出，如果一個待量測物體存在某狀態的時間越短，則其被測量出的能量誤差度越大。在量測光譜上能量誤差度越大表示吸收峰越寬，有時候吸收峰寬到無法量測。這就說明有些在流變現象的分子原本預期應該出現的吸收峰在測量時不見了。氧分子是順磁性的物質，其產生的磁場會使量測核磁共振光譜（NMR）的樣品存在激發態的時間變短（Δt↓），造成吸收峰變寬（ΔE↑）。因此，測量核磁共振光譜前樣品溶液需先經除氧。同理，樣品溶液含具有順磁性的過渡性金屬（通常為未成對 d 軌域的電子）也會影響其解析度使其變寬。

20

有時候在核磁共振光譜（¹H NMR）圖中發現兩根鄰近且積分很接近的吸收峰。如何證明這兩根吸收峰是 (a) 因為被其他具有 I = 1/2 的原子所耦合分裂造成的，還是 (b) 本來就是來自兩個不同環境造成的？

Two peaks are close in proximity in ¹H NMR and integrations are similar too. How to differentiate the pattern in fact is (a) caused by coupling from other nuclei or is (b) really from two peaks in different chemical environments?

答：要分辨兩者可以利用不同磁場強度的核磁共振光譜（¹H NMR）儀器來量測樣品，如由 200 MHz 升級為 400 MHz。若是後者的狀況，兩根鄰近吸收峰位置不變；若是前者的狀況，兩根鄰近吸收峰會接近。因為耦合常數以 Hz 來表達，在高磁場強度的核磁共振光譜（¹H NMR）下量測，同樣 Hz 轉換成 ppm 值會變接近。

21

過渡金屬含有 d 軌域，d 軌域有特別外型，例如 dₓᵧ 軌域在互相垂直的 X 軸和 Y 軸有節面（node plane）。某含過渡金屬化合物 M(PPh₃)(PMe₃)Lₙ 有兩個磷配位基 PPh₃ 和 PMe₃，在核磁共振光譜（¹H NMR）圖中發現兩根磷配位基之間的耦合常數（Coupling Constant）會受到兩者之間的不同夾角而改變。原因為何？當夾角分別以 180º、120º 或 90º 等三種方式存在，何者耦合常數最大？夾角為 180º 及 90º 時有何特別之處？

The organometallic compound $M(PPh_3)(PMe_3)L_n$ has two phosphine ligands. The coupling constant of phosphine ligands in this compound will be greatly affected by the bond angle between these two ligands. Reason? Which coupling constant shall be the largest in the cases where the bond angles are 180º, 120º and 90º? What is the coupling pattern for the case with bond angle equals to 90º?

答： 耦合常數（Coupling Constant）的大小會受到夾角不同而改變。當夾角為 180º 時，兩相對邊的配位基和中間金屬的鍵結在同一平面上，由三個單位的軌域產生的重疊最好，經由鍵結電子影響到原子核間作用最強。因此，耦合常數最大。當夾角為 90º 相垂直時，由三個單位的軌域產生的重疊最差，作用力最弱，耦合常數最小，有時候甚至觀察不到耦合現象。若夾角為 120º，則耦合常數介於兩者之間。所以，由耦合常數的大小可提供分辨兩個磷配位基夾角的資訊。

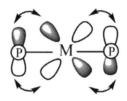

氫（^1H）和其同位素氘（^2D）原子核的自旋量子數分別為 1/2 及 1，假如氫或氘和磷鍵結，請問 P-H 鍵及 P-D 鍵在 ^{31}P NMR 光譜圖的耦合形狀分別為何？

22

The nuclear spin of ^1H and ^2D are 1/2 and 1, respectively. These two nuclei might be coupled with phosphorus in the chemical bonding such as P-H and P-D. What are the patterns of signals in ^{31}P NMR for these two cases?

答： 在 NMR 光譜圖中，因耦合現象吸收峰形狀分裂個數為 $2I + 1$ 個，I 為原子核自旋量子數。P-H 鍵及 P-D 鍵在 ^{31}P NMR 光譜圖的耦合形狀分裂個數各為兩根及三根。P-H 鍵的耦合常數（Coupling Constant）約在 450-650 Hz 之間，是很大的值，P-D 鍵的耦合常數比較小，很容易辨認。

<table>
<tr><td rowspan="2">23</td><td>有機物的 C-H 鍵上的氫在 ¹H NMR 的化學位移（Chemical Shift）主要會受到誘導效應（Inductive Effect）的影響。但在苯環類之化合物上的 C-H 鍵上的氫會受到其他因素的影響。當在外加磁場作用下，苯環類之化合物上的環電流效應（Ring Current Effect）會產生抗拒外加磁場的效果。請以此說明苯環上的氫在 ¹H NMR 的化學位移（Chemical Shift）會往低磁場（downfield）方向移動。</td></tr>
<tr><td>The ring current effect of benzene ring will generate the field against the external magnetic applied to it. The chemical shifts of protons of benzene in ¹H NMR will be shifted to downfield position. Explain.</td></tr>
</table>

答：苯環之類之化合物，由於 π-電子雲的關係，會產生誘發抗拒外加磁場的效果。這種環電流效應（Ring Current Effect）有時稱為共振效應（Resonance Effect）。苯環上的氫受到環流影響為去遮蔽（Deshielded）。苯環上的氫在 ¹H NMR 的化學位移（Chemical Shift）是往低磁場（Downfield）方向移動。在大分子中如果有氫剛好在苯環之上，可能產生反效果。所以氫的化學位移除了和相鄰原子的關係外，其在分子中所處的位置也很重要。

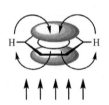

<table>
<tr><td rowspan="2">24</td><td>二級氧化磷基（Secondary Phosphine Oxides, SPOs, R₂PH(=O)）為磷基中的一種，和過渡金屬配位的形式有時候比一般三取代磷基（PR₃）更有變化。下圖為一個 Pt 化合物其 Pt 金屬被兩個二級氧化磷基以 *trans* 方位鍵結。從 ³¹P NMR 光譜圖發現此化合物展示一個大 singlet 吸收峰在 91.2 ppm 及一個小 doublet 吸收峰在 99.1 及 83.4 ppm（d, J^{195}_{Pt-P} = 2556.0 Hz），請說明 ³¹P NMR 光譜結果。從該化合物的晶體結構發現有分子內氫鍵 O-H···Cl，而且並沒有發現 *cis* form 異構物。請說明此現象。</td></tr>
</table>

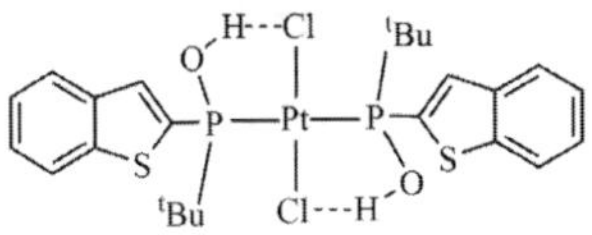

A Pt complex was obtained. Two SPO ligands coordinate to the Pt in *trans*-form. The ^{31}P NMR of it shows there are a large singlet peak appears at 91.2 ppm and a small doublet at 99.1 and 83.4 ppm (d, J^{195}_{Pt-P} = 2556.0 Hz). Explain. There are intramolecular hydrogen bondings between O-H⋯Cl. Explain why the *cis*-form was not observed. (Fung-E Hong, *Dalton Trans.*, 2015, *44*, 17129-17142.)

答：Pt 元素有三種主要同位素。自然界儲量及其核自旋分別為 ^{194}Pt（32.967%，0）；^{195}Pt（33.832，1/2）；^{196}Pt（25.242，0）。核自旋為 1/2 者可造成 ^{31}P 光譜 doublet 吸收峰，核自旋為 0 者在 ^{31}P 光譜為 singlet 吸收峰。核自旋為 0 的 ^{196}Pt 在自然界儲量較多，其吸收峰積分較大。因為有兩組分子內氫鍵 O-H⋯Cl 產生，造成異構物以 *trans* 方位鍵結比較穩定，所以沒有發現 *cis* form 異構物。此處也說明分子內氫鍵也會影響分子構型。

25 分子內各個組成原子的相關位置可由 X-光單晶繞射法（X-Ray Diffraction Method）以 X-光繞射晶體後解析得到。請問化學家使用此法得到的晶體結構資訊為分子在固態時的行為，和分子在液態中的行為有何差異？化學家在使用晶體結構資訊時，需要注意哪些事項？

What shall the chemists be aware of while the chemical information was obtained from the X-ray diffraction method? [Hint: The difference in behavior of molecule in solid state and in solution.]

答：由 X-光繞射法所得到的分子結構，是在固態中取得，並不一定反映分子在溶液下的狀態，在溶液下分子的構型可變性較大。晶體堆積的過程可能因分子間的堆疊產生堆積作用力（Packing Force）而導致結構稍許扭曲，降低分子對稱性。另外，使用不同溶劑可能使同一種化合物養出不同晶系的晶體。在不同溫度下養晶也可能使同一種化合物養出不同的結構，因為有些分子結構可能還沒到很低能量狀態下即行析出。有些晶體堆積時，溶劑分子會嵌入堆疊分子的空隙，最常見的是二氯甲烷（CH_2Cl_2）、THF、甲醇或水分子（H_2O）。以 X-光繞射法收集數據時，因 X-

光是高能量在收集數據期間會造成晶體分子的慢慢崩解，造成數據偏差。現代 X-光繞射法收集數據時，可用低溫方式進行，減緩分子的崩解速度，可減少偏差產生。如果晶體對氧氣敏感，可將晶體封於毛細管內再上機。

<table>
<tr><td rowspan="2">26</td><td>X-光單晶繞射法（X-Ray Diffraction Method）的原理是利用 X-光來和晶體中的原子上的電子作用，所得到的資訊再經過處理，得到分子中原子的相關位置。而由此法所得到晶體結構資訊，通常無法精確量測到氫原子位置，請說明原因。而由此法所得到氫原子和其他原子（例如鈀金屬）鍵結的鍵長，實際上是偏短的，請說明原因。如果在研究上必須精確地確認氫原子位置，請說明化學家如何得到精確的數據。</td></tr>
<tr><td>The locations of protons are not always reliable from the determination of crystal by X-ray diffraction method. Why is so? The bond length between X-H is always underestimated. Explain. What can be done to obtain accurate locations of protons if the information is critical to research? (X is a heavy atom.)</td></tr>
</table>

答：由 X-光單晶繞射法（X-Ray Diffraction Method）所提供的氫原子的位置通常不精準。因為氫原子只有一個電子，因此由 X-光單晶繞射法得到的電子密度，圖中氫原子的電子密度容易被其他多電子原子給遮蓋過去，以致於很難找到氫原子的核心位置。另外，和氫原子鍵結的其他原子（如碳原子）可能將氫原子上的電子密度拉過去，使得 C-H 鍵上氫原子的位置被推估靠近碳原子，因為在 X-光單晶繞射法以電子密度集中處定為原子位置，也就是由此法得出的 C-H 鍵長比真正的兩原子核之間的距離要短，結果是鍵長被低估。如果氫原子的確切位置對研究是必要的，可使用中子繞射法（Neutron Diffraction Method）取得。缺點是中子繞射法使用的中子源受到嚴格管控，取得不易。另外，中子繞射法必須使用較大顆的晶體，有時候有些分子不容易養出大顆晶體。

有一個含鈀金屬化合物從 X-光單晶繞射法（X-Ray Diffraction Method）得到晶體結構圖如下，左圖這種表示法稱為 ORTEP 圖。請說明此圖所提供的分子信息。一般化學家常使用右邊的圖形圖，而非 ORTEP 圖。請說明。

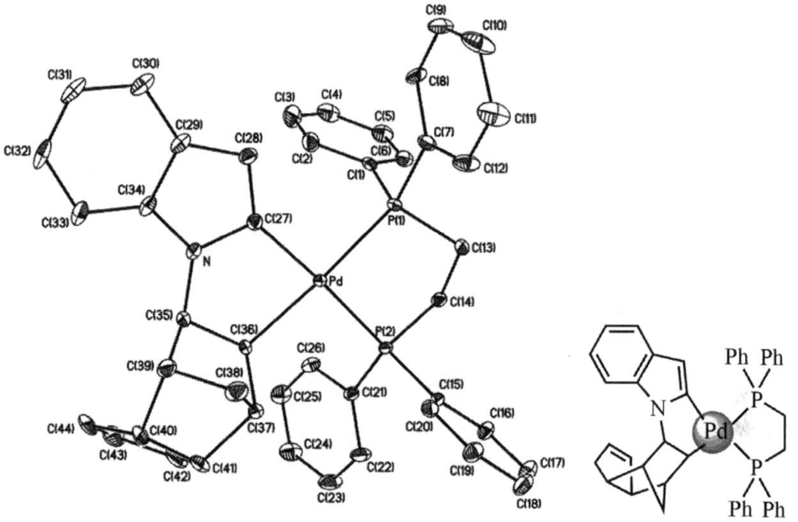

27

The crystal structure of a molecule can be obtained from X-Ray Diffraction Method. The ORTEP drawing is resulted from the technique (left plot). Explain the chemical information which might be obtained from this drawing. Chemists prefer to use the drawings with chemical bondings (right plot). Explain. (Fung-E Hong et. al, *Tetrahedron*, 2015, *71*, 7016-7025)

答：由 X-光單晶繞射法（X-Ray Diffraction Method）所得到的資訊可提供分子內各原子在 3D 空間的位置，即晶體結構。ORTEP 圖還可提供各原子的熱振動偏差值。如果將各原子的熱振動偏差值放大即可以顯示各原子之間的壅塞程度。化學家喜歡將 ORTEP 圖畫成一般化學上常使用的圖形（右圖），一方面清楚簡化，另一方面可展示化學鍵的概念。

28

有機金屬化合物的結構往往出人意表，使用其他儀器方法經常無法得知其正確構型。X-光單晶繞射法（X-Ray Diffraction Method）是目前得到分子中原子的相關位置最直接的方法。先決條件就是要有品質及大小恰當的分子的晶體可供執行實驗。一般分子的養晶在溶液中進行，其關鍵字是「溶解度」。利用此原理請設計一些簡單的養晶裝置。對於一些對氧氣較為敏感的化合物，如此處理？

The "key word" for the crystal growing process is "solubility". Provide a simple crystal growing apparatus.

答：如果化合物對氧氣不敏感，簡單的養晶裝置可以如下設計。左圖為試管內填入待養晶的樣品，此樣品完全溶解於有揮發性的溶劑中。在溶劑揮發的過程中，當溶液逐漸過飽和時，晶體有機會析出。將試管傾斜是讓揮發表面積增加，另一方面晶體有機會析出在試管的中段器壁中，不至於在試管底部結晶，結晶在底部容易受到雜質干擾影響適合 X-光單晶繞射法（X-Ray Diffraction Method）大小晶體的形成。右圖為類似的試管裝置，放置於燒杯內，燒杯放置低揮發性的溶劑，燒杯口可密閉。當試管內高揮發性溶劑揮發出來時可溶入燒杯內溶劑中，當試管內溶液逐漸過飽和時，晶體有機會析出。對於一些化合物對氧氣較為敏感，可以將右圖的養晶裝置稍加修改，避開空氣進入養晶裝置中即可。

29

發生在有機金屬化學反應裡的氧化（Oxidation）與還原（Reduction）的定義，和在傳統的有機化學裡的定義有何不同之處？

The definitions of "Oxidation" and "Reduction" are quite different from the viewpoint of organic and organometallic chemists. Explain.

答：在有機化學裡將氫加入有機物的步驟是還原（Reduction）過程，在有機金屬化學裡將氫加入有機金屬化合物是氧化加成（Oxidative Addition）。造成差別的主要原因是元素之間的電負度的大小關係。H 的電負度比 C 小，將 H 加入 C 中，H 形成 H^+，本身被氧化，整個過程是有機物被還原了。而將 H 加入 M 中，H 形成 H^-，本身被還原，整個過程是有機金屬化合物的中心金屬被氧化加成了。明顯地，氫因為所面對的對象不同時，所造成的結果也就不同。

30

在化學反應裡常見的親核劑（nucleophile）之一是由主族金屬元素 Li 及有機基團所組成的有機金屬化合物 RLi（R = Me, Bu），RLi 容易形成四聚體而影響其活性。請說明四聚體結構及如何影響其活性。實驗上要如何做才能增強其活性？

Alkyl lithium (RLi, R = Me, Bu) tends to form tetramer in organic solvent. Illustrate that this tetramer structure retards its reactivity. How to enhance its reactivity?

答：RLi（R=Me, Bu）在有機或有機金屬反應中常被當成親核基使用。市售的 RLi 通常以一定濃度溶於 Hexanes 中，容易形成四聚體 $(RLi)_4$，影響其活性。通常以雙牙基如 en 加入溶液中使其形成單體，增強其活性。

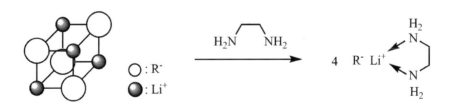

補充說明：RLi 遇水則形成 RH 及 LiOH，導致分子瓦解。因此，在開瓶使用期間以正壓氮氣灌入藥瓶內，防止空氣中的水氣進入。當大量的 RLi 遇水產生 RH 及 LiOH 的過程亦伴隨放出大量熱量，可能引起燃燒。

第 6 章
有機金屬分子構型變異原理

沒有東西是靜止不動的，一切都在流動。

Everything flows, nothing stands still.

——赫拉克利特（Heraclitus，希臘哲學家）

本章重點摘要

在常溫下分子是動態的，會以振動、轉動及移動等方式來呈現。化學家研究分子內部各個化學鍵之間相關方位的改變，最有名的例子應該就是雙三角錐構型（Trigonal BiPyramidal, TBP）分子在常溫下（或高溫下）所進行的改變。如下圖，這個化學鍵之間相關方位變換的方式稱為貝利旋轉機制（Berry's Pseudorotation）。在以下雙三角錐構型分子中，若配位基（或取代基）A 和 B 相同，則變換相關方位後的兩個分子構型一樣，無法區分，也就是說變換前後的兩個分子的立體化學是等同的（Stereochemically Equivalent）。如果可以用一般的熱能形式即能克服分子在多重低能量的組態間的能量障礙，這類型分子即被視為具有立體化學的非剛性（Stereochemically Nonrigidity），即具有不斷轉換構型的特性。這樣構型不斷轉換的特性是屬於流變現象（Fluxional）的一種，這類型分子通稱為流變分子（Fluxional Molecule）。

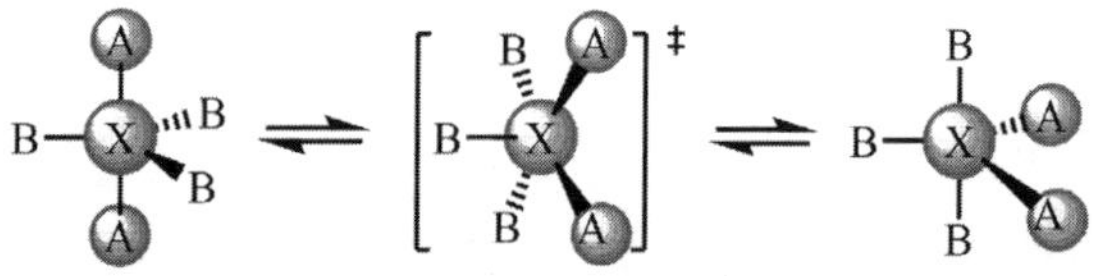

圖 6-1　雙三角錐構型分子進行貝利旋轉機制（Berry's Pseudorotation）

　　在上述的例子中，若配位基（或取代基）A 和 B 不同，經貝利旋轉機制後的兩分子構型應該不一樣，雖然此分子仍然為立體化學非剛性分子，但根據原始的定義，這種變動情形不能視為流變現象。然而，原本指轉換後的兩分子構型（Configuration）必須一樣的情形才能稱為流變現象的嚴格用法，隨著時間演變慢慢變得有彈性，也用來描述包括上述的情形。

　　有機金屬分子流變現象很常見，這現象和金屬及配位基之間的化學鍵不強有關係。舉其中一個例子是含鐵錯合物分子 $(\eta^5\text{-}C_5H_5)(\eta^1\text{-}C_5H_5)Fe(CO)_2$，其上鍵結兩個環戊二烯基，分別以 η^5- 及 η^1-形式和中心鐵離子結合。當溫度提高時，錯合物分子內開始具有流變現象，一般認為 $[(\eta^5\text{-}C_5H_5)Fe(CO)_2]$ 金屬基團以 1,2-shift 的方式在 $\eta^1\text{-}C_5H_5$ 環上做流變現象移動。快速移動後，分子的 $\eta^1\text{-}C_5H_5$ 環上的五個碳立體化學環境等同（Stereochemically Equivalent）。從 ^1H NMR 實驗中可看出原先 $\eta^1\text{-}C_5H_5$ 環其上的五個氫環境也變成等同（Equivalent），只出現一根吸收峰。在這例子中，錯合物分子其上鍵結兩個環戊二烯基（分別以 η^5- 及 η^1-形式）並沒有互相交換。在有些例子中，錯合物分子上以 η^5- 及 η^1-形式鍵結的環戊二烯基可以互相交換。

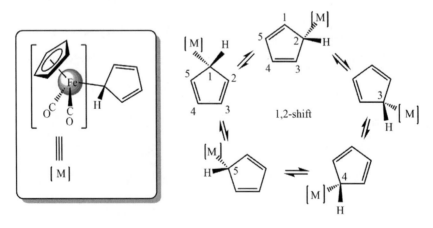

圖 6-2　當溫度提高時 $(\eta^5\text{-}C_5H_5)(\eta^1\text{-}C_5H_5)Fe(CO)_2$ 分子內發生流變現象

　　將七角碳環的環庚三烯（Cyclohepatriene, C_7H_8）上的一個氫去除（即氧化）形成正一價的環庚三烯陽離子（$\eta^7\text{-}C_7H_7^+$），此七角碳環具有六個 π 電子，符合芳香族性（Aromaticity）。即可以平面七角碳環 $\eta^7\text{-}C_7H_7^+$ 方式和金屬鍵結。另外，帶正一價的環庚三烯陽離子也可以只使用 η^3-$C_7H_7^+$方式和金屬鍵結。有些例子甚至也可以只使用 η^1-$C_7H_7^+$方式和金屬鍵結。研究發現,在 Cycloheptatrienyltriphenyltin ($(\eta^1$-$C_7H_7)SnPh_3$)的例子中即是以 η^1-方式和金屬形成錯合物。此錯合物在溫度提高時,分子內開始有流變現象發生,$SnPh_3$ 基團是經由 1,5-shift,而非 1,2-或 1,3-shift 的轉移途徑。

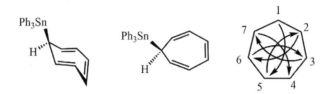

圖 6-3 左二圖為 (η^1-C_7H_7)$SnPh_3$ 分子的不同角度,

右圖為 $SnPh_3$ 基團以 1,5-shift 方式在七角環上不同的碳上移動

丙烯基是很常見且特別的配位基,在參與和金屬的鍵結時通常以丙烯基離子(η^3-$C_3H_5^+$)方式視之,提供兩個電子。從簡單分子軌域理論(MOT)可推導出丙烯基離子的三個 π 軌域。以丙烯基離子(η^3-$C_3H_5^+$)方式和金屬的鍵結時,為Ψ_1 軌域提供兩個電子給金屬上適當的軌域而形成鍵結,再由過渡金屬上適當的軌域(填有電子)提供電子給丙烯基上的空軌域(通常為Ψ_2 或偶而為 Ψ_3)而形成逆鍵結,此又為互相加強鍵結(Synergistic Bonding)的一例。

圖 6-4 從簡單分子軌域理論可推導出丙烯基離子(η^3-$C_3H_5^+$)的三個 π 軌域

丙烯基離子（η^3-$C_3H_5^+$）和金屬以 π- 鍵結方式結合時，其上的五個氫共分成三組不同環境。其中 H_s 和 H_a 為兩種不同環境的氫共有四個氫原子，在中間有一個單獨環境的氫，在 ^{1}H NMR 光譜中吸收峰以 2：2：1 比例呈現。

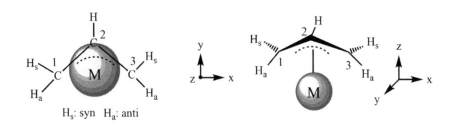

圖 6-5   不同方式表達 η^3-丙烯基和金屬基團的鍵結

左圖：金屬基團在 z 軸，跨在丙烯基的上方；右圖：丙烯基在 x-y 面上

流變分子的構型之間的轉換通常由變溫 NMR（Variable Temperature NMR, VT NMR）實驗來觀察。在提高溫度時，丙烯基和金屬的鍵結開始有分子內流變現象發生，可能機制如下圖所示。經由流變現象（Fluxional）機制轉換後，兩旁四個氫（H_s 和 H_a）因無法區分而變成等同（Equivalent），而單獨在中間的一個氫並沒有交換環境，吸收峰位置不變。經過流變現象後，在 ^{1}H NMR 光譜中吸收峰以 4: 1 比例呈現。

圖 6-6   分子內流變現象發生造成 *syn*-和 *anti*-質子的互轉換環境情形

在觀察有流變現象的分子的變溫 NMR 實驗中，通常會發現 NMR 光譜中吸收峰的改變。有些吸收峰會從原先的尖銳逐漸變寬，甚至可能消失，最後再變成尖銳。化學家可根據在不同溫度下測量的這些數據計算出流變分子轉換機制的活化能。變溫 NMR 實驗測量溫度範圍必須包括慢交換區（Slow-exchange Region）、合併溫度區（Coalescence Temperature, T_c）及快交換區（Fast-exchange Region）等等區域。在不同溫度下分子轉變的速率（k）可以由公式求出，最後轉換機制的活化能（E_a）就可以由阿瑞尼亞斯（Arrhenius）公式繪圖而求出，轉換機制的自由能 $\Delta G^{\neq}$ 也可由 Eyring 公式取得。

雙金屬化合物 $[(\eta^5\text{-}C_5H_5)Mo(CO)_3]_2$ 以金屬─金屬單鍵結合。在某些溫度下觀察到流變現象發生，應該是兩個金屬基團 $[(\eta^5\text{-}C_5H_5)Mo(CO)_3]$ 繞著單鍵旋轉，如果旋轉速度夠快，本來兩種不同構型 (a) 和 (b) 其上的 $(\eta^5\text{-}C_5H_5)$ 環的化學環境都變成等同，這時觀察到 ^1H NMR 光譜只有一根吸收峰。

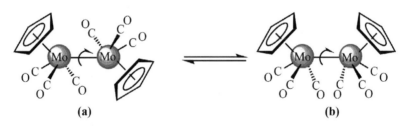

圖 6-7　雙金屬化合物 $[(\eta^5\text{-}C_5H_5)Mo(CO)_3]_2$ 在高溫下發生兩種構型 (a) 和 (b) 的流變現象

另一個有趣的例子是叢金屬化合物 $Co_4(CO)_{12}$。由 $Co_4(CO)_{12}$ 的晶體結構顯示，其分子內具有端點及架橋的羰基（構型 (a)）。在溶液狀態下可能存在另一構型，是具有全部端點羰基（構型 (b)）。此化合物在溶液狀態並提高溫度下的情形發生流變現象，進行兩種構型（構型 (a) 和 (b)）間的快速轉換。叢金屬化合物 $Rh_4(CO)_{12}$ 也有類似的流變現象發生，曾被化學家以 ^{13}C NMR 實驗觀察其光譜上吸收峰的變化情形。

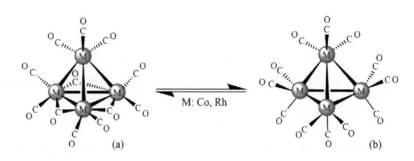

圖 6-8　叢金屬化合物 $M_4(CO)_{12}$（M: Co, Rh）的兩種構型（構型 (a) 和 (b)）

　　在有機金屬化學這領域的研究中，使用核磁共振光譜儀（Nuclear Magnetic Resonance, NMR）和 X-光單晶繞射儀（X-Ray Diffractometer）的相關技術都是不可或缺的儀器方法。特別是前者（NMR）的使用頻率很高。NMR 的相關技術很多樣化，可以提供有關有機金屬化合物很多的靜態及動態資訊。

練習題

<table>
<tr><td rowspan="2">1</td><td>請說明核磁共振光譜（Nuclear Magnetic Resonance, NMR）技術在有機金屬化學研究中的重要性。</td></tr>
<tr><td>Explain the importance of NMR technique in the study of modern Organometallic Chemistry.</td></tr>
</table>

答：現代核磁共振光譜（NMR）技術可以說是近代合成化學最重要的儀器之一，且是最常用的儀器。有機金屬化合物的核磁共振光譜（NMR）圖的吸收峰，可顯示分子中個別被量測原子的週遭電子密度情形。這讓化學家對分子中個別被量測的原子的情況的掌握很有幫助，可協助化學家去推斷被量測的原子在分子中的位置。現代核磁共振光譜（NMR）技術也可以量測分子處於構型變動很快的情形，對於動態分子的運動情形的了解很有幫助。NMR 常用量測原子有氫、碳、磷等等。

<table>
<tr><td rowspan="1">2</td><td>現代科學研究相當依賴先進的儀器。在有機金屬化學的研究中核磁共振光譜儀（Nuclear Magnetic Resonance, NMR）及 X-光晶體繞射儀（X-ray diffractometer）是兩個不可或缺的儀器。請應用此兩種儀器方法來說明下列現象。(a) 說明當含有氫原子的分子在分子構型變動很快的情形下，氫—核磁共振光譜（^{1}H NMR）圖所展示的吸收峰會有呈現變寬的現象。(b) 在變溫 NMR 實驗所測得的不同溫度下的光譜圖看到某些吸收峰的改變，吸收峰由尖銳變寬甚至消失，後來再變尖銳的過程，是為<u>流變現象</u>（Fluxional），表示分子在高溫下做不同構型之間的快速轉換。化學家根據這些吸收峰隨不同溫度的變化數據可以算出分子在這些構型之間轉換時的<u>活化能</u>（Activation Energy）。請說明。(c) 在變溫 NMR 量測時有所謂的<u>合併溫度區</u>（Coalescence Temperature, T_c）。請說明。(d) 分子的 NMR 或 IR 光譜數據通常是在液態中取得，光譜數據表達分子動態的結果。而從 X-光晶體繞射法得到的分子內各原子在三度空間相關位置的資訊是在固態中取得，是靜態的。說明之。</td></tr>
</table>

(a) The shape of signals in ^{1}H NMR might be broaden while the structure of molecule under fast exchanging situation. Explain it. (b) In the variable temperature NMR experiment, the shapes of signals could be changed from sharp to broad and then to sharp again. This is a "Fluxional" behavior of molecule. Chemists are able to obtain the activation energy of this Fluxional change from variable temperature ^{1}H NMR. Explain it. (c) What is the "Coalescence Temperature (T_c)" in the variable temperature NMR experiment? (d) The information of molecule obtained from the X-ray diffracting method is static; while the information obtained from NMR or IR is dynamic. Explain it.

答：(a) 根據海森堡測不準原理（Heisenberg's Uncertainty Principle），同時量度一微小粒子的位置（x）和動量（P_x）的精確度受到本質上的限制。其誤差相乘積約略大於或等於普郎克常數（Plank Constant）除以 4π：$\Delta x \cdot \Delta P_x \geq h/4\pi$。這公式可轉換為$\Delta E \cdot \Delta t \geq h/4\pi$。前述公式中如果一分子存在某狀態的時間越短（$\Delta t$），則其被測量出的能量誤差度（$\Delta E$）越大。在光譜上能量誤差度越大表示吸收峰越寬。分子處於構型變動很快的情形下，存在某狀態的時間必然很短，能量誤差度大。在「氫原子」核磁共振光譜（^{1}H NMR）吸收峰就會呈現變寬的現象。(b) 有機金屬化合物的構型可能在不同溫度變化下做改變，從一個構型變到另一個構型。變溫 NMR 的技術可以捕捉化合物構型變化時的光譜。有時候可以觀察到吸收峰由尖銳變寬甚至消失再變尖銳的過程，在不同溫度下的 NMR 圖，可以得出相對應的速率常數 k 值。化學家根據這些數據可再依公式算出這些構型之間轉換的活化能，如此可以提供分子動態機制的訊息。(c) 有些應該在 NMR 光譜圖出現的吸收峰不見了，其實是吸收峰變太寬以致於無法辨識。這分子可能發生流變現象（Fluxional），且此時 NMR 量測溫度剛好出現在合併溫度區（Coalescence Temperature, T_c），造成吸收峰變很寬無法辨識。應該出現在 NMR 光譜圖的吸收峰結果沒有出現，稱為 NMR 靜默（NMR silent）現象。(d) 分子經過養晶過程，形成穩定的固態晶體。然後，從 X-光晶體繞射法得到分子中每個原子在三度空間相關位置的資訊，這是分子在固態下獲得的數據。而分子的 NMR 或 IR 光譜數據是在液態中取得，因分子在常溫液態下是動態的，所以從這些方法得到的資訊是動態下的平均值。

補充說明：核磁共振光譜（NMR）在化學研究上是很重要的儀器，可以提供很多化學資訊。

3

有時候在 NMR 實驗中，本來預期分子相對應在圖譜中出現的吸收峰並沒有出現，稱為 NMR 靜默（NMR Silent）現象。說明發生此現象的可能原因。

It is called "NMR Silent" while the expected signal in NMR did not show up. Explain the cause.

答：在 NMR 圖譜中本來預期應該出現的吸收峰結果沒有出現，稱為 NMR 靜默（NMR Silent）。根據海森堡測不準原理（Heisenberg's Uncertainty Principle），分子在某一狀態的存在時間太短的情形下，有些應在 NMR 光譜圖出現的吸收峰不見了，其實是吸收峰變太寬以致於無法辨識。這分子可能發生流變現象（Fluxional），且此時 NMR 量測溫度剛好出現在合併溫度區（Coalescence Temperature, T_c），造成吸收峰變很寬無法辨識。應該出現的吸收峰結果沒有出現，稱為 NMR 靜默（NMR silent）。順磁性的分子（如氧分子或具有未成對電子的金屬及化合物）也會造成吸收峰變太寬以致於無法辨識。因此，NMR 待測樣品製作時要除氧或過濾含有未成對電子的金屬化合物的雜質。

4

在 NMR 或 IR 光譜圖中本來預期分子相對應出現的吸收峰，有時候可能出現數目比預期少或根本沒有出現。有可能是哪些原因所造成？

In NMR, sometimes the expected signal(s) did not show up or the number of signals is smaller than previously expected. Explain.

答：除了上述的 NMR 靜默（NMR silent）使本來預期出現的吸收峰沒有出現外，對稱分子也容易產生簡併狀態，使本來預期出現的 IR 吸收峰，比預期數目少。具有對稱性的分子，內部有些原子的環境相同，稱為 Chemical Equivalent，此時 NMR 化學位移相同，導致吸收峰的個數比預期少。

<table>
<tr><td>5</td><td>使用不同磁場的 NMR（如從 400 MHz 轉換成 600 MHz 儀器），在變溫 NMR 實驗中能否改變發生流變現象（Fluxional）的分子的合併溫度區（Coalescence Temperature, T_c）？

Can the "Coalescence Temperature (T_c)" be altered for a molecule with fluxional behavior by changing the observing frequency of the NMR machine, such as from 400 MHz to 600 MHz?</td></tr>
</table>

答：分子發生流變現象（Fluxional）的合併溫度區（Coalescence Temperature, T_c）應該會因使用不同磁場的 NMR（如從 400 MHz 轉換成 600 MHz 儀器）而發生改變。因為流變現象（Fluxional）的速率（k）和溫度有關。而速率（k）和 $\Delta\delta$（以 Hz 表示）有關。

<table>
<tr><td>6</td><td>以五配位雙三角錐（Trigonal BiPyramidal, TBP）構型形成的分子，五個配位基並不完全等值（equivalent）。其中，有兩個配位基在軸線（axial）的配位基等值；另外，有三個配位基在三角面（equatorial）上的配位基等值。因有不等值的配位基容易造成分子在高溫時藉著 Berry 旋轉機制（Berry's Pseudorotation）方式進行快速轉換構型的情形，其結果是配位基的位置可以互相交換，如下圖示。這是流變現象（Fluxional）的一種。若分子內有不同配位基 B 和 C 時，分子在高溫下進行快速轉換構型，這樣能否算是流變現象？

The five ligands on transition metal complex in Trigonal BiPyramidal (TBP) structure might undergo exchange through Berry's pseudo-rotation mechanism as shown. Can this process be called "Fluxional" if two ligands (B and C) are different?</td></tr>
</table>

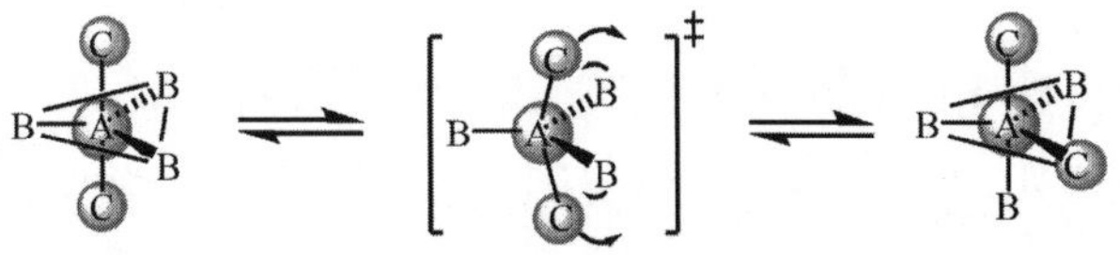

答：若配位基 B 和 C 不同，轉換後的兩分子構型不一樣，雖然此分子具有立體化學的非剛性，嚴格來說，不能稱為具有流變現象特性。流變現象一詞原是指轉換後

的兩分子構型（Configuration）必須一樣，無法區分的情形，如 PF_5 的流變現象即是典形的例子。然而，流變現象一詞的用法隨著時間演變，在定義上也慢慢變得比較寬鬆，有時候也用來描述包括上述 A 和 B 不同的情形。

補充說明：流變現象的涵義是分子的非剛性造成內部的原子間相對位置的交換。如此，環己烷的 Chair form 和 Boat form 之間的轉換就不能視為流變現象，因為兩者構型不同，且分子內原子間的相對位置沒有改變。

上題中提到，以五配位雙三角錐（Trigonal BiPyramidal, TBP）構型形成的分子，高溫時分子容易藉著 Berry 旋轉機制（Berry's Pseudorotation）方式進行配位基位置互相交換。五配位雙三角錐結構的化合物 $Fe(PPh_3)_5$ 其上的配位基的位置也會藉著 Berry 旋轉機制方式進行交換。在此化合物變溫 ^{31}P NMR 實驗中，樣品測量溫度由室溫慢慢升高，請繪出變溫 ^{31}P NMR 的光譜，需包括在慢交換區（Slow-exchange Region）、合併溫度區（Coalescence Temperature, T_c）及快交換區（Fast-exchange Region）等等區域的圖形。繪製圖形時不需要考慮在不同環境下磷基之間的耦合現象。

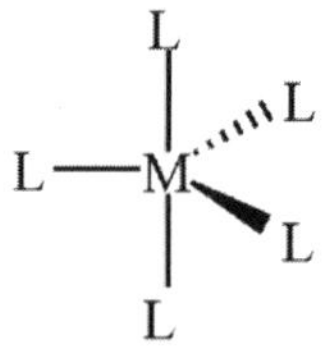

L: $P(CH_3)_3$

$Fe(PPh_3)_5$ is a five PPh_3 coordinated iron compound and having Trigonal BiPyramidal (TBP) geometry. The ligands might undergo exchange through Berry's pseudo-rotation mechanism. Draw out the signal shapes of five PPh_3 ligands in variable temperature ^{31}P NMR experiments from low to high temperature. The temperature crosses the Slow-exchange Region, Coalescence Temperature (T_c) and Fast-exchange Region et al.

答：下圖化合物 $Fe(PPh_3)_5$ 為一個五配位的雙三角錐結構。在室溫下，C 和 F 位置磷基環境相同為一組，B、D 和 E 位置磷基環境相同為另一組。在 ^{31}P NMR 中，其積分為 3：2。

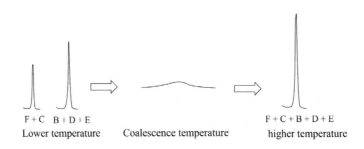

將溫度升高時，Fe(PPh₃)₅ 有流變現象發生，此時五個磷基環境相同，無法加以區分，磷基環境相同為一組。在 ^{31}P NMR 中，為一根吸收峰。

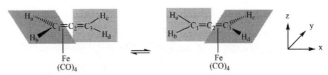

F + C	B + D + E		F + C + B + D + E
Lower temperature		Coalescence temperature	higher temperature

分子結構不是很剛性的化合物容易產生流變現象（Fluxional）。例如，化合物 $(\eta^2\text{-allene})Fe(CO)_4$ 上的配位基（η^2-allene, $CH_2=C=CH_2$），在變溫 ^1H NMR 實驗，當溫度由室溫慢慢升高時，化合物會產生流變現象。

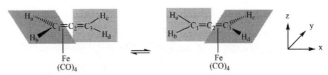

8

(a) 請繪出變溫 ^1H NMR 光譜圖，需包括在慢交換區（Slow-exchange Region）、合併溫度區（Coalescence Temperature, T_c）及快交換區（Fast-exchange Region）等等區域的圖形。繪製圖形時需要考慮在不同環境下氫之間的耦合現象。(b) 若將化合物配位基（η^2-allene）上的 H_a 及 H_b 換成 CH_3，重新回答 (a) 問題。(c) 若將化合物配位基（η^2-allene）上的四個 H 都換成 CH_3，形成化合物 $(\eta^2\text{-Tetramethylallene})Fe(CO)_4$，觀察到在溶液中從低溫到高溫的轉換活化能 E_a^+ 約為 9.0 ± 2.0 kcal/mole。重新回答 (a) 問題。

The structure of (η^2-allene)Fe(CO)$_4$ is shown. In variable temperature ^{1}H NMR experiments from low to high temperature, a fluxional behavior was observed. [Allene: CH$_2$=C=CH$_2$] (a) Draw out the spectra pattern at Slow-exchange Region and Fast-exchange Region. And, draw out the mechanism to account for the behavior of the compound from low to high temperature which includes the range of Coalescence Temperature (T$_c$). (b) Answer the question (a) again by replacing H$_a$ and H$_b$ with CH$_3$. (c) All the four hydrogen atoms were replaced by four CH$_3$ groups and led to the formation of (η^2-Tetramethylallene)Fe(CO)$_4$. It is found that the activation energy E$_a^{\ddagger}$ is about 9.0 ± 2.0 kcal/mol. Using these informations to answer the question (a) again. [Hint: Note the coupling for protons at various environments.]

答：(a) 化合物在慢交換區（Slow-exchange Region）及高溫快交換區（Fast-exchange Region）的 ^{1}H NMR 光譜如下。在高溫下，本來三組吸收峰（2: 1: 1）變成一組。

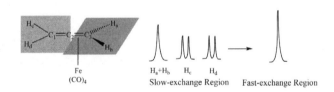

升高溫度時，Fe(CO)$_4$ 基團經由流變現象（Fluxional）在 Allene 的兩個雙鍵間變更位置。

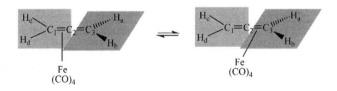

(b) 若將化合物上的 H$_a$ 及 H$_b$ 換成 CH$_3$，有兩種可能構型，圖形如下。兩者在低溫下，^{1}H NMR 光譜圖不同。兩者即使在高溫時仍為兩組吸收峰。

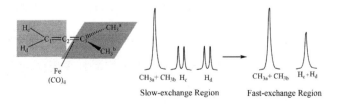

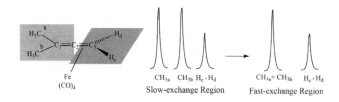

(c) 若將化合物上的四個 H 全換成 CH$_3$，圖形如下。在高溫下變成一組吸收峰。

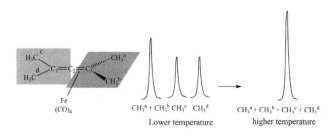

丙二烯（allene, H$_2$C=C=CH$_2$）具有兩個互相垂直的雙鍵。有機會以一個或二個雙鍵藉由 π-鍵結方式鍵結到金屬基團上。下圖為含金有機金屬化合物 [(1,1'-dimethylallene)Au(P('Bu)$_2$(1,1'-biphenyl))] 的兩個甲基部分的變溫 ^{1}H- 及 ^{13}C-NMR 光譜。繪出分子結構並請說明光譜現象。

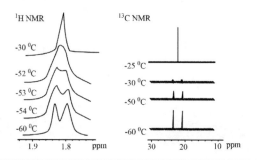

The ^{1}H and ^{13}C Variable Temperature (VT) NMR of two methyl groups of a gold complex [(1,1'-dimethylallene)Au(P('Bu)$_2$(1,1'-biphenyl))] is shown. Draw out the molecular structure and explain this phenomenon.

答：金分子 [(1,1'-dimethylallene)Au(P('Bu)$_2$(1,1'-biphenyl))] 的結構在低溫時可能為構型（A）或（B），如下圖。在低溫時構型（B）的 Allene 上的兩個甲基的環境不同。溫度升高時，分子構型在構型（A）或（B）之間快速轉換，當化合物從低溫到高溫經過合併溫度區（Coalescence Temperature, T$_c$），在高溫下 Allene 上兩個甲

基的環境變成相同，^{1}H-NMR 的兩個吸收峰合併成一個吸收峰。同理，在高溫下
^{13}C-NMR 的兩個吸收峰合併成一個吸收峰。注意，在變溫 NMR 中氫比碳光譜在比
較低溫度時就達到合併溫度區。

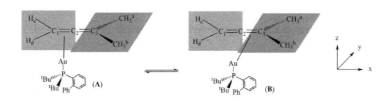

當正八面體結構化合物 $Mo(CO)_6$ 和乙二胺（$H_2NCH_2CH_2NH_2$）反應後，其
中之一的產物其紅外光譜的吸收峰光譜圖如下。譜圖顯示在 1900 cm^{-1} 附
近的吸收峰明顯是由兩根接近的吸收峰疊加而成的。如果紅外光譜圖拆
分，將 1800 及 1900 cm^{-1} 的兩根吸收峰視為一組，且強度為 1：1；另外，
把 1900 及 2000 cm^{-1} 的兩根吸收峰視為一組，但是吸收強度差很大。請由
上述推測結果試著繪出產物的構型並解釋理由。

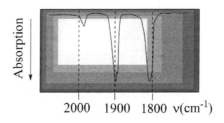

10

The reaction of $Mo(CO)_6$ with $H_2NCH_2CH_2NH_2$ (en) led to the formation of a
new compound of which IR is shown. Draw out the structure of this new
compound and explain the IR pattern. [Hint: The broad peak shows up around
1900 cm^{-1} is a merged signal of two close peaks. Two signals around 1800 and
1900 cm^{-1} can be considered as one set of peaks and their intensities are in the
ratio of 1:1. One signal around 1900 and another around 2000 cm^{-1} can be
regarded as another set of peaks, yet with quite different intensities.

答：乙二胺（$H_2NCH_2CH_2NH_2$）是雙牙基，和 $Mo(CO)_6$ 反應，取代兩個 *cis* 位置的
CO。剩下四個 CO 的位置可視為兩個在互為 *trans* 位置即 180º，另外兩個在互為
90º 位置。前者應該只有一根吸收峰，而後者應該有兩根比例為 1：1 的吸收峰。

在理論上應該互為 *trans* 位置（即 180°）的兩個 CO，其實被雙牙基 en 推擠有點偏離 180°，因此除了一根大吸收峰外還可看到一根小吸收峰。

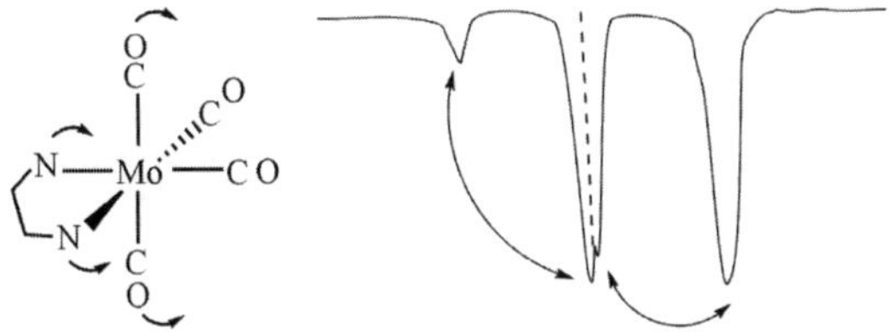

補充說明：當金屬羰基錯合物（M(CO)$_2$L$_m$）分子中若含有兩個 CO 配位基，吸收峰的個數及強度和夾角（2ϕ）有關。兩個吸收峰的吸收強度的比值理論上要遵守 cotan$^2\phi$ 公式。

11

在金屬羰基化合物（M$_n$(CO)$_m$）中，配位基 CO 可能以端點（Terminal）或架橋（Bridged）方式存在。在化合物 Fe$_3$(CO)$_{12}$ 和 M$_3$(CO)$_{12}$（M: Ru, Os）中，雖然三者同族，但化合物的構型不同，前者有以端點（Terminal）和架橋（Bridged）方式存在的 CO，後者則沒有以架橋方式存在的 CO。可能的原因和原子大小影響電子密度疏散方式有關。請提出解釋。

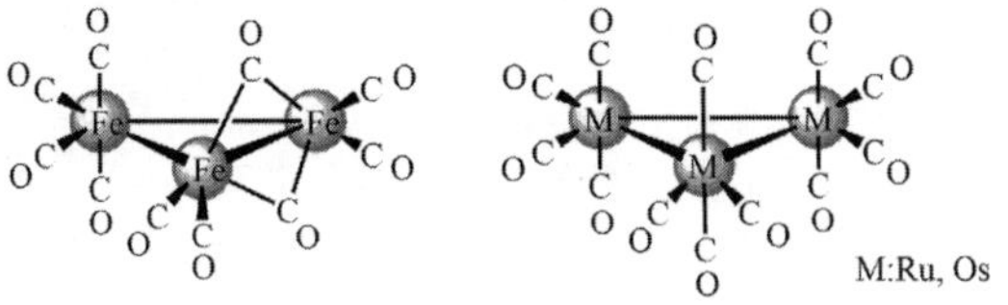

Elements Fe, Ru and Os belong to the same group in the Periodic Table. Yet, the structures of Fe$_3$(CO)$_{12}$ and Ru$_3$(CO)$_{12}$ (M: Ru, Os) are slightly different. The former with both terminal and bridging COs; the latter does not have any bridging CO. Explain it. [Hint: The size of atom affects the way of the dispersion of electron density.]

答：Fe 原子比較小，太多配位基 CO 提供電子給 Fe 原子，Fe 原子無法承受太多電子密度，會造成不穩定。此時，可藉著一小部分 CO 以形成架橋（Bridging）方式來疏散過多電子密度。架橋（Bridged）比起端點（Terminal）的 CO 更能疏散電子密度。而 Ru 原子比較大，可以承受 CO 提供的電子密度，無須形成架橋

（Bridged），所有 CO 都形成端點（Terminal）方式。基本上在 $Os_3(CO)_{12}$ 上所有 CO 都形成端點（Terminal）方式。另外，$Os_3(CO)_{12}$ 比 $Fe_3(CO)_{12}$ 對稱，CO 的 IR 吸收峰個數比較少。

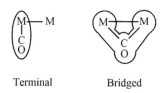

Terminal　　　　　　Bridged

補充說明：從提供電子數的角度來看，CO 形成架橋（Bridged）及端點（Terminal）都提供兩個電子，能量也差不多，然而，形成架橋（Bridging）的 CO 卻有疏散過多電子密度的功能。這是 CO 當配位基的另一個獨特的功能。

12

$Rh_4(CO)_{12}$ 和 $Rh_4(CO)_9(PR_3)_3$ 結構是不同的，主要是在配位基的排列方式上。請解釋。

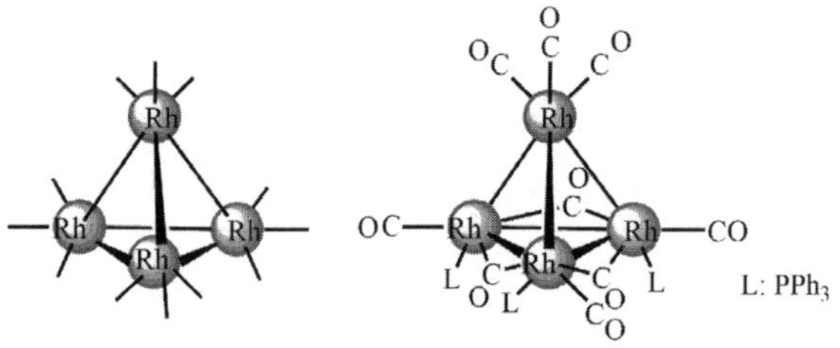

L: PPh_3

The structures of $Rh_4(CO)_{12}$ and $Rh_4(CO)_9(PR_3)_3$ are slightly different in the arrangement of ligands. Explain it.

答：本來 Rh 原子比較大，可以承受 CO 提供的電子密度，無須形成架橋（Bridging），基本上所有 CO 都形成端點（Terminal）方式，如 $Rh_4(CO)_{12}$。但當部分 CO 被 PPh_3 取代後，因後者提供電子比 CO 較多，迫使 $Rh_4(CO)_9(PR_3)_3$ 需要藉著部分 CO 形成架橋（Bridging）來疏散過多的電子密度。

含四個銠金屬羰基化合物 Rh$_4$(CO)$_{12}$ 的構型如下圖。可視為扭曲的正四面體，一端被拉起，另一個看法是三角面的金字塔形。其中 Rh(b)、Rh(c) 和 Rh(d) 在同一個三角面平面上，而 Rh(a) 在頂點位置。在頂點位置的 Rh(a) 由三個 CO 配位基以端點方式鍵結。在三角面平面上，有三個 CO 配位基以端點（Terminal）方式向上及三個 CO 向下，另有三個 CO 配位基以架橋（Bridging）方式接在平面上的三個 Rh 上。說明在 ^{13}C NMR 光譜圖中會有多少組吸收峰出現？比例為何？吸收峰的樣式又為何（注意 ^{103}Rh (I = 1/2)）？分子在高溫下進行動態行為（流變現象，Fluxional），結果是全部吸收峰只剩一組。請由 ^{13}C NMR 光譜來解釋化合物 Ru$_4$(CO)$_{12}$ 在高溫下的動態行為，並說明吸收峰的樣式為何如此改變。

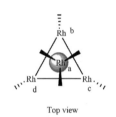

Top view

The structure of molecule Rh$_4$(CO)$_{12}$ is as shown. Three metals Rh(b), Rh(c) and Rh(d) are on the same plane; Rh(a) is on the apical position. There are 12 CO ligands in total. Three terminal CO ligands are up and the other three terminal CO ligands are below the plane. There are also three bridging CO ligands on the plane. Besides, three terminal CO ligands attach to the apical Rh(a). How many signals will show up in ^{13}C NMR spectra, the ratio and the pattern? Under high temperature, all the peaks are merged to one due to fluxional behavior. Explain it. Propose a mechanism to account for the behavior of Ru$_4$(CO)$_{12}$ at high temperature. [Hint: The nuclear spin for ^{103}Rh is 1/2.]

答：^{103}Rh 的核自旋為 I = 1/2，羰基（CO）和 Rh 鍵結後在 ^{13}C NMR 光譜圖為 doublet。在頂點位置的 Rh(a) 由三個 CO 配位基以端點鍵結 ^{13}C NMR 光譜圖為 doublet。在由 Rh(b)、Rh(c) 及 Rh(d) 三個金屬組成的三角面上，有三個 CO 配位基以端點（Terminal）方式向上及三個 CO 向下接在平面上的三個 Rh 上，其 ^{13}C NMR 光譜圖也為 doublet。另外有三個 CO 配位基以架橋（Bridging）方式接在平面上的三個 Rh 上，因為接兩個 Rh 而為 triplet。在高溫下有流變現象（Fluxional），所有

CO 都流動，平均後使全部 CO 環境相同，所有 CO 因為流變現象都經歷了四個 Rh 的環境而無法區分，吸收峰只剩一組五重峰。

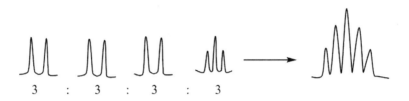

3　:　3　:　3　:　3

補充說明：吸收峰受到核自旋分裂的影響公式為 $2I + 1$，其中 I 為核自旋數，^{103}Rh 的核自旋為 1/2，四個 Rh 為 1/2*4 = 2，分裂吸收峰數目為 2 x 1/2*4 + 1 = 5。

丙烯基離子（$C_3H_5^+$, allylic）可以用 η^3-或 η^1-型式來當成配位基和金屬基團鍵結。(a) 請繪出含丙烯基離子配位基的化合物 $(\eta^3\text{-}C_3H_5)Re(CO)_4$ 的分子構型。(b) 上述化合物在低溫及在高溫下的 ^{1}H NMR 光譜圖如下。請解釋 ^{1}H NMR 光譜圖在低溫及高溫下變化的原因。丁二烯（$H_2C=CH\text{-}CH=CH_2$, 1,3-butadiene）可以用 η^4-型式來當成配位基和金屬基團鍵結。(c) 試繪出化合物 $(\eta^4\text{-}1,3\text{-}butadiene)Fe(CO)_3$ 的分子構型及 ^{1}H NMR 光譜圖。此化合物在高溫時 ^{1}H NMR 光譜是否有如 $(\eta^3\text{-}C_3H_5)Re(CO)_4$ 產生變化？

14

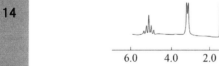

Low temperature

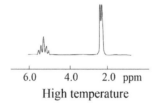

High temperature

(a) Draw out the structure of $(C_3H_5)Re(CO)_4$. (b) The ^{1}H NMR pattern for $(C_3H_5)Re(CO)_4$ at low and high temperature are shown. Explain it. (c) Try to plot the ^{1}H NMR pattern for $(\eta^4\text{-}1,3\text{-}butadiene)Fe(CO)_3$. Does this molecule exhibit fluxional behavior at high temperature? Will the ^{1}H NMR pattern be changed at high temperature?

答：(a) 下圖為化合物 $(\eta^3\text{-}C_3H_5)Re(CO)_4$ 的分子構型。具有丙烯基離子（$C_3H_5^+$, allylic）配位基。

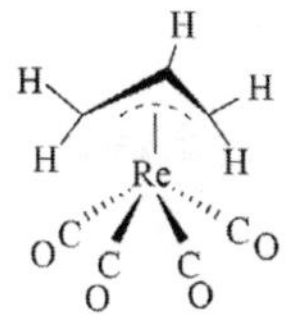

(b) 在低溫下，allylic 配位基（η^3-C$_3$H$_5$）的五個氫有三種環境（H$_a$、H$_b$、H$_c$）。

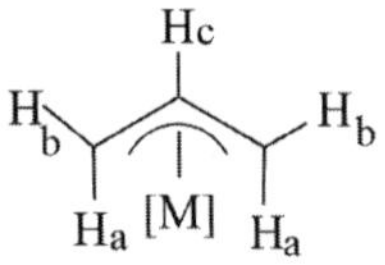

化合物 (C$_3$H$_5$)Re(CO)$_4$ 從低溫到高溫進行 Fluxional 機制變化如下圖。在高溫下 allylic 配位基（η^3-C$_3$H$_5$）旁邊的四個氫由原本兩種環境變成一種，受到 H$_c$ 耦合的影響為 doublet。展現實驗觀察到的 ^{1}H NMR 光譜圖。H$_c$ 位置並不會交換，受到兩旁 H 耦合的影響為 multiplet 吸收峰形狀。

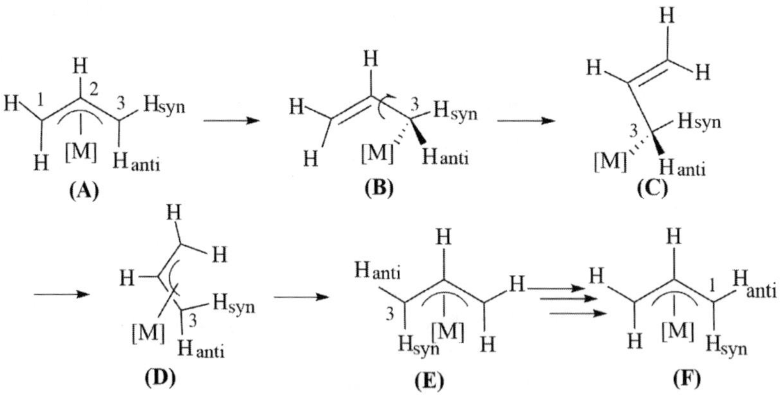

(c) 下圖為化合物 (η^4-1,3-butadiene)Fe(CO)$_3$ 的分子構型。配位基 1,3-butadiene 應該不容易進行如上述的 allylic 配位基所進行的 Fluxional 機制。^{1}H NMR 光譜圖應該有三組 multiplet 氫。分別屬於 H$_a$、H$_b$ 及 H$_c$ 三種環境。

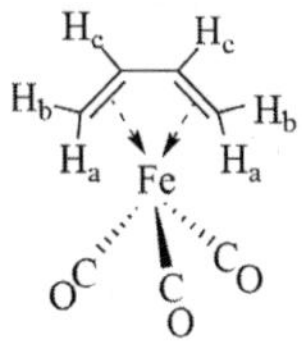

有機金屬化合物分子內部的各基團（配位基）和金屬間的鍵結強度不是很強，因此在高溫時分子會產生結構變化。含鐵的有機金屬化合物 $(\eta^5\text{-}C_5H_5)(\eta^1\text{-}C_5H_5)Fe(CO)(P(NMe_2)F_2)$ 內含有一個含磷配位基 $P(NMe_2)F_2$，且同時含有 η^5- 和 $\eta^1\text{-}C_5H_5$ 環。在高溫下分子會產生五角環（$\eta^1\text{-}C_5H_5$ 環）轉動的流變現象（<u>Fluxional</u>）。然而，即使在高溫下分子快速轉換運動的情形下，試驗仍可觀察到 ^{19}F-NMR 譜圖有不同氟（F）吸收峰樣式。能否從這 ^{19}F-NMR 譜圖觀察出，鐵原子中心的構型依然維持還是已翻轉？從這 ^{19}F-NMR 譜圖觀察，在此高溫情形下，原先的 $\eta^5\text{-}$ C_5H_5 和 $\eta^1\text{-}C_5H_5$ 環是否有互相交換角色？

15

Compound $(\eta^5\text{-}C_5H_5)(\eta^1\text{-}C_5H_5)Fe(CO)(P(NMe_2)F_2)$ has a phosphine ligand $P(NMe_2)F_2$. At high temperature, the five-membered ring will rotate around iron and exhibits Fluxional behavior. Even under fast exchange region, there are still different signal patterns being observed for fluorine atoms. Can it be differentiated experimentally that the conformation of iron center is remained or reversed? Do these two different five membered rings (η^5- and $\eta^1\text{-}C_5H_5$ rings) exchange their positions at high temperature?

答：從 ^{19}F-NMR 仍可觀察到有不同 F 吸收峰樣式意味著兩個 F 的環境仍然不同。可推斷 η^5- 和 $\eta^1\text{-}C_5H_5$ 環並沒有互換角色。鐵原子中心的構型是依然還是維持。如果有互換角色。則鐵原子中心的構型會翻轉，造成兩個 F 的環境等值（Equivalent）。同時，Fe-P 之間的鍵沒有很快自由旋轉，兩個 F 的環境仍然不等值（Non-equivalent）。

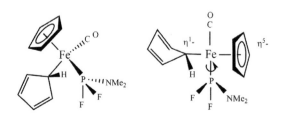

從不同角度看分子構型

含鈦金屬化合物 $(\eta^5\text{-}C_5H_5)_2(\eta^1\text{-}C_5H_5)_2Ti$ 在變溫 ^1H NMR 實驗中從低溫（-27°C）到高溫（62°C）的簡化的 ^1H NMR 光譜如下圖示。根據光譜圖，說明此化合物在高溫下的動態行為。可否從這譜圖中觀察出原先化合物上的 $\eta^5\text{-} C_5H_5$ 和 $\eta^1\text{-}C_5H_5$ 環是否有互相交換角色？

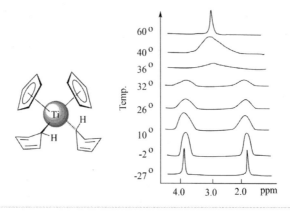

The ^1H NMR pattern for compound $(\eta^5\text{-}C_5H_5)_2(\eta^1\text{-}C_5H_5)_2Ti$ from low temperature (-27°C) to high temperature (62°C) is shown. Explain the motion of molecule under high temperature based on these variable temperature experiments.

答： 在低溫時，$\eta^5\text{-}C_5H_5$ 和 $\eta^1\text{-}C_5H_5$ 並沒有交換環境。分子在高溫下 $\eta^5\text{-}C_5H_5$ 和 $\eta^1\text{-}C_5H_5$ 才會互換環境，而導致所有氫原子無法區分。其實，在更低溫下 $\eta^1\text{-}C_5H_5$ 的吸收峰要再分裂成三組，如下題所示。

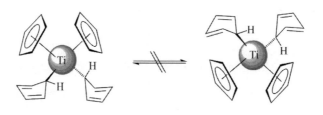

含鐵金屬化合物 $(\eta^5\text{-}C_5H_5)(\eta^1\text{-}C_5H_5)Fe(CO)_2$ 在溶液中從低溫到高溫的變溫 ^1H NMR 簡化的光譜如下圖示。請說明此化合物在高溫下的動態行為。可否從這譜圖中觀察出原先化合物上的 $\eta^5\text{-}C_5H_5$ 和 $\eta^1\text{-}C_5H_5$ 環是否有互相交換角色？

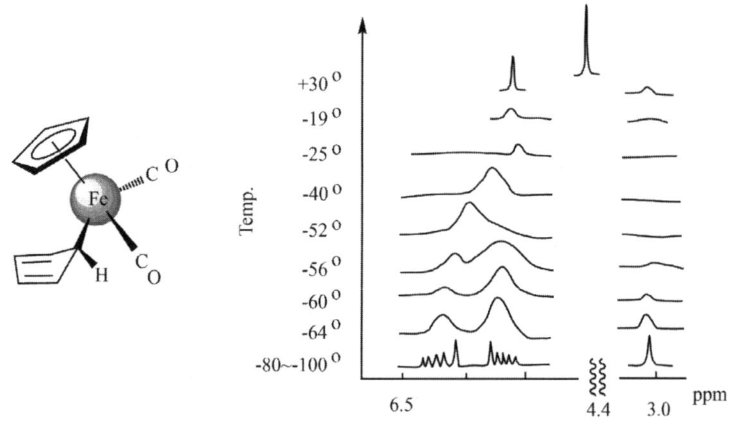

The ^1H NMR pattern for compound $(\eta^5\text{-}C_5H_5)(\eta^1\text{-}C_5H_5)Fe(CO)_2$ from low temperature to high temperature is shown. Explain the motion of molecule under high temperature based on these variable temperature experiments. Do these two different five membered rings ($\eta^5\text{-}$ and $\eta^1\text{-}C_5H_5$ rings) exchange their positions at high temperature?

答： 在低溫（-80～-100°C）下測得的 ^1H NMR 光譜圖可看出 $\eta^1\text{-}C_5H_5$ 的三組吸收峰分裂圖，分別代表 H_x、H_A 及 H_B 的氫環境。在 4.4 ppm 附近應該是 $\eta^5\text{-}C_5H_5$ 的吸收峰。從低溫 ^1H NMR 的光譜圖看出存在著 $\eta^1\text{-}C_5H_5$ 及 $\eta^5\text{-}C_5H_5$ 環。在變溫 ^1H NMR 看出 $\eta^1\text{-}C_5H_5$ 慢慢合併，但兩個環的環境仍然不同，$\eta^5\text{-}$ 和 $\eta^1\text{-}C_5H_5$ 環並沒有交換角色。下圖中以 [Fe] 代表 $CpFe(CO)_2$。[Fe] 在五角環中進行 1,2-shift 的可能性比進行 1,3-shift 要高。

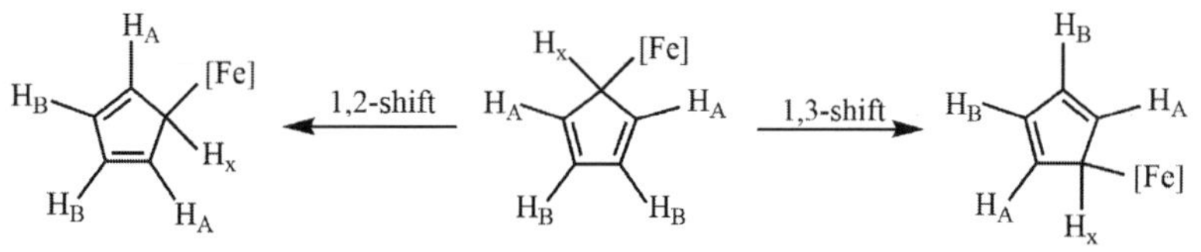

一個含雙鐵金屬的有機金屬化合物 [CpFe(CO)$_2$]$_2$ 其羰基（CO）吸收峰的紅外光譜樣式如下圖示。紅外光譜顯示此化合物具有端點（Terminal）及架橋（Bridging）的 CO。此外，在 ^{1}H NMR 光譜圖只觀察到一個 Cp 吸收峰。請繪出化合物的構型，並解釋此觀察現象。

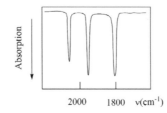

18

The IR pattern for CO of [CpFe(CO)$_2$]$_2$ is shown. There is only one Cp signal showing up in ^{1}H NMR. Draw out the structure of this compound and explain these observed experimental data. [Hint: There are terminal and bridging COs in [CpFe(CO)$_2$]$_2$.]

答： 化合物 [CpFe(CO)$_2$]$_2$ 有四個羰基（CO）。1800 cm^{-1} 左右明顯地為架橋（Bridging）的 CO，2000 cm^{-1} 左右為端點（Terminal）的 CO 吸收峰。兩個架橋（Bridging）的 CO 在互為 *trans* 位置即 180°，應該只有一根吸收峰。兩個端點（Terminal）的 CO 不是在一直線上，各自有吸收峰。可能結構如下兩圖示，應該比較傾向左圖。在高溫下會有 Fluxional 現象發生。

前述題目提及，丙烯基離子（C$_3$H$_5^+$, allylic）可以用 η^3-或 η^1-型式來當成配位基和金屬基團鍵結，在高溫下分子會產生 allylic 的流變現象（Fluxional）。將在 allylic 的中間氫換成甲基，形成 2-methylallyllic。含銠金屬化合物 (η^3-2-methylallyl)RhL$_2$Cl$_2$（L = Ph$_3$As），從低溫到高溫的變溫簡化的 ^{1}H NMR 光譜如下圖示。在氫光譜圖中，2 ppm 左右位置是 methyl，而在 4 ppm 附近則是 *syn* 和 *anti* 在 η^3-allylic 上的氫。請說明此分子在高溫下的動態行為。

19

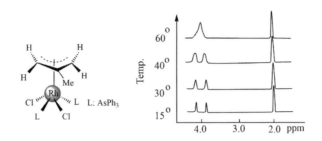

The spectroscopic pattern for the variable temperature ^{1}H NMR experiments of (η^3-2-methylallyl)RhL$_2$Cl$_2$(L = Ph$_3$As) is shown. The signal around 2 ppm is assigned for 2-methyl; the protons of *syn* and *anti* of η^3-allylic show up around 4 ppm. Explain the motion of molecule under high temperature based on these variable temperature experiments.

答： 在高溫下，化合物 (η^3-2-methylallyl)RhL$_2$Cl$_2$ 有動態行為（流變現象，Fluxional）。其結果是 *syn* 和 *anti* 在 η^3-allylic 上的四個氫的環境變成相同，只有一根吸收峰。η^3-allylic 上的甲基環境並沒有改變，吸收峰位置不變。

含鎢金屬化合物 [Cp(CO)$_2$(PEt$_3$)W=CH$_2$]$^+$ 在高溫下進行動態行為（流變現象，Fluxional）。在變溫 ^{1}H NMR 實驗中，從低溫到高溫的簡化氫光譜如下圖示。(a) 說明此含鎢金屬化合物在溫度變化下的動態行為。(b) 說明為何在變溫 ^{1}H NMR 實驗中，於-20ºC 溫度下只觀察到一組二重吸收峰（Doublet），而在-110ºC 溫度下卻觀察到多組吸收峰。(c) 此變溫 ^{1}H NMR 實驗中，化合物的合併溫度區（Coalescence Temperature, T$_c$）出現在什麼範圍？(d) 說明為何在-70ºC 範圍左右時看不到任何氫光譜訊號？

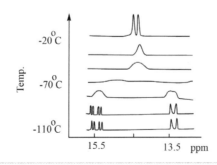

The ^1H NMR pattern for compound $[Cp(CO)_2(PEt_3)W=CH_2]^+$ from low temperature to high temperature is shown. (a) Explain the motion of molecule under high temperature. (b) Explain the experimental fact that a doublet was observed at -20ºC, while several peaks were observed at -110ºC. (c) What is the "Coalescence Temperature (T_c)"? (d) Why no signal was observed at -70ºC?

答：(a) 化合物 $[Cp(CO)_2(PEt_3)W=CH_2]^+$ 在高溫下，分子進行流變現象，使原先不同環境的 H_b 及 H_a 變成相同環境。且受 PEt₃ 耦合造成 doublet。

(b) 化合物 $[Cp(CO)_2(PEt_3)W=CH_2]^+$ 的低溫 ^1H NMR 光譜圖左邊約 15 ppm 的 doublet of doublet 可能是 carbene 上的 H_a，因和 H_b 環境不一樣，受到 H_b 及 PEt₃ 雙重耦合所造成。光譜圖右邊約 13 ppm 的應該是 doublet，為 carbene 上的 H_b 受到 H_a 耦合所造成，但和 PEt₃ 耦合很小。在高溫下，分子進行流變現象，使 H_b 及 H_a 環境變成等同，不會互相耦合，但仍受 PEt₃ 耦合造成 doublet。(c) 此化合物的合併溫度區（Coalescence Temperature, T_c）約在-70ºC。(d) 在-70ºC 合併溫度區因流變現象使中間產物存在時間很短，根據海森堡測不準原理（Heisenberg's Uncertainty Principle），誤差變大，吸收峰變寬，甚至看不到任何訊號。

補充說明：^{31}P 的核自旋為 1/2，分裂吸收峰為 2 x 1/2*1 + 1 = 2。

環狀有機物 methylenecyclopropane 的衍生物（A）可以經由很慢的開環反應形成 1,3- butadiene 的衍生物（B）。

21

有幾個實驗觀察現象如下。(a) 實驗發現從起始物 *trans*-diester 開始，可以得到絕大多數為 *Z*-diene 錯合物。(b) 從起始物 *cis*-diester 開始，可以得到絕大多數為 *E*-diene 錯合物。(c) 原本很慢的開環反應，卻在 Fe$_2$(CO)$_9$ 加入後變得很快。請提出適當的反應機制符合上述的觀察現象。〔提示：剛開始 methylenecyclopropane 利用上面的雙鍵鍵結到 Fe(CO)$_4$ 基團上形成錯合物（C），再經由開環反應形成錯合物（D），最後 Fe(CO)$_3$ 基團掉下來，得到（B）。〕

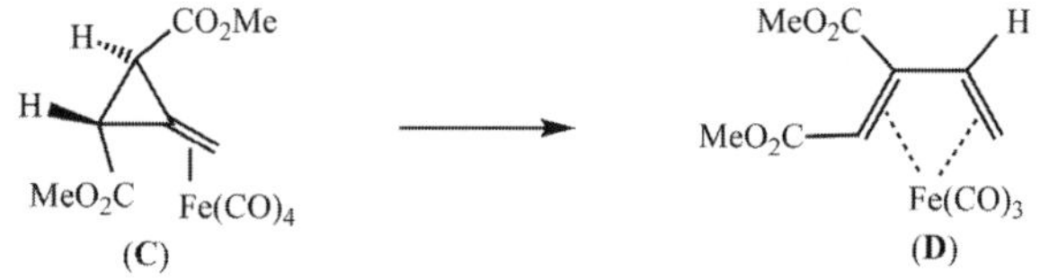

There are several experimental observations as the fellows. (a) The major product is *Z*-diene form metal complex if the reaction started from *trans*-diester. (b) The major product is *E*-diene form metal complex if the reaction started from *cis*-diester. (c) The reaction rate was enhanced rapidly while Fe$_2$(CO)$_9$ was added to the slow reaction. Propose a reasonable mechanism to account for all the experimental observations.

答：反應機制如下：經由 (a) 金屬基團的配位（Coordination）反應；(b) 金屬基團的插入（Insertion）反應；(c) β-H elimination 反應；(d) 還原脫去（Reductive Elimination）反應；(e) 金屬基團 Fe(CO)$_3$ 的配位（Coordination）反應。即可以從反應物到產物。在沒有金屬基團的協助下，開環反應會很慢。根據這反應機制，起始物取代基位置會影響產物的構型。

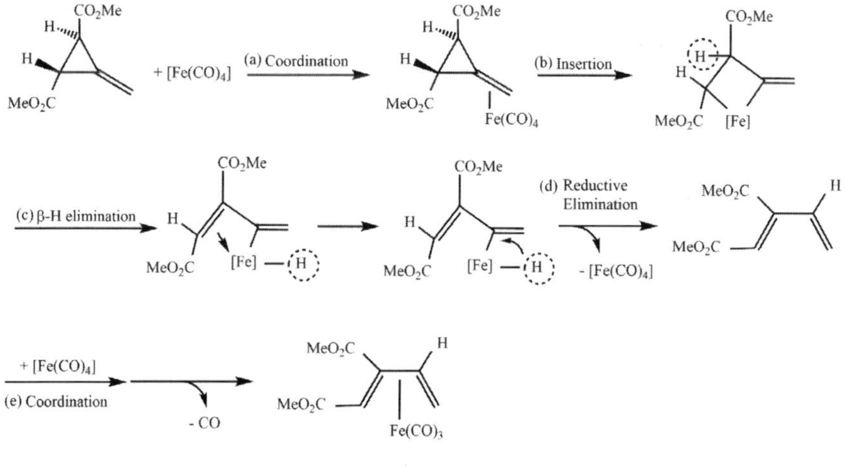

有一個有機金屬化合物 $CpM(CO)_2L_n$ 溶在溶液中時會出現兩種互變異構物。在 ^1H 及 ^{13}C NMR 光譜圖中，此兩 Cp 位移分別差為 50 Hz 及 120 Hz。在 IR 光譜圖中，兩個羰基（CO）吸收峰分開 20 cm^{-1}，約等於 6.0 x 10^{11} Hz。(a) 利用下面方程式來計算要能使上述三種光譜方法中吸收峰能合而為一的最慢的分子構型互變速率。

$$\tau = 1/k_1 = 1/k_{-1} \qquad \Delta\delta(\text{in Hz}) \cdot \tau(\text{in sec}) \sim 1/\pi$$

(b) 計算觀察分子的動態行為在 ^1H NMR 及 ^{13}C NMR 光譜方法的溫度範圍。(c) 分子雖然在固態，仍然有動態行為（熱振動）。說明由 X-光晶體繞射法得到晶體結構中，原子位置卻被視為「凍結」的。

22

Two tautomeric forms were observed while an organometallic compound $CpM(CO)_2L_n$ was dissolved in solution. The difference between two Cp is 50 Hz in ^1H NMR and 120 Hz in ^{13}C NMR spectra. Two signals of CO are separated by 20 cm^{-1} (~6.0 x 10^{11} Hz) in IR. (a) Using the following equation to calculate the rate of tautomeric conversion when all the absorption peaks are merged to one.

$$\tau = 1/k_1 = 1/k_{-1} \qquad \Delta\delta(\text{in Hz}) \cdot \tau(\text{in sec}) \sim 1/\pi$$

(b) Calculate the temperature range for the observation of molecular dynamic behavior in ^1H NMR and ^{13}C NMR methods. (c) Although molecule might be already in its solid state, the atoms of molecule are still subjected to thermal motion. However, the locations of atoms in molecule are regarded as "frozen" while they are determined by X-ray diffraction methods. Explain.

答：(a) 假設此有機金屬化合物在溶液中出現 A 和 B 兩種互變異構物。兩種吸收峰合而為一的時刻就是 $k_1 = k_{-1}$ 時。τ 代表某異構物存在的生命期（Average Lifetime），它的意義等於 $1/k_1$ 或 $1/k_{-1}$。

$$A \underset{k_{-1}}{\overset{k_1}{\rightleftharpoons}} B$$

在 ^1H NMR 光譜圖中，此兩 Cp 位移差 25 Hz，最慢的分子構型互變速率 $k_1 = 1/\tau = \pi \cdot \Delta\delta \text{ (in Hz)} = \pi \cdot 50 \text{ Hz} = 157/s$。在 ^{13}C NMR 光譜圖中，此兩 Cp 位移差 60 Hz，最慢的分子構型互變速率 $k_1 = 1/\tau = \pi \cdot \Delta\delta \text{ (in Hz)} = \pi \cdot 60 \text{ Hz} = 377/s$。在紅外光譜

圖中，兩羰基（CO）分開 20 cm^{-1}，約等於 6.0 x 10^{11} Hz，最慢的分子構型互變速率 k$_1$ = π・6.6 x 10^{11} Hz = 1.9 x 10^{12} /s。(b) 分子在 ^{1}H NMR 及在 ^{13}C NMR 光譜圖中，最慢的分子構型互變速率是 157/s 及 377/s。分子在 ^{13}C NMR 光譜圖中吸收峰能合而為一的速率顯然要比在 ^{1}H NMR 快才能達到目的。因此溫度需要比較高。(c) X-光晶體繞射法得到的數據（光點的強度及位置）是長時間曝光的平均值，解出晶體結構中原子位置被視為「凍結」的。

23

有一個有機金屬化合物分子式為 [(η^5-C$_5$H$_5$)Co]$_2$C$_4$R$_4$。請預測此分子的結構。兩個 Co 金屬是否符合十八電子規則（18-Electron Rule）？〔提示：分子的主架構為金字塔形，一個 CpCo 基團在頂點（Apical Position），另一個 CpCo 基團在基部（Basal Position）。〕

Predict the structure of compound [(η^5-C$_5$H$_5$)Co]$_2$C$_4$R$_4$. Do these two metal centers obey 18-Electron Rule? [Hint: The framework of molecule is square pyramidal. One CpCo fragment is located on the apical position; the other one is on the basal position.]

答： 此分子的可能結構如下。根據十八電子規則，[(η^5-C$_5$H$_5$)Co]$_2$C$_4$R$_4$ 分子頂點（apical position）的 CpCo 基團為飽和，而基部（basal position）的 CpCo 基團為不飽和（左圖）。若視頂點 CpCo 基團有提供多餘的一個電子對來穩定基部的另一個不飽和的 CpCo 基團，則可視基部的 CpCo 基團為飽和（右圖）。

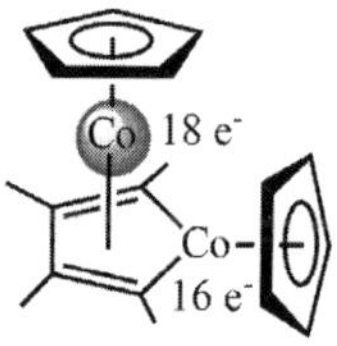

承上題，金屬環化物 $[(\eta^5\text{-}C_5H_5)Co]_2(C_4R_4)$ 兩個 CpCo 基團處於不同環境。在高溫加熱情形下，實驗觀測到兩個 CpCo 基團環境變成相同。試繪出一流變現象（Fluxional）機制來加以說明。請預測兩個 Cp 環在變溫 ^{1}H NMR 中分別在慢交換區（Slow-exchange Region）及快交換區（Fast-exchange Region）的樣式。

24 The chemical environments of two CpCo fragments in $[(\eta^5\text{-}C_5H_5)Co]_2(C_4R_4)$ are different at low temperature. Only one signal was observed while heating the compound. It means that two CpCo fragments cannot be differentiated at high temperature. Draw out a mechanism to account for this Fluxional behavior. Also, predict the shapes of Cp rings in ^{1}H NMR variable temperature experiment at Slow-exchange Region as well as at Fast-exchange Region.

答： 在高溫加熱情形下，將 C_4R_4 基團視為在由兩個 CpCo 基團連結的雙金屬骨架間流變，使兩個 CpCo 基團環境變成相同。若能以 ^{1}H NMR 觀察，兩個 Cp 環只有一組吸收峰，它們的環境變成相同。中間產物的鍵結形態稱為 flyover。

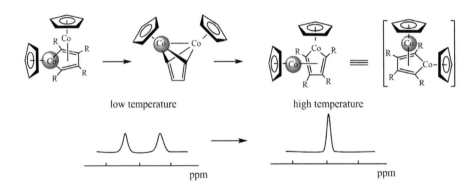

補充說明： 另有稱為 flyover bridge 鍵結的形態有如下圖示。右圖的化合物氧化後可產生苯環衍生物。[M] 代表金屬基團。

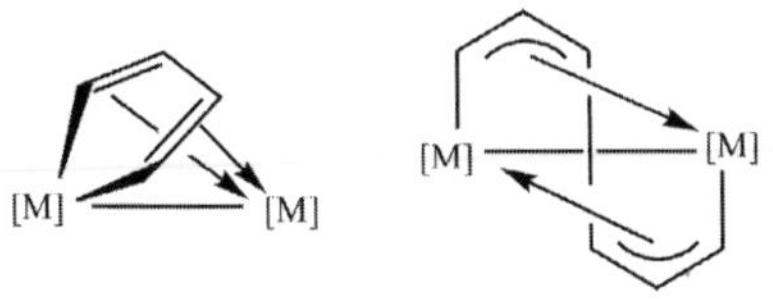

<table>
<tr><td rowspan="3">25</td><td>上述題目中提及，有一個有機金屬化合物 [(η⁵-C₅H₅)Co]₂C₄R₄ 發生流變現象（Fluxional）機制。用軌域瓣類比（Isolobal）的觀念來看 (η⁵-C₅H₅)Co 和(CO)₃Fe 兩基團為 Isolobal。有機金屬化合物 [(CO)₃Fe]₂(C₄R₄) 的兩個 Fe(CO)₃ 基團處於不同環境。在高溫加熱情形下，實驗觀測到兩個 Fe(CO)₃ 基團環境相同。試繪出一流變現象（Fluxional）機制來加以說明。</td></tr>
</table>

上述題目中提及，有一個有機金屬化合物 [(η^5-C₅H₅)Co]₂C₄R₄ 發生流變現象（Fluxional）機制。用軌域瓣類比（Isolobal）的觀念來看 (η^5-C₅H₅)Co 和(CO)₃Fe 兩基團為 Isolobal。有機金屬化合物 [(CO)₃Fe]₂(C₄R₄) 的兩個 Fe(CO)₃ 基團處於不同環境。在高溫加熱情形下，實驗觀測到兩個 Fe(CO)₃ 基團環境相同。試繪出一流變現象（Fluxional）機制來加以說明。

The chemical environments of two $Fe(CO)_3$ fragments in $[(CO)_3Fe]_2(C_4R_4)$ are different at low temperature. The same chemical environment was observed while heating the compound. It means that two $Fe(CO)_3$ fragments cannot be differentiated in high temperature. Draw out a mechanism to account for this Fluxional behavior.

答：仔細看兩個 Fe(CO)₃ 基團不但處於不同環境，也並不全部遵守十八電子規則。上面 Fe(CO)₃ 基團遵守，下面 Fe(CO)₃ 基團不遵守，為這兩個 Fe(CO)₃ 基團的流變性留下伏筆。在高溫加熱情形下，將 C₄R₄ 基團視為在由兩個 Fe(CO)₃ 基團連結的雙金屬骨架間流變，使兩個 Fe(CO)₃ 基團環境變成相同。

請區別分子振動（Vibration）及構型轉換（Conformation Change）和流變現象（Fluxional）特性之間的差別。〔提示：構型轉換如環己烷（Cyclohexane）的椅形（Chair Form）和船形（Boat Form）之間的轉變。流變現象（Fluxional）如雙三角錐構型（Trigonal BiPyramidal, TBP）分子以貝利旋轉機制（Berry's Pseudorotation）方式進行取代基（或是配位基）之間相關方位的變換。〕

Try to distinguish the "Fluxional behavior" from "Vibration" and "Conformation Change". The latter is demonstrated by the shifting between "chair form" and "boat form" of cyclohexane.

答：下圖為一流變現象的例子。若配位基皆相同，轉換後的兩分子構型一樣，稱為具有流變現象特性。發生流變現象時配位基之間的相對位置有變動。

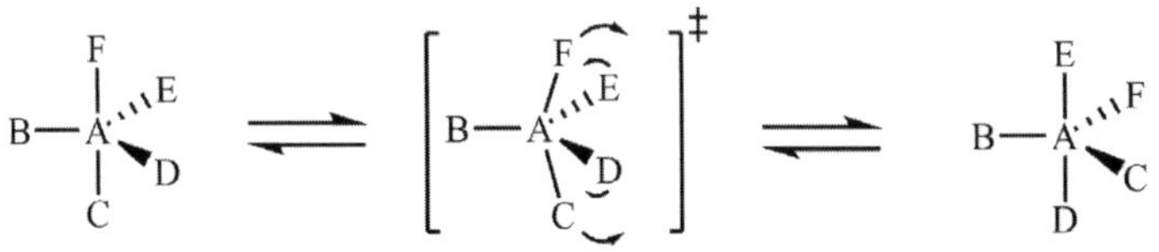

分子振動（Vibration）時如水分子其氧及氫原子的相對位置有拉長或縮短但沒有變動。環己烷（Cyclohexane）的椅形（Chair Form）和船形（Boat Form）之間的構型轉換，其原子的相對位置沒有變動，且兩者構型不同。都不能稱為具有流變現象特性。

補充說明：想像魔術方塊在旋轉時，小方塊的相對位置有交換。如果小方塊的顏色一樣，則旋轉前後無法區分。

27

含錫金屬化合物 Cycloheptatrienyltriphenyltin $(\eta^1\text{-}C_7H_7)SnPh_3$ 其上的環庚三烯是以 η^1-方式結合錫金屬形成錯合物。化學家發現其發生流變現象（Fluxional）的轉換是經由 1,5-shift，而非較為短路線的 1,2- 或 1,3-shift 機制。可能原因為何？

The organometallic compound cycloheptatrienyltriphenyltin $(\eta^1\text{-}C_7H_7)SnPh_3$ is linked by a η^1-C_7H_7 cyclic ring. The fluxional mechanism is proposed through 1,5-shift rather than 1,2- or 1,3-shift. Explain it.

答：一般化學反應據信會走最簡潔路線，即 1,2-shift 機制，而非走 1,5-shift 機制。然而分子 $(\eta^1\text{-}C_7H_7)SnPh_3$ 發生流變現象（Fluxional）時轉換是經由 1,5-shift 機制，這是比較特別的例子，可能因為七角環是比較可以折疊的，而以走 1,5-shift 機制的方式進行反而容易。

28

有機配位基和金屬中心鍵結通常會引起有機配位基本身性質的改變，大部分的情形是有機配位基提供電子密度給金屬中心，造成自己本身容易被親核子攻擊。一般而言，環狀有機配位基比非環狀有機配位基穩定，含奇數環狀有機配位基比含偶數有機配位基穩定，不易被親核子攻擊。請說明可能的原因。

In general, an organometallic compound coordinated by a cyclic ring is much stable than by an acyclic ring. Also, an organometallic compound coordinated by an odd number cyclic ring is much stable than by an even number cyclic ring. Explain.

答： 環狀有機配位基比非環狀有機配位基不易被親核子攻擊，因此比較穩定，是可以理解的。因為，如果被親核子攻擊造成環的扭曲，對能量不利。含奇數環狀有機配位基比含偶數有機配位基穩定，不易被親核子攻擊，因此比較穩定，主要是奇數環狀有機配位基常帶負電，不適合被親核子攻擊。

29

在有機化學課本中常會出現一個由乙烷 CH_3-CH_3 的兩個甲基互相旋轉時的<u>旋轉角度</u> vs. <u>能量</u>的圖形。將其中一甲基視為固定，另一甲基繞著單鍵旋轉，即可繪出此圖。用軌域瓣類比（Isolobal）的觀念來看 $(CO)_5MnCH_3$ 分子，將 Mn-CH_3 鍵中的甲基視為單鍵，甲基繞著 Mn 基團單鍵旋轉。請繪出在此種情況下的<u>旋轉角度</u> vs. <u>能量</u>圖。除了圖形不同外，預期兩種狀況的能量高低會有何不同？

A plot, energy vs. angle, can be obtained for CH_3-CH_3 by rotating the single bond between two methyl groups. Similar plot can be obtained by extending this idea to an organometallic compound $(CO)_5MnCH_3$. Here the bonding between Mn and methyl group (Mn-CH_3) is regarded as single bond. What are the differences between these two plots in terms of shapes and heights?

答：將乙烷 CH_3-CH_3 其中一甲基固定，另一甲基繞著單鍵旋轉，旋轉角度 vs. 能量圖如下所示。旋轉 60°、180°、300° 角時能量最低。由圖看出 staggered form 時，能量最低。

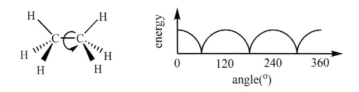

在 (CO)₅MnCH₃ 分子，將 Mn-CH₃ 鍵視為單鍵，將 Mn(CO)₅ 基團固定，甲基繞著單鍵旋轉。旋轉角度 vs. 能量圖如下所示。旋轉每 30° 角，能量最低。而且能量高度比乙烷的 case 較低。一方面，Mn-C 鍵比 C-C 長，所以 CH₃ 較遠離。另一方面，Mn 有 d 軌域，鍵比較弱。

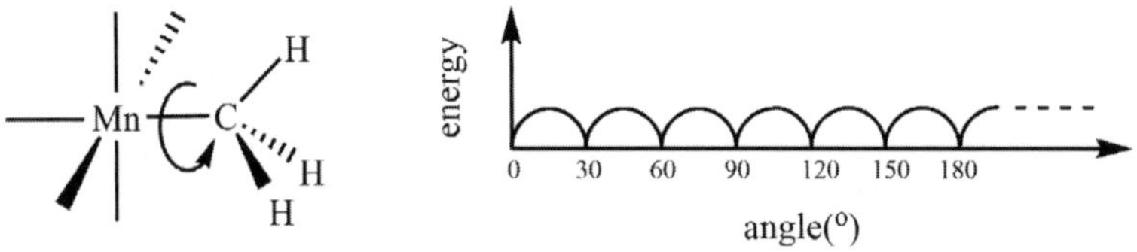

30

有機環狀化合物環辛四烯（Cyclooctatraene）有四個雙鍵，有機會以多個雙鍵藉由 π-鍵結方式鍵結到 Fe(CO)₃ 基團上。在遵守十八電子規則（18-Electron Rule）的要求下，請繪出含鐵有機金屬化合物 (η^4-C₈H₈)Fe(CO)₃ 的可能結構及其變溫 ^{1}H NMR 光譜。

In an iron complex (η^4-C₈H₈)Fe(CO)₃, cyclooctatraene coordinates to Fe(CO)₃ fragment through π-bonding mode. Draw out the structure for this complex and predict the Variable Temperature ^{1}H NMR for it.

答：鐵分子 (η^4-C₈H₈)Fe(CO)₃ 的結構在低溫時可能為構型（A）或（B），如下圖。在低溫時構型（A）的 Fe(CO)₃ 基團以 π-鍵結方式鍵結到環辛四烯（Cyclooctatraene）的 C1、C2、C7、C8 上。另外，在低溫時構型（B）鍵結到 C3、C4、C5、C6 上。在低溫時有四組不同的氫環境即 (C1,C8)、(C2,C7)、(C3,C6)、(C4,C5)。

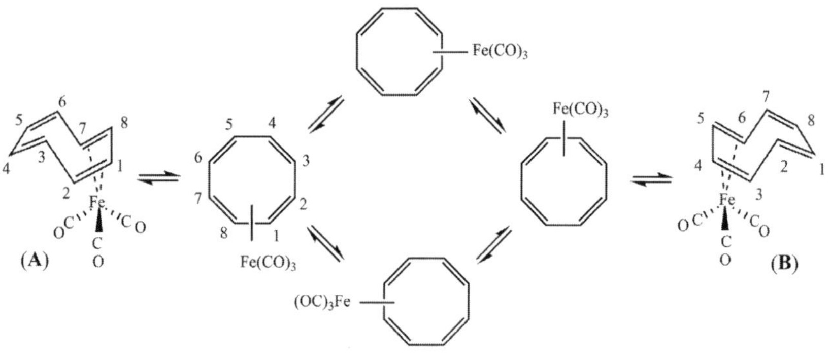

當溫度升高時，分子構型在構型（A）或（B）之間快速轉換，可視為 Fe(CO)$_3$ 基團在環辛四烯的碳間遊走，當化合物從低溫到高溫時會經過合併溫度區（Coalescence Temperature, T$_c$），到高溫時八個氫的環境變成相同，此時 ^{1}H-NMR 光譜的四組吸收峰合併成一組吸收峰。

31

在 40℃ 下，碳烯錯合物的 ^{1}H NMR 光譜圖顯示兩個同等強度的吸收峰。在 -40℃ 下，^{1}H NMR 光譜圖顯示四根不同強度的吸收峰（兩強兩弱）。說明此碳烯錯合物在不同溫度下的行為。

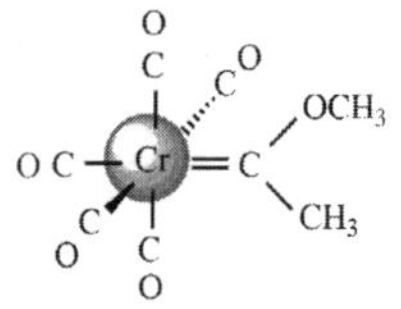

At 40℃, there are two signals with equal intensity for carbene complex in ^{1}H NMR. At -40℃, two strong and two weak signals were observed in ^{1}H NMR. Explain the different behaviors exhibited by this compound at different temperatures.

答：在高溫 40℃ 下，如果發生轉換速度很快的流變現象（Fluxional），兩組甲基交換不同位置，^{1}H NMR 光譜圖仍然會顯示兩個同等強度的吸收峰。因一個為甲基，另一個是甲氧基，兩者不同。在低溫 -40℃ 下，碳烯錯合物 ^{1}H NMR 光譜圖顯示四根不同強度的吸收峰（兩強兩弱）。可能的原因是熱能不足 Cr=C 雙鍵旋轉 45° 時為 local minimum 如圖顯示。這個構型稍不穩定，比例較低。原先構型比較穩定，

比例較高。結果產生示兩強兩弱的吸收峰。

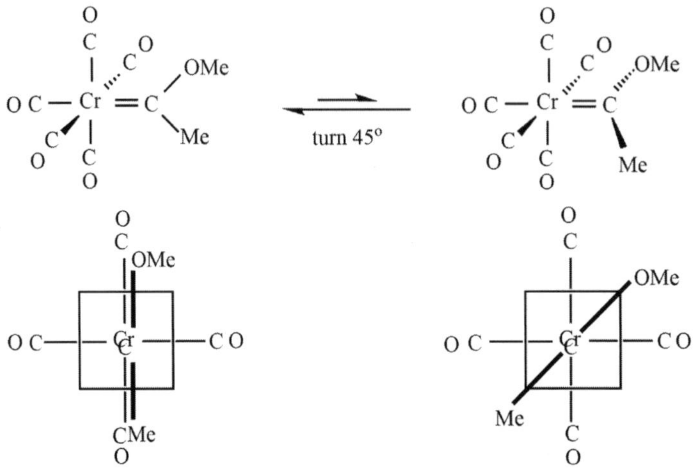

下圖三個有機金屬化合物，為平面四邊形分子 [Pt(Cl)(^{13}CO)(PPh$_2$Me)(Ph)] 的三種異構物。其中配位基 CO 是被^{13}CO-enriched（^{13}CO 富化）。請由下面的光譜數據的耦合常數來選出相對應的異構物。

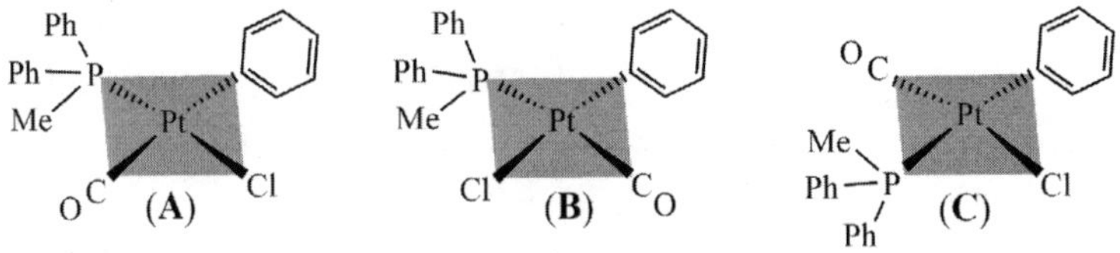

		I	II	III
1	$^1J(^{195}Pt,^{31}P)$	3920	3481	1402
2	$^1J(^{195}Pt,^{13}CO)$	906	1427	1947
3	$^1J(^{31}P,^{13}CO)$	6.1	157.8	8.2

There are three structural isomers for a square planar platinum complex [Pt(Cl)(^{13}CO)(PPh$_2$Me)(Ph)]. The CO ligand is ^{13}CO-enriched. Select proper isomer for the corresponding spectrum according to the coupling constants provided.

答：首先，從光譜數據中比較突出的數據來判定。在第一列的數據中，III 的耦合常數（$^1J(^{195}\text{Pt},^{31}\text{P})$）特別小。異構物（C）中磷基和苯基相對，苯基的 *trans* influence 大，使得 Pt-P 的鍵較弱，耦合常數較小，所以 III 應該對應到異構物（C）。在第二列的數據中，I 的耦合常數（$^1J(^{195}\text{Pt},^{13}\text{CO})$）特別小。異構物（A）中 CO 和苯基相對，苯基的 *trans* influence 大，使得 Pt-CO 的鍵較弱，耦合常數較小，所以 I 應該對應到異構物（A）。在第三列數據中，II 的耦合常數（$^1J(^{31}\text{P},^{13}\text{CO})$）特別大。異構物（B）中磷基和 CO 在相對（*trans*）位置，其耦合常數應該最大，其餘兩個都是在相鄰（*cis*）位置，其耦合常數應該很小，所以 II 應該對應到異構物（B）。

第 7 章
有機金屬催化有機物反應型態

（於反應中）使用慎選過的催化劑一定優於使用計量的試劑。

Catalytic reagents (as selective as possible) are superior to stoichiometric reagents.

——美國環境保護署綠色化學的十二條原則第九條

（The 9th statement of 12 Principles of Green Chemistry.

United States Environmental Protection Agency.）

本章重點摘要

在催化反應（Catalytic Reaction）中使用催化劑（Catalyst）來促進反應進行。好的催化劑至少應該具備以下特點：（一）降低反應活化能，（二）少許劑量即可達成催化大劑量反應物的效果。除此之外，少數催化劑則具有使催化反應具有位向選擇性（Selectivity）的特殊功效。

有些催化劑本身是穩定化合物，此時通常需藉由脫去一個（或多於一個）配位基將它轉換成活性物種（Active Species）才會具有催化能力。這種情形下的催化劑稱為催化劑前驅物（Catalyst Precursor）。接下來再由活性物種接上反應物進行催化反應。催化反應通常不是一步可達成，而是由許多個別的步驟連結而成。這些個別的步驟可能是加入（Addition）、配位（Coordination）或是氧化加成（Oxidative Addition, O.A.）步驟。反應過程可能發生插入（Insertion）、抽取（Abstraction）、轉移（Migration）、環化反應（Cyclization）、異構化（Isomerization）、耦合（Coupling, Oxidative Coupling）及交換（Metathesis）等等機制。通常最後一步則是脫離（Elimination, Extrusion）或是還原脫離（Reductive Elimination, R.E.）步驟。

脫離步驟後重新產生的活性物種在未被毒化而喪失功能前可繼續下一個催化循環。

催化劑於反應中提供反應物接觸的介面，其方式和純粹加熱反應不同。催化反應通常是取活化能比較小的途徑。因此，遵行催化反應路線所得到的最後產物不見得是所有可能產物中最穩定的一個，此產物我們稱之為<u>動力學控制下產物</u>（Kinetically Controlled Product(s)）。而稱所有可能得到的產物中最穩定的化合物為<u>熱力學控制下產物</u>（Thermodynamically Controlled Product(s)）。如下圖，走活化能小的途徑（動力學控制途徑）有可能導致最後產物是能量較高且較不穩定的化合物。

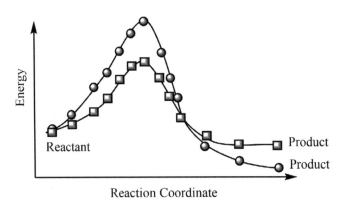

圖 7-1   ■：動力學產物途徑，●：熱力學產物途徑

催化劑有各式各樣不同的形態。而有機金屬化學家偏好使用過渡金屬錯合物來當催化劑的理由不外乎：（一）過渡金屬含有 d 或 f 軌域，具有多方位的鍵結能力；（二）過渡金屬和配位基的鍵結能力較弱，容易斷鍵，發生反應；（三）可選擇多樣化的配位基來參與配位，產生多變化的<u>電子及立體</u>效應；（四）中心金屬配位數多變化，容易進行加成或脫去反應；（五）金屬中心容許不同的氧化態，氧化或還原反應容易進行。

選擇過渡金屬錯合物當催化劑最重要的原因是可有多樣化的配位基可供慎選。配位基的選擇可以從具有很小錐角（Cone Angle）的如 H 到很大如 P(^{t}Bu)$_3$，藉此來影響<u>立體效應</u>。也可以選擇具有很強<u>對邊效應</u>（*Trans* Effect）的配位基如 CO 到很弱的如 Cl$^-$，藉此來影響其<u>對邊</u>（*Trans* position）的另一個配位基解離的難易度。

甚至可選擇具有光學活性的配位基如 BINAP。配位基的螯合能力可以從單牙、雙牙甚至到多牙的配位基。過渡金屬錯合物上的配位基的數目及形狀也可以有變化，常見的為六配位、五配位及四配位的金屬錯合物。幾何形狀可以從正八面體、雙三角錐形到正四面體等等。如此繁複變化的組合可能性，使過渡金屬錯合物可依照反應的需求來量身訂做適合需求的配位基。化學家透過配位基的修飾來修改過渡金屬錯合物的反應性，並依反應的需求來調整適應不同催化反應的狀況。

　　催化反應依照反應進行方式通常分為均相催化反應（Homogeneous Catalysis）與非均相催化反應（Heterogeneous Catalysis）兩種。在學術界比較常用前者的操作方式的原因在於反應過程修改及化合物鑑定方面比較方便，在工業界因為單一產品大量生產的緣故，通常使用後者的操作方式來進行反應。

　　在觸媒的催化下將氫氣（或其他氫的來源）加入不飽和有機物（烯類或炔類）上面使其轉化成烷類的反應稱為氫化反應（Hydrogenation Reaction）。氫化反應是工業產值很大的反應，特別是在食品及醫藥化學工業上。被研究最多的均相氫化反應的催化劑應該是威金森催化劑（Wilkinson's Catalyst, RhCl(PPh₃)₃）。氫化催化反應機制循環簡化如下圖，這是一個很經典的反應機制，其中包含幾個常見的基本反應步驟。

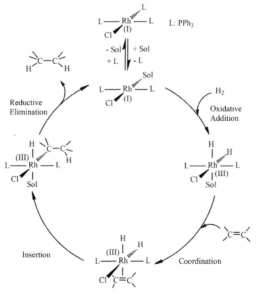

圖 7-2　以威金森催化劑（RhCl(PPh₃)₃）為觸媒的烯類氫化反應循環

　　近來有名的不對稱合成反應（Asymmetric Synthesis）其中使用的催化劑，通常在其金屬上配位具有光學活性的磷配位基（Chiral Phosphine Ligand），且通常為雙牙磷基，這些具有光學活性的磷基在此扮演重要的角色，對產物的光學活性純度具有相當決定性的影響。最後得到具有光學活性產物的立體方位選擇性和催化劑的立體障礙因素（Steric Effect）有關。

　　有機的環化反應種類不多，通常不太能夠以一步反應方式來達成。藉著含金屬催化劑如 $Co_2(CO)_8$ 的催化卻能夠以一步反應方式取得環戊烯酮（Cyclopentenone）。這種以 $Co_2(CO)_8$ 為催化劑將烯類、炔類及一氧化碳以 [2+2+1] 環加成反應的方式取得環戊烯酮稱為包生—韓德反應（Pauson-Khand Reaction, PKR）。

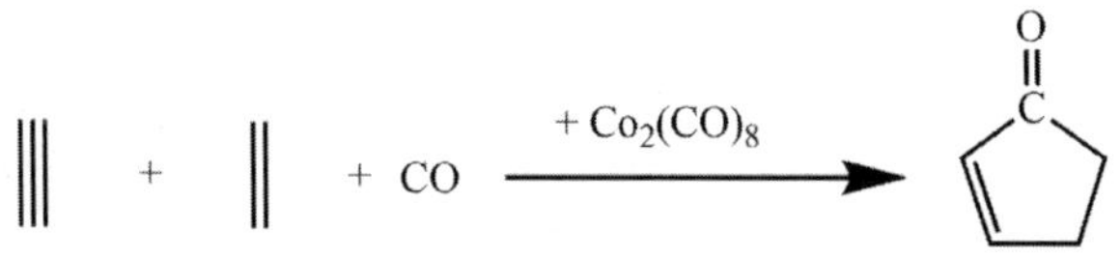

圖 7-3　以 $Co_2(CO)_8$ 為觸媒的包生—韓德反應（Pauson-Khand Reaction, PKR）

　　交叉耦合反應（Cross-coupling Reactions）為目前很熱門的催化反應型態。根據定義，交叉耦合反應是「將兩個化合物基團，借助催化反應方法，結合成一個新分子的反應」。這類型反應可以各種金屬錯合物來當催化劑，目前常見的為鈀金屬錯合物。通常在最佳化條件下執行催化耦合反應可以一步反應方式快速地達成目標，大量節省早期計量反應不經濟的合成方式。

$$\boxed{R\text{-}X \quad + \quad R'\text{-}m \quad \xrightarrow{\quad [ML_n] \quad} \quad R\text{-}R'}$$

M = Fe, Ni, Cu, Pd, Rh...; L: phosphine, amine etc.

X = I, Br, Cl, OTf...

m = B (Suzuki-Miyaura)

　　Sn (Migita-Kosugi, Stille)

　　Mg (Kumada-Tamao, Corriu)

　　Al (Nozaki-Oshima, Negishi)

　　Zn (Negishi)

　　Zr (Negishi)

　　Cu (Normant)

　　Li (Murahashi)

　　Si (Tamao-Kumada, Hiyama-Hatanaka)

圖 7-4　常見的耦合反應型態

　　研究一化學反應的反應機理必須觀察從反應物到產物的詳細過程。因此，研究反應機理和過程有關，是屬於化學動力學（Chemical Kinetics）研究的範圍。反應物、中間產物和產物的濃度隨著時間變化，必須加以追蹤，如果能鑑定出中間產物的種類對反應機理的了解可以更清楚。催化反應有快速反應的優點，然而也因反應速率可能太快，要追蹤反應物、中間產物和產物的濃度隨著時間變化非常困難。催化反應過程中可能產生活性物種（Catalytically Active Species），通常此活性物種於反應過程中產生的量少，存在的時間短，以現行的儀器來追蹤檢驗有其實質上的困難。因此，要完全了解催化反應的反應機理並不容易。近年來，電算化學（Computational Chemistry）的興起，可以提供對反應機理研究有用的協助，彌補實驗上的困難。

　　如何將有機化合物如烷類或苯基類中活性低的 C-H 鍵活化，然後再進行其他各種反應，一直是很具挑戰性的課題。現在化學家可選擇適當的含過渡金屬催化劑來達到將 C-H 鍵活化的目的，然而仍然有許多待突破的地方，預期這方面的研究將持續熱門一段時間。

練習題

1　請簡單解釋下列名詞：催化劑（Catalyst）、抑制劑（Inhibitor）、量論或計量（Stoichiometric）、促進劑（Promoter）、催化劑前驅物（Catalyst Precursor）及催化活性物種（Active Species）。

Briefly describe the following terms: Catalyst, Inhibitor, Stoichiometric, Promoter, Catalyst Precursor, and Active Species.

答： 一般認為的催化劑概念需具備以下特點：（一）能降低反應活化能，增進反應速率，（二）少量催化劑即達成大量催化反應物的效果。另外，少數特殊催化劑則具有提供反應不對稱介面，使反應具有位向選擇性（Selectivity）的功能。如果要再細分，可以稱能增加反應速率者為催化劑（Catalyst）。反之，若是降低反應速率者稱為抑制劑（Inhibitor）。有些催化反應需要將近一比一計量的催化劑參與反應，這一類型催化劑一般稱為量論或計量（Stoichiometric）的催化劑，或稱為促進劑（Promoter）。後者這種反應對催化劑的使用量來說並不經濟。大部分的情形化學家提到的催化反應是屬於前者。催化反應進行時催化劑必須先被活化，被活化後的稱為催化活性物種（Active Species），被活化前的稱為催化劑前驅物（Catalyst Precursor）。通常催化劑前驅物的活化步驟是移走催化劑上的一個或多個配位基，使它不飽和。

補充說明： 使用抑制劑降低反應速率的概念在防止人體老化上是重要的課題。

2　催化劑促進反應速率的方式是藉由降低反應活化能。請解釋。

Explain how does catalyst lower the activation energy of a reaction.

答： 催化劑通常藉著提供不同的反應途徑，來降低反應活化能，經常是藉著經由多個能量不高的反應步驟組合來達成。

●　Without Catalyst

■　With Catalyst

> 3
>
> 不論在學術界或工業界，化學家常使用含過渡金屬的錯合物來當催化劑促進反應速率。請說明其中的理由。
>
> Explain the reason why chemists frequently use transition metal complexes as catalysts.

答： 化學家偏好使用過渡金屬錯合物來當催化劑的理由不外乎是：（一）過渡金屬因含有 d 或 f 軌域而具有多方位的鍵結能力；（二）可有多樣化的配位基的選擇，產生多樣化的電子及立體效應；（三）不同的中心金屬氧化態，易進行氧化或還原反應；（四）多變化的中心金屬配位數，易進行加成或脫去反應。（五）過渡金屬錯合物的鍵能通常比較低，反應容易進行。

> 4
>
> 第二或三列過渡金屬比起第一列過渡金屬昂貴許多。然而，在工業界仍然傾向使用第二或三列過渡金屬錯合物來當催化劑，因其催化效果比起第一列過渡金屬要好很多。請說明其中的理由。
>
> The employments of the second or third row transition metal complexes as catalysts are often better than that of the first row transition metal complexes in terms of catalytic efficiency. Explain.

答： 第二或三列過渡金屬比第一列過渡金屬原子體積大，其中的 d 或 f 軌域比較擴散（diffuse）。意味著在比較遠處即可和反應物產生作用，又因體積大和反應物作用的空間也比較大。另外，第二或三列過渡金屬因為 d 或 f 軌域比較擴散（diffuse），電子雲比較鬆散，進行氧化或還原都比第一列過渡金屬快。快速氧化或還原的特質在催化反應中很重要。因此，使用第二或三列過渡金屬錯合物來當催化劑，通常比使用第一列過渡金屬錯合物的催化效果要好很多。

| 5 | 不論在學術界或工業界，常使用過渡金屬加上配位在上面的配位基所形成的催化劑進行催化反應。請說明原因。 |
| | Chemists often employ ligand(s) coordinated transition metal complexes as catalysts in catalytic reactions. Explain. |

答：化學家偏好使用配位基配位的過渡金屬錯合物來當催化劑的理由是配位基可有多樣化的電子及立體效應。配位基的選擇性很多。配位基可以單牙、多牙，甚至具有光學活性（Optical Active）的配位基可用來進行不對稱催化反應。另外，選擇適當的配位基可讓過渡金屬錯合物在有機溶劑中的溶解度增加，有利於反應進行。

補充說明：有些配位基如 Indenyl 環（茚基）可造成在取代反應中具有茚基的金屬化合物比一般只含 Cp 環的金屬化合物取代速率可快上百萬倍。這種效果稱為茚基效應（Indenyl Effect）。

| 6 | 使用催化劑來進行催化反應之所以反應速率加快的原因是，整個催化反應過程被分為幾個活化能較低的步驟。在使用含過渡金屬的催化劑來進行催化反應循環的步驟中，第一步的氧化加成（Oxidative Addition, O.A.）步驟往往是速率決定步驟（rate-determining step, r.d.s.），而非最後一步的還原脫離（Reductive Elimination, R.E.）步驟。請說明原因。 |
| | In the catalytic cycle, the "Oxidative Addition (O.A.)" process rather than the "Reductive Elimination (R.E.)" process is frequently regarded as a rate-determining step (r.d.s.). Why is so? Explain. |

答：以鹵化苯為反應物為例，氧化加成（Oxidative Addition, O.A.）步驟需要斷 $X-C(sp^2)$ 鍵，這是需要能量的步驟。還原脫離（Reductive Elimination, R.E.）步驟是將在 *cis* 位置的兩個基團結合，通常不需要太多能量。因此，氧化加成往往是催化循環的速率決定步驟。選擇不同鹵化苯為反應物，如果造成不同反應速率，表示氧化加成步驟極有可能是此反應的速率決定步驟（r.d.s.）。

將氫加到有機物上的步驟在有機化學的反應中稱為還原（Reduction），而將 H_2 加到有機金屬化合物上的步驟在有機金屬化學的反應中稱為氧化加成（Oxidative Addition, O.A.）。請說明為何有如此差別。

7

The addition of H_2 to organic compound is called "Reduction" in organic reaction; while, adding H_2 to organometallic compound is called "Oxidative Addition (O.A.)" in organometallic reaction. Why is so? Explain.

答：主要的差別發生在中心原子的電負度差異上。有機物中心原子為碳原子，其電負度比氫大，氫加到有機物時，電子密度被移走一部分，即氫被氧化，而碳被還原，整個反應稱為還原（Reduction）。有機金屬化合物中心原子為金屬，其電負度通常比氫小，氫加到金屬時，氫被還原，而金屬被氧化，因為有金屬被氧化及氫的加入，整個反應稱為氧化加成（Oxidative Addition, O.A.）步驟。顯然，當氫原子面對不同性質的原子時，它會扮演不同角色。

下面反應式中往前進行的是氧化加成（Oxidative Addition, O.A.）步驟，往回走的逆反應是還原脫離（Reductive Elimination, R.E.）步驟。(a) 請舉出對往前進行的氧化加成步驟有利的可能因素。(b) 請舉出對往回走的逆反應還原脫離步驟有利的可能因素。(c) 配位基可能扮演重要角色來影響此兩步驟，如何設計適當的配位基有利於此兩條件？(d) 如何選擇適當的金屬有利於反應進行？

8

$$L_nM^{(a)} + X\text{-}Y \underset{R.E.}{\overset{O.A.}{\rightleftharpoons}} L_nM^{(a+2)}\text{-}X\underset{Y}{|}$$

The above equation shows a forwarding "Oxidative Addition (O.A.)" process and the revising "Reductive Elimination (R.E.)" step. (a) Point out the advantageous factors for the "Oxidative Addition (O.A.)" process. (b) Point out the advantageous factors for the "Reductive Elimination (R.E.)" process. (c) How to design ligands to fit both of these two requirements? (d) How to choose proper metals for the catalytic reactions?

答：(a) 對氧化加成步驟有利的反應因素：(i) 配位基能提供比較多電子密度給中心金屬；(ii) 中心金屬低氧化態。其主要目的是讓中心金屬電子密度多，比較容易進行氧化加成步驟。(b) 對還原脫離步驟有利的反應因素：(i) 還原脫離（Reductive Elimination, R.E.）兩個基團必須在 *cis* 位置，而使用雙牙配位基可迫使兩個基團容易在 *cis* 位置，最後迫使兩個在 *cis* 位置的基團耦合離去。(ii) 配位基立體障礙大，可迫使離去基更容易解離。(c) 使用雙牙配位基且能提供電子密度者。(d) 選擇第二或三列過渡金屬且金屬氧化態低者。

---

9 當一個 A-B 分子進行氧化加成（Oxidative Addition）步驟時，如何區分此步驟是經由同步 A 和 B 加入的三中心步驟（Concerted 3-Centered Process），或經由 A 先加入再由 B（或反之）加入的自由基步驟（Radical Process）來進行？

How to differentiate whether the "Oxidative Addition" step might be carried out through a "Concerted 3-Centered Process" or "Radical Process"?

答：氧化加成（Oxidative Addition）步驟若是經由同步的三中心步驟（Concerted 3-Centered Process）其加成的兩個有機基團通常在 *cis* 相關位置。若經由自由基步驟（Radical Process）來進行其加成的兩個有機基團可能在 *cis* 或 *trans* 相關位置。兩種步驟可由產物的種類來區分。

三中心步驟（Concerted 3-Centered Process）：

$$[M] \; + \; \begin{matrix} A \\ | \\ B \end{matrix} \quad \longrightarrow \quad [M]\Big\langle \begin{matrix} A \\ B \end{matrix} \quad (cis)$$

自由基步驟（Radical Process）：

$$[M] \; + \; \begin{matrix} A \\ | \\ B \end{matrix} \longrightarrow \; [M]{-}A \; + \; B \longrightarrow \begin{matrix} B-[M]-A \quad (trans) \\ + \\ [M]\Big\langle \begin{matrix} A \\ B \end{matrix} \quad (cis) \end{matrix}$$

10	不論在學術界或工業界使用催化反應的方式不外乎均相催化反應（Homogeneous Catalysis）與非均相催化反應（Heterogeneous Catalysis）兩種方法。請說明使用這兩種方法的個別優缺點。
	List the advantages and disadvantages of employing "Homogeneous Catalysis" and "Heterogeneous Catalysis" methods in catalytic reactions.

答：**均相催化反應**：催化劑（觸媒）和被催化的化合物為同一相（例如同為液相）稱為均相催化反應，使用的觸媒稱為均相觸媒。大多數的催化反應都在液相中進行，化合物及催化劑均溶於溶劑中同為液相，此類型催化反應稱為均相催化反應。這種反應方式適用於對產物的位向選擇性有高度要求的高附加價值的產業如製藥工業等等。特別是不對稱合成使用均相催化反應方法比較適合。

非均相催化反應：催化劑（觸媒）和被催化的化合物為不同相（例如有固相及液相同時存在）稱為非均相催化反應，使用的觸媒稱為非均相觸媒。如催化劑為固相，而被催化的化合物為液相或氣相，此類催化反應稱為非均相催化反應。這種反應適用於大量生產且對產物的位向選擇性沒有特別要求的產業，如石化工業產品等等。

11	說明金屬環化物（Metallacycle）的形成過程及其重要性。
	Illustrate the reaction pathway for the formation of Metallacycle and also its importance.

答：金屬環化物（Metallacycle）是金屬基團連結環狀的有機鏈而成。通常是藉著金屬催化劑氧化耦合（Oxidative Coupling）含不飽和鍵的有機物而來。最後可藉著脫掉金屬基團得到環狀有機物。

$$[M] + n \equiv\equiv\equiv + m \equiv\equiv\equiv \longrightarrow [M] \langle\bigcirc\rangle_x \xrightarrow{-[M]} \langle\bigcirc\rangle_x$$

補充說明：適當選擇金屬催化劑可使有機物環化反應變得簡單有效率。有些國家（如英國）出版的相關書籍將 Metallacycle 寫成 Metallocycle。

| 12 | 將 HC≡CR 藉著金屬催化劑氧化耦合（Oxidative Coupling）形成五角金屬環化物（Metallacycle）。炔類上的取代基的位向選擇如何取決？ |
| | The catalytic reaction of HC≡CR by transition metal complex through "oxidative coupling" process leads to the formation of "metallacycle". What are the locations of substituents (Rs) of alkynes in metallacycle? |

答：金屬催化劑將兩個 HC≡CR 藉著氧化耦合（Oxidative Coupling）形成五角金屬環化物（Metallacycle）前，兩個炔類要耦合的位置處立體障礙越小越好。取代基 R 的立體障礙比較大，盡量互相遠離。

| 13 | 一般使用催化反應所產生的產物被認為大多數是動力學產物（Kinetic Control Product(s)）而非熱力學產物（Thermodynamic Control Product(s)）。其中，熱力學產物指產物是能量上比較穩定的化合物。原因為何？ |
| | The resulted products from the catalytic reaction are always "Kinetic Controlled" rather than "Thermodynamic Controlled" product(s). Reason? |

答：催化劑在催化反應中提供較低能量的反應途徑。催化反應的產物和反應途徑有關，動力學主要和反應途徑有關，而熱力學產物和反應途徑無關。因此，一般催化反應的產物是動力學控制產物（Kinetic Control Product(s)）而非熱力學控制產物（Thermodynamic Control Product(s)）。

| 14 | 如果能夠對催化反應機制有更深入的了解，就可以設計更有效率的反應形式。試指出電算化學（Computational Chemistry）在了解催化反應機制中扮演的角色及其限制。比起實驗方式有何優缺點？ |
| | Point out the role that could be played by "Computational Chemistry" in the processes of searching proper mechanism(s) for the catalytic reactions. |

答：催化反應的機制通常非常複雜且反應很快，以一般實驗方法可能很難抓住反應中量少而且存在時間很短的中間產物，更遑論了解其整個反應機制。電算化學則無此限制。最近，有越來越多理論化學家以電算化學方法來協助實驗化學家尋找反應可能的機制。只要電算方法選擇適當及電算資源夠，即可執行計算。電算化學的限制是在執行電算有時候無法找到結構不穩定的中間物。況且，由電算化學理論推導出的機制不見得是真正在實驗上發生的步驟。理論上可能會發生的，在實驗上不一定真的發生。

補充說明：電算化學在處理大分子時為了節省計算資源必須將研究的分子系統做適當的簡化，有可能導致計算結果產生系統偏差。因此，計算時最好做同一系列的分子，最後結果可在相對比較下抵銷系統偏差。

15
請簡單說明下列各項名詞或反應：(a) C₁ Chemistry（一碳化學）；(b) WGSR（Water Gas Shift Reaction，水煤氣轉移反應）；(c) SHOP process（Shell Higher Olefins Process，Shell 高烯屬烴合成反應）；(d) Fischer-Tropsch Reaction（費雪—特羅普希反應）；(e) Reactants and products of Monsanto's process（Monsanto 合成反應步驟的反應物及產物）；(f) Oxidative Addition（氧化加成）；(g) Reductive Elimination（還原離去步驟）；(h) Transmetallation（交換金屬反應）；(i) Migratory Insertion Process（轉移插入步驟）；(j) Agostic Interaction（α-碳上氫原子被金屬吸引作用）；(k) α-Hydrogen Abstraction（α-氫抓去步驟）；(l) α-Hydrogen Elimination（α-氫離去步驟）；(m) Pauson-Khand reaction（包生—韓德反應）；(n) *Ab initio* Method（初始法的電算方法）；(o) Catalyst（催化劑）；(p) Catalyst Precursor（催化劑前驅物）；(q) Promoter（加速劑）；(r) Catalytic Cycle（催化循環）；(s) Turnover Frequency（觸媒催化轉換率）；(t) Selectivity（選擇性）；(u) Olefin Metathesis（烯烴複分解反應）；(v) Ring-Opening Metathesis Polymerization（ROMP，開環交換聚合反應）；(w) Ring-Closing Metathesis（RCM，合環交換反應）。

Briefly describe the terms listed here.

答：(a) **C₁ Chemistry（一碳化學）**：所謂<u>一碳化學</u>就是利用自然界儲量極豐的煤或含一個碳的大宗儲量的原料化合物（如 CH_4、CO、CO/H_2O 等等）將其轉化成其他多碳有機化合物（如汽油）的化學。

(b) **WGSR（Water Gas Shift Reaction，水煤氣轉移反應）**：將煤碳（Coal）在高溫水蒸氣（H_2O）下反應，使生成等莫耳數的 H_2 和 CO 即俗稱的水煤氣（Water Gas）。將 H_2 對 CO 的比例由原先的 1：1 提高的方法稱為<u>水煤氣轉移反應</u>（Water Gas Shift Reaction，WGSR）。這個方法是將 CO 和 H_2O 反應，一方面消耗掉 CO 變成 CO_2，同時產生 H_2。最後的結果是 H_2 對 CO 的比例提高。其目的是要在後續的反應中製造含氫比例較高的有機物。

(c) **SHOP process（Shell Higher Olefins Process，Shell 高烯屬烴合成反應）**：殼牌（Shell）公司利用過渡金屬錯合物當觸媒，將不同長度的烯屬烴經互相交換得到適當長鏈的烯屬烴。其做法通常是將 C4-C10 的烯屬烴和含二十個碳左右（C20+）的烯屬烴，經由非均相催化方式交叉組合生成含十三個碳左右（C13+）的烯屬烴。此步驟叫 <u>Shell 高烯屬烴合成反應</u>。這種長鏈的烴類可以成為製造清潔劑的前驅物。

(d) **Fischer-Tropsch Reaction（費雪―特羅普希反應）**：<u>費雪―特羅普希反應</u>（Fischer-Tropsch, FT）是一個利用觸媒將煤碳（Coal）轉變成碳氫化合物（包括氣態碳氫化合物及液態汽油）的方法。

(e) **Reactants and products of Monsanto's process（Monsanto 合成反應步驟的反應物及產物）**：<u>孟山都</u>（Monsanto）的反應步驟是將由費雪―特羅普希反應（Fischer-Tropsch Reaction）得來的甲醇（CH_3OH）及從水煤氣得來的一氧化碳（CO）經催化合成醋酸（CH_3COOH）或醋酸酐（$(CH_3CO)_2O$）。

(f) **Oxidative Addition（氧化加成）**：有機物如鹵化物（R^1-X）和金屬催化劑反應，造成有機物加成到金屬催化劑上，同時，催化劑金屬價數增加，稱為<u>氧化加成</u>（Oxidative Addition）。

(g) Reductive Elimination（還原離去步驟）：催化循環反應的最後階段，產物從金屬催化劑離開同時，催化劑金屬價數減少，稱為還原離去步驟（Reductive Elimination）。

(h) Transmetallation（交換金屬反應）：在催化反應循環產生的中間物的過渡金屬上往往帶有鹵素基團（X⁻），可以和主族金屬的親核基反應，交換鹵素基團（X⁻）成親核基上的有機基團（R⁻），此步驟稱為 Transmetallation（交換金屬反應）。有時候會形成四角環的中間體。

(i) Migratory Insertion Process（轉移插入步驟）：以下實驗觀察結果看來似乎為直接的插入反應（Insertion Reaction）。

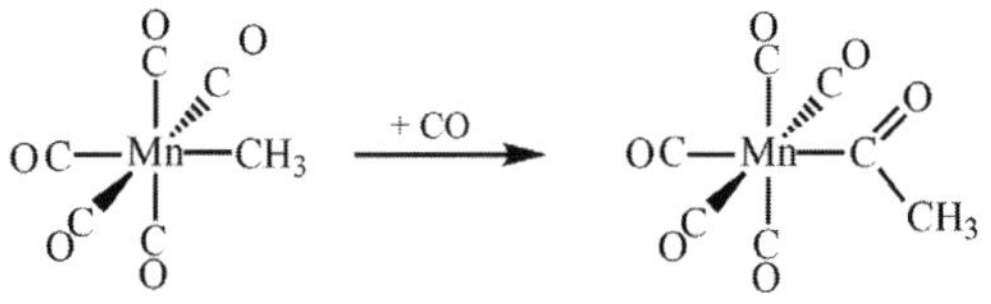

事實上，目前實驗結果傾向認為上述反應進行轉移後再插入反應（Migratory Insertion）機制。即是 CH₃ 先轉移到鄰近 CO 上，留下的空位再由另一個外來 CO 插入。

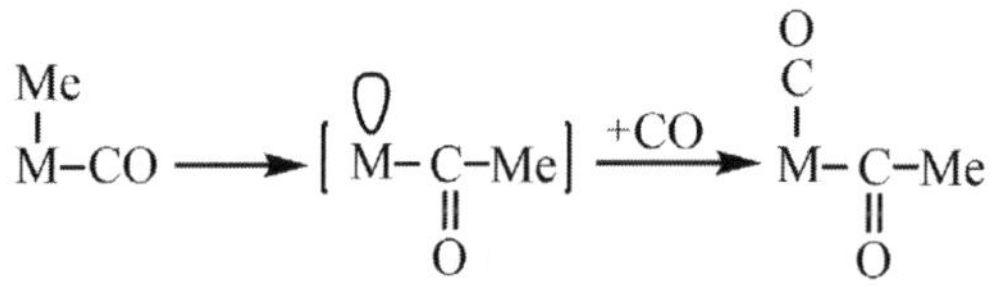

(j) Agostic Interaction（α-碳上氫原子被金屬吸引作用）：在一些特殊情形下，如中心金屬為很缺電子的有機金屬化合物，α 碳上的氫有可能會彎向中心金屬，形成所謂的抓氫鍵（Agostic Bonding）。當作用力越強時，最終可能導致 C-H 斷鍵。其情形類似 β-氫離去步驟的機制。只是前者較難進行。

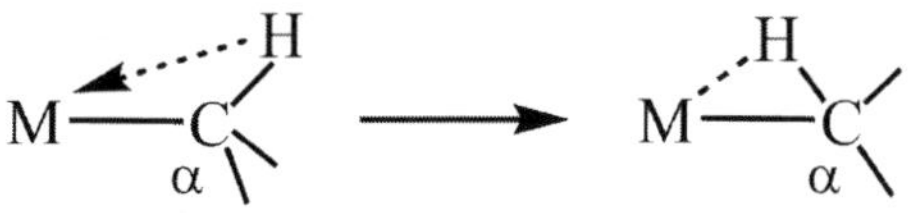

(k) α-Hydrogen Abstraction（α-氫抓去步驟）：α-氫離去機制的過程的中間態很像是抓氫鍵作用（Agostic Interaction）的樣式。α-氫離去機制的產物是金屬碳醯（Metal Carbene），在交換反應（Metathesis）類型的反應中金屬碳醯常被使用當成催化劑。

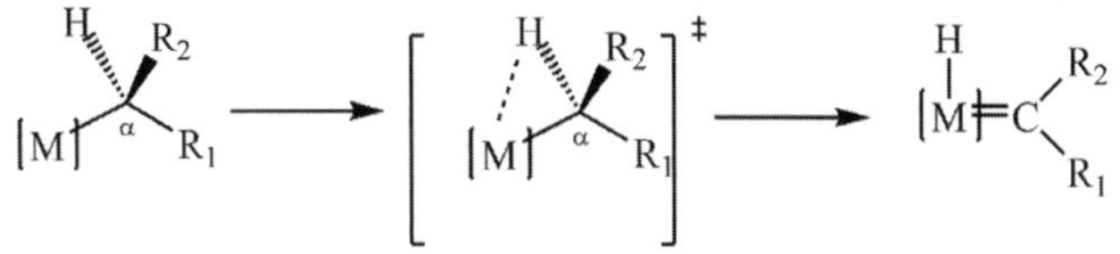

(l) α-Hydrogen Elimination（α-氫離去步驟）：若要進行所謂的 α-氫離去的分解機制，過程中要形成張力更大的三圓環中間體。可以想像反應更難且速率會更慢。α-氫離去機制發生的必要條件是中心金屬很缺電子，另外，最好是中心金屬連結一個 R 基如 [M]-R，如此可以和轉移的 α-H 形成 RH 離去，增加反應驅動力。

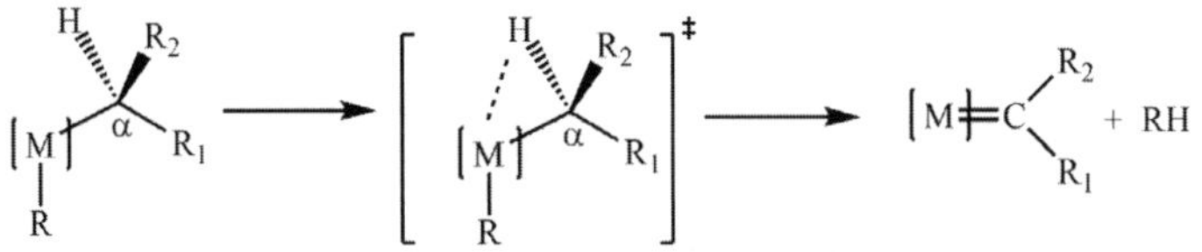

(m) Pauson-Khand reaction（包生—韓德反應）：環戊烯酮（Cyclopentenone）可從烯類（-C=C-）、炔類（-C≡C-）、一氧化碳（CO）藉著含金屬催化劑如 $Co_2(CO)_8$ 的催化而取得。這種 [2+2+1] 的環加成反應形式一般稱為包生—韓德反應（Pauson-Khand Reaction，簡稱 PKR）。

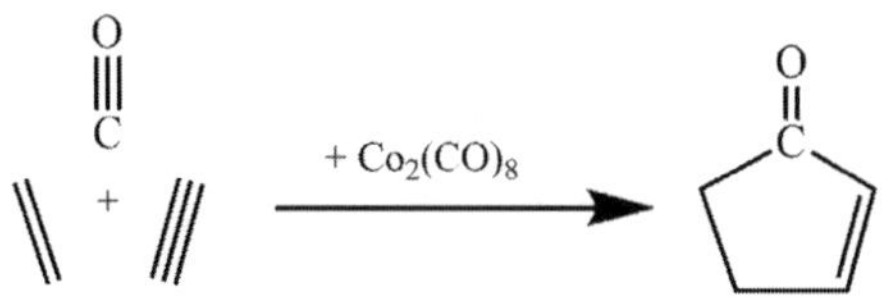

(n) *Ab initio* Method（初始法的電算方法）：美國學者波普（John Pople），在量子化學計算領域有重大貢獻，為一九九八年諾貝爾化學獎得主之一。波普的主要工作則是發展量子化學的起始法（*Ab Initio*）計算方法。即計算方法中盡量減少不必要的簡化，能夠計算的部分都盡量加以計算。這本來是很耗計算時間及資源的方法，但因為近代電腦的運算能力大增，使得化學家能夠對複雜分子的性質做更深入的探討，以彌補實驗化學的不足。另外，其他學者開發的 DFT（Density Functional Theory，密度泛函數理論）是另外一種被計算化學家青睞的量子化學方法，比較節省電算資源。

(o) Catalyst（催化劑）：一般認為的催化劑概念均具有以下特點：（一）能降低反應活化能，增進反應速率；（二）少量催化劑即達成大量催化反應物的效果。另外少數特殊催化劑則具有提供反應不對稱介面，使反應具有位向選擇性（Selectivity）的功能。

(p) Catalyst Precursor（催化劑前驅物）：通常在催化反應的第一步，催化劑或催化劑前驅物必須轉換成催化活性物種（Active Species）。通常是從催化劑前驅物中藉著脫去一個（或多於一個）配位基，使催化活性物種不飽和，包括配位數（Coordination Number）及電子數（Electron Count）不飽和。

(q) Promoter（加速劑）：有些催化反應需要將近一比一計量的催化劑參與反應，這一類型催化劑一般稱為計量（Stoichiometric）的催化劑，或稱為促進劑（Promoter）。

(r) Catalytic Cycle（催化循環）：一般來說，絕大多數對催化劑的要求是能以少劑量即可達到快速催化大量反應物的結果。這種反應即通稱的催化反應（Catalytic reaction）。通常是從催化劑前驅物中藉著脫去一個（或多於一個）配位基，使催化活性物種不飽和。接下來是反應物再接上活性物種。最後脫離步驟後產生的活性物種則繼續下一個催化循環。這樣一步一步連結的反應步驟組合形成的循環稱為催化循環。

(s) Turnover Frequency（催化轉換率）：在催化反應中，單位時間內將反應物催化成產物的個數，即催化轉換率（Turnover Frequency）。

(t) Selectivity（選擇性）：有些催化劑具有提供反應位置選擇性的可能，使反應具有位向選擇性（Selectivity）的功能。

(u) Olefin Metathesis（烯烴複分解反應）：烯烴複分解反應（Olefin Metathesis）是藉由金屬催化劑將兩個不同烯烴的雙鍵重組的步驟。在工業上烯烴複分解反應是一種重要的技術。不同的烯類可藉由金屬的催化而互相交錯交換雙鍵並改變碳鏈的長度，通式如下圖所示。此法可以將一些長鏈價值低的烯烴轉換成適當鏈長而高價值的烯烴。

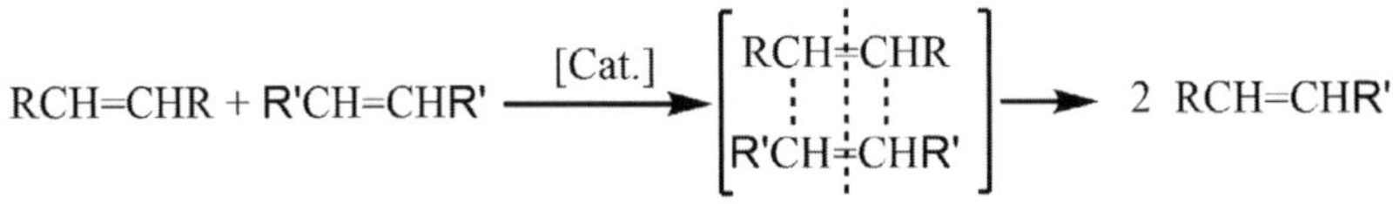

$$RCH=CHR + R'CH=CHR' \xrightarrow{[Cat.]} \begin{bmatrix} RCH\vdots CHR \\ \vdots \vdots \\ R'CH\vdots CHR' \end{bmatrix} \longrightarrow 2\ RCH=CHR'$$

(v) Ring-Opening Metathesis Polymerization（ROMP，開環交換聚合反應）：利用金屬催化劑將環形烯烴催化開環，再行聚合，可以得到長鏈的聚合物。此反應可以藉由金屬碳醯（Metal Carbene）當催化劑來進行。

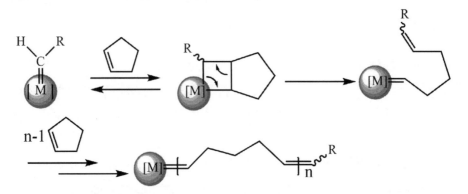

(w) Ring-Closing Metathesis（RCM，合環交換反應）：利用金屬催化劑將具有雙烯的烴催化合環，主產物為環狀的烯烴，副產物包括去掉兩個碳的烯烴。

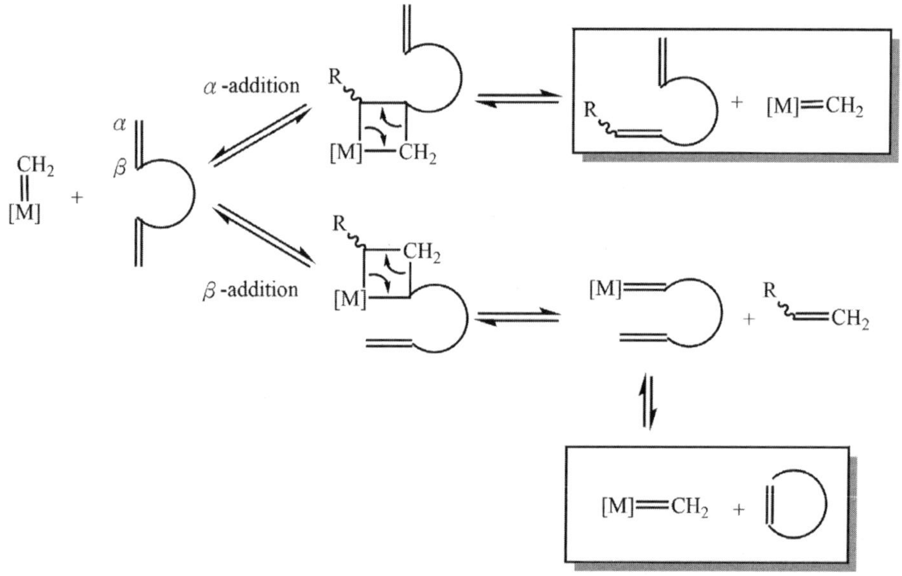

請仔細檢驗以下敘述是否正確。(a) 在催化反應的過程中，催化劑可以引進新的反應途徑讓活化能降低。(b) 在一個催化反應的過程中，反應物和產物鍵結到催化劑上的金屬的步驟，以吉布斯自由能（Gibbs Free Energy）的觀點而言是有利的，這是為何催化反應會具有高催化活性的關鍵。(c) 在一個反應中加入催化劑，從吉布斯自由能（Gibbs Free Energy）的觀點而言是有利的，因此產物的總量會因為加入催化劑而增加。

16　Evaluate the credibility of the following statements. (a) Catalyst can provide new reaction pathway(s), thereby, reduce the activation energy of a reaction. (b) In a catalytic reaction, the addition of reactant and product to catalyst is always a favorable process in terms of Gibbs Free Energy. It is the key factor for catalysis with high efficiency. (c) The addition of catalyst to the reaction is always favorable in terms of Gibbs Free Energy; thereby, the yield of the reaction shall be increased.

答：(a) 這個陳述「反應中催化劑可以引進新的反應途徑降低活化能」，應該可以算對。雖然催化劑可以影響速率，但不影響反應平衡的量。(b) 這個陳述「一個催化反應的反應物和產物接在催化劑的步驟，對吉布斯自由能（Gibbs Free Energy）是有利的，這是催化反應有高催化活性的關鍵」，不一定正確。有些反應步驟需要

加能量進去，其吉布斯自由能（Gibbs Free Energy）不見得是有利的。(c) 這個陳述
「反應中加入催化劑對吉布斯自由能（Gibbs Free Energy）有利，因此產物的量會
因為催化反應而增加」，是不正確的。理論上，產物的量不會因為催化反應而增
加，但其反應速度可以增加。

17	Vaska 錯合物（Vaska's complex）和威金森催化劑（Wilkinson's Catalyst, RhCl(PPh₃)₃）的構型類似。請繪出它的結構，並說明以 Vaska 錯合物當催化劑的功用為何。
	Draw out the structure of Vaska's complex. How does it function as a catalyst?

答：Vaska 錯合物（Vaska's Complex）的構型基本上可視為威金森催化劑
（Wilkinson's Catalyst, RhCl(PPh₃)₃）的 Ir 金屬的翻版。其中威金森催化劑的 Rh 換
成 Ir，部分配位基 PPh₃ 換成 CO。Vaska 錯合物當催化劑的功能類似威金森催化
劑。不過，效果遜色一些。

L: PPh₃

18	利用催化劑將不飽和的烯類或炔類有機物加氫反應形成烷類化合物的步驟叫氫化反應（Hydrogenation）。常用的氫化反應觸媒是威金森催化劑（Wilkinson's Catalyst, RhCl(PPh₃)₃）。在氫化反應的催化過程若加入過量的 PPh₃，反應的催化轉換率（Turnover Frequency）反而受壓制而減少。請說明原因。
	It was observed that the "Turnover Frequency, TOF" in hydrogenation, which is catalyzed by Wilkinson's Catalyst (RhCl(PPh₃)₃), will be suppressed while adding extra PPh₃ ligand. Explain.

答：利用催化劑進行催化反應時，催化劑先要變活化，通常以減少配位基個數為
手段。以威金森催化劑（Wilkinson's Catalyst, RhCl(PPh₃)₃）進行氫化反應的催化，

同樣要釋出配位基 PPh₃，讓催化劑先活化。此時若加入 PPh₃，根據勒沙特烈原理，反而使威金森催化劑上的配位基 PPh₃ 變得很難釋出，無法活化催化劑，此時反應的觸媒催化轉換率（Turnover Frequency）反而會減少。

在氫化反應中經常使用的催化劑是一種一般俗稱的威金森催化劑（Wilkinson's Catalyst, RhCl(PPh₃)₃），也是被研究最透徹的氫化反應催化反應循環機制，其反應循環機制簡化如下。請指出 Rh(I) 錯合物、Rh(III) 錯合物及不飽和中間體。威金森氫化反應機制中可能走 Olefin Route（不飽和烯類先和催化劑鍵結）或 Hydride Route（H₂ 先和催化劑鍵結）。試以 H₂C=CH₂ 為例，指出哪條路徑可能性比較高？若要進行將不飽和的烯類（或炔類）有機物加氫反應形成烷類化合物的不對稱氫化反應（Asymmetric Hydrogenation），此催化劑要做何種改變？

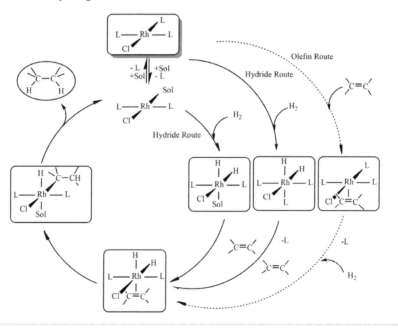

The Wilkinson's Catalyst (RhCl(PPh₃)₃) could be the most studied catalyst for hydrogenation. The catalytic cycle is shown. Point out the Rh(III) species and unsaturated species. Which route, "Olefin Route" or "Hydride Route", does this catalytic reaction undergo? Which route is more likely by using H₂C=CH₂ as the starting material? What kind of modification on Wilkinson's Catalyst is necessary for carrying out "Asymmetric Synthesis"?

答：一般認為威金森氫化反應機制中比較可能走 Hydride Route，H$_2$ 分子先進行氧化加成。剛開始威金森催化劑為 Rh(I) 錯合物，被 H$_2$ 分子行氧化加成後變為 Rh(III)錯合物，olefin 配位及插入反應，也是 Rh(III)，最後是還原脫離步驟，恢復到 Rh(I)錯合物。若先走 Olefin Route，olefin 和 Rh 鍵結不是太強，在接下來的下一步 Oxidative Addition 時很可能掉下來，等於做白工。若要進行不對稱合成反應（Asymmetric Synthesis），威金森催化劑要接上具有 chirality 的磷基，使催化劑產生 chirality 以進行不對稱合成反應。通常以具有光學活性的雙牙基來擔綱。

若要進行不對稱氫化反應（Asymmetric Hydrogenation），配位基需為具有光學活性（Optical Active）。請說明以下幾個雙牙磷基為具有光學活性配位磷基的理由。

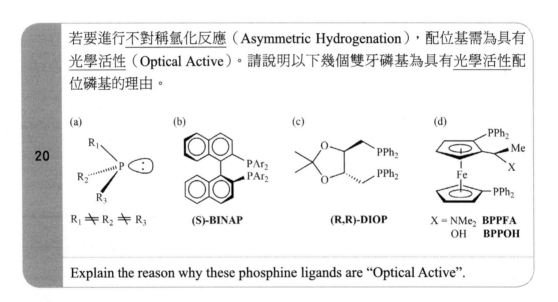

20

Explain the reason why these phosphine ligands are "Optical Active".

答：(a) 磷接三個不同取代基，包括一個孤對電子對，類似碳原子接四個不同取代基，產生 Chirality。(b) 分子產生 Chirality 的關鍵在背部（backbone）的兩個萘環的相互方位，氫的位置一上一下，產生異構物，其鏡像不能重疊。(c) 分子產生 Chirality 的關鍵在兩磷基接到背部的五角環的相互方位。(d) 分子具有 Planar Chirality。兩個不同取代基在 Cp 環的不同相對位置，其鏡像不能重疊。

在化學合成中使用某種方法讓反應後得到某一純鏡像異構物（或是接近單
一鏡像異構物）產物的方法稱為不對稱合成反應（Asymmetric
Synthesis）。有幾位學者因研究不對稱合成而獲得諾貝爾化學獎。(a) 請問
不對稱合成反應如何執行？(b) 什麼是不對稱氫化反應（Asymmetric
Hydrogenation）？(c) BINAP 構型如下圖，是雙牙磷基，可鍵結到 Rh 金屬
形成錯合物，用於不對稱氫化反應。BINAP 磷上並沒有不對稱中心
（Chiral center），如何當成不對稱氫化反應的雙牙磷基來使用？

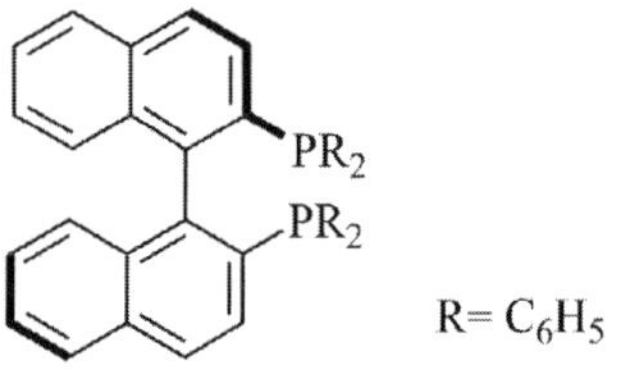

21

R= C₆H₅

(a) Provide a suitable definition for "Asymmetric Synthesis". (b) Provide a
proper definition for "Asymmetric Hydrogenation". (c) BINAP is a bidentate
ligand. The BINAP coordinated Rh complex might act as catalyst in
"Asymmetric Hydrogenation". The phosphorus atom itself does not exhibit
chirality. How can BINAP act as suitable ligand for "Asymmetric Synthesis"?

答：(a) 不對稱合成（Asymmetric Synthesis）就是使用具有 chirality 的催化劑進行
催化反應。盡量使被催化後之有機烷類為特定某一具有光學活性鏡像異構物，而非
外消旋的鏡像異構物混合，後者為兩鏡像異構物的等量混合，不具有光學活性。

(b) 不對稱氫化反應（Asymmetric Hydrogenation）是對烯類的雙鍵進行氫化反應
（Hydrogenation）。希望因為催化劑具有掌性，催化反應結果能獲得（接近）單一
鏡像的烷類產物。(c) BINAP 是雙牙磷基，其掌性由骨架具有 C₂ 對稱軸來產生。鍵
結 Rh 形成錯合物，用於不對稱氫化反應。

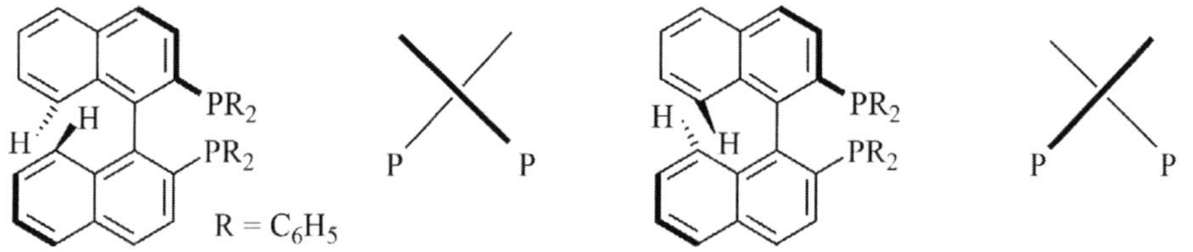

22

鏡像異構物的定義是分子的鏡像和分子本身無法完全重疊，此時就稱此分子和其鏡像分子為鏡像異構物。個別鏡像異構物具有光學活性，會使偏極光旋轉特定的角度。當有機金屬化合物上具有環狀配位基時，且環上有兩個不同取代基存在，此時化合物會產生鏡像異構物，如 $(\eta^5\text{-}C_5H_3XY)Fe(\eta^5\text{-}C_5H_5)$ 或 $(\eta^6\text{-}C_6H_4XY)Cr(CO)_3$。以這種方式形成的鏡像異構物稱為<u>平面掌性異構化</u>（Planar Chirality）。請說明箇中原由。一般有機物分子內的碳中心在 sp^3 的混成狀態，且四個取代基不同的情況下，一定是鏡像異構物。但這裡的有機金屬化合物上的配位基碳中心是在 sp^2 的混成狀態下。說明<u>掌性</u>（Chirality）的產生不一定要碳在 sp^3 的混成狀態下。請舉出其他例子。

The chirality of organometallic compounds with planar rings might be formed by placing two different substituents on the ring such as $(\eta^5\text{-}C_5H_3XY)Fe(\eta^5\text{-}C_5H_5)$ or $(\eta^6\text{-}C_6H_4XY)Cr(CO)_3$. The mirror images of each compound cannot be superimposed to each other; thereby, the so called "Planar Chirality" is formed. Explain it. It also shows that sp^3 hybridization is not the necessary requirement for the formation of molecular "Chirality". Please also provide example for it.

答：這類型具有環狀配位基的化合物如 $(\eta^6\text{-}C_6H_4XY)Cr(CO)_3$ 或 $(\eta^5\text{-}C_5H_3XY)Mn(CO)_3$，當環上有兩個不同取代基存在時，會產生鏡像異構物（Enantiomer），個別鏡像異構物均具有光學活性。這樣產生的錯合物的<u>掌性</u>（Chirality），稱為<u>平面掌性異構化</u>（Planar Chirality）。理論上，具有<u>平面掌性異構化</u>的錯合物可用於<u>不對稱合成</u>當催化劑。在此我們可以看到<u>掌性</u>的產生不一定要碳在 sp^3 的混成狀態下。

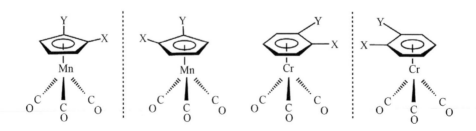

再舉一例，把一連串的苯環連結往右下轉圈，和左下轉圈，這兩者互為鏡像異構物，個別鏡像異構物均具有光學活性。每個碳都是在 sp^2 的混成狀態下。因此，具有掌性分子的產生不一定要在 sp³ 的混成狀態下才能產生。

補充說明：一般情形下，以 sp³ 混成的碳其上的當四個取代基都不同時，此有機
分子一定具有光學活性。

23

有機化學反應中形成環的常見反應方式是狄耳士—阿德爾反應（Diels-
Alder reaction）。而利用金屬催化劑來催化三成分（一個炔類、一個烯類
及一個一氧化碳）形成環戊烯酮（cyclopentenone）的環化反應的方式有
包生—韓德反應（Pauson-Khand Reaction, PKR），通常使用的金屬催化劑
是 $Co_2(CO)_8$。請說明此反應。

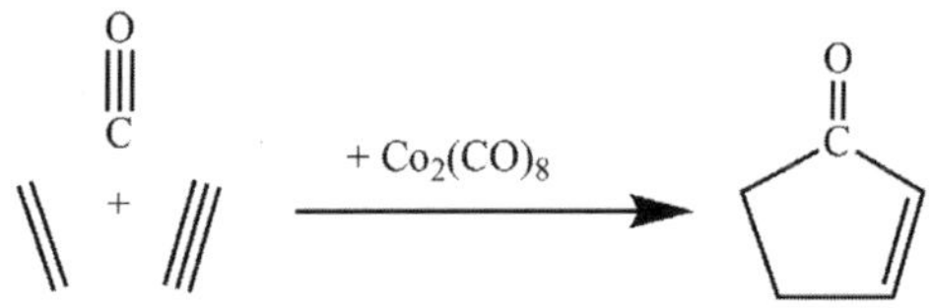

$$\text{(reaction scheme)}$$

如果此反應的反應物是二個炔類及一個一氧化碳，有哪些可能的產物及副
產物？

Cyclopentenone can be obtained from the catalytic reaction of alkyne, alkene by
$Co_2(CO)_8$. It is called "Pauson-Khand Reaction (PKR)". What are the products
from the reaction of alkyne (without alkene) by $Co_2(CO)_8$.

答：可以想像 Cyclopentadienone 可以由 $Co_2(CO)_8$ 催化二個炔類及一個一氧化碳而
來。但是如果炔類上的取代基立體障礙（steric effect）比較小時，可能形成
dimer，也可能有其他副產物。早期 Pauson-Khand 反應以 $Co_2(CO)_8$ 為催化劑，效率
不好又有副產物。現在有些 Pauson-Khand 反應以 Rh 化合物為催化劑，效率較高。

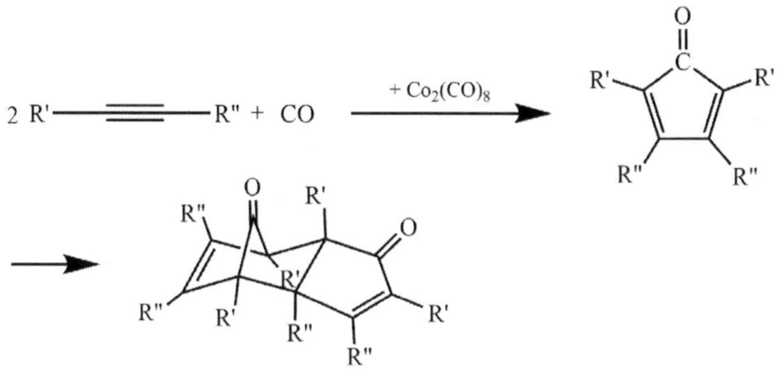

早期，包生—韓德反應（Pauson-Khand Reaction, PKR）是以含金屬催化劑如 $Co_2(CO)_8$，來催化烯類、炔類及一氧化碳以 [2+2+1] 環加成反應的方式一步取得環戊烯酮。包生—韓德反應的機制如下：(a) 請為此反應的各步驟命名。(b) 若以 $H_2C=CH(CH)_3$ 和 $HC≡CCH_3$ 為起始物，在 $Co_2(CO)_8$ 的催化下產物為何？

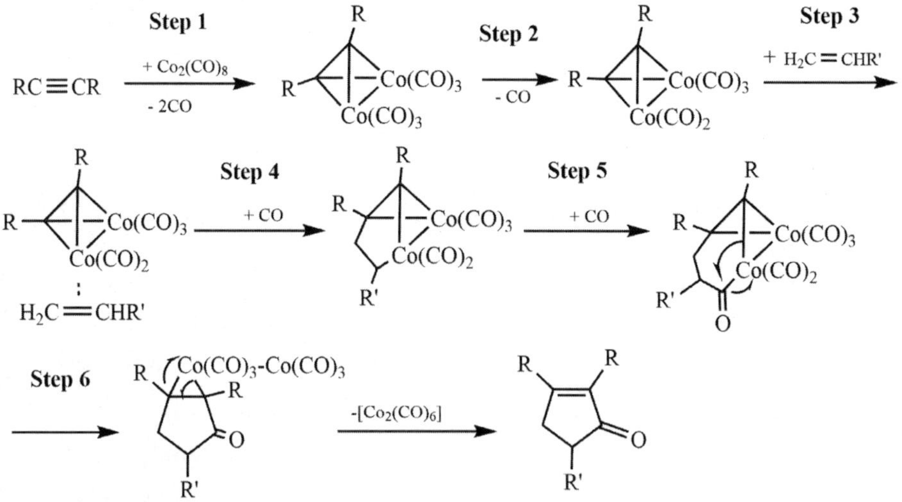

The mechanism of $Co_2(CO)_8$ catalyzed Pauson-Khand reaction is shown. (a) Provide proper name for each step. (b) What is/are product(s) while using $H_2C=CH(CH)_3$ and $HC≡CCH_3$ as the starting materials?

答：(a) Step 1：炔類配位（Alkyne Coordination）；Step 2：一氧化碳離去（CO Elimination）；Step 3：烯類配位（Alkene Coordination）；Step 4：烯類插入（Alkene Insertion）；Step 5：一氧化碳插入（CO Insertion）；Step 6：還原脫去（Reductive

Elimination）。

(b)

Major:

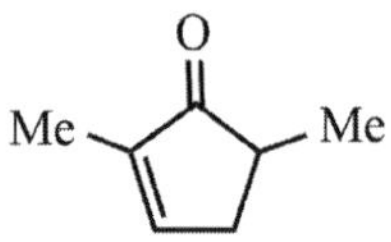

Minor:

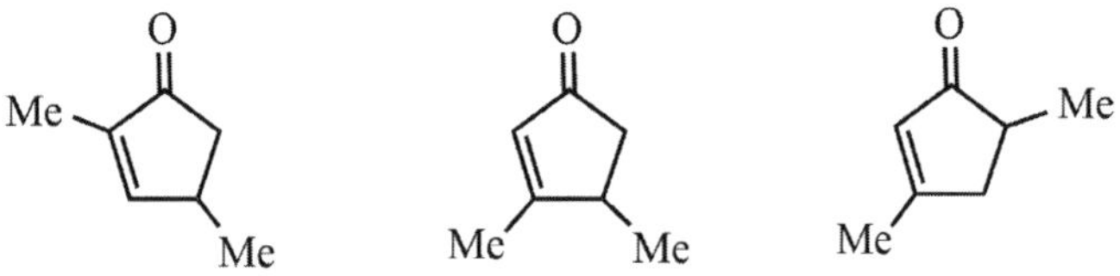

25	當反應物為 PhC≡CH、$CH_3CH{=}CHCH_3$ 時，預測藉由 $Co_2(CO)_8$ 催化的 Pauson-Khand 反應所產生的產物的種類及分布。 Predict the products and their distribution for a “Pauson-Khand reaction” which is carried out for PhC≡CH and $CH_3CH{=}CHCH_3$ and employing $Co_2(CO)_8$ as the catalyst.

答：Pauson-Khand 反應的產物是 cyclopentenone 的異構物。主產物為從 Oxidative Coupling 步驟中展現最小 Steric Hindrance 的中間體來產生。

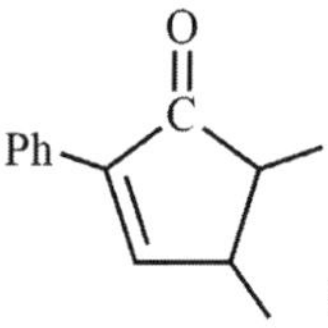

Major

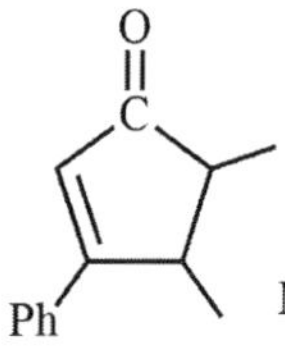

Minor

26 當反應物為下面有機物時，預測藉由 $Co_2(CO)_8$ 催化的 Pauson-Khand 反應所產生的產物。

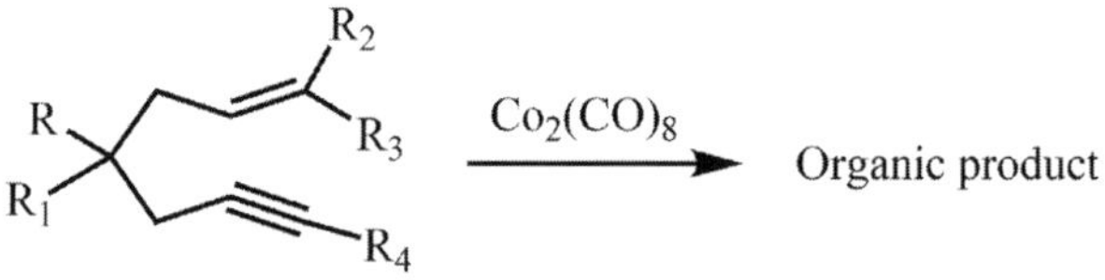

Predict the product for a “Pauson-Khand reaction”.

答：Pauson-Khand 反應的產物是 cyclopentenone 的異構物。這是分子內 Pauson-Khand 反應。產物 ketone 其中的 CO 由催化劑 $Co_2(CO)_8$ 而來。也可以由外加的 CO 提供。

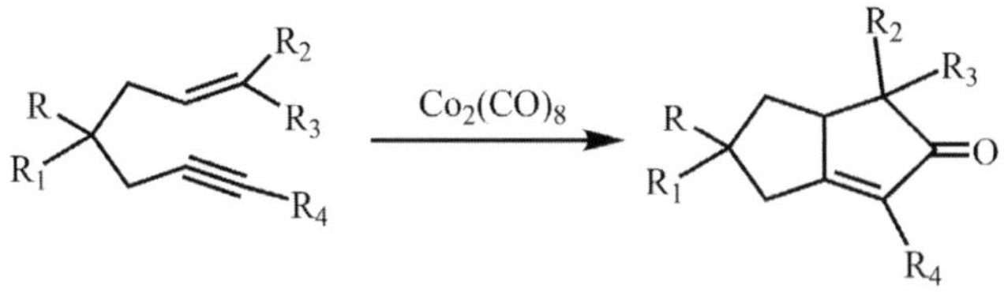

一個類似上述的反應，使用 $Co_2(CO)_8$ 當金屬催化劑，反應物是三計量炔基。實驗結果發現產物的晶體結構顯示它是雙鈷被一條由六個碳組成的碳鏈連結而成的奇特分子。請說明此化合物形成機制及鍵結。此化合物可脫掉金屬部分得到最終有機產物。請問有機產物為何？

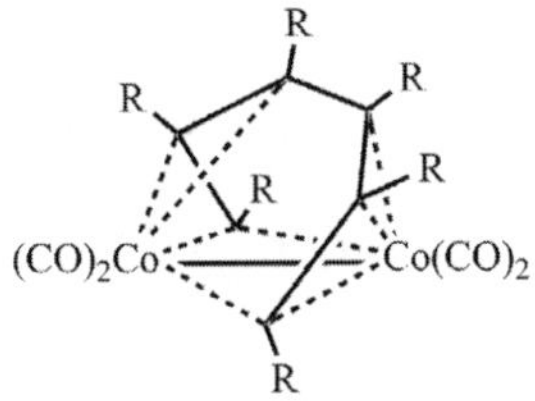

Three molar equivalents of alkyne were reacted with $Co_2(CO)_8$ which acts as a catalyst. The metal-containing product is a bimetallic compound. Two cobalt atoms are linked by a six carbon chain. Propose reaction mechanism and explain the bonding mode and also predict the final organic product.

答：其機制如下。剛開始一個炔基架橋在雙鈷上，接著另一個炔基耦合上去，形成金屬環化物，最後一個炔基再耦合上去。最終有機產物是苯環衍生物，注意其苯環上取代基的相對位置不是穩定結構的 1,3,5 位置，而是 1,2,4 位置，這是受到反應機制的影響。雙鈷金屬化合物 A 的結構可視為炔基以 π-鍵結方式配位在雙鈷上。雙鈷金屬化合物 B 的結構可視為其中一個鈷金屬形成金屬環化物（metallacycle），環再以 π-鍵結方式提供四個電子給另一個鈷金屬。

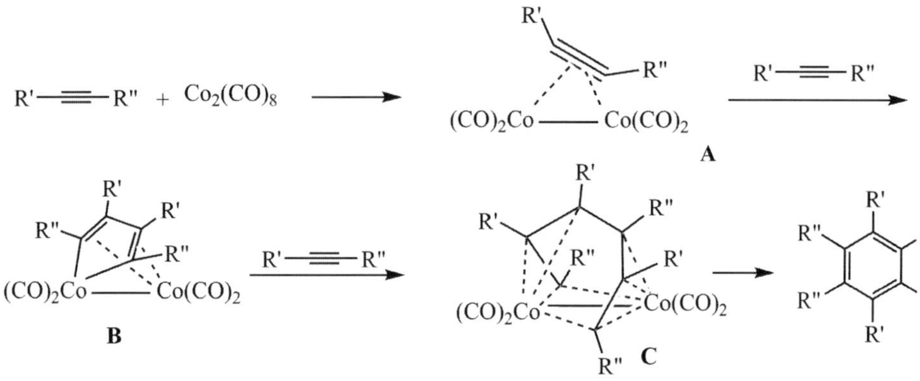

雙鈷金屬化合物 C 的結構比較複雜，可如下圖表示。每個鈷金屬上被一個 σ-鍵鍵結及一個 π-鍵配位。

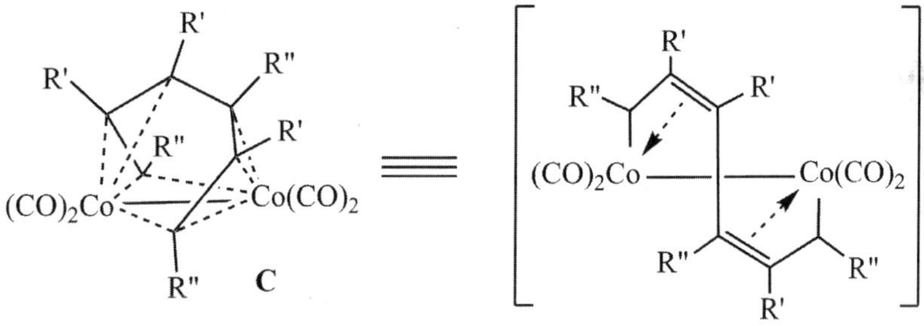

28

交叉耦合反應（Cross-coupling Reactions）為目前很熱門的催化反應型態。請加以定義。

Cross-coupling reactions are quite famous reaction types. Please provide proper definition for it.

答：交叉耦合反應是「將兩個化合物基團，借助催化反應方法，結合成一個新分子的反應」。這類型反應可以各種金屬錯合物來當催化劑，目前常見的為鈀金屬錯合物。通常在最佳化條件下執行催化耦合反應可以一步反應方式快速地達成目標，對比於早期計量反應不經濟的合成方式，可以省下反應物及時間。

29

有幾個交叉耦合反應（Cross-coupling Reactions）型態特別被化學家透徹地研究。如 Suzuki-Miyaura 耦合反應、Heck 反應、Sonogashira 耦合反應、Kumada 耦合反應、Amination 反應等等。請加以說明。

Briefly describe the following hot reaserch topics of Cross-coupling reactions. (a) Suzuki-Miyaura Reaction; (b) Heck Reaction; (c) Sonogashira Reaction; (d) Kumada Reaction; (e) Amination Reaction.

答：說明下列各種類型的耦合反應（Cross-coupling Reactions）：

(a) **Suzuki-Miyaura Reaction**：此反應大概是被研究最多的耦合反應型態。這反應使用硼酸（$ArB(OH)_2$）和鹵化苯環類（Ar-X）當起始物及鈀金屬化合物當催化劑，在鹼的環境及適當的溶劑下，將兩苯環類基團耦合。

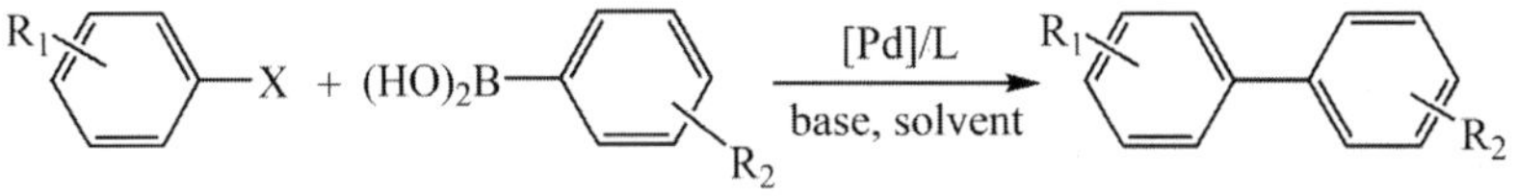

(b) **Heck Reaction**：此類型反應是由芳香族鹵化物和一邊仍保留 H 的烯類在溶劑與鹼的存在下，利用催化劑作用後，生成以反式（*trans*）為主的烯類產物。

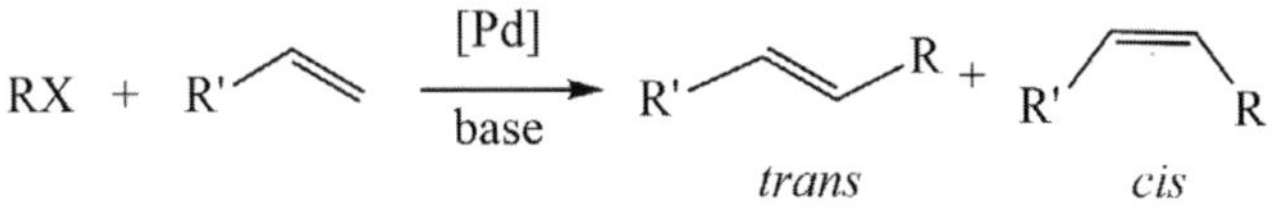

(c) **Sonogashira Reaction**：Sonogashira 耦合反應是將單取代炔類和烷類耦合的反應。一般都會利用銅化物來當助催化劑。

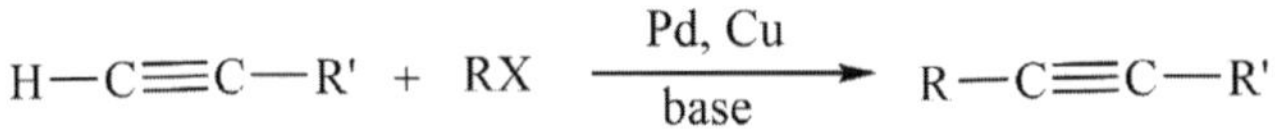

X = I, Br, Cl, OTf
R = Ar, alkenyl

(d) Kumada Reaction：Kumada 方法使用的格林納試劑（Grignard Reagent, RMgX），配合以含鈀（Pd）金屬化合物為催化劑，和鹵化苯環類來進行耦合反應。

$$R-X \quad + \quad R'-Mg-X' \quad \xrightarrow{\text{[Pd]}} \quad R-R'$$

(e) Amination Reaction：Amination 是將苯環接到胺上合成苯胺的合成方法，早期化學家必須經過一系列繁複的步驟才能達成，且產率不高。Buchwald 和 Hartwig 幾乎同時提出新又直接的 Amination 方法。即將鹵化苯環類和二級胺類在 Pd 催化劑的催化下形成苯胺。鹼在這反應中扮演一個重要角色。

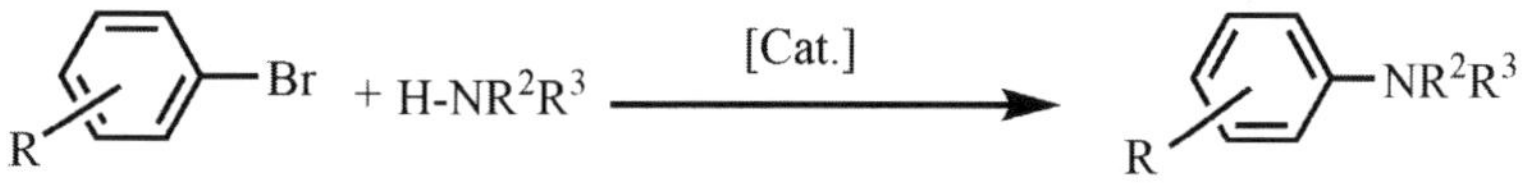

補充說明：以上的耦合反應（Cross-coupling Reaction）均以含 Pd 的化合物為催化劑，是相當有效的催化劑。有些耦合反應（Cross-coupling Reaction）也有使用含其他金屬的化合物為催化劑。

30

交叉耦合反應（Cross-coupling Reaction）也有可能發生副反應。舉出常見的副反應，如何避免？

Names some possible side products for Cross-coupling reactions. How to prevent it?

答：交叉耦合反應（Cross-coupling Reaction）的可能副反應是自身耦合反應（Self-coupling Reaction）。自身耦合反應通常是鹵化苯環類的自身耦合。使用 Pd 為催化劑可減少發生自身耦合反應。因 Pd 形成四價不利，而上述的鹵化苯環類的自身耦合會形成 Pd(IV) 的中間體。其他，如果有烷基參與反應，可能會有 β-Hydrogen Elimination 發生，形成不必要的副產物——烯類。避開 β-Hydrogen Elimination 的方法有很多。在 Pd 上鍵結 bulky ligand 也可以避免。

31

目前交叉耦合反應（Cross-coupling Reaction）最常使用的催化劑是含鈀金屬（Pd）的化合物。這些化合物由金屬和配位基組成。列出於此反應中 (a) 使用磷基（Phosphine）當配位基的優缺點。(b) 使用氮異環碳醯（N-heterocyclic Carbene, NHC）當配位基的優缺點。

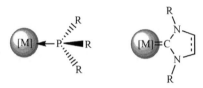

List the advantages and disadvantages of using (a) phosphine (PR_3) or (b) N-heterocyclic Carbene (NHC) as ligands in Cross-coupling Reaction.

答：(a) 三烷基磷（PR_3）是常見且重要的配位基。它是帶兩個電子的配位基，因此常以此取代 CO 的角色。磷上接不同烷基當取代基會造成三烷基磷在空間所佔的大小不同而影響其配位能力，會因其形成的立體障礙進而影響其他配位基的穩定度。三取代磷基（PR_3）取代基的推或拉電子能力稱為電子效應（Electronic Effect），也會影響三取代磷基和金屬的鍵結能力。磷基（PR_3）也能提供錯合物在有機溶劑中的溶解度。缺點是三取代磷基（PR_3）在溶液狀態下容易被氧化而失去配位能力。另外，磷化物也有神經毒性的疑慮。(b) 氮異環碳醯（N-Heterocyclic Carbene, NHC）當配位基可提供兩個電子且和過渡金屬形成強鍵結。氮異環碳醯（N-Heterocyclic Carbene, NHC）上取代基指向金屬，立體障礙（Steric Effect）效應比一般磷基（PR_3）要大。

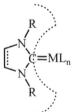

補充說明：NHC 沒有上述磷基容易氧化的缺點。但是，大多數 NHC 不像磷基可以單獨以分子狀態存在，必須於反應前製備。目前交叉耦合反應（Cross-coupling Reaction）中使用磷基當配位基仍比使用 NHC 當配位基來得普遍。

32

目前交叉耦合反應（Cross-coupling Reaction）最常使用的催化劑是由鈀金屬（Pd）和配位基組成的化合物。列出於此反應中 (a) 使用雙牙磷基當配位基的優缺點。(b) 使用 **dppf** 當配位基的優缺點。

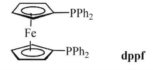

List the advantages and disadvantages of using (a) bidentate ligands or (b) **dppf** as ligands in Cross-coupling reaction.

答：(a) 通常雙牙配位基可使被配位的金屬錯合物更加穩定，即所謂的 chelate effect。也可使催化反應循環的還原脫離（Reductive Elimination）步驟更容易進行。原因是雙牙配位基迫使要進行還原脫離的兩基團在 *cis* 位置。缺點是雙牙比單牙配位基價格昂貴，結構的彈性也不夠。(b) 有一含磷雙牙配位基為 $(\eta^5\text{-}C_5H_4PPh_2)_2Fe$，俗稱為 **dppf**，為鐵辛（Ferrocene）的含雙牙磷基的衍生物。這配位基可接在單或雙金屬化合物上。因兩環戊二烯基可繞著中間金屬轉動，使得雙磷之間的距離可調整。這樣的特性使此含磷雙牙配位基，可端視單或雙金屬化合物的大小或雙金屬鍵距，而自己調整到適合的鍵結形狀，再和單或雙金屬鍵結，形成穩定的化合物。雖然 **dppf** 有雙牙基的優點，其缺點是價格昂貴。另外，**dppf** 結構的彈性太大，可能以其中個別的牙基接到兩個不同金屬上，而失去當雙牙基的特色。

33

目前交叉耦合反應（Cross-coupling Reaction）最常使用的催化劑是含鈀金屬（Pd）而非同族的鎳（Ni）金屬的化合物。原因為何？

In Cross-coupling reaction using Pd complexes is always better than using Ni complexes in terms of reaction reactivity. Why is so? Explain.

答：在交叉耦合反應發展早期化學家是使用鎳金屬而非鈀金屬當催化劑，因為鎳比鈀便宜許多。後來發現鎳金屬在溶液中比較容易氧化失去活性，化學家才轉向使用鈀金屬。一般而言，相同反應以第二列過渡金屬化合物鈀金屬當催化劑效率，比以第一列過渡金屬化合物鎳金屬當催化劑快，有時候會快上千倍。四配位的鎳錯合物通常形成<u>正四面體</u>（Tetrahedron），不利於催化反應中反應物接近金屬中心。而四配位的鈀錯合物通常形成<u>平面四邊體</u>（Square Planar），有利於催化反應中反應物接近。這是選擇使用鈀金屬而非鎳金屬化合物當催化劑很重要的原因之一。

34　交叉耦合催化反應（Cross-coupling Reaction）使用 Pd(OAc)$_2$ 或 PdCl$_2$ 為催化劑前驅物再輔以磷基（PR$_3$）當配位基，使用 Pd(OAc)$_2$ 比 PdCl$_2$ 有其優勢。原因為何？

In Cross-coupling reactions, palladium salt Pd(OAc)$_2$ rather than PdCl$_2$ is often more frequently used as catalyst precursor. Why is so?

答：在實際操作時，Pd(OAc)$_2$ 是比 PdCl$_2$ 更有效率的鈀金屬催化劑前驅物。前者在還原劑的存在下還原為零價鈀 Pd(0) 的速率比後者快很多。零價鈀 Pd(0) 是催化反應的活性物種。

$$Pd(OAc)_2 + PR_3 \rightarrow Pd(0) + O=PR_3 + (CH_3CO)_2O$$

而且不會產生如下面失去催化能力的雙鈀金屬化合物副產物。這其中的 Cl$^-$當架橋基。一般以 OAc$^-$當架橋基也有發現但比較不容易發生。

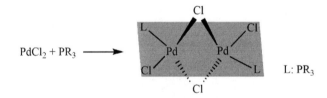

35　在交叉耦合催化反應（Cross-coupling Reaction）使用含鈀（Pd）金屬為催化劑前驅物再輔以磷基（PR$_3$）當配位基。其中使用 Pd(COD)Cl$_2$ 比 PdCl$_2$ 有其優勢。原因為何？〔註：這裡 COD 指 1,5-cyclooctadiene。〕

In Cross-coupling reactions, using Pd(COD)Cl$_2$ as catalyst precursor is always better than using PdCl$_2$ in terms of catalytic performance. Why is so? Explain. [Note: here COD is 1,5-cyclooctadiene.]

答： 使用 Pd(COD)Cl$_2$ 為催化劑前驅物比 PdCl$_2$ 效果要好，原因有幾個。其中之一是前者在有機溶劑中的溶解度比後者好，使反應容易進行。另外，前者的構型促使兩個 Cl 配位基處於 *cis* 位置，有利於後續反應機制（特別是還原脫去步驟）進行。

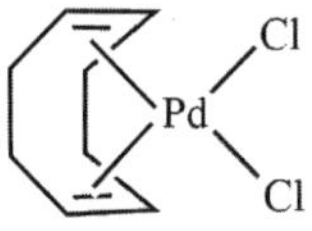

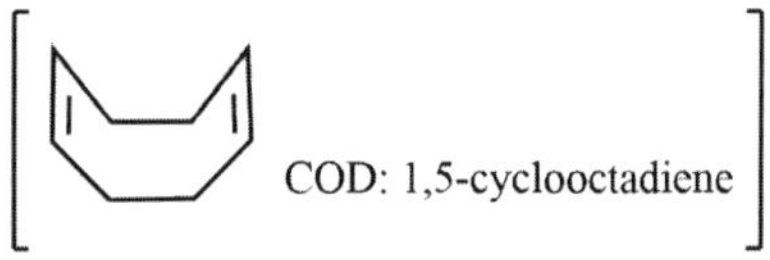

COD: 1,5-cyclooctadiene

36　目前常用的<u>耦合反應</u>所使用的 Pd(0) 金屬，除了 Pd(PPh$_3$)$_4$ 之外是 Pd$_2$(dba)$_3$。

試著繪出其結構。〔dba: Ph—CH=CH—C(=O)—CH=CH—Ph〕

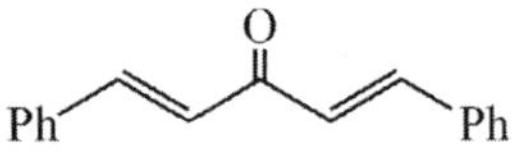

Besides Pd(PPh$_3$)$_4$, one of the most employed Pd(0) in cross-coupling reactions is Pd$_2$(dba)$_3$. Draw out its structure.

答： 從不同角度看 Pd$_2$(dba)$_3$ 結構。比較簡單的看法是將三條配位基 dba 拉長後各以兩個雙鍵鍵結到不同的兩個 Pd 上。Pd 中心為十六個價電子。這種配位基以 π-形式鍵結其鍵能並不強，在反應加熱的情形下容易從鍵結中脫離。

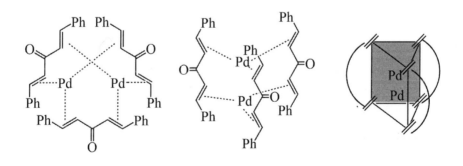

交叉耦合反應（Cross-coupling Reaction）機制已被化學家研究得很透徹。目前為大家接受的機制第一步是進行氧化加成（Oxidative Addition）步驟。如果這催化反應是使用常見的鈀金屬，理論上最好是以零價的 Pd(0)（如 Pd(PPh$_3$)$_4$）開始，而非二價的 Pd(II)（如 Pd(OAc)$_2$），因為前者的電子密度多容易被氧化加成。然而，大多數進行此反應時化學家傾向使用 Pd(II) 如 Pd(OAc)$_2$ 為催化劑前驅物，而不使用 Pd(PPh$_3$)$_4$。原因為何？

37

The "Oxidative Addition" process is considered as the first step in the mechanism of Cross-coupling reaction. In principle, it shall be better for using Pd(0) rather than Pd(II) to start with the reaction. Nevertheless, it tends not to use Pd(PPh$_3$)$_4$ as catalyst precursor although it is a Pd(0) species. Rather, a Pd(II) species such as Pd(OAc)$_2$ is often being used. Why is so?

答：零價鈀 Pd(0) 化合物如 Pd(PPh$_3$)$_4$ 和 Pd$_2$(dba)$_3$ 價格昂貴且經常反應性不佳，不見得比 Pd(OAc)$_2$ 更經濟有效。Pd(PPh$_3$)$_4$ 反應性不佳的原因和其上有太多 PPh$_3$ 配位基有關。在催化反應中，催化活性物種需要不飽和，當有太多 PPh$_3$ 配位基在溶液中時，很難使 Pd(PPh$_3$)$_4$ 解離出 PPh$_3$ 來達成不飽和的催化活性物種狀態，進而影響其催化活性。

在幾個交叉耦合反應（Cross-coupling Reactions）中，Suzuki-Miyaura 耦合反應特別被化學家透徹地研究過。這反應使用硼酸（ArB(OH)$_2$）和鹵化苯環類（Ar-X）當起始物及鈀金屬化合物當催化劑，在鹼的環境及適當的溶劑下，將兩苯環類基團耦合。(a) 列出於 Suzuki 反應中使用硼酸（Boronic Acid）的優缺點。(b) 在此反應中 OH$^-$的角色為何？(c) 若在此反應中加入 NEt$_3$，它的角色為何？

38

(a) List the advantages and disadvantages of using Boronic Acid in Suzuki-coupling reaction. (b) What is the role played by OH$^-$ in this reaction? (c) What is the role played by NEt$_3$ in this reaction while it is employed?

答：(a) Suzuki 反應中使用硼酸（Boronic Acid）的優缺點如下：硼酸（B(OH)₂Ph）對 H_2O 及 O_2 相對穩定，且 B-C(Ph) 鍵比較弱，容易斷鍵，反應速率較快。(b) 鹼（OH⁻）攻擊硼酸（B(OH)₂Ph）形成鹽類（B(OH)₃Ph⁻）。硼酸鹽（B(OH)₃Ph⁻）當成親核基，攻擊 Pd 中心，有利於反應速率。另一方面其陽離子 M⁺（Na⁺ or K⁺ etc.）可以幫忙移除鹵素，形成 MX 沉澱。(c) Pd(II) 可被磷基、硼酸鹽（B(OH)₃Ph⁻）或 NEt₃ 還原成 Pd(0)。NEt₃ 也可當鹼的角色，移除由耦合反應產生的 HX 形成鹽類 Et₃N・HX 沉澱。

Suzuki 耦合反應（Suzuki Cross-coupling Reaction）的反應機制圖示如下。此反應以 PdL₄（L=PR₃）為催化劑前驅物。(a) 請舉出 PR₃ 在此反應所扮演的角色，至少兩個。(b) 請舉出雙牙基在此反應所扮演的角色，至少兩個。(c) 請舉出至少兩個 OH⁻在此反應所扮演的角色。(d) 請舉出 Pd(II) 還原成 Pd(0) 的機制，至少兩個。(e) 化學家發現 ArX 上如果有拉電子基存在，會有利於反應速率。請說明。(f) 請說明 Suzuki 耦合反應的鈀金屬催化循環是 Pd(0)⇔Pd(II)，而不是 Pd(II)⇔Pd(IV) 的理由。(g) 硼酸（boronic acid）在此反應中被當成起始物。舉出至少兩個有利的理由。(h) 說明大錐角（Cone Angle）的含磷配位基有利於反應速率。(i) 如果此類型反應的速率和 ArX 上的 X 無關，此反應速率決定步驟（Rate-determining Step, r.d.s.）可能會是哪一步？

39

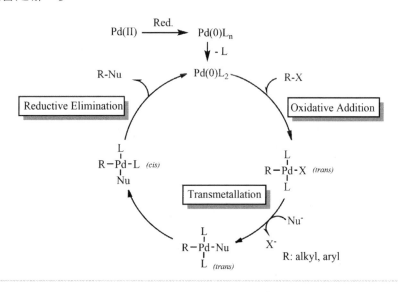

The mechanism of Suzuki Cross-coupling reaction is shown. Here, the catalyst precursor is PdL₄ (L=PR₃). (a) List at least two roles played by PR₃. (b) List at least two roles played by bidentate ligand. (c) List at least two roles played by OH⁻. (d) List at least two routes for the reduction of Pd(II) to Pd(0). (e) An electron-withdrawing group on the ArX is beneficial to the reaction rate. Explain. (f) The catalytic cycle is Pd(0)⇔Pd(II) rather than Pd(II)⇔Pd(IV). Reason. (g) List at least two reasons for using boronic acid as starting material in this reaction. (h) A large "Cone Angle" for ligand is beneficial to the reaction rate. Explain. (i) Which step is most likely to be the Rate-determining Step (r.d.s.) while the rate has nothing to do with the electron-withdrawing/donating character of X in ArX?

答： (a) PR₃ 扮演的角色：PR₃ 配位到 Pd 上提供立體障礙及電子效應，並提供 Pd 錯合物在有機溶劑中適當溶解度。有必要時 PR₃ 可還原 Pd(II) 成 Pd(0)。(b) 雙牙基扮演的角色：雙牙基提供 Pd 錯合物穩定度，稱為 Chelate Effect，並強迫要進行還原脫去步驟的兩個基團在 *cis* 位置。(c) OH⁻扮演的角色：使硼酸（boronic acid）具有親核性，其陽離子可結合鹵素沉澱，有必要時可還原 Pd(II) 成 Pd(0)。(d) Pd(II) 還原成 Pd(0) 的機制：PR₃ 可還原 Pd(II) 成 Pd(0)。硼酸鹽（boroate）也可還原 Pd(II) 成 Pd(0)。鹼如 NEt₂H 也可能當還原劑。(e) ArX 上有拉電子基有利於反應速率：氧化加成步驟形成中間物在苯環上帶負電，ArX 上有拉電子基有利於減少負電累積。因此，有利於反應速率。

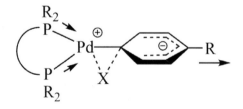

(f) 催化循環是 Pd(0)⇔Pd(II)，而不是 Pd(II)⇔Pd(IV) 的理由：氧化加成步驟需要 Pd 錯合物電子密度越多越好。後者催化循環牽涉到較高氧化態，不利催化循環。Pd(II)是 d^8，容易形成 Square Planar 結構，為電子數及配位數不飽和，有利於催化反應進行。(g) 硼酸（boronic acid）被當成起始物的理由：硼酸毒性小，和鹼結合後具有高親核性，有利於反應速率。ArB(OH)$_2$ 上的 B-C(Ar) 鍵比較弱，容易斷鍵，促使 Ar 轉移到 Pd 上反應較快。(h) 錐角（Cone Angle）大的配位基有利於反應速率：還原脫去步驟強迫兩個基團在 *cis* 位置，若配位基錐角大有助於強迫推擠兩個基團結合脫去。(i) 如果反應速率和 ArX 上的 X 無關，即氧化加成步驟不是速率決定步驟（Rate-determining Step, r.d.s.）。還原脫去步驟通常又比較容易。那麼反應的機制的速率決定步驟應該是置換反應（Transmetallation）那一步。

40

Heck 耦合反應（Heck Cross-coupling Reaction）的反應機制圖示如下題。(a) 請指出哪一步驟是速率決定步驟（Rate-determining Step, r.d.s.）。(b) 和 Suzuki 耦合反應（Suzuki Cross-coupling Reaction）不同的是，此耦合反應的速率幾乎和起使物 Ar-X 上鹵素的種類無關。請說明。(c) 此耦合反應有 *E*-或 *Z*-form 產物。什麼因素決定兩者的比例？(d) 此耦合反應可能的副產物有哪些？如何盡量減少不必要副產物的產生？(e) 在一般狀況下，進行 Heck 反應比 Suzuki 反應的條件來得嚴苛些。請說明。

The mechanism of Heck Cross-coupling Reaction is shown in the following. (a) Which step is the Rate-determining Step (r.d.s.)? (b) Which step is most likely to be the Rate-determining Step (r.d.s.) while the rate has nothing to do with the electron-withdrawing/donating character of X in ArX? (c) Which factor will determine the ratio of products in *E*- or *Z*-form? (d) How many potential side products are there? How to prevent the unwanted side products? (e) The reaction condition for Heck reaction is much severe than that of Suzuki reaction. Explain it.

答：(a) 在 Heck 耦合催化反應中速率決定步驟通常為插入反應（Insertion）這一步驟。(b) 在 Heck 耦合催化反應中氧化加成通常不是速率決定步驟。因此，反應速率通常和 Ar-X 使用的鹵素種類關係不大。(c) *Z*-form 是動力學產物，而 *E*-form 是熱力學產物。(d) *Z*-form 是主產物，*E*-form 是副產物。通常需保持高溫確保主產物是 *Z*-form。(e) 插入反應通常是 Heck 耦合催化反應中的速率決定步驟，通常需要比 Suzuki 耦合催化反應更高的能量來進行。

Heck 耦合催化反應（Heck Cross-coupling Reaction）的反應機制如下圖示。請將空格之處填上反應中間產物。

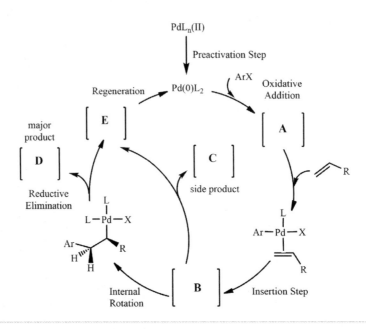

The mechanism of Heck Cross-coupling reaction is shown. Fill up all the blanks with intermediates.

答： 答案如下圖。理論上會有異構物產生，此處為了簡化起見並沒有畫出來。

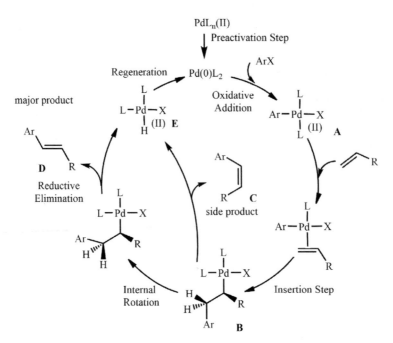

> 42
>
> 以下兩分子進行分子內 Heck 耦合催化反應（Intramolecular Heck Cross-coupling Reaction）。請列出可能的產物。 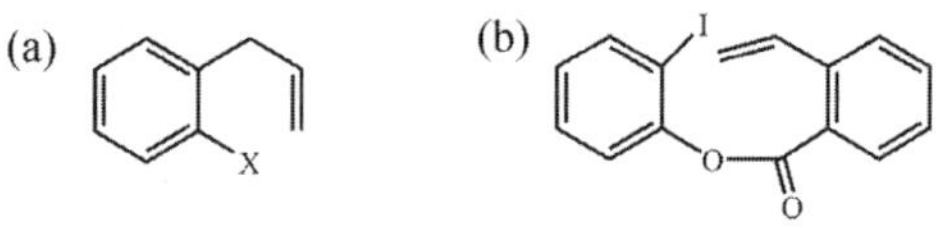
>
> (a) 　(b)
>
> List the potential products from the starting materials through "Intramolecular Heck Cross-coupling Reaction".

答：(a) Heck 耦合催化反應可能進行在雙鍵的任一邊。後者形成四圓環，可能性比較低。

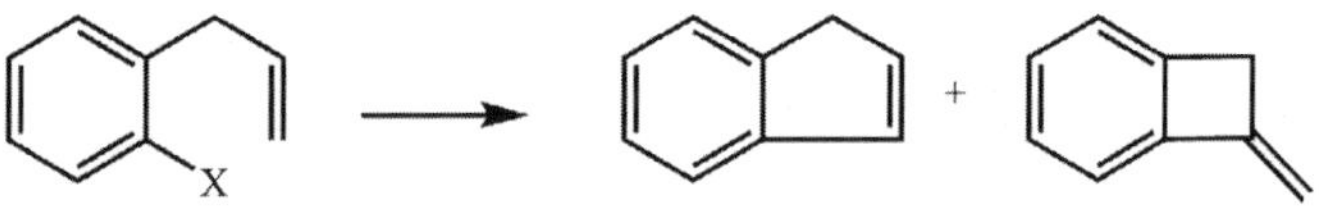

(b) 最後產物可能是進行完 Heck 耦合催化反應後，再脫掉 CO_2。前者可能性較大。

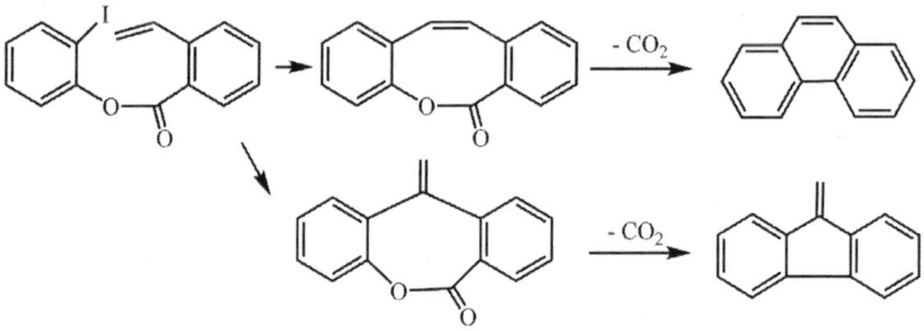

> 43
>
> Sonogashira 耦合反應（Sonogashira Cross-coupling Reaction）的機制如下圖示。(a) 指出此反應中哪一步驟為速率決定步驟（Rate-determining Step, r.d.s.）。(b) 在此反應中 Pd(II) 如何被還原為 Pd(0)？(c) 哪些是可能的副產物？(d) Sonogashira 耦合反應和 Heck 耦合反應的主要差別何在？
>
> $$HC{\equiv}CH + 2\ PhI \xrightarrow[\text{CuI, Et}_2\text{NH}]{\text{PdCl}_2(\text{PPh}_3)_2} PhC{\equiv}CPh$$

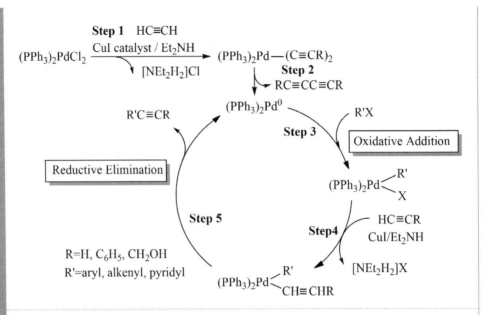

Step 1   HC≡CH

(PPh₃)₂PdCl₂ $\xrightarrow{\text{CuI catalyst / Et}_2\text{NH}}$ (PPh₃)₂Pd—(C≡CR)₂

[NEt₂H₂]Cl

Step 2
RC≡CC≡CR

The mechanism of Sonogashira Cross-coupling reaction is shown. (a) Which step is the rate-determining step (r.d.s.)? (b) How is the Pd(II) species being reduced to Pd(0)? (c) How many potentially unwanted side products might be generated in this reaction? (d) What are the major differences between Sonogashira and Heck coupling reactions?

答：(a) 在 Sonogashira 耦合催化反應中置換反應（Transmetallation）那一步驟可能為速率決定步驟（rate-determining step, r.d.s.）。(b) Pd(II) 被還原為 Pd(0) 可能經由磷基或經由 acetylide 的自身耦合。(c) RC≡C-C≡CR 和 NEt₂H‧HX 是不必要的副產物。(d) Sonogashira 和 Heck 耦合催化反應的差別在前者是加入三鍵的反應，後者是加入雙鍵的反應，前者通常需要加入助催化劑（如加入 CuI），後者不用。

44　一般簡化的耦合反應（Cross-coupling Reaction）機制包括氧化加成（Oxidative Addition）、置換反應（Transmetallation）及還原脫去（Reductive Elimination）等等步驟。下圖為某些化學家所提出新的比較複雜耦合反應（Cross-coupling Reaction）機制。可看出新的機制比傳統的機制複雜很多。從新的反應機制分析，此機制是以離子化的活性物種來進行催化循環，而傳統的機制中活性物種為中性。請推測為何他們會認為以離子化的活性物種來進行催化循環，比使用中性活性物種來得好？

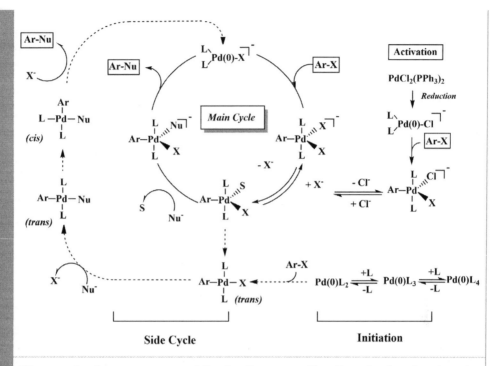

New mechanism was proposed for the Cross-coupling Reaction by chemists. As shown, the new mechanism is much complicated than the original one. The new mechanism proposed that the catalytic cycle is mainly carried out by ionic species; the original mechanism prefers neutral species. Why do they believe that the ionic cycle is better than the neutral one?

答： 除了傳統上的耦合反應（Cross-coupling Reaction）機制外，有化學家提出的新的催化反應機制。最主要的不同在於他們認為五配位帶負電的離子化的活性物種進行氧化加成反應會比較快。而且五配位的活性物種還是配位數不飽和，在鍵結的方位上也比較有彈性。然而，這樣的假設很難以實驗方式證明。因此，他們以電算化學理論推導出帶負電五配位的活性物種的催化反應機制來支撐他們的假說。

將有機物的 C-H 鍵轉變成 C-N 鍵稱為胺化反應（Amination Reaction），此反應牽涉到較高能量，以一般有機反應方式不容易進行。Hartwig 和 Buchwald 利用催化劑將 ArX 及 HNR$_2$ 在溫和條件下催化成 ArNR$_2$ 的反應就被稱為 Hartwig-Buchwald 胺化反應（Hartwig-Buchwald Amination Reaction）。它的機制如下。(a) 一般而言，執行胺化反應（Amination Reaction）的條件比 Suzuki 反應（Suzuki Reaction）來得嚴苛。請說明。(b) 一般而言，C-I 比 C-Br 鍵弱，容易斷鍵，反應速率快。但在此反應中使用 Ar-I 效率比 Ar-Br 更差。請說明。(c) 哪一步驟在此反應中為速率決定步驟（rate-determining step, r.d.s.）？(d) 此反應可能的副產物有哪些？如何盡量減少不必要副產物的產生？(e) 在此反應中 OH$^-$ 的扮演的角色為何？

The Hartwig-Buchwald Amination Reaction is a catalytic reaction which combines both ArX and HNR$_2$ to ArNR$_2$. The reaction mechanism is shown. (a) In general, the reaction condition of Amination Reaction is much harsh than that of Suzuki Reaction. Explain. (b) The efficiency is less for using Ar-I than Ar-Br. Explain. (c) Which step is the rate-determining step (r.d.s.)? (d) How many potential side products might be produced in this reaction? How to prevent it? (e) What is the role played by OH$^-$ in this reaction?

答：(a) 在胺化反應（Amination Reaction）中需要打破胺的 N-H 強鍵，能量需求比 Suzuki Reaction 較高。(b) 有兩個可能性。其一是在此打破 Ar-X 鍵並不是速率決定步驟（Rate-determining Step, r.d.s.），另一可能性是會形成活性低的雙鈀錯合物。

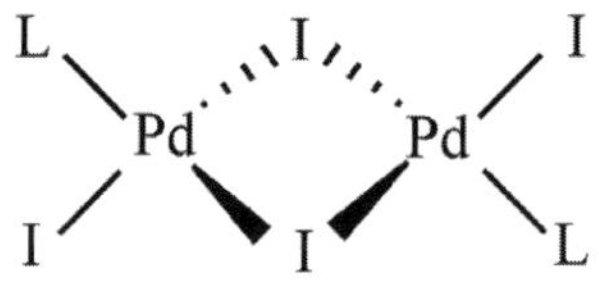

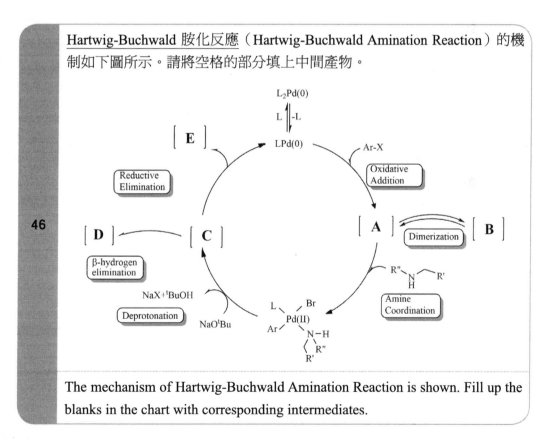

(c) 速率決定步驟（Rate-determining Step, r.d.s.）可能不是氧化加成或是置換反應（Transmetallation）那一步。而是 Deprotonation，即打斷 N-H 鍵的那一個步驟。(d) 應該盡量避免 β-Hydrogen Elimination 步驟。有可能產生 imine 的產物。(e) 鹼（OH⁻）在胺化反應（Amination Reaction）中扮演多重角色。其一是去質子化，將配位的胺去掉質子，這很重要。其二是鹼的陽離子和鹵素形成鹽類沉澱。在胺化反應（Amination Reaction）中沒有鹼的存在下，反應幾乎不會進行。

Hartwig-Buchwald 胺化反應（Hartwig-Buchwald Amination Reaction）的機制如下圖所示。請將空格的部分填上中間產物。

The mechanism of Hartwig-Buchwald Amination Reaction is shown. Fill up the blanks in the chart with corresponding intermediates.

答：答案如下圖。

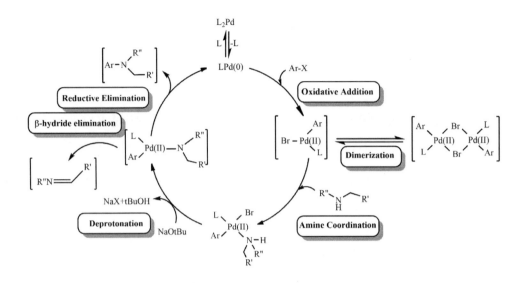

化學家提出 Hartwig-Buchwald 反應機理如下。(a) 請解釋為何使用 Ar-I 當反應物的反應速率反而不如使用 Ar-Br 的原因。照理來說，Ar-I 鍵應該比較容易斷，應該比較容易反應。(b) 如何防止形成亞胺及其他副產品？

The mechanism of Hartwig-Buchwald Amination reaction is shown. (a) Explain the reason why the rate of reaction for Ar-I is unexpectedly slower than that of Ar-Br since the chemical bond of Ar-I is weaker than Ar-Br. (b) How to prevent forming imine and wanted side products?

答：(a) Ar-I 鍵比較易斷，反應速率理當較快。可是，使用 Ar-I 容易形成雙 Pd 錯合物，此錯合物穩定活性低，不利於反應進行。

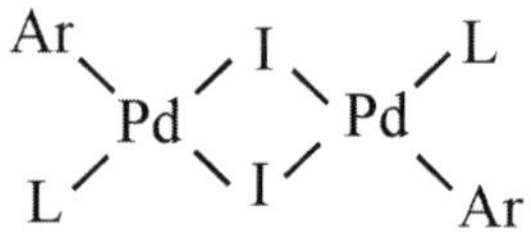

(b) 亞胺的形成在於 β-Hydrogen Elimination 那一步。使用 bulky 的配位基可減少 β-Hydrogen Elimination 的機會，因而減少亞胺的形成。

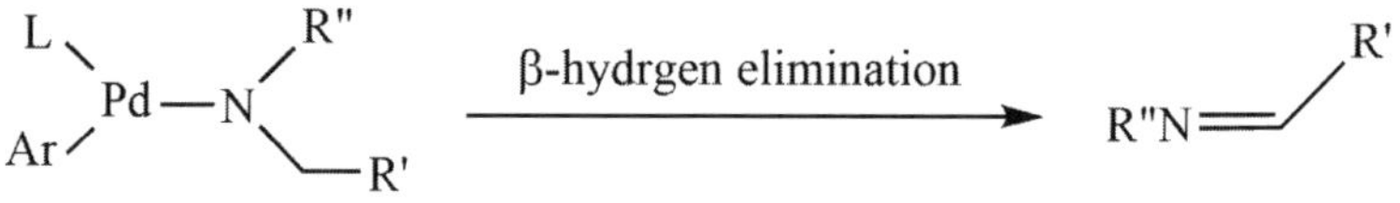

48

說明兩個有名的<u>交叉耦合反應</u>（Cross-coupling Reactions）其中 Amination 反應條件比 Suzuki-Miyaura 反應嚴苛的原因。

There are two famous Cross-coupling reactions: Amination and Suzuki-Miyaura reaction. The reaction condition for the former is much harsher than the later one. Explain.

答：Suzuki-Miyaura 反應中需要斷 B-C(Ar) 鍵，比較容易。而在 Amination 反應中要斷 N-H 鍵，鍵能較強，比較難斷鍵。因此，Amination 反應條件比 Suzuki-Miyaura 反應嚴苛。

49

<u>交叉耦合反應</u>（Cross-coupling Reactions）是二成分反應，比較單純。三成分反應比較複雜，其中最有名的是 Catellani 反應。請說明 Catellani 反應的特色及反應中使用<u>降冰片烯</u>（norbornene）的角色。

One of the most famous three components reaction is Catellani reaction. Explain the distinct character of this reaction and the role played by norbornene.

答：一九八三年由義大利化學家 Marta Catellani 提出一種三成分反應。這反應機制的特色是利用<u>降冰片烯</u>（norbornene）來當作助催化劑，進行鹵化苯基 *ortho*-位置的 C-H 鍵活化反應（C-H Activation），最後被活化含 Pd 的化合物再進行其他的終結反應（termination reaction）如 Heck 或 Suzuki 型態的耦合反應，得到目標產物。

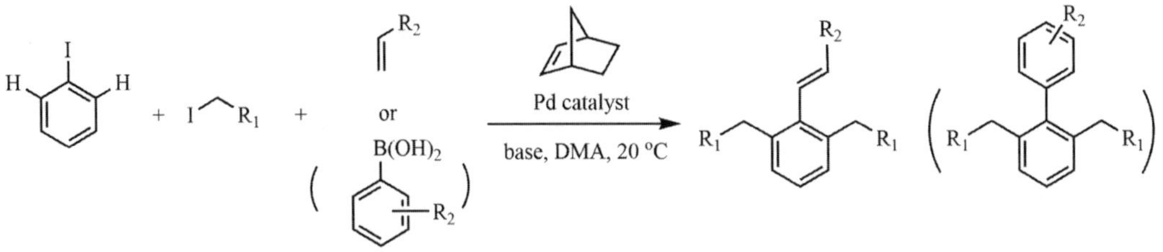

Catellani 反應機制如下。特別之處在於 norbornene 進行插入在 Pd 和苯環之間的反應，使得 Pd 接近苯環上 *ortho*-位置的氫，進而容易進行 C-H 活化反應。Norbornene 最後會脫去。

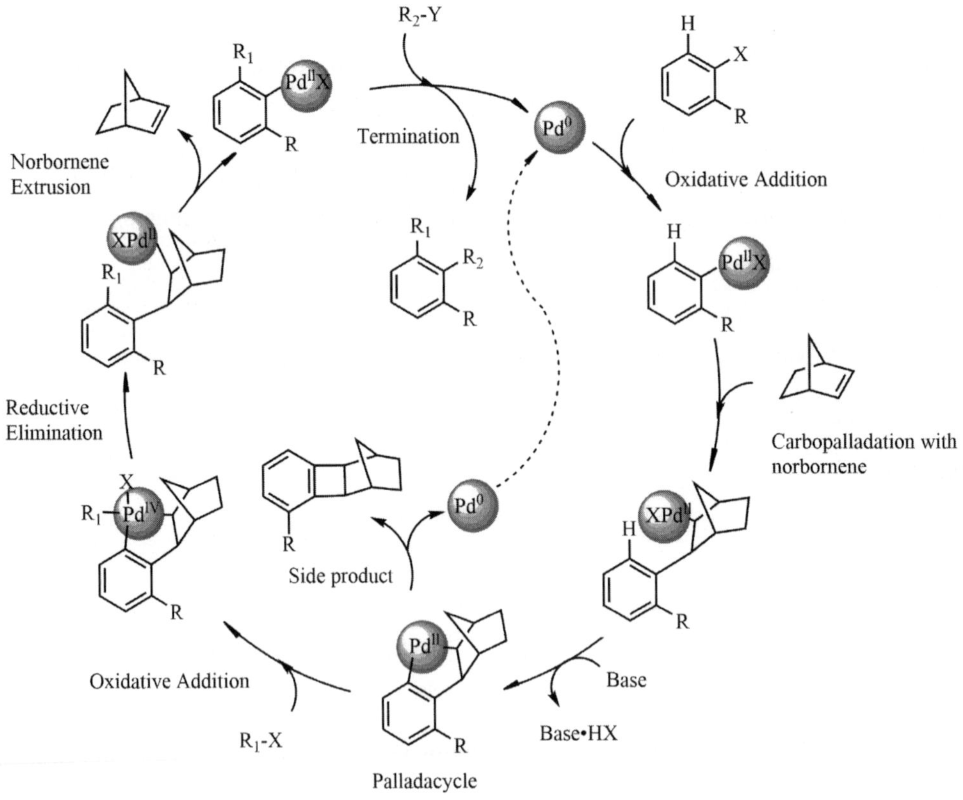

在一九九〇年代末期，義大利化學家 Catellani 提出一個以鈀金屬催化劑進行的類似 Heck 反應。不同的是，在 Ar-I 的 *ortho*-位置上的氫進行烷基化反應（alkylation）。其最大的特點是使用 norbornene 來當整個烷基化過程的最重要媒介。可以說沒有 norbornene 的協助，就不會有烷基化發生。如果沒有 norbornene 的存在，整個反應就只是 Heck 反應。(a) 說明 norbornene 的功能。(b) 說明此反應是 C-H activation 的一種，且是 *ortho*-位置的 C-H activation。

50

Italian chemist Catellani proposed a new reaction at the end of 1990s. At the first glance, this palladium complex catalyzed reaction is similar to Heck reaction. Yet, the major difference is that this reaction will carry out alkylation on the *ortho*-position of Ar-I. The most intriguing factor is using norbornene as media to convert the reaction. The alkylation will not take place without the presence of norbornene, it will be merely another type of Heck reaction. (a) Illustrate the function of norbornene. (b) Illustrate this reaction is one type of C-H activation, especially, C-H activation at *ortho*-position of Ar-X.

答： 以下為一般化學家所接受的 Catellani 反應機制，可看出 norbornene 扮演不可或缺的多重角色。Pd 原來加入 Ar-I 鍵中間，在 mechanism 中轉移到 Ar-H 上，再轉移回原來的位置上。

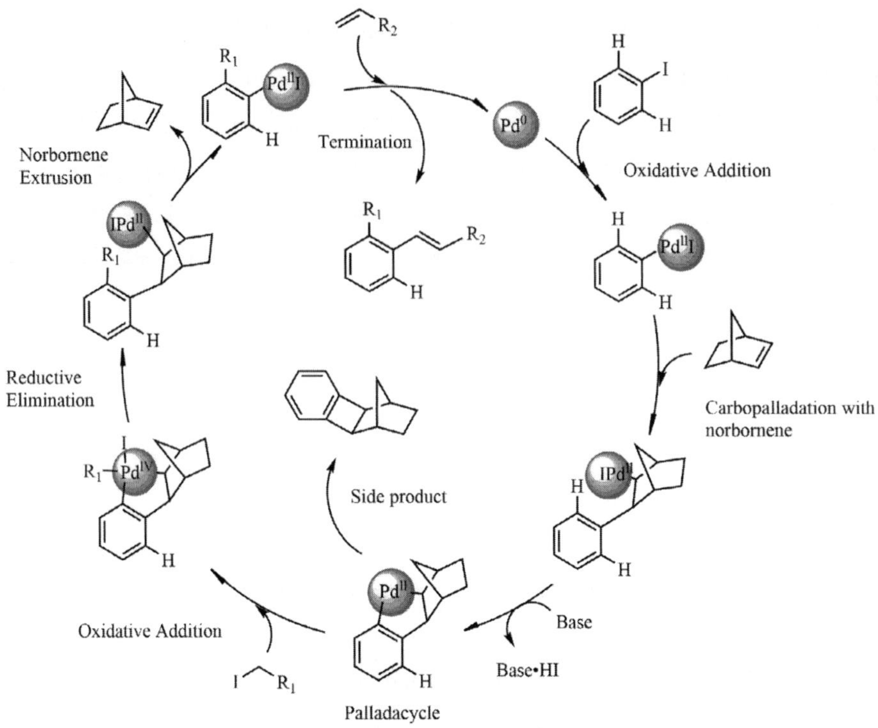

首先，利用 norbornene 內部的張力，使雙鍵有傾向形成單鍵的動力。也讓已形成單鍵的 bicyclo[2.2.1]heptane 的逆反應「β-氫離去步驟（β-Hydrogen Elimination）」的機制很難進行。沒有 norbornene 的存在，Pd 和 *ortho*-氫幾乎無法作用。因為方位及形成四角環張力太大，不利於反應。若加入 norbornene，Pd 和 *ortho*-氫形成六角環，容易起作用。

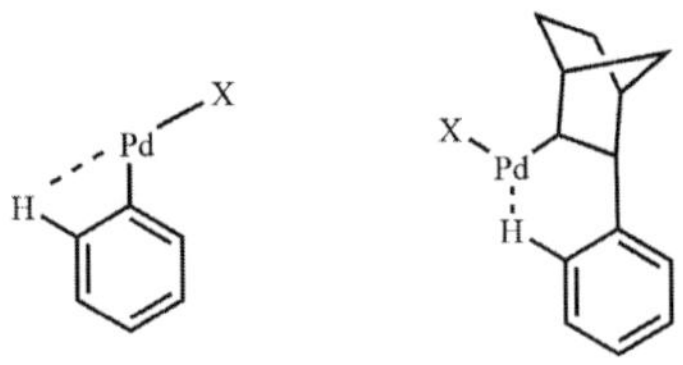

最後產物是原先苯環 *ortho*-位置的 C-H 被活化後被取代基取代。因此，此反應是 C-H activation 的一種。

> 承上題，norbornene 具有雙鍵，其插入 [M]-R 的速率比一般的烯類（具有雙鍵）要快，原因為何？
>
> **51**　In the previous question, the employed norbornene has a double bond in it. The insertion rate of norbornene to [M]-R is faster than commonly used alkene. Why is so?

答： Norbornene 分子內的雙鍵具有環張力，插入 [M]-R 後形成單鍵，紓解張力。而一般烯類雙鍵不具有環張力，插入 [M]-R 後形成單鍵，能量上得到的好處不多。因此，前者插入 [M]-R 的速率比後者較快。

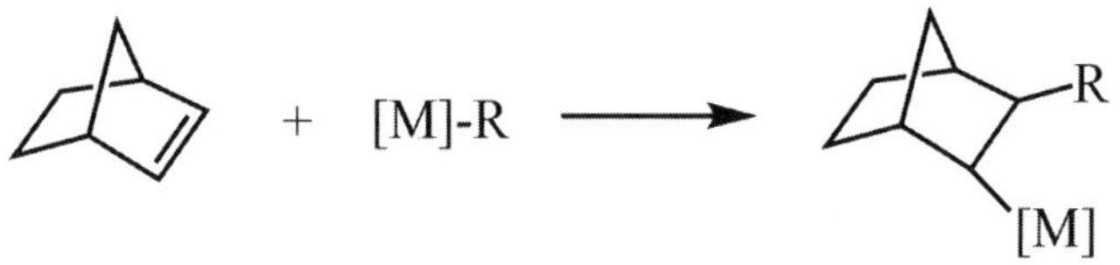

> 提出下列觀察到產物的種類及分布的可能反應途徑。並提出以下觀察到的選擇性的可能解釋。 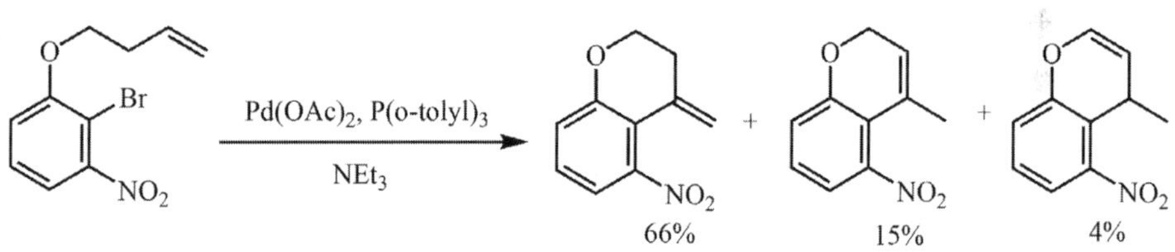
>
> **52**
>
> Point out a reasonable reaction route for the observed products and their distribution.

答： 先進行類似分子內 Heck Reaction，再進行 H 的 1,3-shift reaction。首先是進行類似分子內 Heck Reaction，接著是 Isomerization。Isomerization 的機制和形成 allylic 的中間體有關，結果是 H 的 1,3-shift reaction。

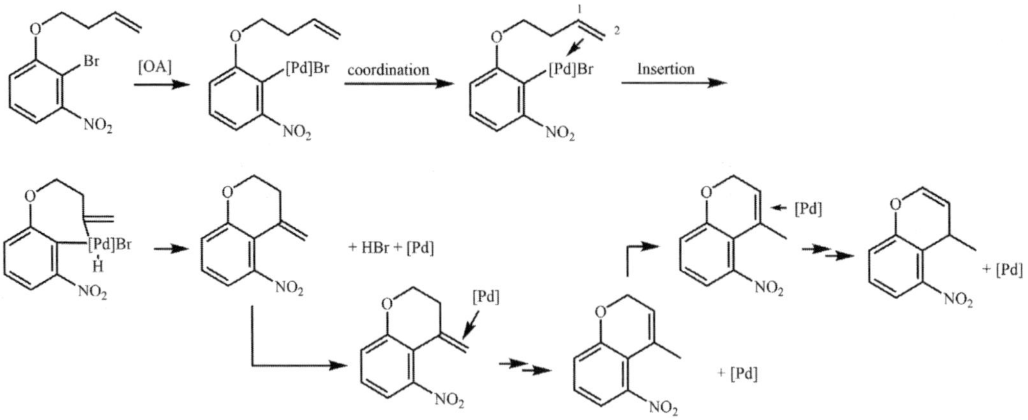

53

預測由 Trost Cycloisomerization 反應產生的產物的種類。

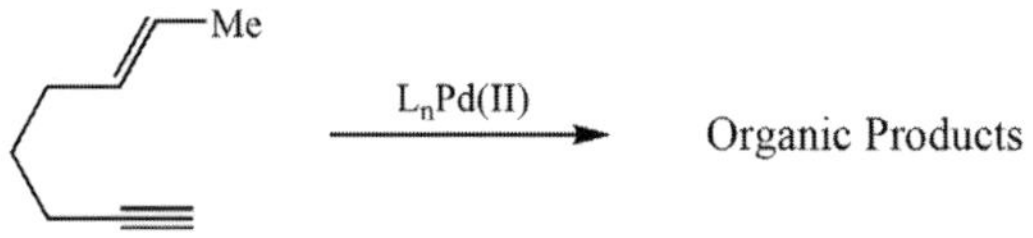

Predict the products for a "Trost Cycloisomerization" reaction.

答：Trost Cycloisomerization 反應機制有點像是<u>氧化耦合</u>（Oxidative Coupling）再加上雙鍵的異構化步驟。

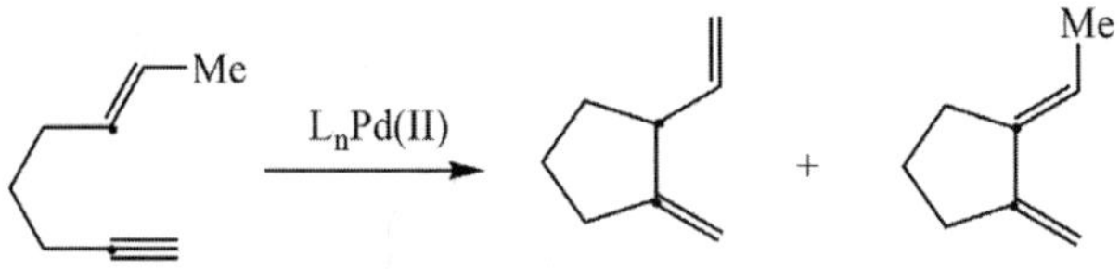

54

下面圖形代表由 Rh 化合物催化硼氫化反應（Hydroboration）的機制。

(a) 從有機化學的觀點來定義<u>硼氫化反應</u>（Hydroboration）。

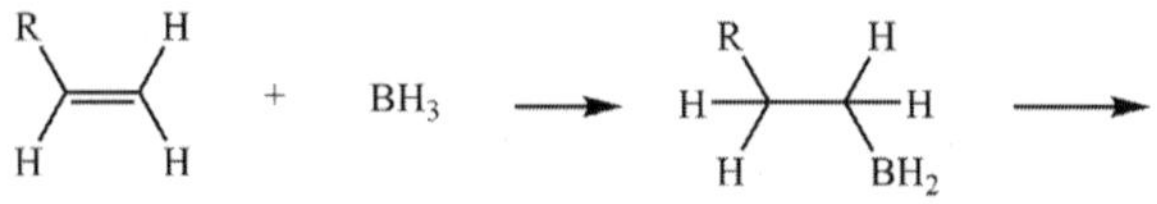

(b) 為何有機硼氫化反應（Hydroboration）都進行 Anti-Markovnikoff 路徑？

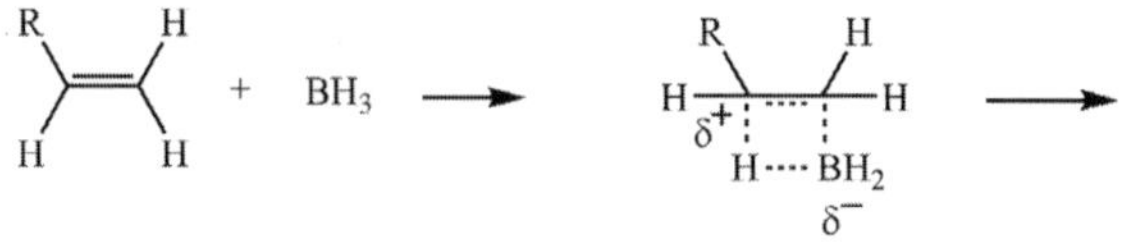

(c) 填滿下圖空格。

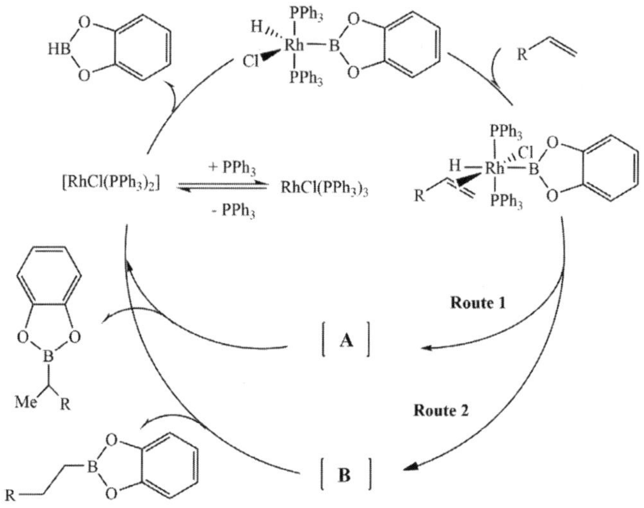

(d) 哪一條路徑比較可行？

A mechanism was proposed for Rh complex catalyzed "Hydroboration". (a) Define "Hydroboration" from the organic viewpoint. (b) Explain the reason why conventional "Hydroboration" always undergo Anti-Markovnikoff mechanism. (c) Fill up the blanks. (d) Which route is more feasible?

答：(a) 硼氫化反應（Hydroboration）基本上是將氫加入烯類的雙鍵內，且進行 Anti-Markovnikoff 路徑。(b) 有機硼氫化反應（Hydroboration）會進行 Anti-Markovnikoff 路徑，和加入的硼氫化合物上 B 的電負度比碳低有關。(c) 如下圖。

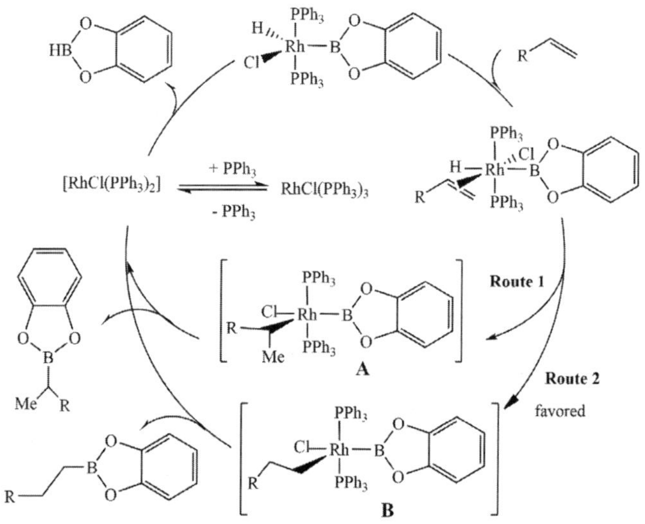

(d) 因為 steric effect 的關係，產生直鏈的路徑比較可行。

55

預測從雙聚合合環步驟（Cyclodimerization）而來的兩種產物。

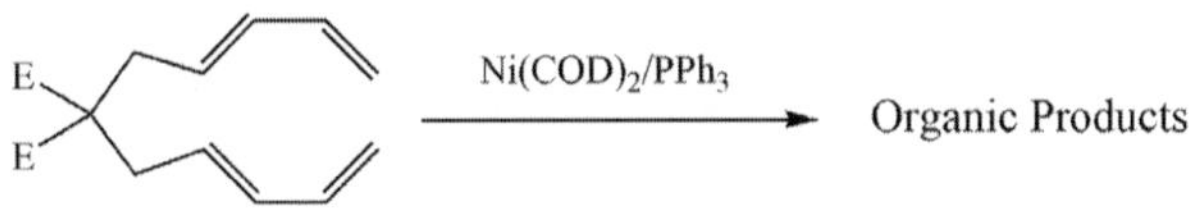

E
E
Ni(COD)2/PPh3
Organic Products

Predict the two targeted products from the "Cyclodimerization" process.

答：以下第一個產物是從 Cyclodimerization 步驟而來，第二個產物可能是從類似進行 Diels-Alder Reaction 步驟而來。

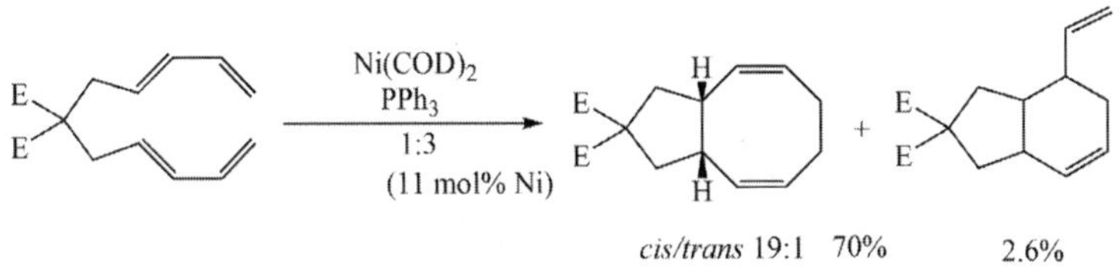

E
E
Ni(COD)2
PPh3
1:3
(11 mol% Ni)
H
H
E
E
+
E
E
cis/trans 19:1 70%
2.6%

56

請給合環雙聚化反應（Cyclodimerization）下適當的定義，並以中間產物填滿下面空格。

[Ni]
Ni
Ni
[A]‡
[D]‡
[C]‡
[B]‡
Ni
Ni
Ni

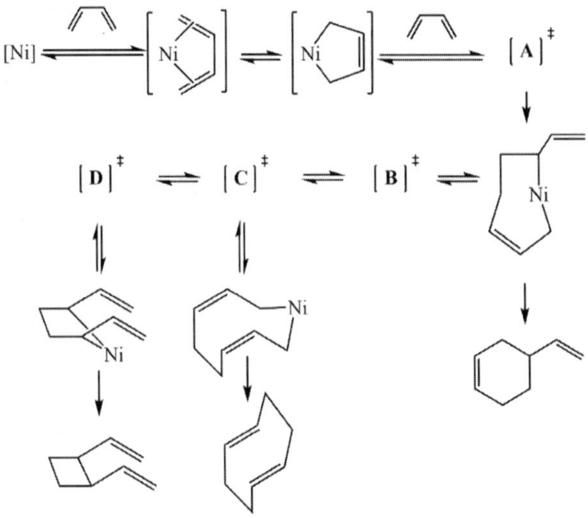

Fill up the blanks with intermediates for the "Cyclodimerization" reaction as shown.

答：反應機制如下圖示。

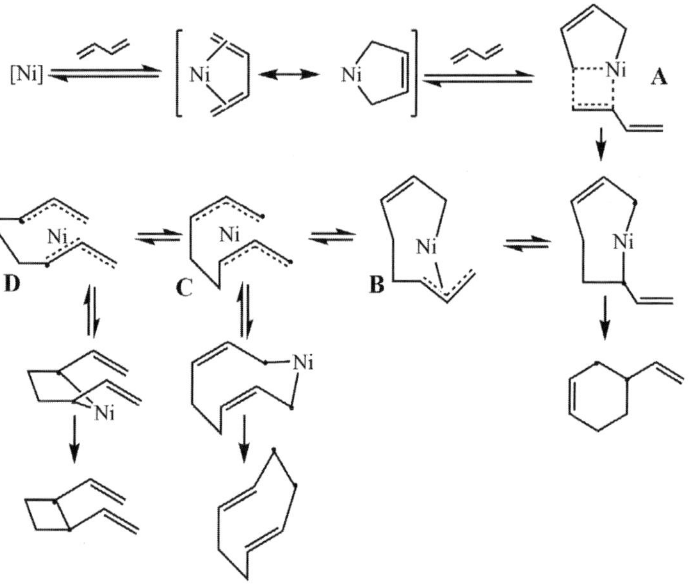

補充說明：由此看到催化反應可能產生很多不同的副產物，如何控制產物單一化是很重要的課題。催化反應也很可能產生很多以傳統有機反應方式很難得到的產物構型。

(a) 定義 Diels-Alder 反應。(b) 如何在進行 Diels-Alder 反應時避免聚合反應的發生？(c) 利用以下催化劑（cationic ansa-metallocene）可進行位向選擇性的 enantioselective Diels-Alder 反應。說明理由。

Entry	R	R'	T(°C)	Yield(%)	endo:exo	ee(%)
1	H	OMe	- 45	87	17:1	27(2R)
2	H	H	- 78	93	5:1	52(2S)
3	Me	H	- 78	94	1:25	32(2R)

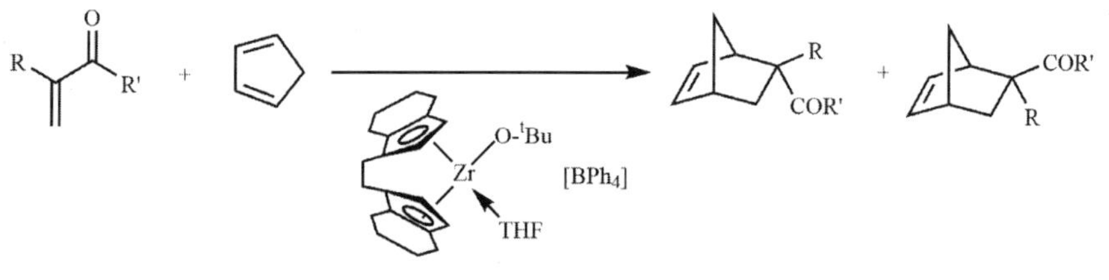

57

(a) Provide a proper definition for "Diels-Alder reaction". (b) How to prevent polymerization while doing "Diels-Alder reaction"? (c) An enantioselective "Diels-Alder reaction" might be carried out by employing cationic ansa-metallocene as catalyst. Explain.

答：(a) Diels-Alder 反應基本上發生在一分子具有烯類雙鍵及另一分子具有共軛烯類雙鍵的結合上。(b) 聚合反應可能在具有一個雙鍵的烯類上發生。加速進行 Diels-Alder 反應即可盡量避免聚合反應的發生。而要加速 Diels-Alder 反應，可在具有一個雙鍵的烯類上接上推電子取代基，及另一分子具有共軛烯類雙鍵上接上拉電子取代基。(c) 設計產物的位向選擇性要同時考慮取代基上推拉電子效應及立體障礙效應。

說明如何藉著一個可逆的乙烯類的插入和解離（Olefin Insertion & Elimination）步驟能讓 D 似乎變換位置。（dmpe = $Me_2PCH_2CH_2PMe_2$）

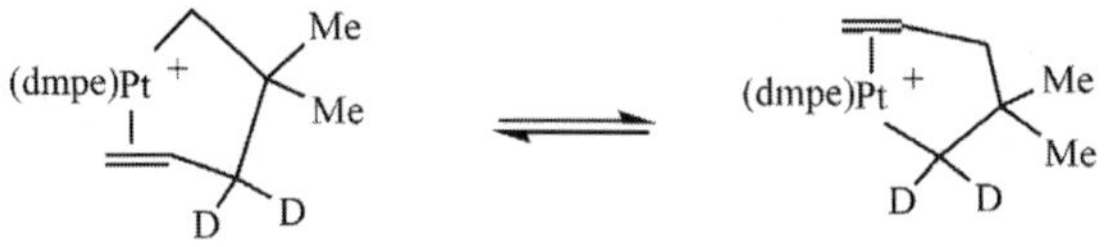

〔參考文獻：T. C. Flood and S. P. Bitler, *J. Am. Chem. Soc.*, 1984, *106*, 6067。〕

Explain how a reversible alkene insertion and elimination process might lead to the seemingly position change of D. (dmpe = $Me_2PCH_2CH_2PMe_2$)

答：簡化的可逆的乙烯類的插入和解離步驟如下。

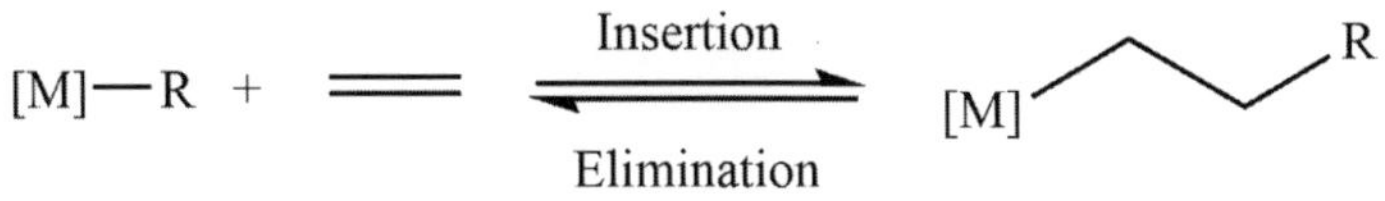

下列反應步驟能讓 D 似乎變換位置。

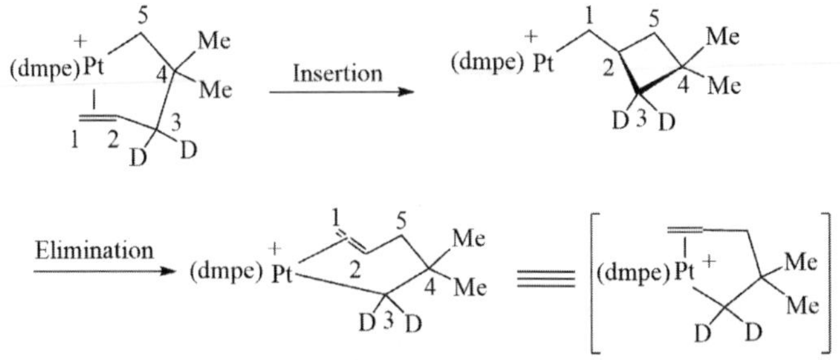

推測利用 [(CO)₂RhCl]₂ 當催化劑，Aziridines 被 Carbonylation 的可能的反應機制。

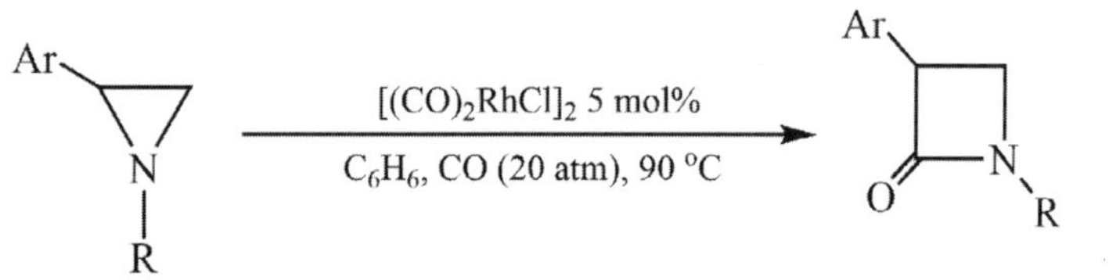

$[(CO)_2RhCl]_2$ 5 mol%

C_6H_6, CO (20 atm), 90 °C

59

Propose a mechanism to account for the catalytic "Carbonylation" of aziridines by $[(CO)_2RhCl]_2$.

答： Aziridines 和催化劑進行<u>氧化加成</u>（Oxidative Addition），再進行 CO 插入，最後再進行<u>還原脫離</u>（Reductive Elimination）步驟。

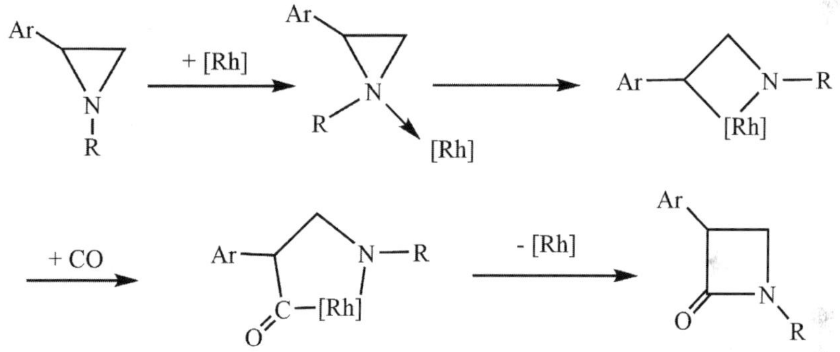

+ [Rh]

[Rh]

+ CO

- [Rh]

在下面 Meerwein-Ponndorf-Verley（MPV）反應的主產物為何？

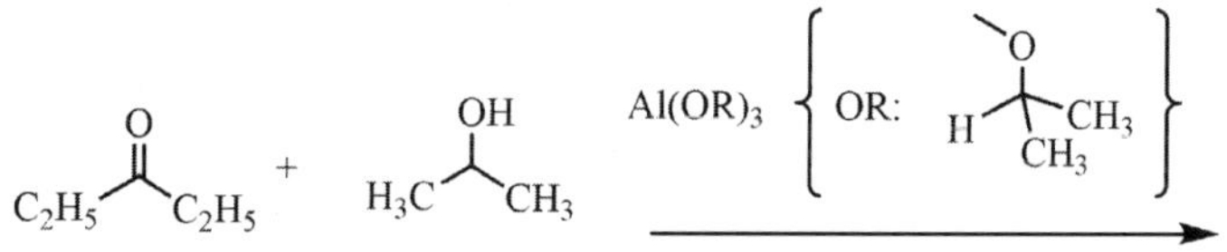

60

$Al(OR)_3$ OR: H —— CH_3 / CH_3

What are the major products from the Meerwein-Ponndorf-Verley（MPV）reaction?

答： Meerwein-Ponndorf-Verley（MPV）反應是將 ketones 及 aldehydes 轉換成相對應的 aldehydes 及 ketones。催化劑是 $Al(OR)_3$。

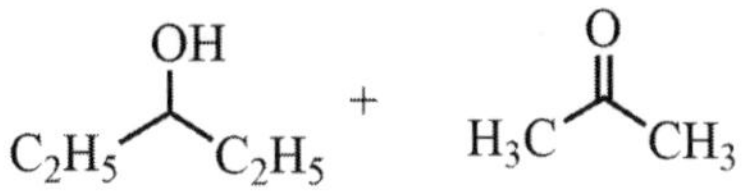

61

下面以 $Ru_3(CO)_{12}$ 為催化劑的還原反應的產物為何？

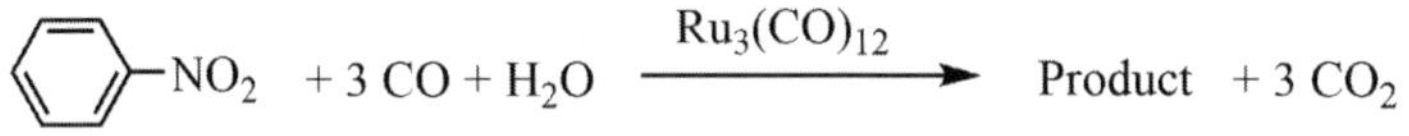

What is the major product from the reaction shown here?

答：產物可能為 $PhNO_2$ 還原後的 $PhNH_2$。

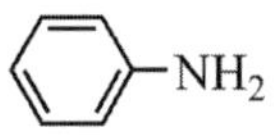

62

試提出一個反應機制來說明下面利用 $Fe(CO)_5$ 當催化劑來進行的雙鍵異構化反應（Olefin Isomerization）。

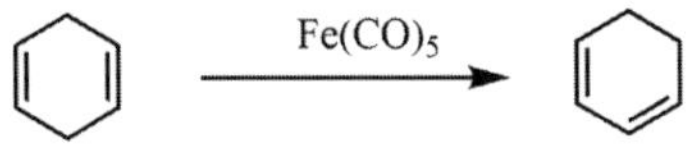

Please propose a mechanism to account for the catalytic "Olefin Isomerization" reaction by using $Fe(CO)_5$ as catalyst.

答：反應機制如下。剛開始 Fe 基團以 π-鍵結方式接到其中一個雙鍵（C2-C3）。接著，形成類似 allylic 的 π-鍵結方式。然後，在金屬基團上的氫再接上 allylic 兩端其中之一的碳上。若方位正確，雙鍵位置轉移（C1-C2）。最後，金屬基團離開形成產物。結果是，雙鍵由 C2-C3 轉移到 C1-C2。

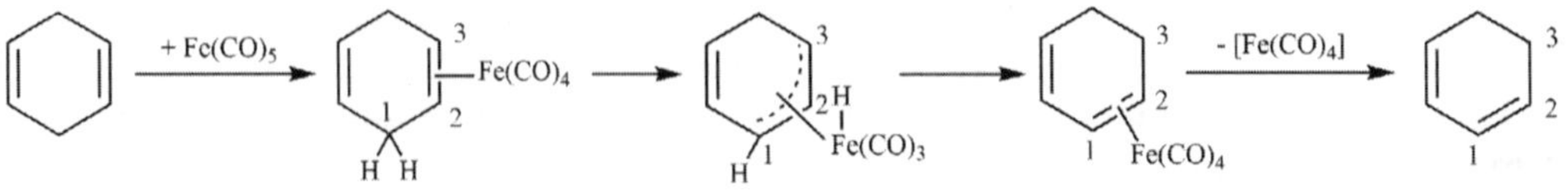

63

環狀比鏈狀雙鍵的異構化反應的速率慢，原因為何？

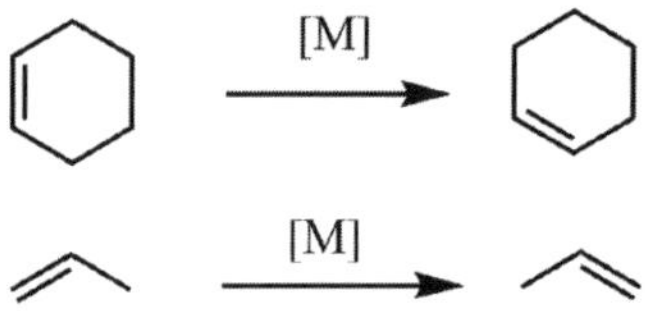

The rate for the catalytic isomerization is smaller for cyclized alkene than open chain alkene. Explain.

答：雙鍵的異構化反應進行類似形成 allylic 的中間體及 H 轉移機制。最後雙鍵由 C2-C3 轉移到 C1-C2。環狀形成 allylic 的中間體內部張力比較大，速率比較慢。鏈狀雙鍵形成 allylic 的中間體內部沒什麼張力，速率比較快。

64

化學家提出一個反應機制來說明下面反應。(a) 請填滿空格。(b) 請定義 CO_2 固化。(c) 如果將 CO_2 換成 CO 當起始物反應結果將會如何？

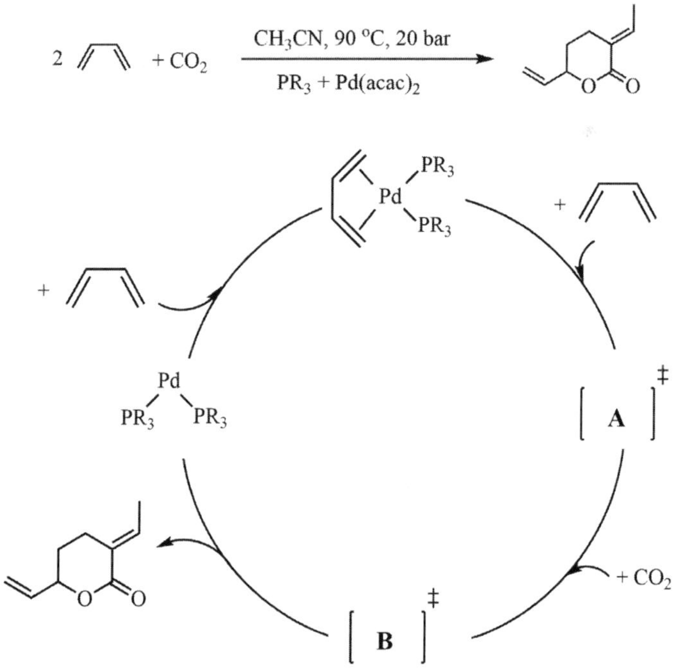

A mechanism was proposed to account for the catalytic reaction. (a) Fill up all blanks. (b) Provide a proper definition for "CO_2 fixation". (c) What will be the result if CO_2 is replaced by CO?

答：(a) 可能的中間體結構如下。

A 為可能金屬中間體。

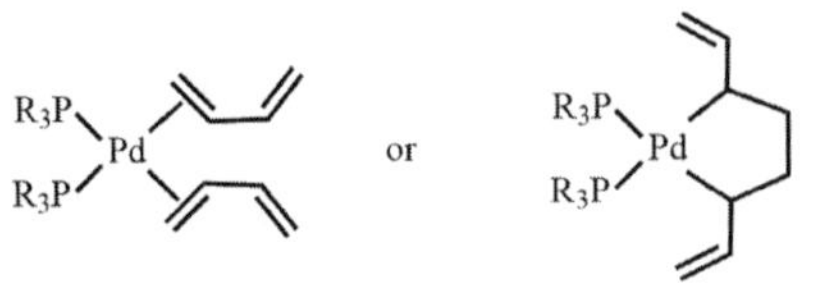

B 為可能七角環的金屬環化物中間體。

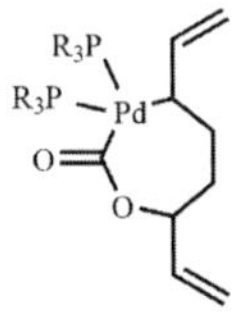

(b) CO_2 固化是利用化學方法將 CO_2 嵌入其他有機物內形成固態分子的方法。

(c) 如果將 CO_2 換成 CO 可能產生 cyclopentanone。

環化三聚反應（Cyclotrimerization）的反應機理如下。在第三個炔類加入後可能形成兩種中間體如 Route 1 及 Route 2。說明哪條路線是最可能的？

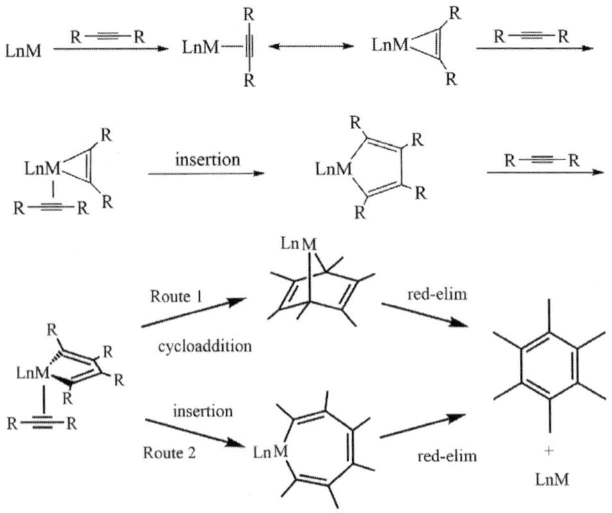

65

The mechanism for "Cyclotrimerization" is shown. There are two routes to the formation of each corresponding intermediates. Which route is more likely to occur?

答： 在 reductive elimination 的步驟中，被耦合的兩端越接近越好，結構變化性越少越好。因此，形成七角環的路線 Route 2 比較可能。

66

從下面的催化反應結果中發現有機化合物進行了分子內合環。請提出適當的反應機制來解釋這個被稱為 Trost 合環異構化（Trost Cycloisomerization）的反應結果。

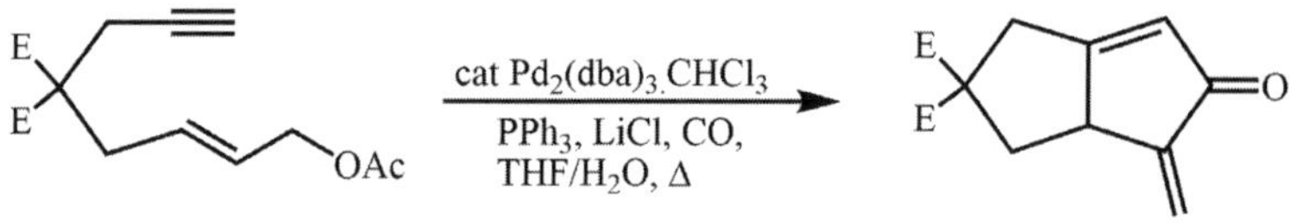

The reaction as shown is called "Trost Cycloisomerization". Propose a proper mechanism to account for the experimental results.

答： Pauson-Khand 反應的模式如下。由炔類、烯類再加上 CO，被 $Co_2(CO)_8$ 催化成環戊烯酮類。

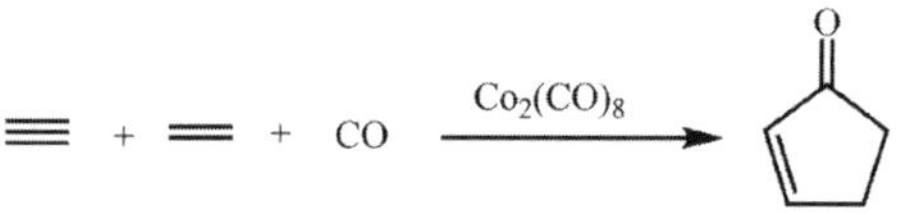

Trost 合環異構化（Trost Cycloisomerization）走類似分子內 Pauson-Khand 反應的機制。不同的是，在此催化劑使用 Pd 錯合物及後面反應結果有 HOAc 離去形成雙鍵的步驟。

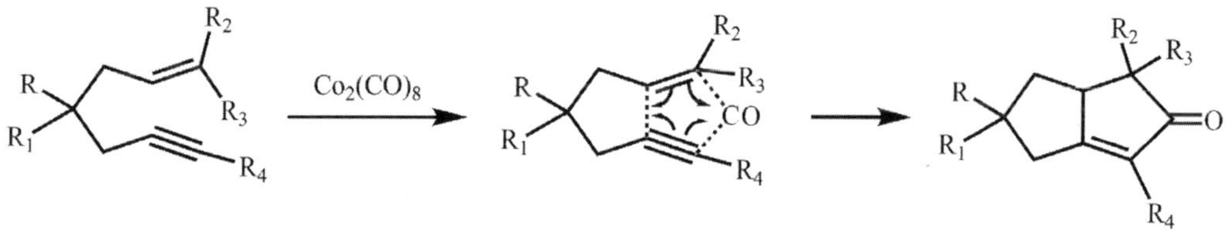

下面圖形顯示一個被稱為 Trost 合環異構化（Trost Cycloisomerization）的實驗觀察結果，產生兩個不同產物。化學家提出至少有兩個可能的反應機制可以用來解釋實驗結果。請將下面的空格填上反應中間物。

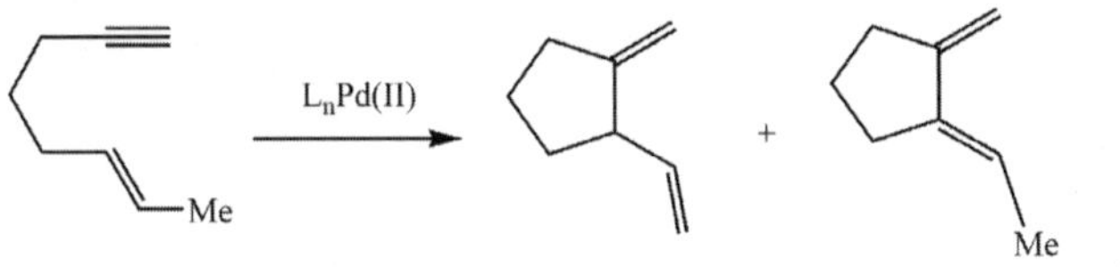

(a) Reductive Coupling（還原耦合）：

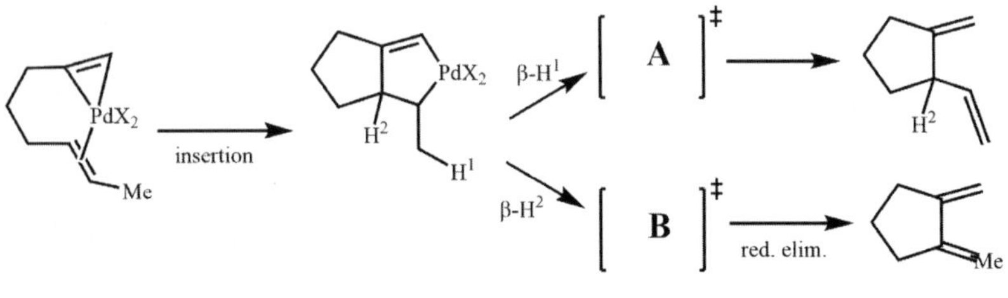

(b) H-Pd-X Pathway（H-Pd-X 路徑）：

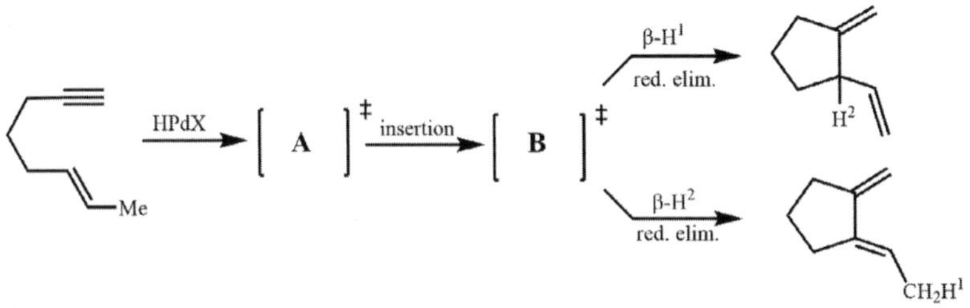

There are two possible reaction pathways that night be accountable for the experimental results from the "Trost Cycloisomerization". Fill up the blanks with intermediates: (a) Reductive Coupling; (b) H-Pd-X Pathway.

答：如下圖。

(a) Reductive Coupling（還原耦合）：

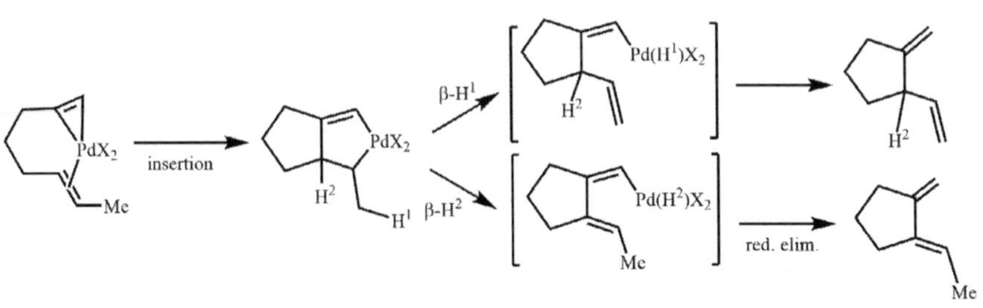

(b) H-Pd-X Pathway（H-Pd-X 路徑）：

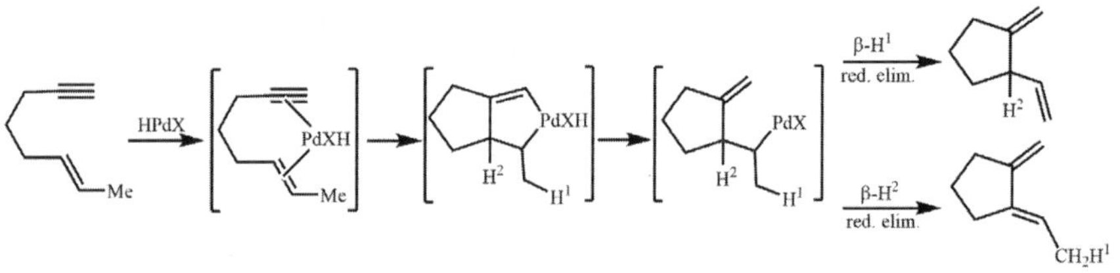

補充說明：最後一步的 Reductive Elimination 步驟最好不要發生在移除環上的氫，因為不容易移除，會導致整個反應速率較慢。

(a) 請給合環交換反應（Ring-Closing Metathesis, RCM）下適當的定義。
(b) 並以產物或副產物填滿下面空格。

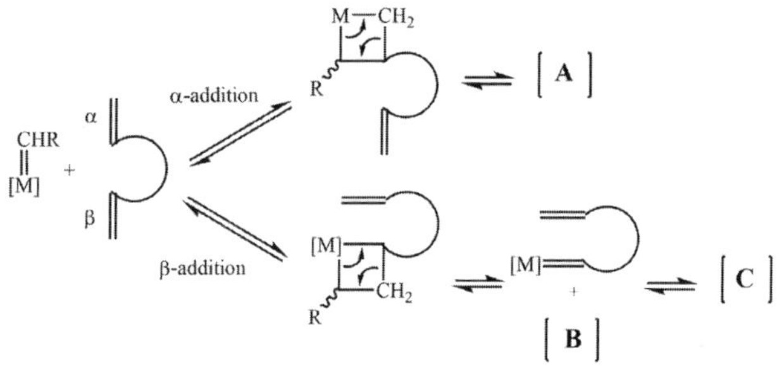

68

(a) Provide a proper definition for "Ring-Closing Metathesis (RCM)". (b) Fill up the blanks with intermediates for the reaction.

答：(a) 以金屬碳醌（Metal Carbene, [M]=CHR）為催化劑將兩頭具有雙鍵的有機物合環的反應。(b) 填入如下。

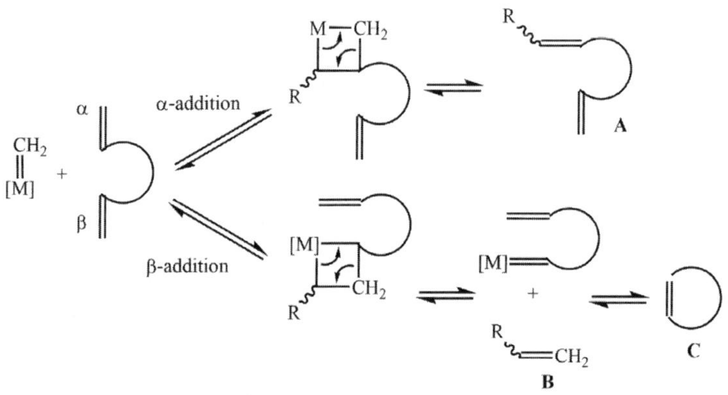

69

以金屬碳醯錯合物（Metal Carbene）當觸媒催化以下起始物，進行合環交換反應（Ring-Closing Metathesis, RCM）。哪些是目標產物？哪些是不必要的副產物？

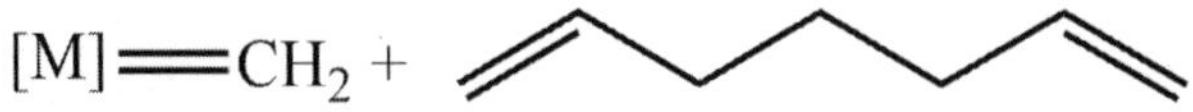

$$[M]\!=\!\!=\!CH_2 \; + \; \diagup\!\!\!\diagdown\!\!\!\diagup\!\!\!\diagdown\!\!\!\diagup$$

A Ring-Closing Metathesis (RCM) reaction is shown using the provided starting materials. What are the targeted products and unwanted side products?

答：以金屬碳醯錯合物（Metal Carbene）當觸媒催化雙烯有機物合環反應的可能機制如下圖示。

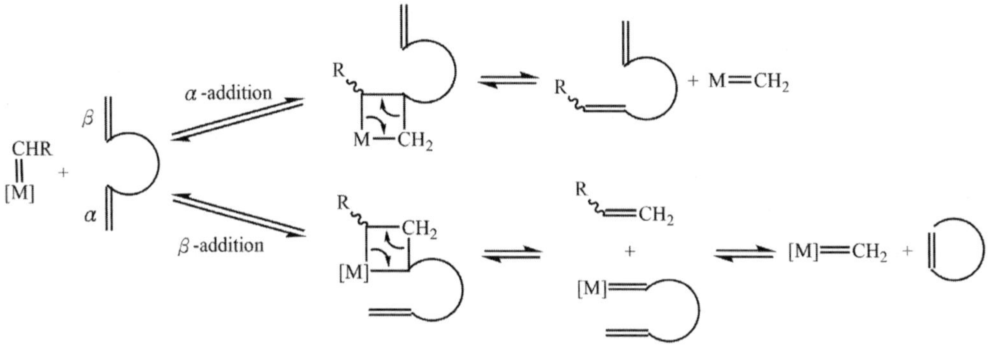

在此例中合環反應的結果是形成環狀烯化合物（環戊烯）且有烯基（乙烯）副產物產生。

70

以金屬碳醯錯合物（Metal Carbene）當觸媒催化以下起始物，進行開環交換聚合（Ring-Opening Metathesis Polymerization, ROMP）。寫出哪些是目標產物？哪些是不必要的副產物？

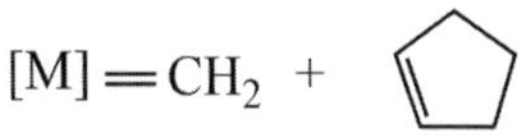

$$[M]\!=\!CH_2 \; + \; \pentagon$$

A Ring-Opening Metathesis Polymerization (ROMP) reaction is shown using the provided starting materials. What are the targeted products and unwanted side products?

答：將環烯類（Cycloalkenes）以開環交換聚合（Ring-Opening Metathesis Polymerization,

ROMP）方式來反應，在工業生產上是很重要的合成聚合物的方法之一。下圖為以金屬碳醯錯合物當觸媒催化環戊烯（Cyclopentene）的開環聚合的通式。此法能生產很多重要的化學品，包括從廉價單體聚合成有高價值的線性聚合物。通常一些聚合長度不一的烯類為不必要的副產物。

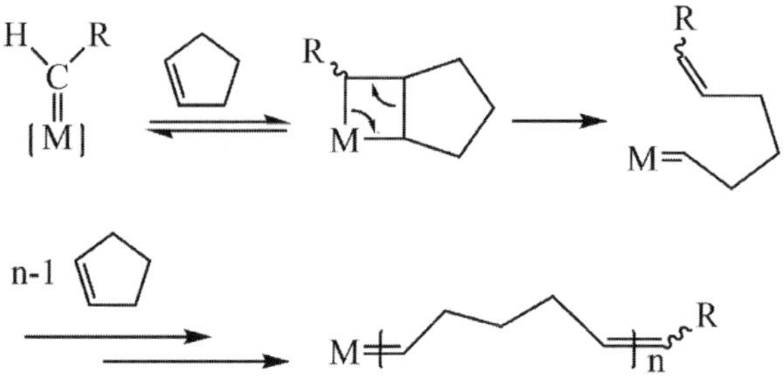

71	以金屬碳醯錯合物（Metal Carbene）當觸媒催化以下起始物，進行交錯交換反應（Cross Metathesis Process）。目標產物為何？
	$[M]=CH_2$　+　R_1　+　R_2
	A Cross Metathesis Process reaction is shown using the provided starting materials. What are the targeted products?

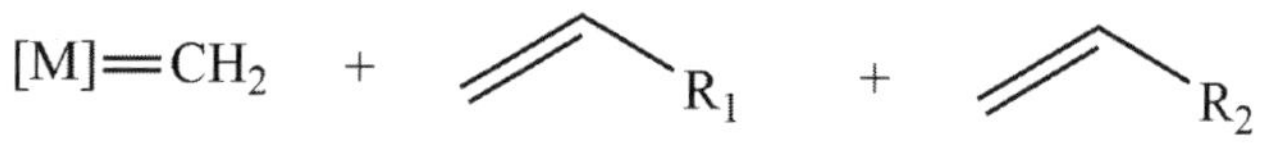

答：雙烯交錯交換反應目標產物如下，通常以金屬碳醯化合物（Metal Carbene, $M=CR_2$）為催化劑。

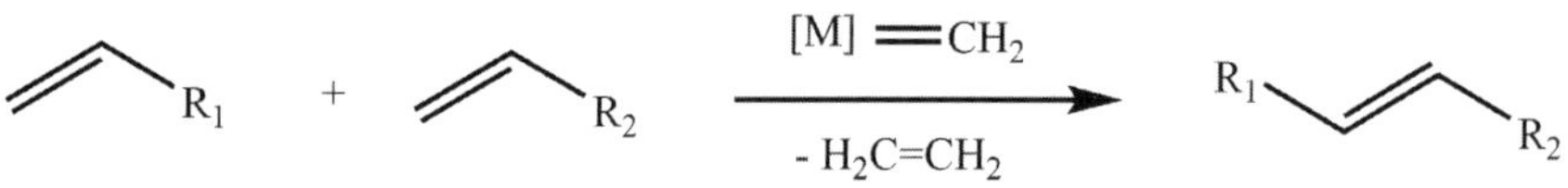

72	以金屬碳醯錯合物（Metal Carbene）當觸媒催化以下起始物，進行交錯交換反應（Cross Metathesis Process）。哪些是目標產物？
	A Cross Metathesis Process reaction is shown using the provided starting materials. What are the targeted products?

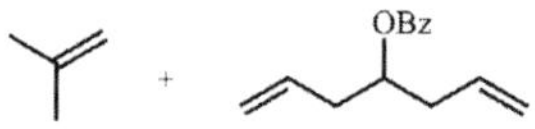

答：雙烯交錯交換反應目標產物如下。如果 2-methylprop-1-ene 過量，則 hepta-1,6-dien-4-ylbenzoate 兩邊都進行交錯交換反應。也可能進行合環反應。

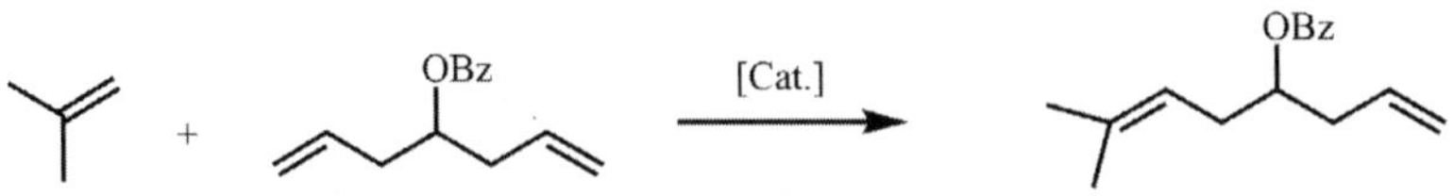

利用金屬碳醯（Metal Carbene，[M]=CHR）為催化劑，將下面所提供的起始物進行合環反應（Cyclization reaction），預測反應的產物。

73

(a)    (b)    (c)

Predict the cyclized product(s) from the catalytic reaction by using Metal Carbene ([M]=CHR) as the cayalyst precursor. The starting matrials are provided.

答：

(a)

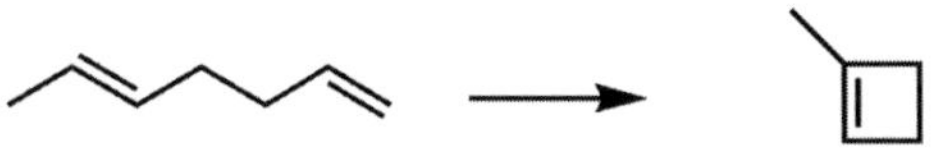

(b)

(c)

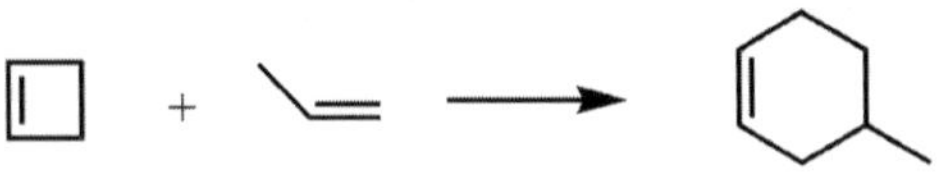

74

下述反應包括開環及結合。(a) 請尋找適當的催化方法完成反應，並寫出反應機制。(b) 寫出可能的副產物。

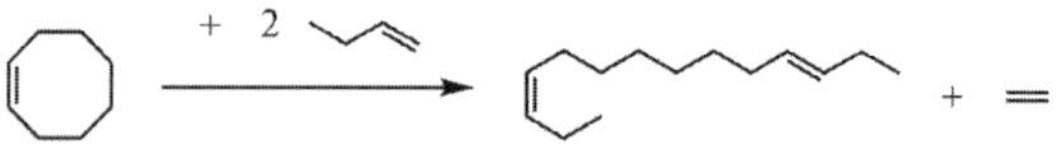

〔提示：這反應也許經由直接或半套交換反應（Metathesis）步驟，如下圖示。〕

(a) Find out proper methods and catalysts to finish the reaction as shown. Also, propose a mechanism for it. [Hint: The reaction might undergo direct or half-way Metathesis process as shown.] (b) Write down possible side products.

答：

(a)

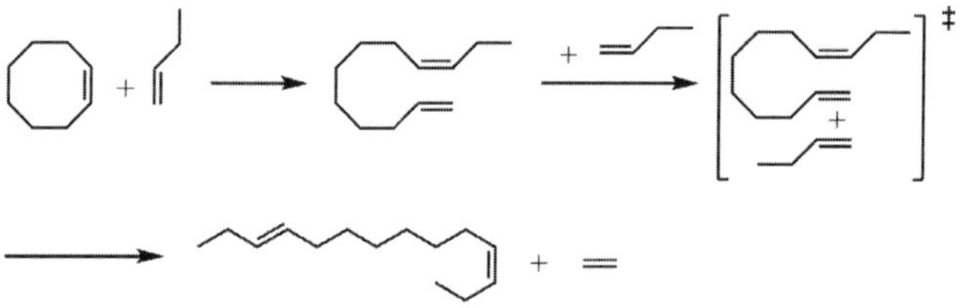

(b) 可能的副產物出現在加入第二個丁烯時，取不同方位會有不同副產物。

75

在下面的反應中，原先在金屬環化物（Metallacycle）中的苯環取代基藉由異構化（Isomerization）機制而交換了位置。在沒有任何其他外加物存在的情形下，請寫出異構化的反應機制。考量金屬環化物四角環的構型，從反應機制的難易度來預測異構化的速率快或慢。

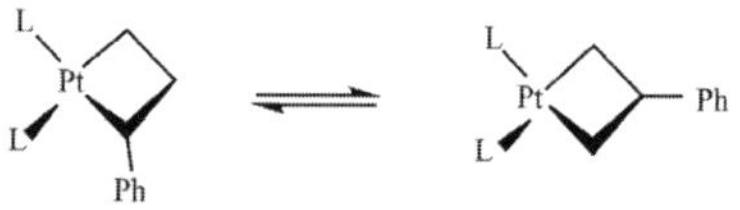

The substituent, Ph, might change its postion in Metallacycle through Isomerization. Write down a mechanism to account for the result without the interference of external subject. Predict the fesiblity of the reaction by judging from the multiple steps of mechanism.

答：交換（Metathesis）步驟通常發生在不飽和有機物（如烯類或炔類）之間，藉由金屬催化劑來執行交換（Metathesis）步驟，可達到不飽和有機物（如烯類或炔類）上的基團互換的效果。把上述異構化的反應機制想像成交換（Metathesis）步驟的反方向反應。此異構化牽涉到先斷鍵的步驟，反應速率應該是比較慢的。

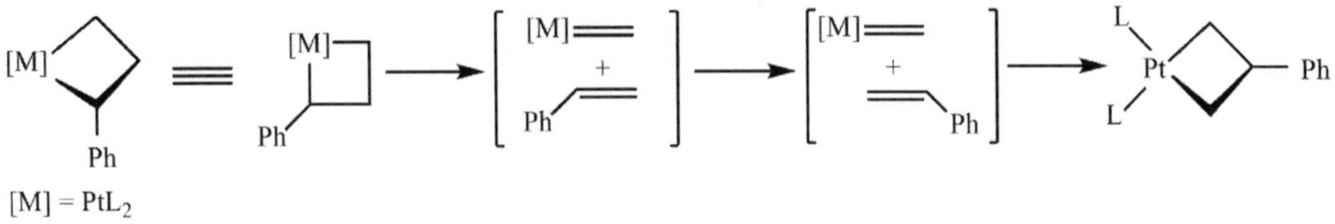

[M] = PtL$_2$

76

請提出利用金屬催化劑 [M] 將 methylcyclopentane 催化成 cyclohexane 的方法。

Propose a method to catalyze methylcyclopentane to cyclohexaneby by using transition metal complex [M] as catalyst.

答：首先，金屬催化劑 [M] 插入五角環中。接著，進行 β-Hydrogen Elimination 步驟。然後，進行 [M]-H 插入雙鍵，又形成環。最後，進行 Reductive Elimination 步驟可得到 cyclohexane。

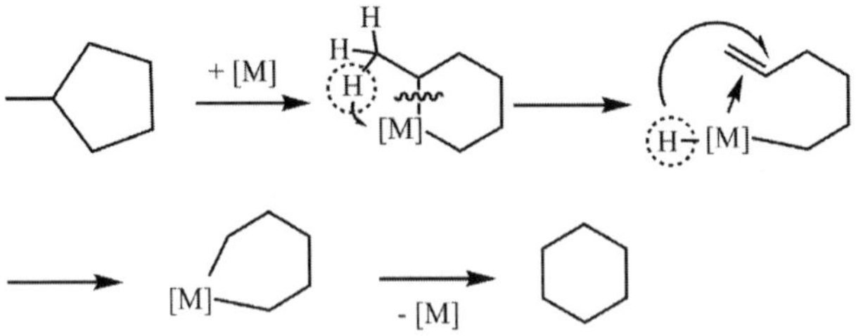

> 以 CpCo(PPh₃)₂ 為催化劑，將下述反應物催化成有機物，試寫出反應機制。可能有幾種路徑可引導到多種有機產物，推測哪一種有機產物產量比較多？ 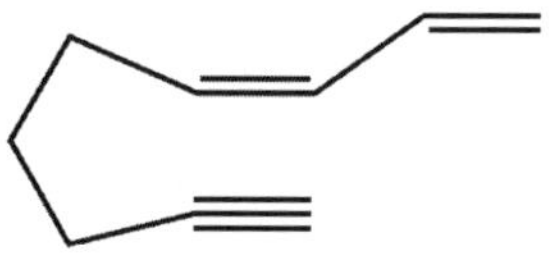
>
>
> 77
>
> Propose a mechanism to account for the formation of organic compound by using CpCo(PPh₃)₂ as catalyst. There are many potential routes which might lead to the formation of various organic compounds. Which organic compound is the most abundant?

答： 首先，催化劑促使烯基及炔基形成五環的金屬環化物。接著，再進行 β-Hydrogen Elimination。此步驟可有兩處的 β-hydrogen 可被作用。通常在環上的氫被拿掉比較困難。β-hydrogen 有幾個可能移動的途徑。其中以 Route 1 可能性最高。

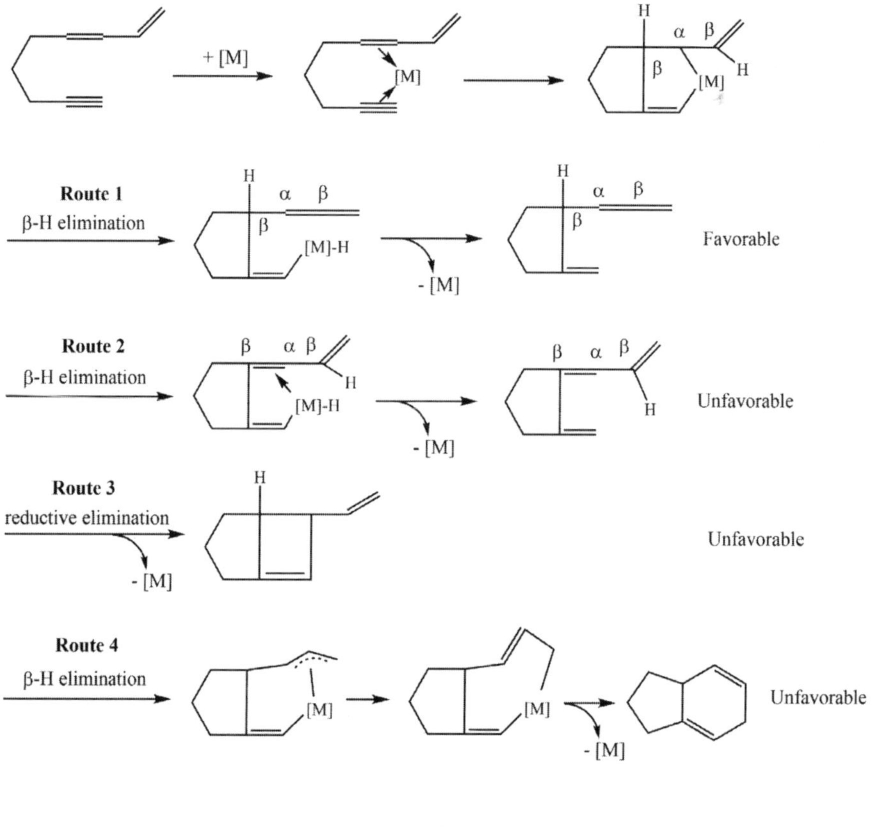

> **78**　一般而言，使用單金屬化合物比起更複雜叢金屬化合物（Cluster Compounds）當催化劑時，在產物的「立體選擇性」上會比較好。請說明。
>
> Normally, the selectivity of a catalytic reaction is better by using mono-metal complex than cluster compound. Explain it.

答：想像一下叢金屬化合物（Cluster Compounds）為一團大分子，只有表面暴露出來參與催化反應（如下左圖）；而單金屬化合物則是四面八方暴露出來參與催化反應（如下右圖）。當反應物接近催化劑時，在立體方位的選擇上，後者的可能性較多且較靈活。而叢金屬化合物的表面上個別金屬暴露範圍有限，立體方位選擇性受到限制。因此，通常在產物的立體選擇性是很重要的因素時，採用單金屬化合物當催化劑比叢金屬化合物好。

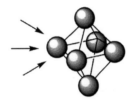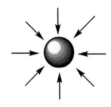

第 8 章
工業催化反應選例

催化反應是化學工業的核心，因為催化反應直接參與幾乎所有有用的化工產品的製造過程。

Catalysis is central to the chemical industry, as it is directly involved in the production of almost all useful chemical products.

——巴薩羅繆、法勞托，基礎工業催化製程，第二版，2005 年
（C. H. Bartholomew, R. J. Farrauto, *Fundamentals of Industrial Catalytic Processes*, 2nd Ed., 2005）

本章重點摘要

催化反應是化學工業的核心。為達到有效率的催化反應，化學家窮其所能地尋找適當的催化劑，俾使反應最好能夠在常溫常壓下進行，並盡量使用對環境友善的溶劑（最好是水），過程中減少或不使用有危害性的反應物，讓反應物有最少殘留及產出最大量產物和最少量副產物。這理想其實也正是永續（或綠色）化學所揭櫫的精神。

氫醯化反應（Hydroformylation Reaction）是藉由催化劑（早期以鈷金屬化合物為催化劑，近來則以銠金屬化合物為主）的協助，將烯類（olefin）化合物和水煤氣（Water Gas, $H_2/CO=1/1$）結合，而產生比原來的烯類多一個碳數的醛類化合物。這是一個很經典的工業催化反應，其反應機制包含幾個常見的基本反應步驟。

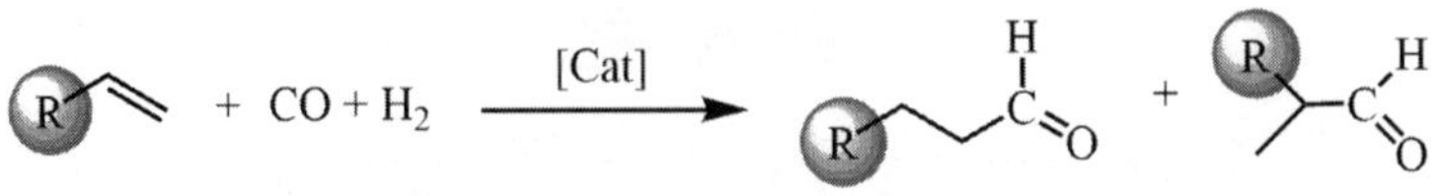

圖 8-1　以觸媒將烯類和水煤氣催化產生醛類的氫醯化反應

　　齊格勒—納塔反應（Ziegler-Natta Reaction）可說是最有名的聚合反應。德國化學家齊格勒（Ziegler）曾利用三乙基鋁（AlR$_3$, R: C$_2$H$_5$）和三氯化鈦或四氯化鈦（TiCl$_3$ or TiCl$_4$）的混合物當催化劑，將乙烯聚合成很少支鏈的高密度聚乙烯。義大利化學家納塔（Natta）接著將這一類型催化劑應用於聚合丙烯上，得到了高聚合度和高規格度的聚丙烯。齊格勒—納塔聚合乙烯反應過程其實很複雜，其可能反應機制如下所示。首先，混合三乙基鋁和三氯化鈦或四氯化鈦（TiCl$_3$ or TiCl$_4$）後可能先產生 Ti-R 中間物。接著，乙烯先與含鈦的中間物形成 π-鍵結的錯合物。然後，乙烯單體在鈦和烷基的鍵（Ti-R）進行插入反應，形成 σ-形式的鍵結，此時含鈦的錯合物其上碳鏈長增加二個碳。如此一再重複這個乙烯插入反應步驟，最後使碳鏈增長到設定目標，如果催化劑使用得當甚至可達到規則聚合的效果。藉由齊格勒—納塔法所得的聚乙烯具有較大密度及強度。至於其他不飽和烴的聚合方式都大致雷同。為了達到規則聚合的目的，現在有些聚合反應以 Cp$_2$TiCl$_2$ 取代原先的 TiCl$_3$ 或 TiCl$_4$ 當催化劑的成分。

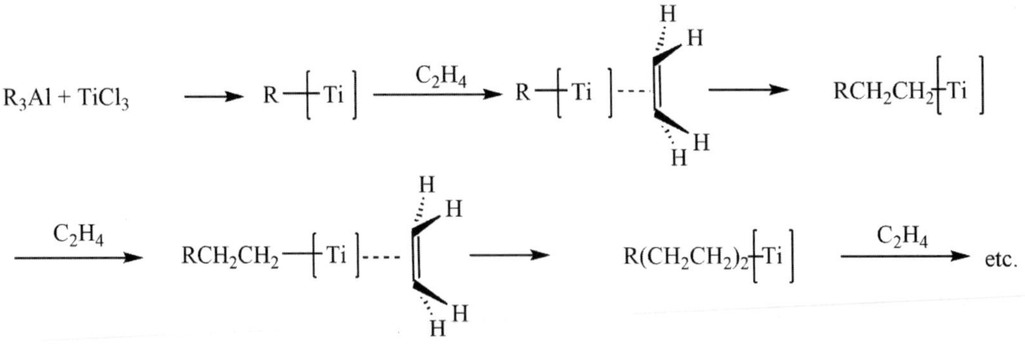

圖 8-2　齊格勒—納塔（Ziegler-Natta）催化乙烯聚合反應的可能機制

由德國人開發的費雪─特羅普希反應（Fischer-Tropsch, FT）在石油儲量逐漸枯竭的二十一世紀是個相當重要的反應。這是一個利用觸媒將煤碳（Coal）轉變成碳氫化合物（包括氣態碳氫化合物及液態汽油）的反應。首先，將煤碳（Coal）在高溫水蒸氣（H₂O）下反應使產成 1：1 的 H₂/CO，即俗稱的水煤氣（Water Gas）。接著，再將水煤氣中的 H₂ 含量提高。最後，再以含金屬之觸媒將之催化成碳氫化合物。

費雪─特羅普希反應（Fischer-Tropsch Reaction, FT）：

$$C(煤) + H_2O(水蒸氣) \longrightarrow CO(一氧化碳)/H_2(氫氣)\ (水煤氣)$$

$$n\,CO + (2n{+}1)\,H_2 \xrightarrow{觸媒} C_nH_{2n+2}(碳氫化合物) + n\,H_2O$$

複分解反應（Metathesis）是工業上重要的製程類型。複分解反應是藉由觸媒的協助下將兩組不同碳鏈長度的不飽和烴加以重組的反應。烯烴複分解反應（Olefin Metathesis）為複分解反應的一種，是藉由觸媒將兩個不同碳鏈長度的烯烴（通常是一長一短）重組成碳鏈長度適中的烯烴的步驟。通式如下圖所示。

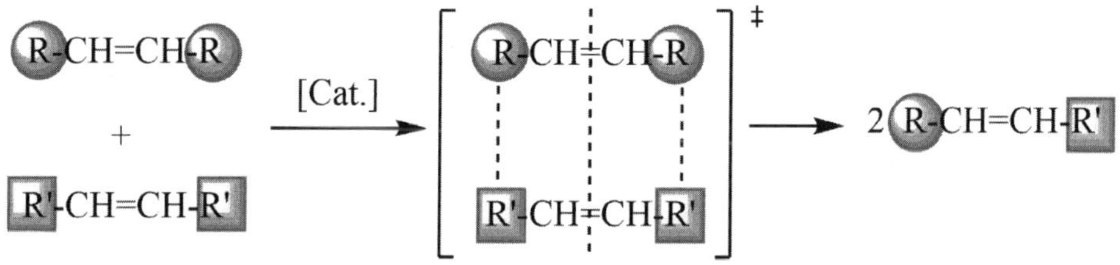

圖 8-3　烯烴複分解反應藉由觸媒的催化互相交換雙鍵位置並改變碳鏈的長度

殼牌（Shell）公司利用觸媒將不同長度的烯屬烴經互相交換得到適當長鏈的烯屬烴。其做法通常是將 C4-C10 的烯屬烴和含二十個碳左右（C20+）的烯屬烴，經由非均相催化方式生成含十三個碳左右（C13+）的烯屬烴，此步驟叫 Shell 高烯屬烴合成反應（Shell Higher Olefins Process, SHOP）。

　　孟山都（Monsanto）公司合成醋酸（CH₃COOH）的反應是利用甲醇（CH₃OH）來當起始物，是一碳化學（C1 Chemistry）在工業上運用的第一個重要例子。所謂一碳化學是利用自然界儲量極豐的煤（C）或含一個碳的大宗原物料（如 CH₄、CO、CO/H₂O 等等）將其轉化成其他多碳的有機化合物的化學。

　　在石油化學工業中將氣態碳氫化合物轉換成液態碳氫化合物（From Gas To Liquid, GTL）是很重要的技術。美孚石油（Mobil）公司在一九七〇年代早期開發了一種製造甲醇的方法。一開始將天然氣（主要成分為甲烷）先轉換為水煤氣（CO/H₂, syngas），然後在一種特別沸石觸媒的催化下再轉換為甲醇。將甲醇再轉換成汽油的製程在工業上相當重要。而有些國家允許直接使用甲醇當汽車燃料。

練習題

1	一九七〇年代全球發生能源危機，主要是石油供應短缺造成的。請簡述費雪—特羅普希反應（Fischer-Tropsch reaction）步驟，並說明此法在石油短缺的年代之重要性。
	Briefly describe the "Fischer-Tropsch reaction" and the importance of this reaction in the age of energy crisis.

答： 近年來石油短缺的現象日益嚴重，而煤的儲量則仍相當豐富。費雪—特羅普希反應（Fischer-Tropsch Reaction）步驟是將煤轉化為汽油的方法之一，在石油短缺的年代這方法格外重要。然而，目前使用此法並不經濟，要等到更有效率的方法出現時，才會有競爭力。目前僅有南非仍保有此技術在商業運轉。

$$C（煤）+ H_2O \rightarrow H_2 + CO$$

$$n\,CO + 2n+1\,H_2 \rightarrow C_nH_{2n+2} + n\,H_2O$$

2	(a) 請給費雪—特羅普希反應（Fischer-Tropsch, FT）下適當的定義。(b)說明何謂合成氣體（Synthetic Gasoline）？
	(a) Provide a proper definition for "Fischer-Tropsch Reaction" and for (b) "Synthetic Gasoline".

答： (a) 利用金屬催化劑藉由催化反應將煤轉換成碳氫化合物的製程。(b) 由上述反應將煤轉換成的碳氫化合物，其中 C6-C10 為 Synthetic Gasoline。

3	為什麼在 Fischer-Tropsch Reaction（費雪—特羅普希反應）中，先進行 WGSR（Water Gas Shift Reaction，水煤氣轉移反應）步驟是必要的？
	Explain that it is necessary for the Water Gas Shift Reaction (WGSR) to proceed before Fischer-Tropsch Reaction.

答：費雪—特羅普希反應是把水煤氣（$H_2 + CO$）轉化為汽油的過程。如果希望汽油（有機化合物）燃燒時能釋放出更高的能量，有機化合物上應盡可能減少氧原子含量而增加氫原子含量。水煤氣轉移反應（WGSR）則是一個將水煤氣（H_2/CO）中 CO 減少，使 H_2 增加的步驟。在費雪—特羅普希反應之前先進行 WGSR 步驟是必要的。

4

試提出一個反應機制來說明下面利用 $Fe(CO)_5$ 當催化劑來進行的水煤氣轉化反應（Water-Gas Shift Reaction, WGSR）。

$$CO + H_2O \xrightarrow{\text{cat. } Fe(CO)_5} CO_2 + H_2$$

Propose a mechanism to account for the catalytic Water-Gas Shift Reaction (WGSR) by using $Fe(CO)_5$ as catalyst.

答：下圖為以 $Fe_3(CO)_{12}$ 為觸媒的水煤氣轉化反應可能的反應機制。如果以 $Fe(CO)_5$ 當催化劑開始，可能在高溫下 $Fe(CO)_5$ 先轉換成 $Fe_3(CO)_{12}$，再以 $Fe_3(CO)_{12}$ 當催化劑開始進行催化反應。同理，也可以 $Ru_3(CO)_{12}$ 為觸媒。後者的效率更好。

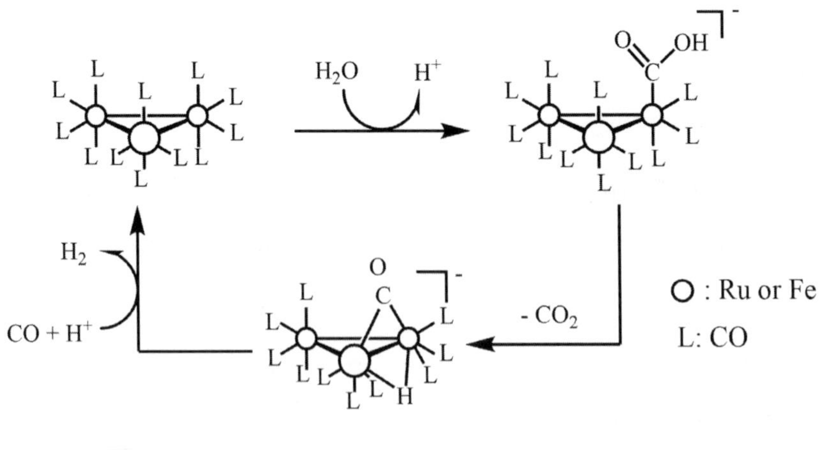

水煤氣（Water-Gas, CO₂/H₂）可由煤在高溫水蒸氣的存在下反應而得。化學家藉著觸媒將 CO_2 及 H_2 轉換成 HCOOH。以下催化反應是將觸媒前驅物（A）活化形成（B）後再進行反應的機制。(a) 說明觸媒前驅物（A）為何活性不足？(b) 說明反應機制每一個步驟的原理。(c) 如果反應中 H_2 比 CO_2 的量要大很多，產物將會是什麼？

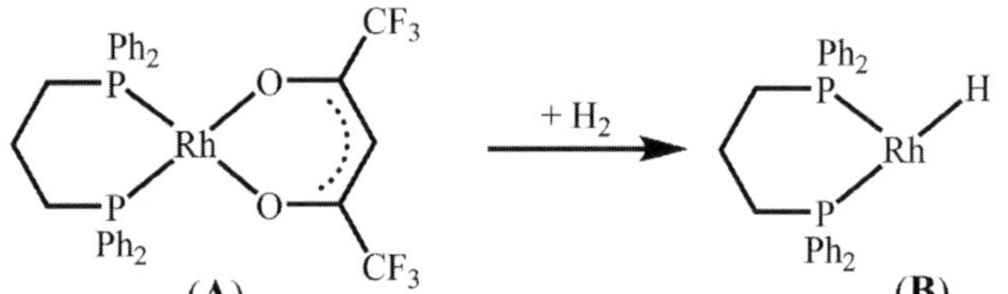

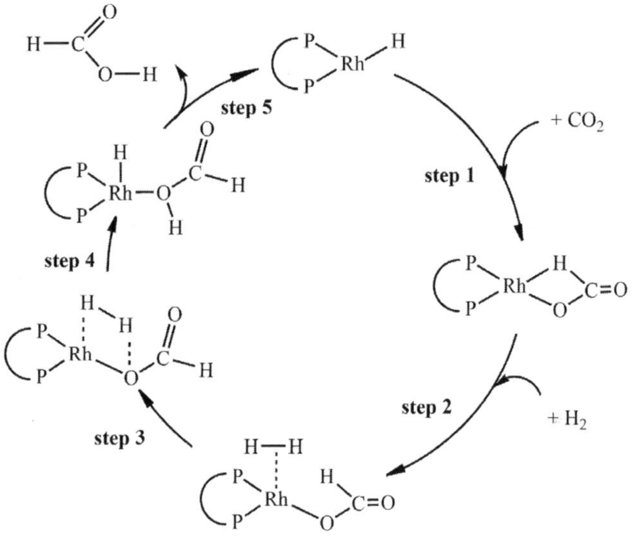

Water-Gas (CO_2/H_2) could be produced in equal amount from the reaction of coal with steam. They could be further converted to HCOOH by catalyst. The catalytic precursor (A) has been activated to form (B). (a) Explain that the activity of (A) is not sufficient to start the reaction. (b) Point out the principle behind each step. (c) What will be the major product if the reaction started with larger amount of H_2 and less amount of CO_2?

答：(a) 觸媒前驅物（A）被兩組雙牙基配位，非常穩定，活性明顯不足，需先活化。(b) 第一步 CO_2 插入 Rh-H 鍵中；第二步 H_2 配位到 Rh 上；第三步形成 Rh-O-H-H 四角環；第四步 H_2 氧化加成到 Rh-O 鍵上；第五步 HCOOH 從 Rh 上還原脫去。(c) 如果 H_2 過量，產物可能會被進一步還原成醛類。

請回答有關齊格勒—納塔（Ziegler-Natta Reaction）聚合反應的問題。(a)
齊格勒—納塔催化劑的成分。(b) 齊格勒—納塔聚合反應的活化物種。(c)
近來有些齊格勒—納塔聚合反應的催化劑換成 Cp$_2$TiCl$_2$。說明理由。(d) 繪
出齊格勒—納塔聚合反應的機制。(e) 齊格勒—納塔聚合反應有時會加入
MAO，說明其成分。

6

Answer the following questions concerning Ziegler-Natta polymerization
reaction. (a) Point out the major components of Ziegler-Natta reaction. (b) List
the active species of the polymerization reaction. (c) In recent years, the catalyst
precursors of Ziegler-Natta polymerization reaction have been changed to
Cp$_2$TiCl$_2$ and its derivatives. Explain it. (d) Write down the mechanism of
Ziegler-Natta polymerization reaction. (e) Sometimes, MAO is added into the
Ziegler-Natta polymerization reaction. What is the major component of MAO?

答：(a) 由 AlR$_3$ + TiCl$_3$（or TiCl$_4$）組成的混合物。(b) TiRCl$_2$（or TiR$_2$Cl）。(c) Cp
提供立體障礙，使反應產生更高比例的直鏈產物，減少支鏈副產物。

(d)

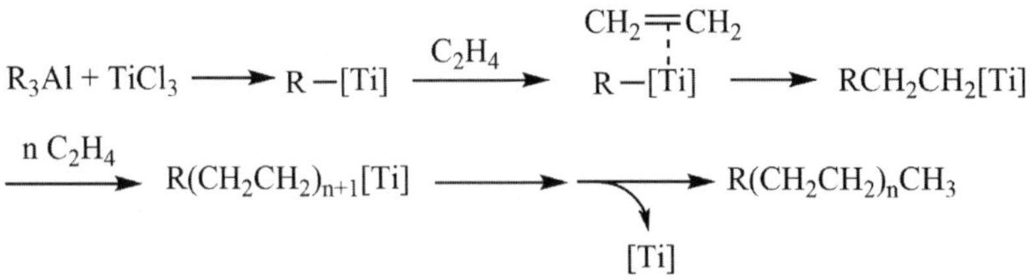

(e) MAO 其成分應為混合物，即其 Al 上被接上 R 或 OR 基。

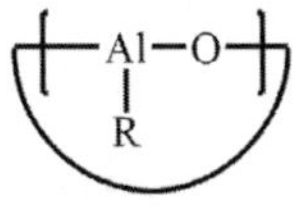

Alumoxane

化學家提出一個反應機制來說明下面 Ziegler-Natta polymerization 反應。
(a) 請填滿空格。(b) 如何產出比較多的直鏈形而非支鏈狀產物？

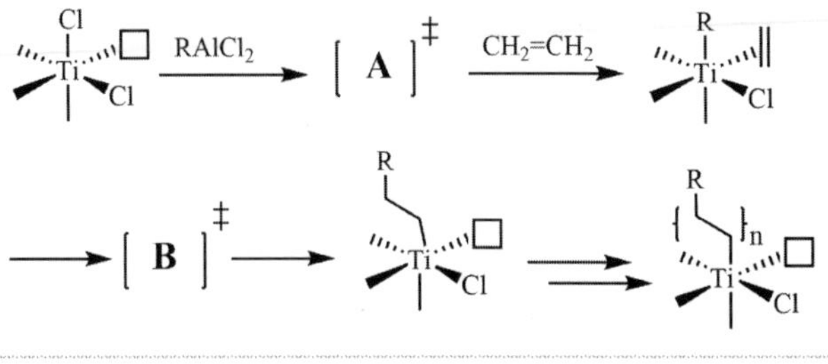

7

A mechanism was proposed by chemist to account for the Ziegler-Natta polymerization reaction. (a) Fill up all the blanks. (b) How to yield more linear than branch products from the reaction?

答：(a) 可能的中間體結構如下。（A）可能藉由雙金屬中間體轉為單金屬中間體過程，交換了 R 基。（B）可能為單金屬烯基插入反應的中間體。

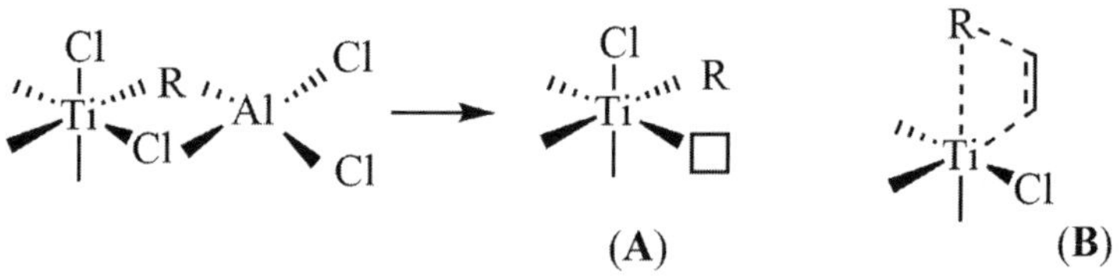

(b) 若催化劑上有立體障礙大的配位基，則產物中具直鏈的產物會比支鏈的多。

由 $TiCl_4$ 和 $Al(C_2H_5)_3$ 製成的齊格勒—納塔（Ziegler-Natta）催化劑是一個均相催化劑的例子。請仔細檢驗以上敘述的正確性。

8

Evaluate the credibility of the following statement. The major components of Ziegler-Natta catalyst are $TiCl_4$ and $Al(C_2H_5)_3$. It is an example of homogeneous catalysis.

答：這個陳述「一個均相催化劑的例子是由 $TiCl_4$ 和 $Al(C_2H_5)_3$ 製成的齊格勒—納塔（Ziegler-Natta）催化劑」，應該可以算對。但齊格勒—納塔（Ziegler-Natta）催化反應也可以在非均相催化的情況下進行。例如，可以將催化劑附著在載體上進行非均相催化反應。

9

氫化反應（Hydrogenation）是將不飽和的烯類或炔類有機物加氫，利用催化劑催化形成烷類化合物的步驟。常用的氫化反應觸媒是威金森催化劑（Wilkinson's Catalyst, RhCl(PPh₃)₃）。氫醛化反應（Hydroformylation）是將烯類化合物和水煤氣（Water Gas, H₂/CO=1/1）藉由催化劑（早期以鈷金屬化合物為主，現代以銠金屬化合物來取代，速度較快。）催化產生醛類化合物，這醛類化合物比原來的烯類多一個碳數。如果以銠金屬（Rh）錯合物來當此兩種反應的催化劑，通常需要預先排除氧氣（O₂）甚至含硫（S）化合物，原因為何？

In catalytic reaction, O₂ molecule or S-containg compounds have to be removed beforehand for using Rh complexes as catalysts in either "Hydroformylation" or "Hydrogenation". Explain.

答： 在催化反應中不論是氫醛化反應（Hydroformylation）或氫化反應（Hydrogenation），保持催化劑中心金屬的活性是很重要的。氧氣進入可能使中心金屬如 Rh 的氧化態做不恰當的改變，而失去活性。根據皮爾森（Pearson）的硬軟酸鹼理論（Hard and Soft Acids and Bases, HSAB）指出「硬酸喜歡硬鹼，軟酸喜歡軟鹼」。硫為「軟鹼」喜歡「軟酸」（在這裡為 Rh）。因此，硫和金屬 Rh 形成強的鍵結，使催化劑中心金屬的活性降低，無法進行和反應物的加成反應，不利於反應進行。因此，氧氣甚至含硫化合物在以金屬（如 Rh）為催化劑的反應中需要預先排除。

補充說明： 汽機車的觸媒轉換器含 Rh 金屬，容易被汽油中含硫（S）化合物毒化，因此提煉原油時必須有除硫的過程。

10

沙利竇邁（Thalidomide）事件是人類使用藥物歷史的慘痛經驗。請說明此事件的由來及後果。

It is a painful history for humankind in medical treatment. Describe the so called "Thalidomide Incident".

答： 一九五〇年代沙利竇邁藥物開始在歐洲及亞洲上市販售。此藥物因具有安眠與鎮靜作用，能讓容易緊張的懷孕初期婦女減緩不適症狀，可以減少流產機率。因而，在某些國家被視為安胎藥來讓懷孕婦女使用。然而，藥物販售幾年後卻發現曾經服用沙利竇邁的婦女產下手或腳畸形的胎兒機率偏高。這些畸形兒即使長大後，仍通常會有變形且短小的手或腳的現象。這外觀上的病症有時被稱為海豹肢症（Phocomelia）。經過幾年調查後，證實這款藥物的確會造成嚴重後遺症。沙利竇邁為掌性（或稱為手性）異構化分子，一個為 R 形，另一個為 S 形（參考下題）。研究結果發現後者是造成嚴重副作用的元凶。後來沙利竇邁遭到禁賣。

11

描述不對稱合成（Asymmetric Synthesis）發展與沙利竇邁（Thalidomide）事件的關係。沙利竇邁分子的同分異構體如下所示。

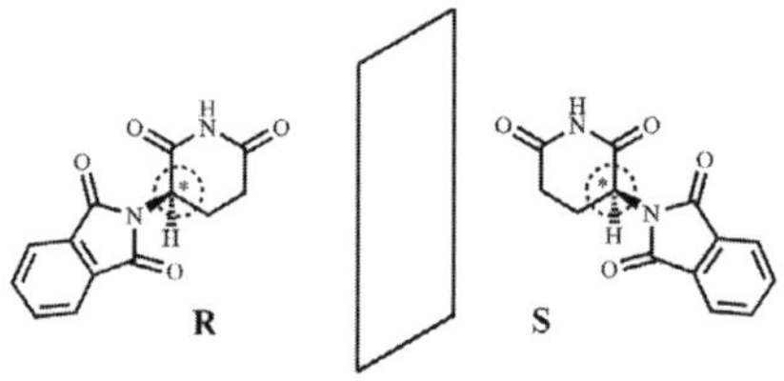

Describe the relationship of the progress of "Asymmetric Synthesis" with the "Thalidomide Incident". Two isomers of Thalidomide are shown.

答：沙利竇邁（Thalidomide）事件發生後化學家才驚覺到鏡像異構物分子可能對生物體的機能造成嚴重的衝擊。這事件進而引發全世界的藥物管理單位對鏡像異構物分子的重視。化學家研究如何減少不必要的鏡像異構物的產生化學技術稱為不對稱合成（Asymmetric Synthesis）。

12

在化學合成中使用某種方法讓反應後得到某一純鏡像異構物（或是接近單一鏡像異構物）產物的方法稱為不對稱合成反應（Asymmetric Synthesis）。由此法產生的分子被稱為光學活性分子（Optical Active Molecule）具有光學活性。(a) 請說明什麼是光學活性分子。(b) 早期的不對稱合成反應研究中經常使用由威金森催化劑（Wilkinson's Catalyst, $RhCl(PPh_3)_3$）修改後的分子來擔綱。請說明為什麼在不對稱合成反應中要修飾威金森催化劑上的單牙磷基成雙牙磷基？而且此取代上去的雙牙磷基必須具備有 C_2 對稱？(c) 為什麼被具有 C_2 對稱修飾後的雙牙磷基配位的催化劑會影響反應中兩個光學異構物產物的比例？

(a) Provide a suitable definition for "Optical Active Molecule". (b) The PPh₃ ligands in Wilkinson's Catalyst (RhCl(PPh₃)₃) have to be modified in order to carry out "Asymmetric Synthesis". Normally, the bidentate ligand has to have a C_2 Symmetry. (c) In "Asymmetric Synthesis", the ratio of the resulted two optical active products will be altered. Explain.

答：(a) 光學活性分子（Optical Active Molecule）是指能使旋光儀的偏極光偏轉特定角度的分子。其另外一個鏡像異構物會有大小相同但方向相反的偏轉角度。(b) 在不對稱合成反應（Asymmetric Synthesis）中修飾威金森催化劑（Wilkinson's Catalyst, RhCl(PPh₃)₃）上的配位基成雙牙磷基，且使此雙牙磷基具備有 C_2 對稱，如 BINAP 其掌性是由其骨架（backbone）部分造成。當這些具有掌性的含磷雙牙配位基配位到銠（Rh）金屬上時，會形成 λ 及 δ 兩種構型之一。在這個時候，理論上這兩種構型的能量可能是不同的，且和反應物可進行不同比例的結合。最後產生不同比例的鏡像異構物。最好的情形是其中一個是絕大多數，此種反應型態稱為不對稱合成反應。(c) 當反應物被修飾後的 Rh 催化劑鍵結時會形成兩種不同的錯化合物構型。立體因素使這兩種不同構型的錯化合物因並非鏡像異構物而具有不同能量。顯然地，兩反應途徑的活化能也不同。結果是由這兩種不同的錯化合物構型催化產生的產物其產出比例也會不同。最理想的狀況是只形成其中一種我們所需要的鏡像異構物。

13

在不對稱合成反應（Asymmetric Synthesis）中，如果產生的鏡像異構物無法保持其構型，則經由一段時間會變成消旋化合物（Meso compound）。還好，以碳為中心的鏡像異構物容易保持其原先構型。相對地，鏡像異構物分子以氮為中心的比較不容易保持其構型，請說明原因。

The optical isomer from the symmetric synthesis mostly could be preserved for carbon-centered organic compound. By contrast, it is not easy to preserve for nitrogen-centered organic compound. Explain.

答：有機鏡像異構物的構型可以 Cahn-Ingold-Prelog（CIP）的序列來定義四取代碳化合物分子的 R 及 S 構型。如為三取代氨基，其孤對電子的優先順序則被定為最低，其餘按照 CIP 的序列規則定義。四取代碳化合物分子的 R 及 S 構型的轉換困難，而三取代氨基的 R 及 S 構型在適當溫度下的轉換比較容易，原因是第四個取代位置是孤對電子。因此，以氮為中心的鏡像異構物分子比較不容易保持其原先構型。

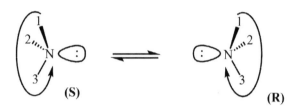

14　不對稱氫化反應（Asymmetric Hydrogenation）將 (Z)-α-acetamidocinnamic acid 轉變成 N-acetylphenylalanine 的過程已被研究很透徹。化學家發現反應機制中一個產量大的中間體，最後竟是導致產量小的產物。繪一能量圖來說明之。

The catalytic asymmetric hydrogenation process of (Z)-α-acetamidocinnamic acid which is converted to N-acetylphenylalanine has been studied extensively. Chemists found that the major production of intermediate lately led to the minor product in the end of reaction. Plot an energy diagram to illustrate it.

答：下圖說明產量大的中間體（比較穩定），最後是導致產量小的產物（比較不穩定），是因為活化能比較大的關係。

下圖左邊反應剛開始產生量大的中間體，後來最終產物量卻比較少。下圖右邊反應剛好相反。主要原因在於兩路徑的活化能不同所導致。

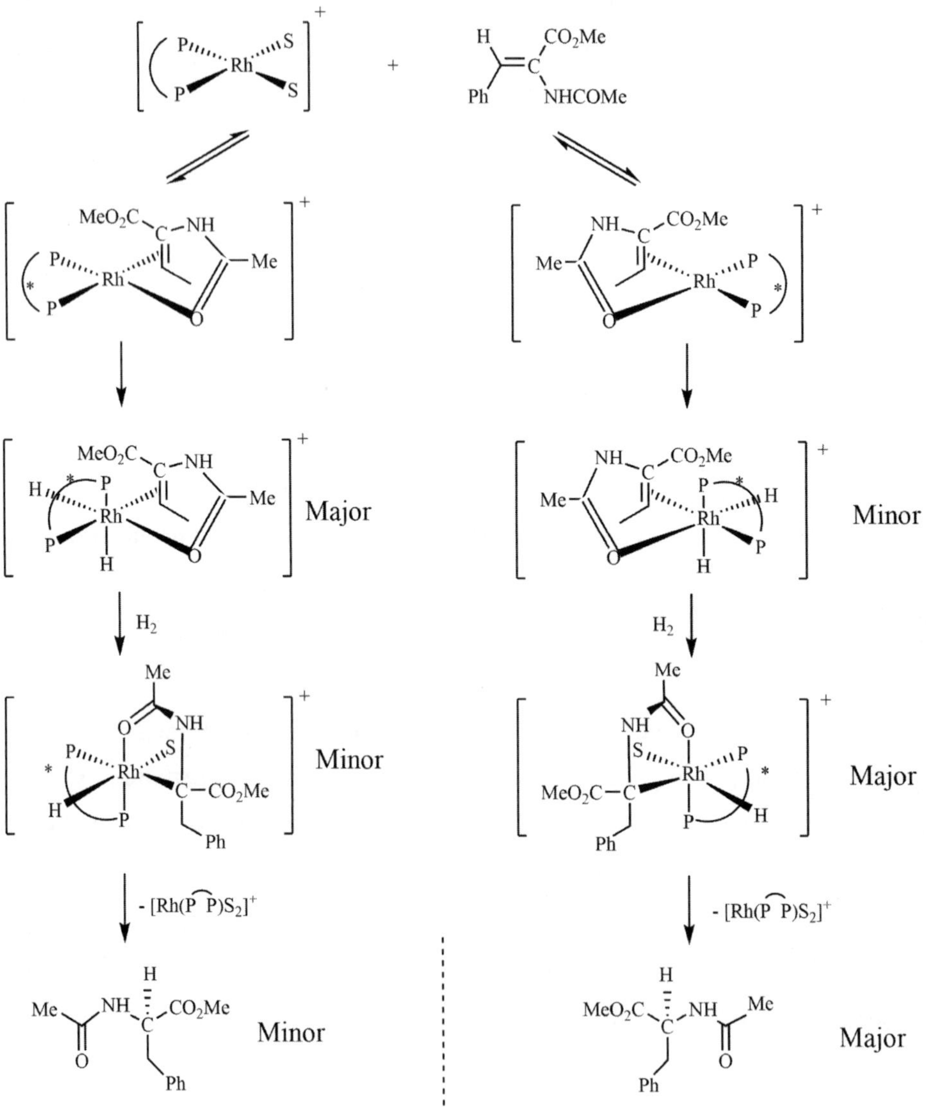

補充說明： 多步驟反應的最終產物量由各步驟累積而成，不能只看其中一步驟來下定論。

氫醯化反應（Hydroformylation）是將烯類和水煤氣（CO/H$_2$）催化成比烯屬烴多一個碳的醛類的反應。早期，學術界或工業界均以 Co$_2$(CO)$_8$ 為催化劑，需要比較高的操作壓力。(a) 以苯乙烯（Styrene）為烯類起始物，請將下面所提出氫醯化反應的反應機制的空格填滿。(b) 產物醛類有異構物，請寫出可能的異構物。(c) 將催化劑由 Co$_2$(CO)$_8$ 換成 HRh(CO)$_4$，預期催化效果如何？(d) 如果要進行不對稱合成反應（Asymmetric Synthesis）形式的氫醯化反應，該如何進行？預期的產物的構型如何？

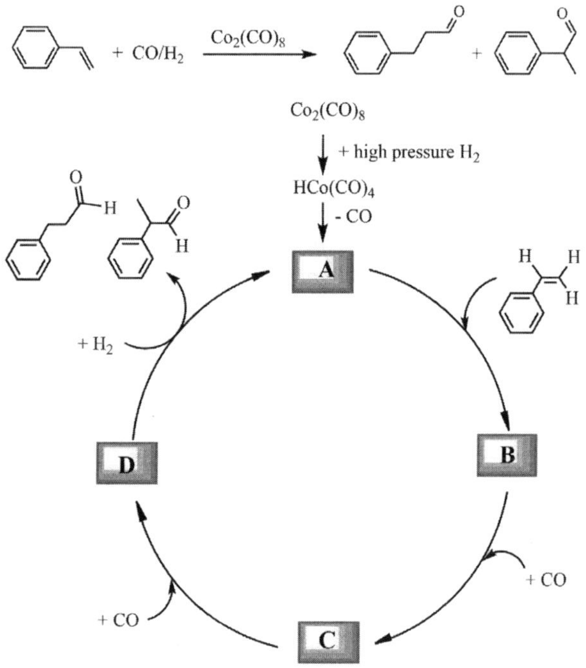

+ CO/H$_2$　$\xrightarrow{\text{Co}_2\text{(CO)}_8}$

Co$_2$(CO)$_8$

+ high pressure H$_2$

HCo(CO)$_4$

− CO

A

+ H$_2$

D

B

+ CO

C

+ CO

15

In early age, the "Hydroformylation" was carried out by using Co$_2$(CO)$_8$ as the major catalyst. It converts water gas (CO/H$_2$) and alkene to the corresponding aldehydes with one more carbon backbond. (a) Please fill up the following blanks by using styrene as the starting material. (b) Write down possible produced aldehyde isomers from the reaction. (c) What will be the influence on the reaction rate by replacing the catalyst from Co$_2$(CO)$_8$ to HRh(CO)$_4$? (d) What has to be done for carrying out an "Asymmetric Hydroformylation"?

答：(a) 及 (b) 解答如下圖。產物有直鏈及支鏈醛類，通常直鏈醛類佔大多數。(c) 將催化劑 Co$_2$(CO)$_8$ 換成 HRh(CO)$_4$，效率更高。(d) 如果要進行氫醯化反應（Hydroformylation）的不對稱合成反應（Asymmetric Synthesis），應該使用具有掌

性的配位基（最好是具有掌性的磷基）來取代 CO，使催化劑具有可進行<u>不對稱合</u>
<u>成</u>催化的功能。

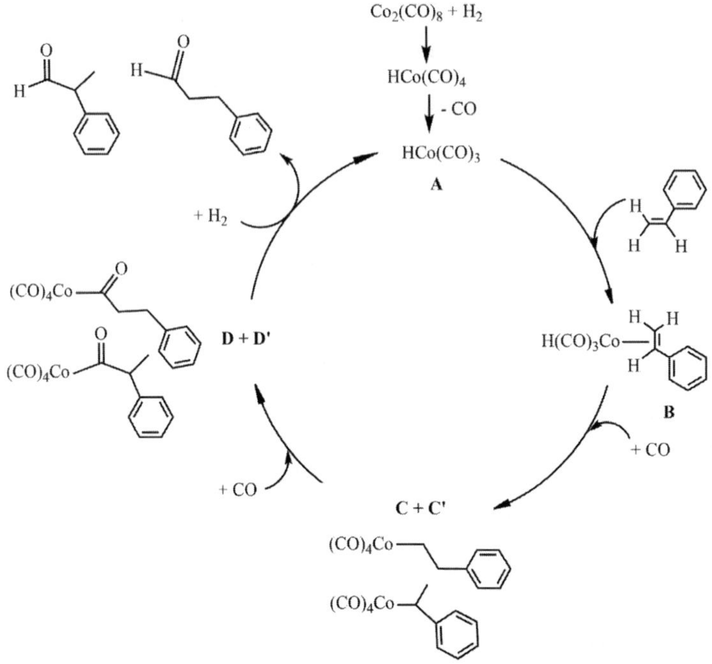

補充說明：<u>氫醯化反應</u>（Hydroformylation）的機制於一九六五年左右即被提出。
如果考慮當時的相關檢驗儀器並未很成熟的時空環境下，這些化學家真是很有洞察
力。此反應機制的相關基本步驟也經常被引用到其他催化反應上。

---

16 <u>氫醯化反應</u>（Hydroformylation）是利用催化劑將烯類和水煤氣（CO/H$_2$）
催化成比烯屬烴多一個碳的醛類。現代<u>氫醯化反應</u>多以 HRh(CO)$_2$L$_2$
（L:PPh$_3$）為催化劑。(a) 以苯乙烯（Styrene）為烯類起始物，請將下面所
提出氫醯化反應的反應機制的空格填滿。(b) 工業上為何要以 HRh(CO)$_2$L$_2$
（L:PPh$_3$）取代 Co$_2$(CO)$_8$ 為催化劑？

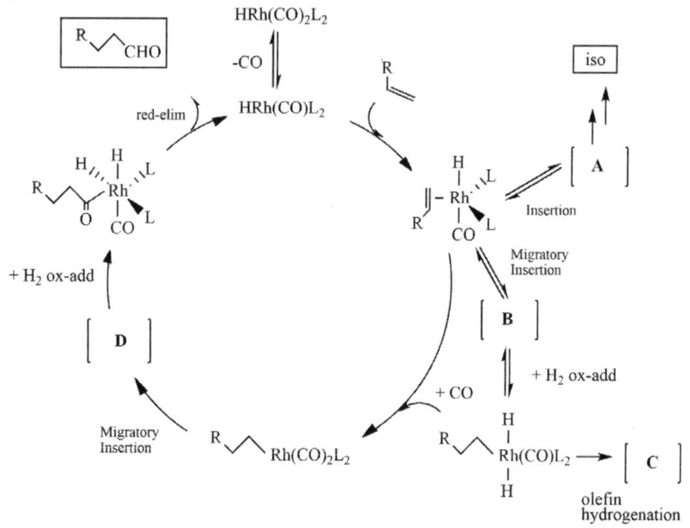

Modern "Hydroformylation" reaction uses $HRh(CO)_2L_2(L:PPh_3)$ as catalyst to convert alkene to the corresponging aldehyde with one more carbon backbond. (a) The reaction is carried out by using styrene as the starting material. Fill up all the blanks in the chart with intermediates. (b) Explain why catalyst $Co_2(CO)_8$ is replaced by $HRh(CO)_2L_2(L:PPh_3)$ in modern industrial "Hydroformylation" reaction.

答：(a) 解答如下圖。(b) 將第一列過渡金屬化合物 $Co_2(CO)_8$ 換成第二列過渡金屬化合物 $HRh(CO)_4$ 當催化劑，雖然價格比較昂貴但效率更高。其實也有安全的考量。以 $HRh(CO)_4$ 當催化劑可降低反應條件，減少氣爆的可能性。

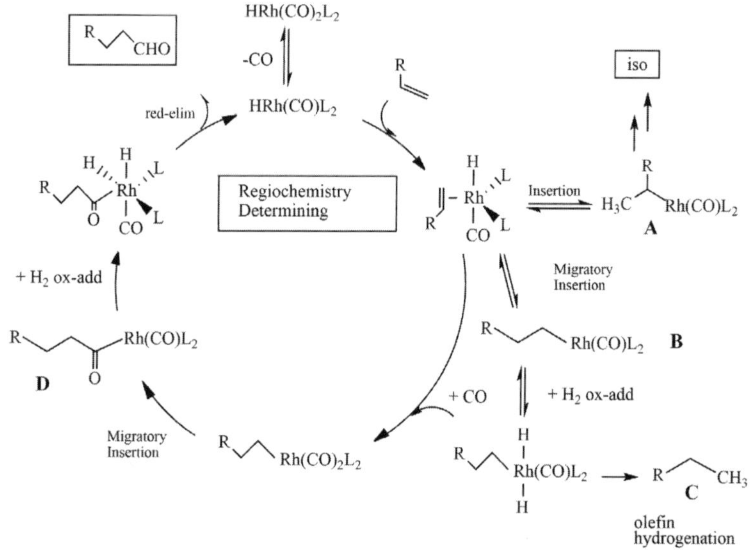

	(a) 說明早期及近代氫醯化反應（Hydroformylation Reaction）最常使用的催化劑是哪個化合物？(b) 以 1-丁烯（1-butene）為烯類起始物，寫出此反應所有可能的產物。(c) 若反應進行中有水滲入，請寫出可能的副產物。
17	(a) Which metal complex is the most commonly used catalyst for the "Hydroformylation" reaction? (b) Write down all the possible isomers from the "Hydroformylation" reaction by using 1-butene as alkene source. (c) What could be the side product(s) if water is present in the reaction?

答：(a) 目前氫醯化反應（Hydroformylation Reaction）最常使用的催化劑為 $HRh(CO)_4$，比 $Co_2(CO)_8$ 更有效。(b) 以 1-butene 為烯屬烴，氫醯化反應所有可能的產物為直鏈及支鏈的醛類。

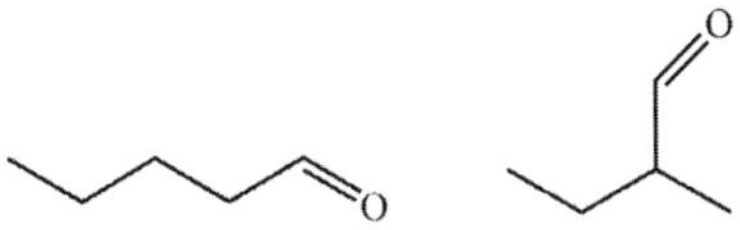

(c) 若反應中有水存在，可能的副產物為：

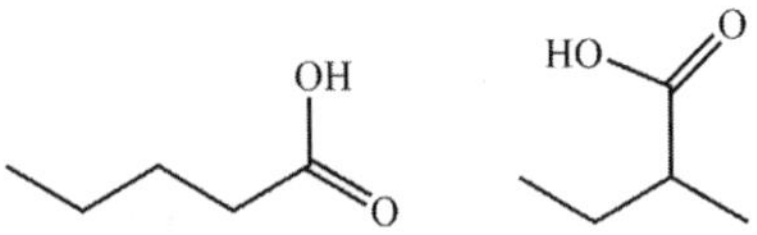

	下圖是一個醛類分子，可以把它視為由烯類化合物催化多出一個碳鏈而成。請尋找適當的催化劑來執行此反應，並寫出整個反應的機制。
18	
	Please find out a proper catalyst for converting a chosen alkene to the corresponding aldehyde with one more carbon backbond. Write down a mecahism to account for this reaction.

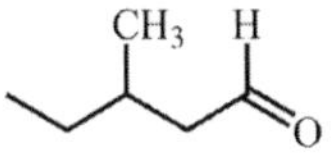

答：可以使用 $Co_2(CO)_8$ 或 $HRh(CO)_4$ 當催化劑，將 2-methylbut-1-ene 進行氫醯化反應（Hydroformylation Reaction）。以此 2-methylbut-1-ene 為起始物，不會有其他醛類的副產物。

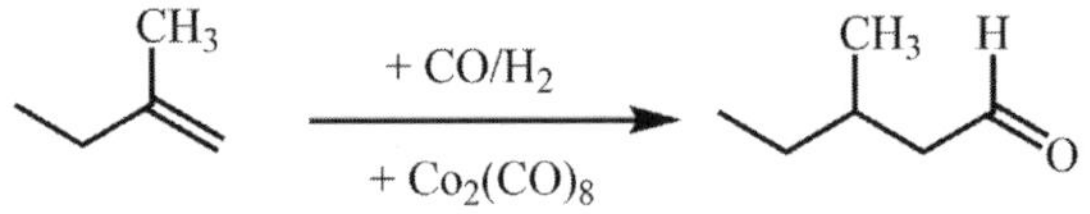

19	下面反應為有名的催化反應形式。請舉例說明。(a) 烯類不對稱氫化反應（Asymmetric Hydrogenation of Alkene）；(b) 乙氨類不對稱氫化反應（Asymmetric Hydrogenation of Imine）；(c) 烯類不對稱氧化反應（Asymmetric Epoxidation of Alkene）；(d) 不對稱異構化反應（Asymmetric Isomerization）；(e) 不對稱氫醯化反應（Asymmetric Hydroformylation）。
	Provide suitable examples for the following reactions: (a) Asymmetric Hydrogenation of Alkene; (b) Asymmetric Hydrogenation of Imine; (c) Asymmetric Epoxidation of Alkene; (d) Asymmetric Isomerization; (e) Asymmetric Hydroformylation.

答：使用化學方法來得到某一純鏡像異構物（或是接近單一鏡像異構物）的方法稱為不對稱合成反應（Asymmetric Synthesis）。通常為使用具有掌性的含金屬的催化劑來進行催化反應。

(a) 烯類不對稱氫化反應（Asymmetric Hydrogenation of Alkene）：以烯類的氫化反應為例，一般的氫化反應結果會產生外消旋的鏡像異構物。如能選用適當的具有掌性的催化劑來進行氫化反應，能有效地阻擋某一邊進行氫化反應，如此一來就有可能產生具有單一（或接近單一）鏡像異構物的結果。

(b) 乙氨類不對稱氫化反應（Asymmetric Hydrogenation of Imine）：乙氨為具有 C,N 雙鍵的有機物（$R^1N=CR^2R^3$, $R^2 \neq R^3$）。使用具有掌性的含金屬的催化劑來進行乙氨類不對稱氫化反應會在產物（$R^1HN-C^*HR^2R^3$）的 C* 上產生 chiral center。

(c) 烯類不對稱氧化反應（Asymmetric Epoxidation of Alkene）：使用具有掌性的含金屬的催化劑來對烯類（$R^1R^2C=CR^3R^4$, $R^1 \neq R^2$, $R^3 \neq R^4$）進行不對稱氧化反應。剛開始會產生環狀過氧化物（expoxide），然後在 C 上產生 chiral center。

(d) 不對稱異構化反應（Asymmetric Isomerization）：不對稱異構化反應如果是指

烯類（C=C）雙鍵位置的移動，在使用具有掌性的含金屬的催化劑來進行不對稱異構化反應後，因雙鍵位置的移動，可能在選定的 C 上產生 chiral center。

(e) 不對稱氫醯化反應（Asymmetric Hydroformylation）： 一般氫醯化反應（Hydroformylation）是以 $Co_2(CO)_8$ 或 $HRh(CO)_4$ 為催化劑，將烯類和水煤氣（CO/H_2）催化成比烯屬烴多一個碳的醛類。以具有 Chirality 的 Co 或 Rh 為催化劑進行對烯類（$R^1R^2C=CR^3R^4, R^1 \neq R^2, R^3 \neq R^4$）的不對稱氫醯化反應所產生的醛類的 chiral center 會出現在醛基的前一個 C 上。

20

在諸多聚合反應中以烯屬烴的聚合反應最為常見。以過渡金屬化合物當催化劑的聚合反應的機制中，將烯屬烴先鍵結到過渡金屬，再插入金屬—烷基鍵，連續執行相同程序是使小分子形成大分子的重要步驟。化學家定義第一列過渡金屬左邊元素為早期金屬（Early Transition Metals），右邊元素為晚期金屬（Late Transition Metals）。當使用早期金屬當催化劑於聚合反應時，結果會產生高分子量聚合物；反之，以晚期金屬當催化劑於聚合反應時，結果會產生低分子量聚合物。說明兩者之間的差異。

The insertion of alkene to M-R bond is the most important step for making large molecule from small unit. It is an elementary step often found in many polymerization processes. In polymerization, it was observed that large molecular weight products might be obtained for using Early Transition Metals as catalysts; while small molecular weight products will be obtained for using Late Transition Metals. Explain it.

答： 烯屬烴配位到金屬是重要步驟，當烯屬烴和早期金屬（Early Transition

Metals）配位時，根據 HSAB 理論（軟配硬）並不穩定，存在時間短，容易繼續往下反應，最後快速聚合產生高分子量聚合物。當烯屬烴配位到晚期金屬（Late Transition Metals）時，根據 HSAB 理論此時中間體比較穩定，存在時間長，不容易繼續往下反應，最後聚合反應產生低分子量的寡聚合物。在一般的大分子聚合反應中常以高氧化價數 Ti(IV) 或 Al(III) 當催化劑的金屬中心的原因在此。

化學家從實驗中發現，將烯屬烴插入金屬—氫基（M-H）鍵的速率快於插入金屬—烷基（M-R）鍵的速率（$L_nM\text{-}H \gg L_nM\text{-}alkyl$）。在 Co^{III} 和 Rh^{III} 系統速率常數可能有很大的差異（$k_H/k_{Et} = 10^6\text{-}10^8$）。根據下面圖形，說明烯屬烴插入金屬—烷基鍵的步驟，是<u>動力學控制反應</u>（Kinetic Control Reaction）的結果。

烯基插入(M-R)　　　產物　　　烯基插入(M-H)

21

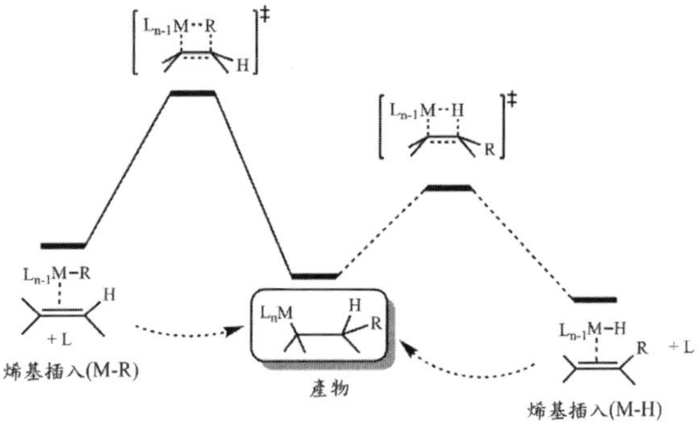

The experimental observation shows that the insertion rate for alkene to M-H is much faster than to M-R ($L_nM\text{-}H \gg L_nM\text{-}alkyl$，$k_H/k_{Et} = 10^6\text{-}10^8$ at Co^{III} and Rh^{III} system). Illustrate that the insertion of alkene to M-R is a result of kinetic controlled reaction based on the reaction diagram.

答：產物 L_nMR 的取得可從圖示的左右兩端來趨近。從右邊而來烯屬烴插入金屬—氫基（M-H）的速率快於從左邊而來插入金屬—烷基（M-R）的速率，可由圖中的活化能看出。前者（從右邊來）活化能比較低，反應速率較快。其實，從左邊來的反應是放熱反應，而從右邊來的反應是吸熱反應。因此，烯屬烴插入金屬—烷基（M-R）的產物能量比烯屬烴插入金屬—氫基（M-H）的產物能量高，不該是<u>熱力學控制</u>反應（Thermodynamic Control Reaction）的結果，而是<u>動力學控制</u>反應（Kinetic Control Reaction）的結果。將上圖疊合重畫來看就比較容易清楚。

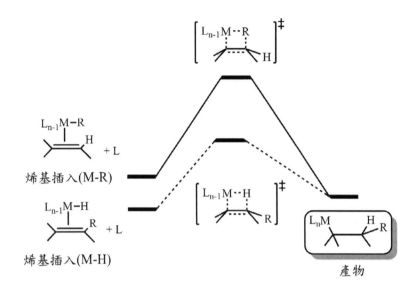

22

烯類雙鍵位置的轉移反應在工業界上有高價值。將雙鍵位置不同的烯類化合物藉由 Schwartz 試劑（Schwartz's Reagent, Cp₂ZrCl(H)）催化，最終成雙鍵都轉移到最端點位置的烯類。請說明此反應機制。

Schwartz's Reagent (Cp₂ZrCl(H)) might be employed to isomerize the location of double bond on long chain alkenes. In the end of the catalysis, the alkene with terminal double bond is the resulted product. Explain.

答：反應機制如下。這是一連串的 Olefin Insertion 和 β-Hydrogen Elimination 的組合。因為金屬基團有立體障礙（Steric Effect）使形成 [M]-R 時盡可能往立體障礙小的趨勢，就是往直鏈的方向。最後經 β-Hydrogen Elimination 掉下來的烯類就是雙鍵在最端點位置的烯類。

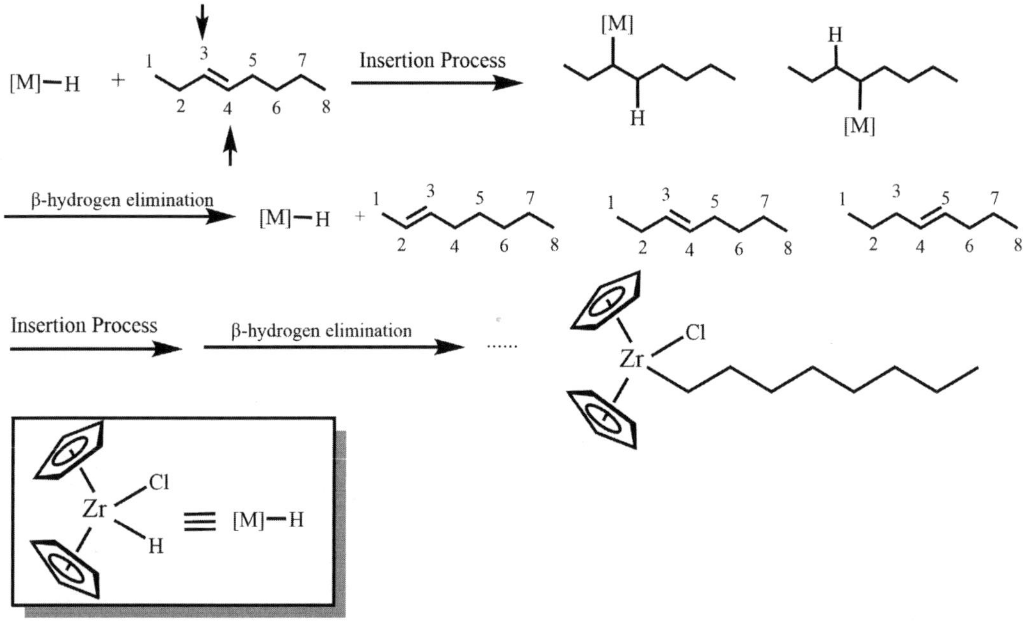

[M]—H　+　（alkene: positions 1-8, double bond 3-4）　→（Insertion Process）→　[M]（structure）+ H　　H（structure）[M]

β-hydrogen elimination →　[M]—H　+　（alkene 1-8, double bond 1-2）　（alkene 1-8, double bond 3-4）　（alkene 1-8, double bond 5-6）

Insertion Process →　β-hydrogen elimination →　......　Zr（Cp₂）(Cl)(long chain alkyl)

Zr（Cp₂）(Cl)(H)　≡　[M]—H

補充說明： 以此法得到雙鍵在端點位置的烯類化合物，再將雙鍵加以官能基化，如做成清潔劑等等。

23

下面含 Zr 的錯合物（Cp₂Zr(R)(Cl)）是由 Schwartz's reagent（Cp₂Zr(H)(Cl)）加烯類反應而得。含有烷基的金屬錯合物其上的烷基可以被截取下來。如果 I₂ 添加在反應結束，該產品會是什麼？

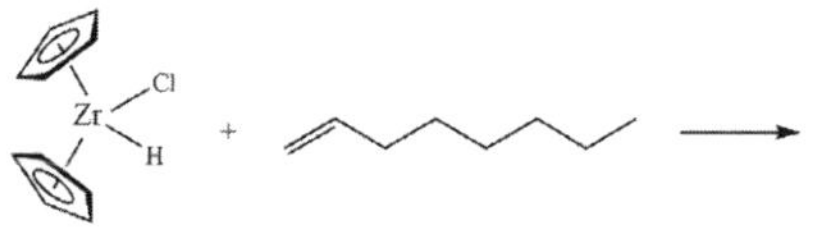

（structure: Cp₂Zr(Cl)(H) + 1-heptene → ）

The reaction of Schwartz's reagent (Cp₂Zr(H)(Cl)) with alkene through the insertion of alkene to M-H bond leads to the formation of (Cp₂Zr(R)(Cl)). The alkyl group which is attached to the Zr metal could be removed by adding I₂ to it. What is the final product for adding I₂ to the system?

答： 首先，烯類和 Schwartz's reagent 進行 Insertion 反應，產物是含有烷基的 Zr 金屬錯合物。添加 I₂ 後產物是有機碘化烷類及 Cp₂Zr(Cl)(I)。此法常用於截斷 M-R 鍵，得到 RI。

$$Cp_2Zr(Cl)(C_8H_{17}) \xrightarrow{+ I_2} Cp_2Zr(Cl)(I) + I-C_8H_{17}$$

24

世界知名的荷蘭皇家殼牌（Royal Dutch Shell）石油公司有一個利用烯屬烴複分解反應（Olefin Metathesis）的製程，來製造從 C_{11} 到 C_{14} 的烯屬烴的混合有機物，稱為 Shell 高烯屬烴合成反應（Shell Higher Olefins Process, SHOP）。請加以說明其原理及重要性。

Shell company uses the "Olefin Metathesis" process to make hydrocarbons within the range of C_{11}-C_{14}. It is called "Shell Higher Olefins Process (SHOP)". Explain it.

答： 殼牌（Shell）公司利用過渡金屬錯合物當觸媒，將不同長度的烯屬烴經由互相交換得到適當鏈長的烯屬烴。其做法通常是將 C4-C10 的烯屬烴和含二十個碳左右（C20+）的烯屬烴經由非均相催化（Heterogeneous Catalysis）方式生成含十三個碳左右（C13+）的烯屬烴，此步驟叫 Shell 高烯屬烴合成反應（Shell Higher Olefins Process, SHOP）。此長度的烯屬烴可以再加以修飾成做為清潔劑的前驅物。是工業上使用量很大的大宗基材。

$$\begin{matrix} CH_3CH \\ \parallel \\ CH_3CH \end{matrix} + \begin{matrix} HC\text{-}C_{10}H_{21} \\ \parallel \\ HC\text{-}C_{10}H_{21} \end{matrix} \rightleftharpoons 2\ CH_3CH{=}CHC_{10}H_{21}$$

25

長鏈的烯屬烴上的雙鍵位置可以利用催化反應劑來改變。請說明烯屬烴的異構化（Olefin Isomerization）反應的製程在工業上的重要性。

State the importance of "Olefin Isomerization" in industry.

答：烯屬烴異構化（Olefin Isomerization）步驟在工業上是重要的反應。這反應可將價格低廉的烯屬烴利用金屬催化劑，經催化反應將它轉換成價格高的烯屬烴。最簡單的異構化為藉著結合金屬氫化物（L_nMH）和烯屬烴進行 [1,2] 加成反應（[1,2]-Addition Reaction）結合消去反應（Elimination Reaction）而成。此種反應首先經由烯屬烴的雙鍵和金屬氫化物間的配位結合，再進行插入反應（Insertion Reaction），最後經消去反應而得重排的烯屬烴產物。消去反應的機制類似 β-氫脫去反應。其異構化機制通式可寫為：

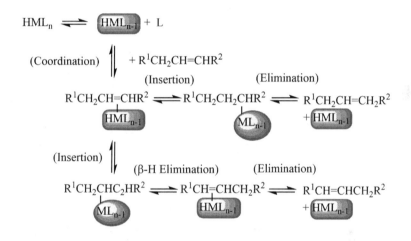

> **26**
>
> 將二氧化碳固化（CO_2 Fixation）是一件不容易的工作。化學家既便使用金屬催化劑來進行也發現困難重重。請從二氧化碳分子的鍵能和極性來說明可能原因。
>
> The "CO_2 Fixation" reaction is always a tough task even using transition metal complexes as potential catalysts. Explain. [Hint: Bond energy and polarity.]

答：二氧化碳是很穩定的分子，其 HOMO 很低，不易反應。另外，二氧化碳極性也很低，不易和金屬催化劑結合。況且 C-O 之間為雙鍵，鍵能很強，難以斷鍵。因此，即使藉著金屬催化劑的幫助想要將二氧化碳固化也是一件不容易的工作。

補充說明：二氧化碳固化是二氧化碳減量的方式之一。目前以金屬催化劑來進行大量二氧化碳固化仍是很大的挑戰。地表的海洋是吸收二氧化碳最大的源頭。

<table>
<tr>
<td rowspan="2">27</td>
<td>將空氣中的氮氣轉變成其他分子稱為氮固定（N₂ Fixation）步驟。化學家既便使用金屬催化劑來進行也發現困難重重。請從氮氣分子的鍵能和極性來說明可能原因。為何自然界的某種大豆的根瘤菌卻能有效地轉換 N₂ 成 NH₃？〔提示：根瘤菌含有的固氮酵素。〕</td>
</tr>
<tr>
<td>The "N₂ Fixation" is not an easy task even using transition metal complexes as potential catalysts. Explain. Yet, some natural bacteria contain certain kinds of enzymes can convert N₂ to NH₃ rather easily. Why is so? Explain.</td>
</tr>
</table>

答：理由同上。氮氣分子是很穩定的分子，氮分子極性很低，不易和金屬催化劑結合。況且 N-N 之間為三鍵，鍵能很強，難以斷鍵。因此，即使藉著金屬催化劑來將氮固定也是一件不容易的工作。生物固氮酵素含有金屬催化中心，最重要的是在大基團的蛋白質協助下，才能有效地逐步轉換 N₂ 成 NH₃。

補充說明：生物固氮酵素內含金屬被大基團蛋白質包圍，顯見大基團蛋白質是非常有效的配位基，能幫助降低反應活化能。化學家試圖模擬固氮酵素的結構，以利氮固定反應進行，到目前為止成效有限。

<table>
<tr>
<td rowspan="2">28</td>
<td>近幾十年科學家一直提出警訊全球石油儲量估計將於往後幾十年內逐漸枯竭。因此，工業界擬重新啟動將煤碳（Coal）轉變成碳氫化合物（包括氣態碳氫化合物及液態汽油）的費雪—特羅普希反應（Fischer-Tropsch, FT）。然而，很有趣的是近年來因為美國頁岩氣與頁岩油的開發成功，使得石油耗損速率減緩。甚至使全球油價往下跌。請說明此技術及其影響。</td>
</tr>
<tr>
<td>The reservation of crude oil is expected to be run down to a low level in a next few decades by scientists. Therefore, the Fischer-Tropsch (FT) reaction technique has been proposed to be reopened to compensate the consumption of crude oil. However, the technique of extraction shale gas and oil has been recently successfully developed by the USA. It even causes the downfall of the crude oil price. Briefly describe the teachique and the impact on the oil supply worldwide.</td>
</tr>
</table>

答：多年來，科學家估計全球石油儲量將於幾十年內逐漸枯竭，導致油價節節升高，使民生受到嚴重影響。因此，工業界擬重新啟動費雪—特羅普希反應（Fischer-Tropsch, FT）來彌補石油缺口。有趣的是，近年來因為美國頁岩氣與頁岩油的開發成功，使得美國由原本的石油進口國可望變成石油出口國。也間接使得國際油價下滑。地底下的頁岩層是古代頁岩沉積物堆疊成的，岩層中夾有很多古代生物的遺骸，這些生物體的有機物受到高溫高壓分解，時日一久就會形成石油或是天然氣。開採頁岩氣與頁岩油的鑽井做法類似一般開採原油，鑽油井是垂直往下，到達油層區再橫向伸展到整片地區。接著以炸藥於橫向鑽孔方向打洞後，再灌入含有沙粒的高壓水，水壓讓頁岩層間裂開縫。下一步當把水抽出來時，沙粒會卡住裂縫，留下許多裂隙通道，讓區域岩層中的頁岩氣與頁岩油就可以開採出來。美國頁岩氣與頁岩油的開發成功，無疑地使得美國的能源供應上不再受制他人，但環保人士認為頁岩氣與頁岩油的開發對生態環境是一大浩劫。科學上成功的技術到底是帶給人類福或禍，目前尚難判定。

第 9 章
硼化學的原理與軌域瓣類比概念

硼氫化合物：一個打破常規者，變成為新規則的創立者。

Boranes: rule-breakers become pattern-makers.

—— 韋德（K. Wade）

本章重點摘要

硼和碳元素在週期表中雖然相鄰，然而兩者的化學性質卻有相當大的差異。硼化物和碳化物（有機化合物）有著截然不同的外觀結構及化學反應性。硼元素被視為準金屬，自然界儲量很少。在 Suzuki 反應被開發出來之前，硼氫化反應（Hydroboration）可能是有機硼化物應用最著名的例子。此反應是以硼烷（通常是 $BH_3 \cdot L$，L: NH_3, THF, Me_2S etc.）和烯類或炔類化合物進行加氫反應，走所謂的 anti-Markovnikov 機制，有別於傳統的 Markovnikov 機制。

小分子量的硼氫化物（Hydroboranes）具有高度親氧性，遇氧即結合產生氧化物及氫氣，並大量放熱，因而經常引發強烈爆炸。硼氫化物的研究必須特別注意其潛在引發爆炸的危險性。早期化學家設計了玻璃真空系統方便研究者來處理高親氧性的硼氫化物。玻璃真空系統使硼氫化物的操作可在真空或鈍氣（如氮氣或氦氣）的環境下執行。此技術為日後化學家處理厭氧性化合物（包括有機金屬化學）的反應提供不可或缺的利器。

一般硼化物的構型相當特殊，下圖中列舉兩個化合物 B_2H_6 及 B_5H_9，其結構均無法以傳統理論來描述。為了讓研究者能解析硼化物的獨特分子構型，科學家改進之前比較受限的鍵結理論（如路易士結構理論），慢慢推導出使用性更為廣泛的鍵

結理論（如韋德規則）。將韋德規則做適當延伸也可應用於處理金屬叢化物的結構
探討上。

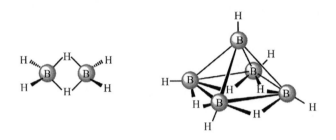

圖 9-1   硼氫化物 B_2H_6 和 B_5H_9 的構型

　　硼氫化合物的結構看似違反八隅體規則（Octet Rule），似乎這些化合物允許使
用比路易士的鍵結理論預期要少的電子數目即可建構分子。因此硼化物曾被稱之為
缺電子化合物（Electron-deficient Compounds）。希金斯（H. C. Longuet-Higgins）
曾提出可以藉由三中心／二電子鍵（3 Centers/2 Electrons Bond, 3c/2e）的鍵結模式
來解決用於鍵結電子數目較少的問題。哈佛大學的利普斯康（W. Lipscomb）延伸
此概念，使用三中心／二電子鍵再加上傳統的二中心／二電子鍵鍵結模式，意圖描
述硼氫化合物的特殊結構。利普斯康提出「styx 理論」來描述硼化物的非定域化
（Delocalization）的鍵結特質。這個理論模型在預測大分子硼化物構型時變得異常
複雜且經常失準。後來，韋德（K. Wade）利用硼化物的非定域化（Delocalization）
鍵結特質建立一套計算「分子形狀」和「電子數目」相互之間關係的公式，稱之為
韋德規則（Wade's Rule）。

　　根據韋德規則，若硼氫化合物的分子式可化約為 $[B_nH_n]^{2-}$（n > 4），則此分子的
構型將被視為具有籠狀（closo）架構，即一密閉結構。其中分子籠狀結構的每個角
落皆由 B-H 基團來組成。這樣的籠狀架構擁有 n+1 對的電子對。若硼氫化合物的
分子式可化約為 B_nH_{n+4}（如同 $B_nH_n^{4-}$），則此化合物的構型將被視為具有巢狀（nido）
架構，即是從封閉結構的籠狀開出一個缺口。這樣的巢狀架構擁有 n+2 對的電子
對。至於 B_nH_{n+6}（如同 $B_nH_n^{6-}$），它的結構被視為具有蜘蛛狀（arachno）架構，此
時分子外觀上的缺口更大。這個蜘蛛狀架構擁有 n+3 對的電子對。這些現象可以理

解為當電子數目越多時，內部排斥力越大，此時分子必須藉由放大缺口來抵銷電子間的斥力，減少不穩定性。韋德規則經修飾後可以被延伸應用到解釋金屬群簇（Metal Cluster）分子的結構上。

表 9-1　硼氫化合物的電子對數目和構型關係與範例

構型	分子式	骨架電子對數目	範例
Closo	$[B_nH_n]^{2-}$	n+1	$[B_5H_5]^{2-}$ to $[B_{12}H_{12}]^{2-}$
Nido	B_nH_{n+4}	n+2	$B_2H_6, B_5H_9, B_6H_{10}$
Arachno	B_nH_{n+6}	n+3	B_4H_{10}, B_5H_{11}
Hypho	B_nH_{n+8}	n+4	-

諾貝爾化學獎得主霍夫曼（R. Hoffmann）針對軌域瓣類比（Isolobal Analogy）所下的定義是「兩個基團內可參與鍵結的軌域數目和電子數一樣，且軌域的對稱、形狀和能量相似者，此稱兩個基團為 Isolobal，而且具有 Isolobal 性質的基團會有相類似的鍵結能力。」此定義強調的是相類似（Similar）而非完全相同（Identical）的鍵結能力。藉由此概念霍夫曼將某些由過渡金屬元素（Transition Metal Elements）和某些由主族元素（Main Group Elements）所形成的基團之間拉上鍵結能力上類比的關係。

練習題

> 有效原子數規則（Effective Atomic Number Rule, EAN Rule）指原子的價殼層的總價電子數達到鈍氣組態時最為穩定。因此，以第二週期元素為例，外層總價電子數達到八為穩定狀態，稱之為八隅體規則（Octet Rule）。在過渡金屬化合物中有效原子數規則幾乎等同於十八電子規則（18-Electron Rule）。化學家根據有效原子數規則，稱有機物為電子準確化合物（Electron-precise Compounds），因為碳原子中心遵守八隅體規則。而硼化物則被稱為缺電子化合物（Electron-deficient Compound），請說明原因。
>
> ---
>
> The series of borane compounds used to be regarded as "Electron-deficient Compounds". Explain it.

答： 早期化學家對於兩個原子間形成化學鍵結時需分享兩個（一對）電子的想法一直非常執著，且對主族元素是否遵守八隅體規則（Octet Rule）非常在意。這是受到路易士結構理論（Lewis Structure）深刻影響的結果。可是這些硼化物似乎允許使用比較少的電子數目即可形成鍵結，這和有機物的行為很不相同。因此，曾有一段時間硼化物被稱為缺電子化合物（Electron-deficient Compounds）。而稱有機物為電子準確化合物（Electron-precise Compounds）。

補充說明： 硼原子的電負度比碳原子小。和過渡金屬類似。因此，硼化物的結合模式有時候比較像是過渡金屬形成的叢化物（Metal Cluster）模式。

> 研究硼化學必須注意的是硼氫化物的爆炸性。通常實驗必須在高真空系統下進行，相當費時費力，且具有危險性。主要的原因是小分子量的硼氫化物（B_nH_m）上的硼原子有很強和氧進行反應的趨勢，且反應後產生新的 B-O 鍵及斷掉原先的 B-H 鍵。請說明為何硼氫化物產生爆炸的原因和形成 B-O 鍵有關。〔提示：B-O 鍵比一般單鍵強。〕
>
> ---
>
> Borane (B_nH_m) with small molecular weight has rather strong tendency to react with oxygen molecule and eventually leads to severe explosion. It is through the breaking of B-H bonds and the formation of B-O bonds. Explain the nature of B-O bond in the compound and the reason for severe explosion when it is exposed to air. [Hint: B-O bond is stronger than general single bond.]

答：分子量小的硼氫化物（B_nH_m）上的硼原子有很強和氧進行反應的趨勢，反應後斷掉 B-H 鍵（產生氫分子）生成很穩定的 B-O 鍵及 H_2 分子。形成 B-O 鍵過程是瞬間大量放熱行為，在瞬間大量放熱下，氫分子產生爆炸。所以處理小分子硼氫化物必須使用高真空系統，而非一般的 Schlenk line，來排除氧氣的存在。另外，B-O 鍵很強的原因是 B 上有空軌域，容許 O 提供其上的孤對電子（lone pair）形成類似配位鍵（Dative Bond）。所以 B-O 鍵有稍微雙鍵的特性，因此形成 B-O 鍵時會因穩定而大量放熱。

補充說明：小分子量的硼氫化物遇氧有爆炸傾向。分子量高的硼氫化物遇氧雖會慢慢分解，但不至於發生強烈爆炸。硼酸（$B(OH)_3$）因已具 B-O 鍵，為穩定分子。

3

小分子量硼化物遇氧即爆炸。說明之。並指出 B-O 鍵的本質。

Boranes with small molecular weight tend to cause severe explosion when reacted with oxygen molecule. Explain this observation. Point out the nature of the B-O bond.

答：分子量小的硼氫化物對空氣相當敏感，非常少量的氧氣存在即可能引起爆炸。處理上必須特別小心。這個特性可以從其鍵結的組成軌域來說明。B 原子中心和 H 結合後仍有空軌域，當遇氧結合成 B-O 鍵時因 B 上有空軌域，容許 O 上的 lone paired 電子形成類似 Dative Bond。因此，B-O 鍵很強，所以容易斷掉 B-H 鍵（產生氫分子）及生成很穩定的 B-O 鍵，有雙鍵特性。後者是瞬間大量放熱行為，在瞬間大量放熱下氫分子產生爆炸。這就是小分子量硼化物遇氧即爆的原因。大分子量硼化物比較穩定，因為 B 原子其上的軌域通常已被佔用，活性降低很多。

4

請舉出合成 B_2H_6 的方法，並指出其結構及光譜數據。

List some methods for the preparation of B_2H_6. Draw out its structure and predict its spectroscopic data such as ^1H- and ^{11}B NMR.

答：(a) B_2H_6 的幾種合成方法：

$8\ BF_3 + 6\ LiH \rightarrow B_2H_6 + 6\ LiBF_4$

$4\ BCl_3 + 3\ LiAlH_4 \rightarrow 2\ B_2H_6 + 3\ LiAlCl_4$

$4\ BF_3 + 3\ NaBH_4 \rightarrow 2\ B_2H_6 + 3\ NaBF_4$

最小的硼化物應該是 BH_3，但 BH_3 通常無法獨立存在，而以二聚體方式 B_2H_6 存在，或和 Lewis Base（L）結合成 $BH_3 \cdot L$。

(b) B_2H_6 的結構：

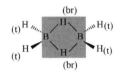

(c) B_2H_6 的光譜：硼元素在自然界以兩原子形式存在，^{10}B（18.83%, I = 3）、^{11}B（81.17%, I = 3/2）。因此，B_2H_6 的 ^1H NMR 很複雜。如果將所有 B_2H_6 的硼換成 ^{11}B 可以簡化 ^1H NMR 光譜。簡化後的 ^1H NMR 光譜：Terminal 的氫相同環境為一組 1：1：1：1 共分裂成四根，耦合常數為 133 Hz；Bridging 的氫為一組 1：2：3：4：3：2：1 共分裂成七根，耦合常數為 46 Hz。^{11}B NMR 光譜：為一組 triplet of triplet，$^1J_{BH(t)}$ = 133 Hz；$^1J_{BH(br)}$ = 46 Hz。

5　因為種種原因硼氫化物的實質應用並不常見。其中一個原先認為有潛力的硼中子捕捉治療法（Boron Neutron Capture Therapy, BNCT）至今仍未普及。請簡要說明何為硼中子捕捉治療法，為何此法很難推廣？

Explain the technique of "Boron Neutron Capture Therapy (BNCT)". Why has the method not been extensively used in cancel therapy?

答：一種已被研究多年的治療癌症方法稱為硼中子捕捉治療法（Boron Neutron Capture Therapy, BNCT）。基本上，這方法是將硼化物送至患病區域（如患腦瘤者的腦部），再以中子照射患病區域，硼化物吸收中子後產生裂變，以裂變碎片及能

量破壞附近癌細胞，以達治療效果。硼元素對中子轟擊時捕捉的截面積遠大於組成人體大部分成分的氫、氧、氮、碳及硫等等元素。中子照射時，非硼化物對中子較無反應，對沒有被引進硼化物的生物組織的殺傷力很小。

$$^{10}_{5}B + ^{1}_{0}n \longrightarrow ^{7}_{3}Li + ^{4}_{2}He + 2.4\ MeV$$

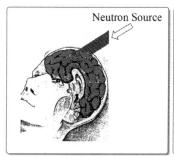

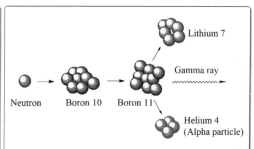

日本已有治療老鼠腳部長瘤成功的例子。和 Co-60 放射性照射的副作用類似，碎片攻擊對癌細胞及正常細胞之間並沒有選擇性。因此，產生副作用是可以預期的。此法的發展因受限於許多因素而無法有效突破，其中包括如何有效地將硼化物送至患病的區域及中子源受到嚴格管控無法普及等等因素。

> 硼氫化物的構型迥異於一般常見的有機化合物。化學家想盡辦法來解釋這些看起來怪異結構的硼氫化物。(a) 其中之一就是早期利普斯康的 styx 理論（Lipscomb's styx Theory）。請說明什麼是 styx 理論，並根據這個模型理論繪出 B_5H_9 的構型。(b) 另外一個後期的理論模型是韋德規則（Wade's Rule）。請說明什麼是韋德規則，並根據這個模型理論繪出 B_5H_9 的構型。
> **6** (c) 理論必須接近實驗結果才是好的理論，上述兩種理論模型中何種比較接近實驗結果？
>
> (a) What is the "Lipscomb's styx Theory"? Draw out the structure of B_5H_9 according to this model. (b) What is the "Wade's Rule"? Draw out the structure of B_5H_9 according to this model. (c) Which one of the above models is much consistent with the experimental results?

答：(a) 利普斯康（Lipscomb）將希金斯（Christopher Longuet-Higgins）所提出「三

中心／二電子」的化學鍵概念做延伸，提出「styx 理論」來描述硼化物的特殊鍵結情形。首先將硼化物的分子式整理為 B_pH_{p+q+c}，c 是分子的電荷。例如，B_5H_9 可整理為 $(BH)_5H_4$，p = 5，q = 4，c = 0。$B_5H_8^-$ 可整理為 $(BH)_5H_3^-$，p = 5，q = 3，c = 1。在利普斯康的 styx 理論中有幾種基本型態的鍵結基團模式，分別命名為 s、t、y、x。

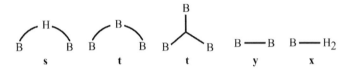

s 和 t 為「三中心／二電子」的鍵結模式，y 和 x 仍為「二中心／二電子」的鍵結模式。然後，這些鍵結模式（s、t、y、x）之間的關係必須遵守下列四條件：條件一：三中心軌域的平衡：p + c = s + t；條件二：氫數目的平衡：q + c = s + x；條件三：電子數目的平衡：p + q/2 + c = s + t + y + x；條件四：s , t , y , x ≥ 0。以 B_5H_9 為例，根據利普斯康的「styx 理論」模型，B_5H_9 可整理為 $(BH)_5H_4$，p = 5，q = 4。符合條件的 styx 值組合可能為（4120）、（3211）或（2302）。

表 9-2

s	t	y	x
4	1	2	0
3	2	1	1
2	3	0	2

雖然除了（4120）外，其他組合（3211）或（2302）皆符合 styx 理論的要求，也都可以畫出圖來代表。但是，原則上以 s 最多的那一組（4120）最好，最能代表硼化物的非定域化（Delocalization）的特質。拿（4120）為例來繪圖，下圖中任一個構型皆可代表（4120）。為要符合 ^{11}B NMR 實驗觀察現象中五個 B 環境以 4：1 的比例存在的事實，styx 理論描述的（4120）須加上共振（Resonance）的概念，即對 B_5H_9 的結構描述是下列四個（4120）圖的共振結果。

顯然地，利普斯康對於硼化物的處理仍受電子定域化（Localization）想法的強烈影響，譬如他仍採取價鍵理論中個別鍵結及 styx 共振（Resonance）的概念。然而，當硼化物變得越來越大時，styx 模型變得越來越複雜，越來越難以解釋大型硼化物的鍵結情形，有時候甚至整個理論預測完全失準。明顯地，要理解大分子的硼化物的鍵結需要更適當的理論模型才行。

(b) 韋德規則（Wade's Rule）：韋德（K. Wade）建立了一個以韋德模型方法來計算的「電子數目」和「分子形狀」之間的相互關係的公式，稱為韋德規則（Wade's Rule）。韋德的規則適用於一般由三角面（Deltahedral）組成的多面體（Polyhedral）種類的化合物。最初被用於解釋硼化物的奇特的分子架構。後來，它被修改後可適用於解釋更多的奇特化合物的構型，例如金屬硼氫化合物（Metallaboranes）、金屬碳硼氫化合物（Metallacarboranes）、金屬群簇（Metal Clusters）等等。對硼氫化合物（Boranes）來說，它的分子架構組成的基本單位被假設為一個 B-H 基團（Fragment）。在 B-H 基團上一個硼加上一個氫共有四個價電子。其中，兩個價電子在形成 B-H 鍵時已經使用了，在以韋德模型數算電子數目時可忽略此兩個已經使用的電子。因此，一個 B-H 基團以剩下的兩個電子參與鍵結來計算。除了 B-H 基團外，若有其他組成原子很明顯地也有幫助把分子架構結合在一起的功能，它的電子數目也應該被計算。例如，如果一個 B 原子碰巧帶兩個 H 原子形成 BH_2，則只有 B-H 鍵結被看作一個基團，BH_2 上另外的一個 H 原子上的一個電子，在計算時也必須被加進來。

根據<u>韋德規則</u>，若硼氫化合物的分子式為 $[B_nH_n]^{2-}$（$n > 4$），此化合物的結構將被視為具有 *closo*（籠狀）架構，即一完整封閉結構。分子結構的每個角落皆由 B-H 基團組成，沒有其他如 B-H-B 基團的形式。這樣的由 n 個角組成的 *closo* 架構擁有 n+1 對的電子對。若硼氫化合物的分子式為 B_nH_{n+4}（如同 $B_nH_n^{4-}$），則此化合物的結構將被視為具有 *nido*（巢狀）架構，即從完整封閉結構的 *closo* 形狀開出一個缺口。這樣由 n 個角組成的 *nido* 架構擁有 n+2 對的電子對。依此規則繪出 B_5H_9 的結構如下。

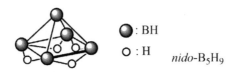

○ : BH
○ : H　　*nido*-B_5H_9

若硼氫化合物的分子式為 B_nH_{n+6}（如同 $B_nH_n^{6-}$），它的結構被視為具有 *arachno*（蜘蛛狀）架構，此時分子結構的缺口更大。這個 *arachno* 架構擁有 n+3 對的電子對。其實這是可以理解的推論，當電子數目越多集中在一起時，電子雲之間排斥力越大，分子必須由原先封閉狀態下張開，讓電子雲有足夠的空間擴張，減少分子的不穩定性。

表 9-3　硼氫化合物的電子對數目和結構分類的關係及其例證

類型	分子式	骨架電子對數目	例子
Closo	$[B_nH_n]^{2-}$	n+1	$[B_5H_5]^{2-}$ to $[B_{12}H_{12}]^{2-}$
Nido	B_nH_{n+4}	n+2	B_2H_6, B_5H_9, B_6H_{10}
Arachno	B_nH_{n+6}	n+3	B_4H_{10}, B_5H_{11}
Hypho	B_nH_{n+8}	n+4	-

(c) 上述兩種理論中以<u>韋德規則</u>比較接近實驗結果。例如，<u>韋德規則</u>可以預測 B_5H_9 是金字塔形，而不需要像利普斯康（W. Lipscomb）的「styx 理論」須加上共振的概念才能達成。分子越大時，越顯出<u>韋德規則</u>的優勢來。<u>韋德規則</u>也可以擴展到金屬叢化物上。

補充說明：利普斯康（W. Lipscomb）的「styx 理論」只是個過渡型理論。目前以韋德規則比較常用。

7	化學家解釋硼氫化物怪異結構的眾多理論模型中，韋德規則（Wade's Rule）是比較成功的一個，它理論根據是從分子軌域理論的計算結果而來的想法。請以 $[B_6H_6]^{2-}$ 陰離子為例，利用韋德規則來說明它的結構。
	The Wade's Rule has strong theoretical foundation to back it up. Using molecular orbital theory to interpret the Wade's Rule by taking $[B_6H_6]^{2-}$ as an example.

答：韋德規則的想法是有理論根據的，可透過分子軌域理論的計算來得到理論支持。譬如，以 $[B_6H_6]^{2-}$ 陰離子為例。首先，可將 B 原子視為 sp^3 混成，B 再利用 sp^3 混成其中的一軌域內的一個電子和一個 H 形成 B-H 鍵結，每一個形成 B-H 鍵結的基團再利用 sp^3 混成剩下的三個軌域和兩個電子來組合形成群簇（Cluster）的鍵結。另一種看法是，將 B 原子視為 sp 混成加上兩個互相垂直的 p 軌域，B 利用 sp 混成其中的一個軌域的一個電子和一個 H 形成 B-H 鍵結，另一個剩下的 sp 混成軌域，被叫放射軌域（Radial Orbital）。兩個互相垂直的 p 軌域在此處被稱為切線軌域（Tangential Orbital），與放射軌域垂直。兩種做法的最終結果皆相同，即每一個 B-H 基團利用三個軌域和其中的兩個電子來形成硼氫化物群簇（Cluster）的鍵結。

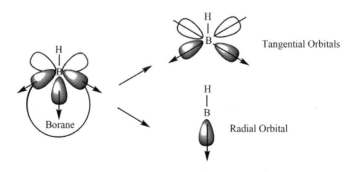

在 $[B_6H_6]^{2-}$ 上由六個 B-H 基團組成，其中包含六個放射軌域（Radial Orbital）與十二個切線軌域（Tangential Orbital），共十八個原子軌域，可以線性組合成十八分子

軌域。從下圖中看出，最低能量的是全對稱的 a_{1g} 軌域。它是由六個 B-H 基團以相同相位指向分子中心組合而成。計算結果顯示下一個能量稍高的軌域群是 t_{1u} 軌域，它們是三個簡併狀態的軌域。每一個軌域是由四個切線軌域和兩個放射軌域組合而成。再來是能量更高的三個簡併狀態的 t_{2g} 軌域。如此，總計有七個能量低於未鍵結前的鍵結軌域（Bonding Orbitals: $a_{1g} + t_{1u} + t_{2g}$）出現。剩下的其餘十一個軌域為反鍵結軌域（Anti-bonding Orbitals）。因此，以 $[B_6H_6]^{2-}$ 為例，需要七對電子來穩定由六個 B-H 基團形成的 *closo*（籠狀）架構。依此類推，即由 n 個 B-H 基團（角）組成的硼氫化合物，需要 n+1 對電子來構成穩定的 *closo* 架構（籠狀）。當電子對越多（＞ n+1）會造成硼氫化合物的籠狀架構被打開，形成 *nido* 架構（巢狀）甚至 *arachno* 架構（蜘蛛狀）構型。所以說韋德規則（Wade's Rule）是有理論根據的。

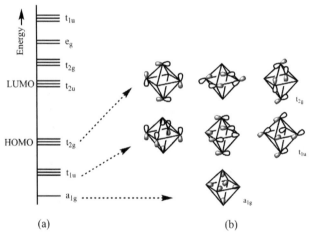

(a)　　　　　　　　　(b)

補充說明： 解釋分子的鍵結以分子軌域理論最為精準，但是有時候化學家也把「混成」這種價鍵軌域理論的用法引入，是為了解釋上的方便易懂。

8　前面提到一個類似正八面體構型的 $[B_6H_6]^{2-}$ 陰離子可以韋德規則（Wade's Rule）來解釋其構型。說明為何中性的如 *closo*-B_6H_8 分子（*closo*-B_nH_{n+2} 的族群）無法存在，而必須以離子性的 $B_6H_6^{2-}$（*closo*-$B_nH_n^{2-}$ 的族群）方式存在。

The neutral boranes with the formula of *closo*-B_nH_{n+2} (i.e. B_6H_8) are not possible. Rather, they have to be existed in ionic form (i.e. $B_6H_6^{2-}$). Explain it.

答：參考上題圖 (b)，在 $[B_6H_6]^{2-}$ 上有一軌域（a_{1g}）是指向分子內部，若將兩個氫原子填入分子內部在空間上顯然不可能，而填入兩個電子則是可能的。因此，只能以 $B_6H_6^{2-}$ 方式存在，再以陽離子如鈉或鉀在外圍平衡之，形成 $Na_2B_6H_6$ 或 $K_2B_6H_6$。

a_{1g}

補充說明：事實上，如果將硼原子換成比較大的金屬，由過渡金屬形成的叢化物分子內部空間填入小原子（如 H、B、C、N 等等）是可能的。

9

硼化物的結構和一般的有機物相當不同。例如，五硼烷（B_5H_9）分子為金字塔構型。五硼烷在金字塔頂端位置（Apical Position）和基部位置（Basal Position）上的硼基團（BH）其化學性質也不同。前者容易發生<u>親電子性</u>攻擊，後者容易發生<u>親核性</u>的攻擊。請說明原由。

○：B
○：H

The nucleophilic attack on B_5H_9 takes place at the boron atom which is located at apical position. On contrast, the electrophilic attack on B_5H_9 takes place at the basal position. Explain it.

答：實驗上可以使用 ^1H NMR 來量測 B_5H_9 在金字塔形的<u>頂端</u>（Apical Position）及<u>基部位置</u>（Basal Position）上 B 的電子密度的傾向，由此來預測親電子性的攻擊或親核性的攻擊的位置。理論上可以預測在<u>基部位置</u>上 B 的電子密度因為被氫（氫的電負度比硼大）分走一些而有被<u>親核性</u>的攻擊的傾向。反之，<u>親電子性</u>的攻擊出現在<u>頂端位置</u>。

| 10 | 有一個硼和金屬基團（Fe(CO)₃）結合的化合物 B₄H₈Fe(CO)₃ 被合成及純化出來。(a) 根據韋德規則（Wade's Rule），繪出此化合物可能的結構。(b) 並指出此化合物的結構到底是屬於 *closo* 架構（籠狀）、*nido* 架構（巢狀）或 *arachno* 架構（蜘蛛狀）構型。(c) 有沒有可能產生異構物？ |
| | Compound B₄H₈Fe(CO)₃ has been synthesized and purified. (a) Draw out its structure according to the Wade's rule. (b) To which categories do these compounds belong: *closo*, *nido* or *arachno*? (c) Is there any possibility of the existence of structural isomers for this compound? |

答：根據<u>韋德規則</u>（Wade's Rule）來計算 B₄H₈Fe(CO)₃ 提供電子對數目。先將 B₄H₈Fe(CO)₃ 拆成四個（BH）加四個 H 再加上一個 Fe(CO)₃ 單位。為提供七對電子（$4 \times 2 + 4 + 2 = 14$）的化合物，以<u>韋德規則</u>來預測，五個角及七對電子（n 個角，n+2 對電子）的配對，為 *nido* 架構（巢狀）的構型。這分子可能有異構物，Fe(CO)₃ 基團可以在化合物金字塔形的頂端，或基部位置上。然而，前者比較穩定。

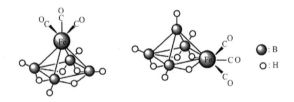

| 11 | 另外有一個硼和金屬基團（Fe(CO)₃）結合的化合物 B₅H₉Fe(CO)₃ 也被合成及純化出來。(a) 根據韋德規則（Wade's Rule），繪出此化合物可能的結構。(b) 並指出此化合物的結構到底是屬於 *closo* 架構（籠狀）、*nido* 架構（巢狀）或 *arachno* 架構（蜘蛛狀）構型。(c) 有沒有可能產生異構物？ |
| | Compound B₅H₉Fe(CO)₃ has been synthesized and purified. Draw out its structure according to the Wade's rule. Is there any possibility of the existence of structural isomers for this compound? |

答：同上題。根據<u>韋德規則</u>（Wade's Rule）來計算 B₅H₉Fe(CO)₃ 提供幾對電子對數目。先將 B₅H₉Fe(CO)₃ 拆成五個（BH）加四個 H 再加上一個 Fe(CO)₃ 單位。為提

供八對電子（2 x 5 + 4 x 1 + 2 x 1 = 16）的化合物，以韋德規則（Wade's Rule）來預測，六個角及八對電子（n 個角，n+2 對電子）的配對，為 *nido* 架構（巢狀）的構型。可能有異構物，$Fe(CO)_3$ 基團可以在化合物金字塔形的頂端，或基部位置上。

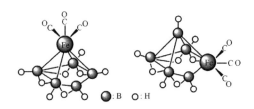

12

前面提到，化合物 $B_4H_8Fe(CO)_3$ 被合成及純化出來，其結構也根據韋德規則（Wade's Rule）而被推斷為金字塔形。化合物 $B_4H_8Fe(CO)_3$ 的合成是由反應物 B_5H_9 和具有提供 $Fe(CO)_3$ 基團的反應物（如 $Fe_3(CO)_{12}$ 或 $Fe_2(CO)_9$）反應後產生。經由結構鑑定發現 $Fe(CO)_3$ 基團是在金字塔形化合物的頂端，而非基部位置上。請加以說明。

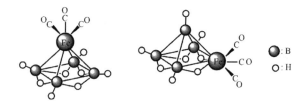

The reaction of B_5H_9 with $Fe_3(CO)_{12}$ (having the capacity of providing $Fe(CO)_3$ fragment) led to the formation of $B_4H_8Fe(CO)_3$. The $Fe(CO)_3$ fragment is found on the apical position of the pyramidal structure rather than the basal position. Explain it.

答：金屬基團比起主族元素基團更喜歡被放在鍵結連接多的位置。所以 $Fe(CO)_3$ 基團被發現在化合物金字塔形的頂端，而非基部位置上。

補充說明：此處不須考慮架橋氫（Bridging Hydrogen, μ_2-H）的影響。

13	韋德規則（Wade's Rule）不但可以應用於預測硼化物的結構，它也被推展到預測有機化合物的結構。請應用此規則來預測有機化合物 $C_5H_5^+$ 的構型。實際上，這樣的化合物能穩定存在嗎？ Using the Wade's Rule to predict the structure of $C_5H_5^+$. Can an organic compound with this formula be existed in normal condition?

答： 以韋德規則（Wade's Rule）來計算 $C_5H_5^+$ 先拆成五個 CH，為提供七對電子（3 x 5 – 1 = 14）的化合物。韋德規則來預測其結構，五個角及七對電子（n 個角，n+2 對電子）的配對，為 *nido* 架構（巢狀）的構型。因此，$C_5H_5^+$ 為金字塔形。以有機化合物的本質來看，這種構型內部張力太大，不可能穩定存在。但將 H 換成比較大的 R 基時，也許有機會存在。由此可見，「可能存在」和「應該存在」常常是兩回事。另外，讀者可試著以韋德規則來看待常見的苯環（C_6H_6）應該屬於哪種構型。

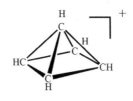

14	(a) 韋德規則（Wade's Rule）不但可以應用於預測硼化物的結構，也被推展到預測有機金屬化合物的結構。請應用此規則來說明下面化合物 $Co_4(CO)_{10}(EtC≡CEt)$ 的構型。(b) 化合物 $Co_4(CO)_{10}(\eta^2\text{-}EtC≡CEt)$ 的構型也可以另外的方式來解釋。請以類似杜瓦—查德—鄧肯生模型（Dewar-Chatt-Duncanson model）將炔類鍵結到金屬的方式來說明此有機金屬化合物的構型。 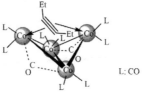 (a) Using Wade's Rule to predict the structure of $Co_4(CO)_{10}(EtC≡CEt)$. (b) Explain the bonding in $Co_4(CO)_{10}(\eta^2\text{-}EtC≡CEt)$ using Dewar-Chatt-Duncanson model.

答：(a) 以<u>韋德規則</u>（Wade's Rule）來說明化合物 $Co_4(CO)_{10}(EtC≡CEt)$ 的構型。先將 $Co_4(CO)_{10}(EtC≡CEt)$ 拆成四個（$Co(CO)_2$）加兩個 CO 再加上兩個 CEt 單位。為提供七對電子（$4 \times 1 + 2 \times 2 + 2 \times 3 = 14$）的化合物。為六個角及七對電子（n 個角，n+1 對電子）的配對，因此為 *closo* 架構，視為正八面體。其中的兩個角位置被炔類的碳原子佔據，其餘四個位置為金屬基團。

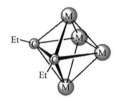

(b) 化合物 $Co_4(CO)_{10}(\eta^2\text{-}EtC≡CEt)$ 上炔類鍵結到金屬方式可以<u>杜瓦—查德—鄧肯生模型</u>（Dewar-Chatt-Duncanson model）來說明。炔類上兩個互相垂直的 π-軌域可以各提供兩個電子分別鍵結到不同金屬上。

$$
\begin{array}{c}
Et \\
| \\
C \\
[M] \leftarrow\ \|\|\|\ \rightarrow [M] \\
C \\
| \\
Et
\end{array}
$$

> **15**　化學家利用韋德規則（Wade's Rule）來預測含硼或碳化合物的結構。請根據此規則，繪出下列分子的構型，並指出各化合物屬於 *closo* 架構（籠狀）、*nido* 架構（巢狀）或 *arachno* 架構（蜘蛛狀）中何種構型。(a) B_5H_9；(b) $B_{12}H_{12}^{2-}$；(c) $B_6H_6^{4-}$；(d) $B_{10}H_{14}$；(e) $C_2B_{10}H_{12}$；(f) $C_2B_{10}H_{10}^{2-}$；(g) $B_9H_{11}S$；(h) $C_3H_5^-$；(i) $C_5H_5^-$；(j) $C_6H_6^{2+}$。
>
> Predict out the structures for the compounds shown according to Wade's Rule. To which categories do these compounds belong: *closo*, *nido* or *arachno*?

答：(a) 化合物 B_5H_9 的構型以<u>韋德規則</u>（Wade's Rule）來說明。其為五個角、七對電子的系統，為 *nido* 構型。(b) $B_{12}H_{12}^{2-}$：為十二個角、十三對電子的系統，構型為 *closo* 架構（籠狀）。(c) $B_6H_6^{4-}$：為六個角、八對電子的系統，為 *nido* 構型。(d)

$B_{10}H_{14}^{2-}$ 的構型：為十個角、十二對電子的系統，為 *nido* 構型。(e) $C_2B_{10}H_{12}$ 的構型：為十二個角、十三對電子的系統，構型為 *closo* 架構。(f) $C_2B_{10}H_{10}^{2-}$ 的構型：為十二個角、十三對電子的系統，構型為 *closo* 架構。(g) $B_9H_{11}S$ 的構型：為十個角、十二對電子構型（S 提供兩個電子）的系統，構型為 *nido* 架構。或為十個角、十三對電子（S 提供四個電子）的系統，構型為 *arachno* 架構。(h) $C_3H_5^-$ 的構型：為三個角、六對電子的系統，為 *arachno* 構型。(i) $C_5H_5^-$ 的構型：為五個角、八對電子的系統，為 *arachno* 構型。(j) $C_6H_6^{2+}$ 的構型：為六個角、八對電子的系統，構型為 *nido* 架構。

16

化學家利用韋德規則（Wade's Rule）來預測含硼或碳化合物的結構，也可以延伸到預測有機金屬化合物的結構。請根據此規則，繪出下列分子的構型，並指出各化合物屬於 *closo* 架構（籠狀）、*nido* 架構（巢狀）或 *arachno* 架構（蜘蛛狀）中何種構型。(a) $Ru_6(CO)_{17}C$〔提示：其中獨特的 C 為 Carbido 的碳。〕(b) $Fe_5(CO)_{15}C$；(c) $Co_4(CO)_{12}$；(d) $(CO)_9Co_3CR$；(e) $Co_3(CO)_9As$；(f) $(CO)_6Co_2(CR)_2$；(g) $(CpCo)_2C_4R_4$；(h) $(C_5H_5)_2Ni_2B_4H_4$；(i) $Cp_2Co_2B_4H_6$；(j) $(CO)_{12}Ru_4BH_3$；(k) $B_5H_9Fe(CO)_3$；(l) $Fe_3(CO)_9S_2$；(m) $Os_4(CO)_{12}S_2$；(n) $[(\mu\text{-}H)Fe_3(CO)_{11}]^-$。

Predict the structures for the compounds shown according to Wade's Rule. To which categories do these compounds belong: *closo*, *nido* or *arachno*?

答： (a) 以韋德規則（Wade's Rule）來說明化合物 $Ru_6(CO)_{17}C$ 的構型：為六個角、九對電子系統（C 為 Carbido 的碳，提供四個電子），構型為 *arachno* 架構。(b) $Fe_5(CO)_{15}C$ 的構型：為五個角、七對電子系統（C 提供四個電子），構型為 *nido* 架構，為金字塔形，C 為 Carbido 的碳在金字塔形底部中央。(c) $Co_4(CO)_{12}$ 的構型：為四個角、六對電子系統，為 *nido* 構型。(d) $(CO)_9Co_3CR$ 的構型：為四個角、六對電子系統，構型為 *nido* 架構。(e) $Co_3(CO)_9As$ 的構型：為四個角、六對電子系統，構型為 *nido* 架構。(f) $(CO)_6Co_2(CR)_2$ 的構型：為四個角、六對電子系統，構型為 *nido* 架構。(g) $(CpCo)_2C_4R_4$ 的構型：為六個角、七對電子系統，為 *closo* 構型。(h) $(C_5H_5)_2Ni_2B_4H_4$ 的構型：為六個角、七對電子系統（CpNi 提供三個電子），構型為

closo 架構。(i) Cp₂Co₂B₄H₆ 的構型：為六個角、七對電子系統，構型為 *closo* 架構。(j) (CO)₁₂Ru₄BH₃ 的構型：為五個角、六對電子系統，為 *closo* 構型。(k) B₅H₉Fe(CO)₃ 的構型：為六個角、八對電子系統，構型為 *nido* 架構。(l) Fe₃(CO)₉S₂ 的構型：為五個角、七對電子系統（S 各提供四個電子），為 *nido* 構型。若 S 分別提供兩個及四個電子，為五個角、六對電子系統，構型為 *closo* 架構。(m) Os₄(CO)₁₂S₂ 的構型：為六個角、八對電子系統（S 各提供四個電子），為 *nido* 架構。為六個角、七對電子系統（S 提供兩個及四個電子），為 *closo* 構型。(n) [(μ-H) Fe₃(CO)₁₁]⁻ 的構型：為三個角、六對電子系統，構型為 *arachno* 架構。

17　請提供含「Carbido」叢金屬化合物的例子。

Provide an example of "Carbido" metal cluster.

答：左下圖為「Carbido」叢金屬化合物的例子 Fe₅(CO)₁₅C。其中碳原子直接和金屬有作用，沒有接任何氫原子，這時候的碳原子稱為「Carbido」。有些小原子如 N、C、B、H 等等都可能嵌入叢金屬化合物由金屬堆積所形成的洞內。右下圖為硼原子直接和金屬有作用形成的叢金屬化合物的例子 Ru₆(CO)₁₇B⁻，這時候硼原子稱為「Borido」。

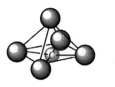 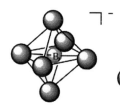

> 有一個有機金屬化合物的分子式為 $C_3H_5Re(CO)_4$。(a) 請利用<u>十八電子規則</u>（18-Electron Rule）來預測並繪出其構型。(b) 請應用<u>韋德規則</u>（Wade's Rule）來預測並繪出化合物的構型。(c) 應用後者的方法來預測化合物的構型比前者的方法有何特別的優點？
>
> 18
>
> The chemical formula of a compound is $C_3H_5Re(CO)_4$. (a) Draw out its structure by using the "18-Electron Rule". (b) Predict its structure according to "Wade's Rule". (c) Point out the advantages of using "Wade's rule" over the "18-Electron Rule" in predicting its structure.

答：(a) 以下所繪出的 $C_3H_5Re(CO)_4$ 構型符合<u>十八電子規則</u>（18-Electron Rule）。

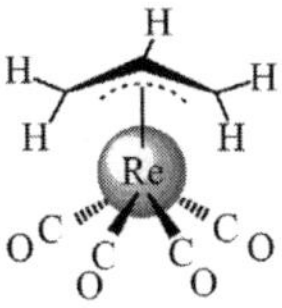

(b) 應用<u>韋德規則</u>（Wade's Rule）來預測化合物 $C_3H_5Re(CO)_4$ 的構型，為 *arachno* 架構。為四個角、七對電子系統（其中 $Re(CO)_4$ 提供三個電子，三個 CH 基團提供九個電子，兩個 H 基團提供兩個電子）。(c) <u>韋德規則</u>預測化合物 $C_3H_5Re(CO)_4$ 的構型是從 *closo* 結構中去掉兩個角的 *arachno* 結構。理論上，有兩種可能結構如下圖所示，後者比較可能。比起利用<u>十八電子規則</u>來預測化合物的構型，以<u>韋德規則</u>模型推導的優點是比較有立體性的。

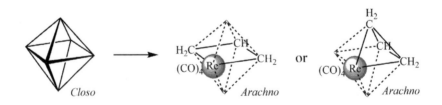

19

純有機物 A 和純無機物 E 之間乍看之下似乎沒有什麼關係。霍夫曼（R. Hoffmann）提出了軌域瓣類比（Isolobal Analogy）的概念，希望在有機化學和無機化學中搭起橋樑。請利用軌域瓣類比（Isolobal Analogy）的概念來說明 A 到 E 之間的關係。A 是純有機物，E 是純無機物，B-D 則是有機金屬化合物。

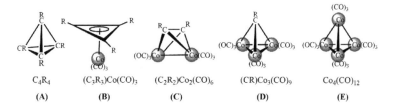

C_4R_4	$(C_3R_3)Co(CO)_3$	$(C_2R_2)Co_2(CO)_6$	$(CR)Co_3(CO)_9$	$Co_4(CO)_{12}$
(A)	(B)	(C)	(D)	(E)

At the first glance, these compounds, A-E, are not related. A is a pure organic compound; yet, E is a pure inorganic compound. B-D are organometallic compounds. Figure out the relationship between these compounds by using the concept of "Isolobal Analogy".

答：CH 和 $Co(CO)_3$ 基團是軌域瓣類比（Isolobal Analogy）。理論上每個 CH 均可被 $Co(CO)_3$ 取代。化合物從 A 到 E 可用軌域瓣類比（Isolobal Analogy）拉上關係。除了結構（A）可能不穩定外，從結構（B）到（E）都有相對應已知化合物存在。

20

乍看之下，兩個含鈷金屬的有機金屬化合物 $(\eta^3\text{-}C_3H_5)Co(CO)_3$ 和 $(\mu_2\text{-}\eta^2\text{-}C_2R_2)Co_2(CO)_6$ 之間似乎沒有什麼關聯。請利用霍夫曼（R. Hoffmann）所提出的軌域瓣類比（Isolobal Analogy）的概念來說明兩者之間的關聯。

At the first glance, these two organometallic compounds, $(\eta^3\text{-}C_3H_5)Co(CO)_3$ and $(\mu_2\text{-}\eta^2\text{-}C_2R_2)Co_2(CO)_6$, are not related. Yet, their relationship can be linked by using the concept of "Isolobal Analogy". Explain it.

答：根據上述軌域瓣類比（Isolobal Analogy）理論，CH 和 $Co(CO)_3$ 基團是 Isolobal，同樣具有三個可參與鍵結的前緣軌域，且其中有三個價電子可供使用。以下幾個分子是以 Isolobal 的概念，從純有機化合物開始 CH 基團以金屬基團 $Co(CO)_3$ 取代的結果。結構 (a) 是完全有機物，一般情形下極不穩定，只有在特殊情狀下如 R 基很大時才可能存在。結構 (b) 可視為環丙烯鍵結在 $Co(CO)_3$ 上的有機金屬化合物，如 $(\eta^3\text{-}C_3R_3)Co(CO)_3$ 或是 $(\eta^3\text{-}C_3H_5)Co(CO)_3$，前者（$\eta^3\text{-}C_3R_3$）是三角環，後者（$\eta^3\text{-}C_3H_5^-$）是 allyl 環。結構 (c) 可視為乙炔架橋鍵結在 $Co_2(CO)_6$ 上的有機金屬化合物 $(\mu_2\text{-}\eta^2\text{-}C_2R_2)Co_2(CO)_6$。結構 (d) 可視為架橋碳炔（Bridging Carbyne）的有機金屬化合物，為 Alkylidene Cluster 的一種。結構 (e) 可視為叢金屬化合物（Metal Cluster，金屬群簇）。由上述可看出 Isolobal Analogy 概念的實用性。除了 (a) 以外，其餘分子都可穩定存在。再一次說明了 Isolobal Analogy 的定義是強調基團之間的鍵結能力相似性，而非化學活性的相似性。所以利用軌域瓣類比（Isolobal Analogy）理論，化合物 $(\eta^3\text{-}C_3R_3)Co(CO)_3$ 或 $(\eta^3\text{-}C_3H_5)Co(CO)_3$ 結構 (b) 和 $(\mu_2\text{-}\eta^2\text{-}C_2R_2)Co_2(CO)_6$ 結構 (c) 可以拉上關係。

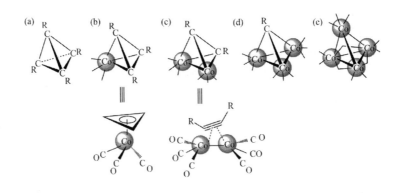

21

有一個有機金屬化合物的分子式為 $Co_3(CO)_9(CH)$。它是由 $Co_2(CO)_8$ 和氯仿（Chloroform）的反應中所得到的。由核磁共振光譜圖（^{1}H NMR）看出化合物有 CH 基，由紅外光譜圖（IR）看出只有端點（Terminal）的羰基，沒有架橋（Bridging）的羰基。(a) 以韋德規則（Wade's Rule）為基礎再根據以上這些實驗數據，推導並繪出其可能結構。(b) 在此反應中也可觀察到另外有一產物其分子式為 $Co_4(CO)_{12}$。此產物如何產生？根據韋德規則（Wade's Rule）推導並繪出其可能結構。

Compound $Co_3(CO)_9(CH)$ could be obtained from the reaction of $Co_2(CO)_8$ with chloroform. In ^{1}H NMR, the CH fragment was identified. IR also indicated the existence of terminal COs only. (a) Draw out its structure based on the experimental results and the "Wade's Rule". (b) The other side product is $Co_4(CO)_{12}$. Draw out its structure. How was it formed?

答：(a) 根據<u>韋德規則</u>（Wade's Rule），(CO)₉Co₃CH 為四個角、六對電子對的系統，構型為 *nido* 架構。<u>韋德規則</u>預測化合物 (CO)₉Co₃CH 的構型是從雙三角錐 *closo* 結構中去掉一個角的 *nido* 結構。在此，CH 為 μ₃-CH，稱為 alkylidyne。可以想像在費雪—特羅普希反應（Fischer-Tropsch Reaction）中，CH 基團附著在由三金屬組成的金屬表面上的情形。

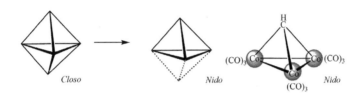

(b) 根據<u>韋德規則</u>（Wade's Rule），Co₄(CO)₁₂ 為四個角、六對電子對系統，構型為 *nido* 架構。理由同上，Co₄(CO)₁₂ 的構型是從雙三角錐 *closo* 結構中去掉一個角的 *nido* 結構。Co₄(CO)₁₂ 的產生可能是由 Co₂(CO)₈ 在加熱的過程中脫去 CO 形成 Co₂(CO)₆ 中間體，再由兩個 Co₂(CO)₆ 中間體結合成 Co₄(CO)₁₂。這類型的金屬羰基錯合物（M(CO)ₙ）常可藉此法得到<u>叢金屬化合物</u>（Metal Cluster，<u>金屬群簇</u>）。

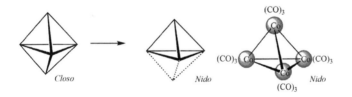

> 利用<u>杜瓦—查德—鄧肯生模型</u>（Dewar-Chatt-Duncanson Model）及<u>韋德規則</u>（Wade's Rule），推導並繪出有機金屬化合物 (η²-μ₂-PhC≡CPh)Co₂(CO)₆ 的可能結構，並解釋其鍵結方式。
>
> **22**
>
> Using both the concepts of "Dewar-Chatt-Duncanson Model" and "Wade's Rule" to draw out the structure of (η²-μ₂-PhC≡CPh)Co₂(CO)₆. Illustrate the chemical bonding of this compound.

答：根據<u>韋德規則</u>（Wade's Rule），(η²-μ₂-PhC≡CPh)Co₂(CO)₆ 為四個角、六對電子對的系統，構型為 *nido* 架構，如下中圖。同上題，(η²-μ₂-PhC≡CPh)Co₂(CO)₆ 的構

型類似 $Co_4(CO)_{12}$，如下左圖。另外一種看法是將化合物 $(\eta^2\text{-}\mu_2\text{-}PhC\equiv CPh)Co_2(CO)_6$ 視為乙炔類鍵結到雙金屬上，如下右圖，鍵結方式可以<u>杜瓦—查德—鄧肯生模型</u>（Dewar-Chatt-Duncanson Model）來說明。

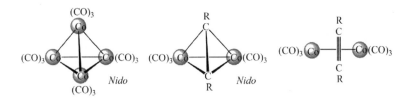

一個有名硼碳分子（Carborane）分子式是 $1,2\text{-}C_2B_{10}H_{12}$。可以從相對應的硼化物和炔類反應而得到。剛開始形成是兩個炔類原來的碳在相鄰位置，closo-$1,2\text{-}C_2B_{10}H_{12}$。可以經由加熱分子內重排機制轉換到碳在相對位置 closo-$1,12\text{-}C_2B_{10}H_{12}$。利用魔術方塊轉動變換位置的方式來考慮，請舉出兩種從 closo-$1,2\text{-}C_2B_{10}H_{12}$ 轉換到 closo-$1,12\text{-}C_2B_{10}H_{12}$ 的方法。

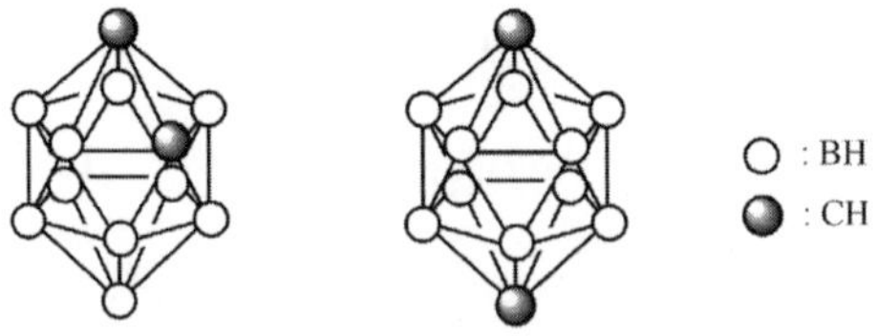

23

closo-$1,2\text{-}B_{10}C_2H_{12}$ closo-$1,12\text{-}B_{10}C_2H_{12}$

○ : BH
● : CH

List at least two intramolecular rearrangement pathways for closo-$1,2\text{-}C_2B_{10}H_{12}$ to closo-$1,12\text{-}C_2B_{10}H_{12}$. [Hint: Rebik's cube]

答： 利用魔術方塊轉動方式來考慮。按照虛線位置當軸線旋轉 $360°/5*n$ 角度，以不同原子為中心方位旋轉幾次即可得到分子內重排產物 closo-$1,12\text{-}C_2B_{10}H_{12}$。

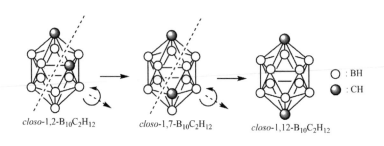

closo-$1,2\text{-}B_{10}C_2H_{12}$ closo-$1,7\text{-}B_{10}C_2H_{12}$ closo-$1,12\text{-}B_{10}C_2H_{12}$

○ : BH
● : CH

另外的方式是以三角面轉動方式來達成。

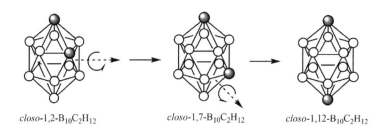

closo-1,2-B$_{10}$C$_2$H$_{12}$　　　*closo*-1,7-B$_{10}$C$_2$H$_{12}$　　　*closo*-1,12-B$_{10}$C$_2$H$_{12}$

化學家習慣以自己的角度來看分子結構。例如，鐵辛（Ferrocene, (η^5-C$_5$H$_5$)$_2$Fe）的結構通常被視為三明治化合物（Sandwich Compound）構型。其實，以另一種角度來看鐵辛分子結構的方式，是可以將其視為由五個 CH 及一個 CpFe 基團共六個基團共同組合而成的結構。這個時候就需要用到韋德規則（Wade's Rule）來解釋分子結構。同樣可以此法來看待另一個三明治化合物 (η^5-C$_5$H$_5$)$_2$Co(η^4-C$_4$H$_4$)。請根據韋德規則指出這些化合物的結構屬於 *closo*、*nido* 或 *arachno* 構型。

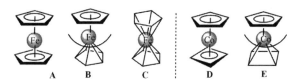

A　　　B　　　C　　　　D　　　E

The structure of Ferrocene ((η^5-C$_5$H$_5$)$_2$Fe) can be regarded as one kind of sandwich compound. Another way of looking at the structure of this compound is taking one CpFe and five individual CH fragments as the building blocks to construct the compound. By the same token, analysis of the structure of (η^5-C$_5$H$_5$)$_2$Co(η^4-C$_4$H$_4$) can be done by the same way. Predict the structures for the compounds according to the "Wadc's Rule". To which categories do these compounds belong: *closo*, *nido* or *arachno*?

答：將鐵辛結構視為由一個 CpFe 及五個 CH 共六個基團組合而成。根據韋德規則（Wade's Rule），此化合物結構六個角、八對電子（2 x 1 + 5 x 3 = 16）系統，屬於 *nido* 構型。同理，三明治化合物 (η^5-C$_5$H$_5$)Co(η^4-C$_4$H$_4$) 此化合物結構五個角、七對電子（2 x 1 + 4 x 3 = 14）系統，屬於 *nido* 構型。

> 25　霍夫曼（R. Hoffmann）是個理論化學家，他希望有機化學和無機化學不要如此逕渭分明，他想在兩個化學的重要領域中搭起橋樑。他提出了軌域瓣類比（Isolobal Analogy）的概念。請問什麼是霍夫曼所提出的軌域瓣類比的定義？
>
> What is the definition of "Isolobal Analogy" according to Hoffmann?

答：霍夫曼對軌域瓣類比（Isolobal Analogy）的定義是「兩個基團內可參與鍵結的軌域數目和電子數一樣，且軌域的對稱、形狀和能量相似者，則稱此兩個基團為 Isolobal，且具有 Isolobal 性質的基團會有相類似的鍵結能力。」此處強調的是相類似（Similar）而非完全相同（Identical）的鍵結能力。由此類比的看法，可將非金屬基團及金屬基團拉上關係。

> 26　霍夫曼（R. Hoffmann）提出了軌域瓣類比（Isolobal Analogy）的概念希望在有機化學和無機化學兩個化學的重要領域中搭起橋樑。$Fe(CO)_3$ 為無機過渡金屬基團，若其上可參與鍵結的三個前緣軌域（Frontier Orbitals）取 C_{3v} 的對稱模式，而 BH 為主族元素基團具有三個可參與鍵結的前緣軌域取 C_{3v} 的對稱。請利用霍夫曼的理論來說明 BH 和 $Fe(CO)_3$ 兩個基團是軌域瓣類比。
>
> While the shape of the transition metal fragment $Fe(CO)_3$ taking C_{3v} symmetry, it has three available Frontier Orbitals for bonding. It is similar to the main group fragment, BH. Both of these two fragments, $Fe(CO)_3$ and BH, have two valence electrons available for bonding. Explain that these two fragments are "Isolobal Analogy" according to the definition of Hoffmann.

答：如果由過渡金屬元素所形成的基團 $Fe(CO)_3$ 其三個可用於鍵結的前緣軌域採取 C_{3v} 的對稱模式，它應具有三個可參與鍵結的前緣軌域，且以 a_1 及 e 的對稱方式存在。若以過渡金屬及配位基所形成的 $Fe(CO)_3$ 基團的價電子（3 x 2 + 8 = 14）依序填入軌域，則發現在三個可參與鍵結的前緣軌域（a_1 及 e）中有兩個價電子可供使用。

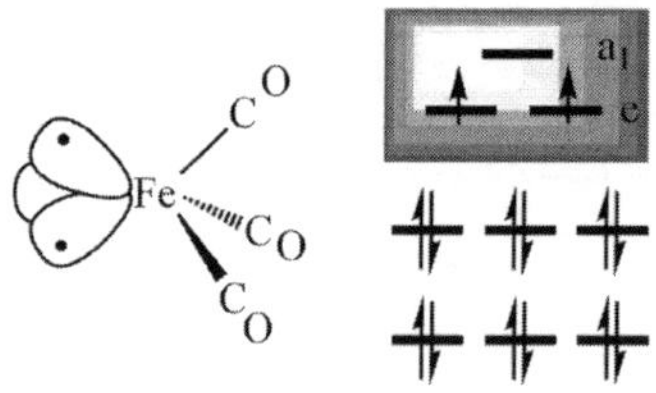

另外，描述由主族元素所形成的基團 BH 的鍵結較為簡單。可把中心元素視為 sp^3 軌域混成。很容易看出它有三個可參與鍵結的<u>前緣軌域</u>，且其中有兩個價電子可供使用。其<u>前緣軌域</u>也是取 C_{3v} 的對稱模式，三個軌域也是以 a_1 及 e 的對稱方式存在。

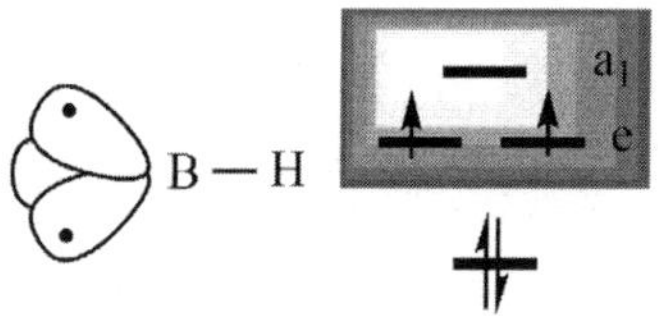

根據<u>霍夫曼</u>對<u>軌域瓣類比</u>的定義，BH 基團和 $Fe(CO)_3$ 基團之間應互為 Isolobal，具有相類似的鍵結能力。

27	請利用<u>霍夫曼</u>（R. Hoffmann）提出了<u>軌域瓣類比</u>（Isolobal Analogy）的概念來說明 $Fe(CO)_3$ 和 CoCp 兩個過渡金屬基團是<u>軌域瓣類比</u>（Isolobal Analogy）。
	Explain that these two transition metal fragments, $Fe(CO)_3$ and CoCp, are "Isolobal".

答：過渡金屬基團通常視為從六配位正八面體的構型變化而來。前面提及由過渡金屬元素所形成的基團 $Fe(CO)_3$ 取 C_{3v} 的對稱模式，它應具有三個可參與鍵結的<u>前緣軌域</u>，且以 a_1 及 e 的對稱方式存在。若以過渡金屬及配位基的價電子（共十四個）依序填入軌域，則發現在三個可參與鍵結的<u>前緣軌域</u>（a_1 及 e）中有兩個價電子可供使用。過渡金屬基團 CoCp 的三個可參與鍵結的軌域以 C_{3v} 的對稱模式，同時擁有十四個價電子及兩個可參與鍵結的價電子。因此，$Fe(CO)_3$ 和 CoCp 鍵結模式類似是<u>軌域瓣類比</u>（Isolobal Analogy）。

補充說明： 在有機金屬化合物的結構中，常見 Fe(CO)₃ 和 CoCp 基團可互相取代，而不影響構型。

有一個分子（*nido*-[B₉C₂H₁₁]²⁻）其形狀類似英國白金漢宮御林軍的軍帽，可以當成配位基和金屬鍵結，它的開口處為一個平面五角環類似 Cp⁻ 環，和 Fe(II) 形成類似鐵辛的化合物 [(η⁵-B₉C₂H₁₁)₂Fe]²⁻。請用軌域瓣類比（Isolobal Analogy）的概念來說明下面從配位基到金屬錯合物的反應。

28

How to rationalize the reaction as shown? The reaction was carried out by ligand (η⁵-1,2-C₂B₉H₁₁)²⁻ with Fe(II) and led to the formation of [(η⁵-1,2-C₂B₉H₁₁)₂Fe]²⁻. Using the idea of "Isolobal Analogy" to illustrate the reaction. [Hint: The bonding capacity of η⁵-1,2-C₂B₉H₁₁²⁻ is similar to η⁵-C₅H₅¹⁻.]

答： 配位基 (η⁵-1,2-C₂B₉H₁₁)²⁻ 的開口為五角環，類似 Cp 環，根據霍夫曼對軌域瓣類比（Isolobal Analogy）的定義，此兩個基團內可參與鍵結的軌域數目和電子數一樣，且軌域的對稱、形狀和能量相似者，此稱兩個基團為 Isolobal。因此，(η⁵-1,2-C₂B₉H₁₁)²⁻ 和 Cp 環被視為具有類似的鍵結能力，可以和 Fe(II) 形成類似 Ferrocene 的化合物，差別在 (η⁵-1,2-C₂B₉H₁₁)²⁻ 為負二價配位基，而 Cp 環為負一價配位基。

根據霍夫曼（R. Hoffmann）提出的軌域瓣類比（Isolobal Analogy）的概念，找出以下無機物的相對應的有機物。這些無機物是穩定的，相對應的有機物是否能穩定存在？

29

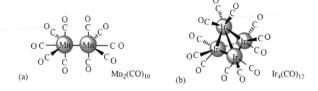

According to the "Isolobal Analogy" concept, find out the corresponding pure organic compound for each case. Are these organic compounds stable?

答：CH_3 和 $Mn(CO)_4$ 基團是<u>軌域瓣類比</u>（Isolobal Analogy）。$Mn_2(CO)_{10}$ 相對應的純有機物是 C_2H_6，C_2H_6 是穩定的有機分子。CH 和 $Ir(CO)_3$ 基團是<u>軌域瓣類比</u>（Isolobal Analogy）。$Ir_4(CO)_{12}$ 相對應的純有機物是 C_4H_4。C_4H_4 顯然不是穩定的分子，當 H 換成大的 R 基時，也許有機會存在。由此可知，由<u>軌域瓣類比</u>（Isolobal Analogy）推導出的相對應分子，並沒有能量穩定上的必然考量。

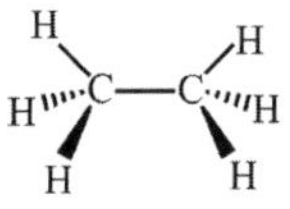

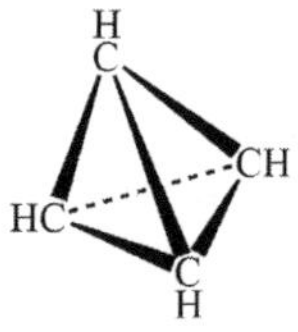

根據霍夫曼（R. Hoffmann）對<u>軌域瓣類比</u>（Isolobal Analogy）的定義，從下列無機物中找到相對應的有機物。

30

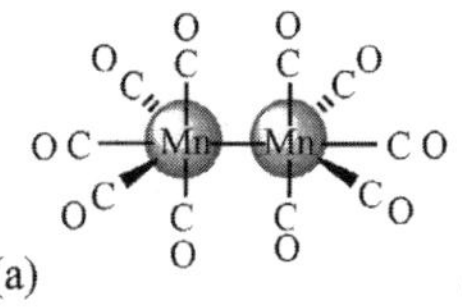

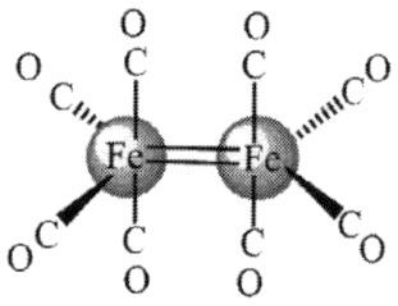

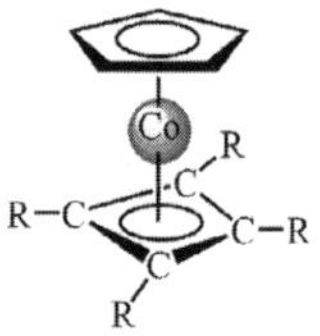

Find out the corresponding organic compounds for the metal-containing compounds according to Hoffmann's definition of "Isolobal Analogy".

答：根據霍夫曼（R. Hoffmann）對<u>軌域瓣類比</u>（Isolobal Analogy）的定義，其相對應的有機物如下。注意，下面所列有機物非唯一對應，且對應的有機物不一定穩定存在。

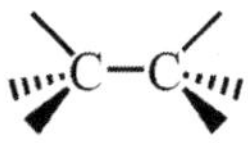

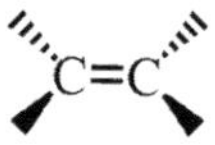

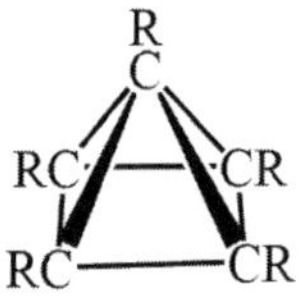

31

根據霍夫曼（R. Hoffmann）對軌域瓣類比（Isolobal Analogy）的定義，從下列有機物中找到對應的無機物。

(a) ○ : BH　● : CH　(b)

Find out the corresponding inorganic compounds for the main group compounds according to Hoffmann's definition of "Isolobal Analogy".

答：根據霍夫曼（R. Hoffmann）對軌域瓣類比（Isolobal Analogy）的定義，其相對應的無機物如下。注意，下面所列無機物非唯一對應。由此方法推導並沒有確定在 $Fe_3(CO)_{12}$ 中是否有 bridging CO 存在。

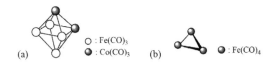

(a) ○ : $Fe(CO)_3$　● : $Co(CO)_3$　(b) ● : $Fe(CO)_4$

32

有些化學名詞很類似，要小心分辨。(a) 請定義兩基團互為等電子（Isoelectronic）。(b) 舉例說明兩個互為軌域瓣類比（Isolobal Analogy）的基團不一定是互為等電子（Isoelectronic）。反之亦然。

(a) Provide a proper definition for "Isoelectronic molecules or fragments". (b) Provide an example for two molecules or fragments might be "Isolobal Analogy"; yet, not "Isoelectronic".

答：等電子（Isoelectronic）是指兩個總價電子數目一樣的分子，如 CO 和 NO^+ 皆具有十個價電子數，因此是等電子（Isoelectronic）。Isolobal 理論不是講總價電子數目，而是注重基團內可參與鍵結的軌域數目、形狀及可用於鍵結的電子數。根據這個標準 CO 和 NO^+ 是 Isoelectronic 也是 Isolobal。但是，Isolobal 的兩基團不一定是 Isoelectronic，如 BH 和 $Fe(CO)_3$。同理，Isoelectronic 的兩基團不一定是 Isolobal，如 BH^- 和 CH_2^+，前者有三個可用於鍵結的軌域，後者只有兩個可用於鍵結的軌域。

33	雙原子分子 CO 和 NO$^+$ 都是線形分子。請說明此兩個雙原子分子互為<u>等電子</u>（Isoelectronic），且互為<u>軌域瓣類比</u>（Isolobal Analogy）。
	Explain that CO and NO$^+$ are "Isoelectronic" and also "Isolobal".

答：CO 和 NO$^+$ 是<u>等電子</u>且同為 D$_{\infty h}$ 的對稱模式，可用於鍵結的軌域有相同的對稱模式，且有相同可用於鍵結的電子數，具有相類似的鍵結能力。所以不僅是<u>等電子</u>且是<u>軌域瓣類比</u>（Isolobal Analogy）。

34	有些基團可以互為<u>等電子</u>（Isoelectronic），但不互為<u>軌域瓣類比</u>（Isolobal Analogy）。說明 CH 和 BH$_2$ 兩基團就是這種情形。
	Explain that CH and BH$_2$ are "Isoelectronic"; yet, not "Isolobal".

答：CH 和 BH$_2$ 兩基團是<u>等電子</u>，同樣有五個價電子，但其可用於鍵結的軌域不具相同的對稱模式，前者有三個可用於鍵結的軌域，後者只有二個可用於鍵結的軌域，即不具有相類似的鍵結能力。所以不是<u>軌域瓣類比</u>（Isolobal Analogy）。

35	有些基團可以互為<u>軌域瓣類比</u>（Isolobal Analogy），但不互為<u>等電子</u>（Isoelectronic）。說明 CH 和 Co(CO)$_3$ 兩基團就是這種情形。
	Explain that CH and Co(CO)$_3$ are "Isolobal"; yet, not "Isoelectronic".

答：CH 和 Co(CO)$_3$ 兩基團可用於鍵結的<u>前緣軌域</u>有相同的對稱模式，且有相同可用於鍵結的電子數，兩基團是<u>軌域瓣類比</u>（Isolobal Analogy）。但兩基團顯然不是<u>等電子</u>（Isoelectronic）。因為前者有五個價電子，後者有十五個價電子。

補充說明：讀者需區分<u>等架構</u>（Isostrctural）、<u>等電子</u>（Isoelectronic）及<u>軌域瓣類比</u>（Isolobal Analogy）定義上的不同。

36	同樣的配位基因為接到不同的金屬上，其性質的改變程度也不一樣。例如，配位基（η^5-C$_5$H$_5$）在鐵辛（Ferrocene, (η^5-C$_5$H$_5$)$_2$Fe）及鈷辛（Cobaltocene, (η^5-C$_5$H$_5$)$_2$Co）上可能遭受親核基攻擊（nucleophilic attack）或親電子基攻擊（electrophilic attack）。請問是鐵辛或鈷辛上的配位基比較容易受到哪類型攻擊？
	The Cp rings (η^5-C$_5$H$_5$) on Ferrocene ((η^5-C$_5$H$_5$)$_2$Fe) or Cobaltocene ((η^5-C$_5$H$_5$)$_2$Co) are subjected to either nucleophilic attack or electrophilic attack. Which one is more vulnerable towards the attack?

答：鐵辛為十八個電子化合物，鈷辛為十九個電子化合物。鈷辛電子比較多，配位基（η^5-C$_5$H$_5$）比較容易受親電子基的攻擊。相對比，鐵辛比較容易受親核基的攻擊。

37	B$_4$H$_8$Fe(CO)$_3$ 化合物中 Fe(CO)$_3$ 基團可以在金字塔形結構的基部（Basal Position）或頂點（Apical Position）位置上形成異構物，且均為 *nido*（巢狀）結構。何者較穩定？
	⬤: BH ◯: Fe(CO)$_3$
	There are two possible structural isomers for B$_4$H$_8$Fe(CO)$_3$ having Fe(CO)$_3$ fragment either on the Basal Position or the Apical Position. They are all having *nido* structure. Which one is more stable?

答：金屬基團相對於主族元素基團喜歡座落在鍵結連接多的位置。所以當 Fe(CO)$_3$ 基團被發現在化合物金字塔形的頂端的結構，會比較穩定。

補充說明：這類型分子當考慮結構時通常不用列入 H 的影響。

八隅體規則（Octet Rule）被第二週期元素從碳（C）開始的大多數元素所遵守。碳原子週遭最多可以有八個價電子，即可以形成四個鍵，但不能超過。以下的分子（$Ru_6(CO)_{17}C$）以正八面體的結構方式存在，結構中心被嵌入一個碳原子，若將此中心碳原子和週遭六個 Ru 金屬視為有鍵結，如此碳原子週遭就有六個鍵。這樣中心碳原子是否違反八隅體規則？請說明之。

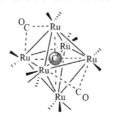

In organic compound, a carbon center presumably shall obey the Octet Rule. Nevertheless, in a carbido cluster $Ru_6(CO)_{17}C$ the center carbon atom (carbido) seems connect to six Ru metal. Is this bonding mode overruled the Octet Rule? Explain.

38

答： 八隅體規則（Octet Rule）可視為路易士結構理論（Lewis Structure Theory）的產物，主要以可能參與鍵結的電子為考量。路易士結構理論認為參與鍵結的電子要成對。當然最多只能形成四個鍵，八個電子。在此分子（$Ru_6(CO)_{17}C$）的鍵結描述應該以分子軌域理論（Molecular Orbital Theory, MOT）為之，把所有能參與鍵結的軌域拿來使用。以分子軌域理論視之，碳原子和週遭六個 Ru 金屬有作用，但不必然把 Ru-C 之間的作用視為如路易士結構理論所認為的鍵結一定需要一對電子。

絕大多數情形下，第二週期氮元素（N）遵守八隅體規則（Octet Rule）。即氮原子週遭最多可以形成四個鍵，但不能超過。以下的分子（$[Fe_5(CO)_{14}N]^-$）以金字塔形的結構方式存在，結構底部被嵌入一個氮原子，若將此中心氮原子和週遭五個 Fe 金屬視為有鍵結，如此氮原子週遭就有五個鍵。這樣中心氮原子是否違反八隅體規則？請說明之。

39

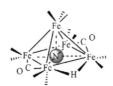

Similar to the above question, in a nitrido cluster $[Fe_5(CO)_{14}N]^-$ the basal nitrogen atom (nitrido) seems connect to five Fe metal. Is this bonding mode overruled the Octet Rule? Explain.

答：同上題，在此分子 $[Fe_5(CO)_{14}N]^-$ 的鍵結描述應該以分子軌域理論（Molecular Orbital Theory, MOT）視之，氮原子和週遭五個 Fe 金屬有作用，但不應把 Fe-C 之間的作用視為如路易士結構理論所認為的鍵結一定需要一對電子。

正八面體的金屬叢化物（Metal Cluster）分子（$Ru_6(CO)_{17}C$）以正八面體的結構方式存在。在這由六個 Ru 金屬所形成的空隙由碳原子嵌入。請舉例說明在固態化學中類比的情況。

40

The major framework of the metal cluster, $Ru_6(CO)_{17}C$, is consisted of six Ru metals arranged in octahedral geometry. It forms an O_h hole and a carbon atom is encapsulated in the center. List a correlated example in solid state chemistry for it.

答：在固態化學中類比的情況發生在從鐵變成鋼的過程。在鐵原子以最密堆積方式所堆積成的一些 O_h hole 或 T_d hole 中，如果其中有少數 hole 由碳原子嵌入時會形成堅硬的鋼。其他合金的構成也有類似的情形。

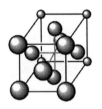

請應用韋德規則（Wade's Rule）來預測下面分子 $Fe_5(CO)_{15}C$ 和 $Ru_6(CO)_{17}C$ 中心的碳（carbide）所提供的電子數目。

41

Predict the number of electrons donated from carbide, a carbon atom encapsulated among metals, for $Fe_5(CO)_{15}C$ and $Ru_6(CO)_{17}C$ according to Wade's Rule.

答：Fe$_5$(CO)$_{15}$C 為 *nido* 架構（巢狀）的構型，為五個角及七對電子的系統。將 Fe$_5$(CO)$_{15}$ 拆解為五個 Fe(CO)$_3$ 共提供十個價電子。此時中心的碳（carbide）所提供的電子數目為四個。總共為七對電子。

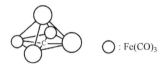

Ru$_6$(CO)$_{17}$C 構型為 *closo* 架構，為六個角、七對電子的系統。將 Ru$_6$(CO)$_{17}$ 拆解為六個 Ru(CO)$_2$ 加上五個 CO 共提供十個價電子。此時中心的碳（carbide）所提供的電子數目為四個。總共為七對電子。

(a) 根據韋德規則（Wade's Rule），指出化合物 [Rh$_7$(CO)$_{16}$]$^{3-}$ 結構應該屬於 *closo* 架構（籠狀）、*nido* 架構（巢狀）或 *arachno* 架構（蜘蛛狀）構型。(b) 此化合物和乙烯反應得到乙烯嵌入新的化合物結構內。指出新化合物的構型。

42

(a) Predict to which categories of the structure (*closo*, *nido* or *arachno)* does [Rh$_7$(CO)$_{16}$]$^{3-}$ belong according to Wade's Rule. (b) The reaction of it with alkene led to the formation of a new cluster containing alkene fragment. Draw out the structure of this new compound.

答：(a) 根據韋德規則（Wade's Rule）來計算 [Rh$_7$(CO)$_{16}$]$^{3-}$ 提供幾對電子，先將 [Rh$_7$(CO)$_{16}$]$^{3-}$ 拆成七個（Rh(CO)$_2$）單位加兩個 CO 再加上三個電子。為提供七對電子（7 x 1 + 2 x 2 + 3 = 14）的化合物。七個角、七對電子，無法以韋德規則（Wade's Rule）來預測，必須以 capped 的概念來處理。視為正八面體的主架構被一個（Rh(CO)$_2$）基團 capped 的構型。

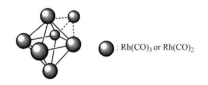

(b) 比較可能形成正八面體的主架構，其中兩個角被乙烯佔據。可能形成 $[Rh_4(CO)_{11}(\eta^2\text{-}\mu_4\text{-}R_2C{=}CR_2)]$ 分子。

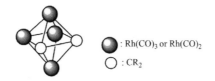

●：Rh(CO)₃ or Rh(CO)₂
○：CR₂

43

自然界的自發反應趨勢是往最低能量及最大亂度方向移動。從亂度因素來考量，當 BH_3 和 BF_3 混合時，學論上應該往產生混合 BH_2F 和 BF_2H 的方向移動。事實上，由實驗觀察在 BH_3 和 BF_3 混合之後，BH_2F 和 BF_2H 並不是以最大量存在，反而主要還是以 BH_3 和 BF_3 為最大量存在。請從<u>共生現象</u>（Symbiotic Effect）理論來說明此實驗觀察現象。

By mixing BH_3 and BF_3 together, it shall yield BH_2F and BF_2H from the consideration of entropy factor. Yet, most of the molecules remain in BH_3 and BF_3 forms. Try to explain this phenomenon by the concept of "Symbiotic Effect".

答：化學家發現有一觀察現象是「硬」的配位基（取代基）會使中心原子變更「硬」，使它更易接受其他「硬」的配位基（取代基）。這稱為<u>共生現象</u>（Symbiotic Effect）。化學家觀察到一個「共生現象」發生在準金屬如硼化物上。若將 BH_3 和 BF_3 混合，根據亂度的考慮，以下反應平衡應傾向右邊。然而，化學家觀察到以下反應平衡傾向左邊，一般相信形成 BF_3 的<u>共生現象</u>是主要驅動力。即是「硬」的配位基（F）結合到 B 上，促使 B 接上更多「硬」的配位基（F），結果就是傾向形成 BF_3。

$$BF_3 + BH_3 \rightleftharpoons \left[\begin{array}{c} F \quad H \quad H \\ B \cdots B \\ F \quad F \quad H \end{array} \right] \rightleftharpoons BH_2F + BHF_2$$

補充說明：此處<u>硬軟酸鹼</u>的概念是根據<u>皮爾森</u>（Pearson）的定義。

第 10 章
非過渡金屬之有機金屬化學

我告訴我的學生試著去了解分子（的性質）到一個程度，當他們對分子（的行為）產生疑問時，他們可以先問問自己，如果我是那個分子，我會怎麼辦？

I tell my students to try to know molecules, so well that when they have some question involving molecules, they can ask themselves. What would I do if I were that molecule?

——喬治・沃爾德（George Wald, 1906-1997）[註]

本章重點摘要

　　根據一般定義，<u>過渡金屬</u>（Transition Metals）元素是指其價殼層的 d 軌域（d-block）含有 d^1 到 d^9 電子的金屬元素，即其 d 軌域至少有一個電子但沒有完全填滿者，這裡面有人認為也包括<u>鑭系</u>（Lanthanides）和<u>錒系</u>（Actinides）元素。而非過渡金屬（non-Transition Metals）元素則包括其價殼層有 s 軌域（s-block）金屬元素（鹼金族和鹼土族，排除氫原子）、部分含有 p 軌域（p-block）金屬元素及 d^0 和 d^{10} 電子的 d 軌域（d-block）金屬元素。另有一些介於兩者之間的元素稱為<u>準金屬</u>或<u>擬金屬</u>（Metalloids, Pseudo-metals）元素，如從硼（B）、<u>矽</u>（Si）、<u>砷</u>（As）等等週期表斜角方向的元素。而一般均認為<u>磷</u>元素（Phosphorus, P）並不包括在此範疇內。斜角以下的 p-block 元素為非過渡金屬（圖 10-1）。非過渡金屬元素因不含 d 軌域或其 d 軌域的電子已完全填滿飽和，其化學反應性和<u>過渡金屬</u>元素會有明

【註】美國科學家，1967 年與霍爾登・凱弗・哈特蘭（Haldan Keffer Hartline）和拉格納・格拉尼特（Ragnar Granit）共同獲得諾貝爾生理學或醫學獎。

顯的差異。非過渡金屬因不含有未填滿的 d 軌域電子，少了一層結晶場穩定能量（Crystal Field Stabilization Energy, CFSE）的考量。結構預測通常只需要以價軌層電子對斥力理論（Valence-Shell Electron-Pair Repulsion theory, VSEPR）來判斷即已足夠。

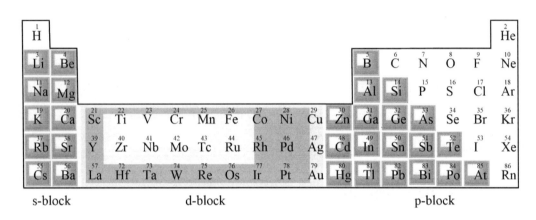

圖 10-1　簡化的元素週期表

非過渡金屬元素（M）和有機基團（R）之間鍵（M-R）的形成的方法常見的有幾種：(a) 直接將烷基鹵化物和金屬鋰或鎂反應，產生烷基鋰或格林納試劑（Grignard Reagent, RMgX）；(b) 以交換金屬方式來反應；(c) 以交換鹵素方式來反應；(d) 以金屬氫化物和烯類反應來形成等等方式。

(a) $2 \, Li + C_4H_9Br \rightarrow C_4H_9Li + LiBr$

　　$Mg + ArBr \rightarrow ArMgBr$

(b) $4 \, PhLi + (CH_2=CH)_4Sn \rightarrow 4 \, (CH_2=CH)Li + Ph_4Sn$

(c) $3 \, CH_3Li + SbCl_3 \rightarrow (CH_3)_3Sb + 3 \, LiCl$

　　$n\text{-}BuLi + PhX \rightarrow n\text{-}BuX + PhLi$

(d) $(C_2H_5)_2AlH + C_2H_4 \rightarrow (C_2H_5)_3Al$

非過渡金屬的主族元素包括鋰（Li）、鈹（Be）、硼（B）及鋁（Al）的烷類或鹵化物容易形成寡聚物（Oligomer），常見的為二聚物（Dimer）。這些多聚物經常以 H、X、Me、alkyl、alkynyl、Ar 等等為架橋（Bridging）連接金屬。其中，以

H 為架橋者通常形成<u>三中心／二電子鍵</u>（three-centers/two-electrons bond, 3c/2e），
而以其他基團（X⁻、Me、alkyl、alkynyl、Ar 等等）為架橋者通常形成<u>三中心／四
電子鍵</u>（three-centers/four-electrons bond, 3c/4e），如圖 10-2 所示。

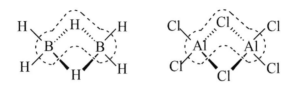

圖 10-2　在虛線內 B_2H_6 分子的 B-H-B 鍵為<u>三中心／二電子鍵</u>（左圖），

而 Al_2Cl_6 分子的 Al-Cl-Al 鍵為<u>三中心／四電子鍵</u>（右圖）

練習題

<table>
<tr>
<td rowspan="2">1</td>
<td>請從化學週期表（Periodic Table）來區分過渡金屬（Transition Metals）元素和非過渡金屬（non-Transition Metals）元素。並指出其化學性質上的差異。</td>
</tr>
<tr>
<td>Please provide proper definitions for "Transition Metals" and "non-Transition Metals" elements listed in Periodic Table. Also, explain the differences between them in terms of chemical reactivity.</td>
</tr>
</table>

答：元素週期表可以簡單地區分為三個區塊：s-block、p-block 和 d-block。根據定義，過渡金屬（Transition Metals）是其價殼層的 d 軌域（d-block）含有 d^1 到 d^9 電子的金屬元素，有人認為也包括鑭系（Lanthanides）和錒系（Actinides）元素。準或擬金屬（Metalloids, Pseudo-metals）為從硼（B）、矽（Si）、砷（As）等等週期表斜角方向的元素。一般均認為磷元素（Phosphorus, P）並不包括在此範疇內。斜角以下的 p-block 元素為非過渡金屬（non-Transition Metals）。非過渡金屬尚包括含有 s 軌域（s-block）金屬元素（鹼金族和鹼土族，但排除氫原子）。非過渡金屬元素因不含 d 軌域或 d 軌域電子已飽和，其化學反應性和過渡金屬元素會有明顯的差異。

補充說明：過渡金屬（Transition Metal）最嚴格的定義是金屬元素含有不全空或不全滿 d 軌域電子（從 d^1 到 d^9）的元素。這個嚴格的定義會延伸出幾個問題，例如有些金屬元素在反應一開始時 d 電子數目符合這要求，而反應期間變成不符合，能否稱為過渡金屬？反之亦然。如 Ti(0) 有四個 d 電子，反應期間被氧化變成 Ti(IV) 時，沒有 d 電子。如 Cu(II) 有九個 d 電子（$4s^0 3d^9$），反應期間被還原變成 Cu(I)，有全滿的十個 d 電子（$4s^0 3d^{10}$）。這樣的情形下的金屬狀態算不算是過渡金屬？鑭系和錒系元素通常為正三價，d 電子數為 0，但是有 f 軌域的電子，這種情形算不算過渡金屬還是有不同意見。鑭系和錒系元素有時稱為內過渡元素或稱 f 區元素（f-block elements）。

> 早期常用於有機反應中當做親核基（nucleophile）或當鹼（base）使用的
> 烷基鋰（RLi）就是典型的含非過渡金屬之有機金屬化合物（Organometallic
> Compound）的例子。請說明其化學特性。
>
> 2
>
> Alkyl Lithium (RLi) is a category of classic Organometallic Compounds. These
> compounds have been employed as nucleophiles or bases in various reactions.
> Illustrate their chemical reactivities.

答：早期常用於有機反應中當親核基（nucleophile）或當鹼（base）使用的烷基鋰
（RLi）就是典型的非過渡金屬之有機金屬化合物。烷基鋰（RLi）比起同為當親核
基使用的格林納試劑（RMgX）的活性更大，更不容易保存。市面上販售的正丁基
鋰（^{n}BuLi）在 Hexane 中是以四聚體（Tetramer）形式存在。^{1}H NMR 研究指出此
四聚體在溶液中為動態，其上的 R 基會隨時交換位置。烷基鋰（RLi）內鋰和烷基
的鍵結可視為四中心／二電子鍵（four-centers/two-electrons bond, 4c/2e）。

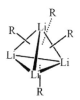 

烷基鋰四聚體必須被解離成寡聚體（Oligomer）或單體（Monomer）才會有比較強
的活性。把正丁基鋰四聚體 (^{n}BuLi)$_4$ 解離成單體可以雙牙基（如 ethylenediamine，
en）為之。另外，正丁基鋰四聚體在 Et$_2$O 存在下可能轉換成二聚體。此外，烷基
鋰（RLi）和 AlMe$_3$ 反應可形成鋰─鋁雙金屬化合物。烷基鋰（RLi）當親核基或
當鹼使用時通常要慢慢加入低溫反應溶液中，溶液變黃色或淡粉紅色為正常。如加
入速度過快反應過於激烈會使溶液變黑色，可能導致整個反應被破壞。

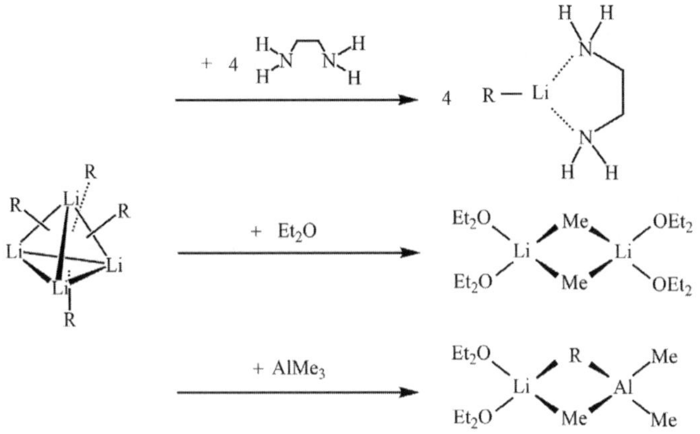

$+\ 4\ \mathrm{H_2N-NH_2}$ (ethylenediamine) $\longrightarrow$ $4\ \mathrm{R-Li}$ (陪配 N,N 配位)

$+\ \mathrm{Et_2O}$ $\longrightarrow$ $\mathrm{Et_2O}$、$\mathrm{Et_2O}$—Li(μ-Me)$_2$$\mathrm{Li}$—$\mathrm{OEt_2}$、$\mathrm{OEt_2}$

$+\ \mathrm{AlMe_3}$ $\longrightarrow$ $\mathrm{Et_2O}$、$\mathrm{Et_2O}$—Li(μ-R)(μ-Me)Al—$\mathrm{Me_2}$

一般烷基鋰如正丁基鋰（^{n}BuLi）的製備方式，是將鹵化正丁烷與金屬鋰直接反應生成即可。烷基鋰（RLi）為非過渡金屬之有機金屬化合物，鋰金屬因沒有 d 軌域，可避開所謂的 β-氫離去步驟（β-Hydrogen Elimination）的分解機制，不至於分解成為烯類加 LiH。烷基鋰（RLi）中的季丁烷基鋰（^{t}BuLi）為最常見的鹼，用來拔掉質子，但是對水很敏感，馬上反應成為 ^{t}BuH 加上 LiOH 且放熱。而烷基鋰中當 R 基為很小烷基時，遇水更可能引發燃燒現象，所以使用上必須小心。

$2\ \mathrm{Li} + \mathrm{RX} \rightarrow \mathrm{RLi} + \mathrm{LiX}$ $\mathrm{X} = \mathrm{Cl,\ Br}$

$\mathrm{RLi} + \mathrm{H_2O} \rightarrow \mathrm{RH} + \mathrm{LiOH}$ $\mathrm{R} = {}^n\mathrm{Bu},\ {}^t\mathrm{Bu}$

3

鋰（Li）和環戊二烯基離子（Cyclopentadienyl, Cp）反應可形成類似半三明治化合物（Half-sandwich Compounds），但是所形成化合物不穩定。原因為何？如何穩定它？

The reaction of Lithium (Li) with cyclopentadienyl (Cp) leads to the formation of half-sandwich compound. Yet, this compound is not stable. Reason? How to stabilize it?

答：鋰和環戊二烯基離子（Cyclopentadienyl, Cp）反應可形成類似半三明治化合物（Half-sandwich Compounds），不過需要利用冠醚（Crown Ether）來接到鋰上，避免鋰原子的另外一端暴露受到親核基攻擊造成不穩定（下左圖）。鋰和環戊二烯基離子也可以帶負電荷三明治化合物的形式存在（下右圖）。

4	在製造金屬辛（Metallocene）的諸多可用的步驟中，最常使用的試劑是環戊二烯基鈉（Sodium cyclopentadienylide, NaC₅H₅, NaCp）。化學家用它來當環戊二烯基離子（Cyclopentadienyl）的起始物。請說明。 Sodium cyclopentadienylide (NaC₅H₅, NaCp) is the most frequently used agent in making metallocenes. Explain.

答： 在已知製造金屬辛（Metallocene）的諸多步驟中，最通常使用的試劑是環戊二烯基鈉（Sodium cyclopentadienylide, NaC₅H₅, NaCp）。用兩劑量的 NaCp 和金屬鹵化物（如 MX₂ 或 MX₃）反應可得金屬辛。NaCp 可以由金屬鈉與 C₁₀H₁₂（C₅H₆ 以二聚物形式存在）加熱反應製備而得。如同鋰形成半三明治化合物（half-sandwich compounds），鈉也可和 Cp 形成半三明治化合物。NaCp 化合物的結構如下圖所示。NaCp 化合物在 THF 溶液中是深紅色。從化學藥品供應商取得的 NaCp 溶液是裝在棕色玻璃瓶內，若溶液顏色轉黑即已有分解發生。

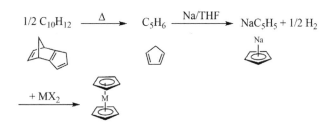

5	文獻報導無機化合物 BeCl₂ 在固態時以多聚物型態存在，且以 Cl 為架橋。請推測其可能結構及化學特性。 The inorganic compound BeCl₂ is always assembled in aggregated form and utilizing Cl as bridging ligand. Please propose a representative structure of this compound and predict its chemical reactivity.

答：固態的無機化合物 $BeCl_2$ 通常以多聚物型態存在，且以 Cl 為架橋。其中的 $BeCl_2$ 單體間並非同平面，而是類似<u>螺旋式</u>（spiro）排列。同樣地，化合物 $Be(CH_3)_2$ 在固態時亦以多聚物型態存在，且以 CH_3 為架橋。

X: Cl or Me

在有機金屬化學發展早期，Be 和環戊二烯基離子（Cyclopentadienyl）形成 $(C_5H_5)_2Be$ 的鍵結模式引發化學家的興趣。原因是 Be 原子並不在<u>環戊二烯基離子</u>五角環的正上方中心的位置，而是偏向一邊，結構上比較接近環戊二烯基是以 η^1-方式來鍵結的情形，稱為<u>滑邊三明治化合物</u>（Slipped Sandwich）。請說明其結構特性。

6

The reaction of Beryllium (Be) with cyclopentadienyl (Cp) leads to the formation of $(C_5H_5)_2Be$. The bonding mode of this compound aroused Chemists' interests in the early age of the development since the Be ion is not situated in the center of Cp ring; rather, it slips aside and the bonding of Cp to Be closes to η^1-mode. It is called "Slipped Sandwich". Reveal the structural feature of this compound.

答：$(C_5H_5)_2Be$ 的結構顯示 Be 不在<u>環戊二烯基</u>五角環的正上方中心位置，而是偏向一邊，稱為<u>滑邊三明治化合物</u>（Slipped Sandwich）。結構上比較接近環戊二烯基是以 η^1-方式來和 Be 鍵結。一般認為 Be 原子和環戊二烯基的鍵結介於共價及離子鍵之間。若偏向離子鍵結，則可視為 Be 和<u>環戊二烯基</u>以 σ-鍵結合，表示成 $(\eta^1\text{-}C_5H_5)_2Be$。若將 $(C_5H_5)_2Be$ 和 $(CH_3)_2Be$ 反應，互相交換取代基之後，此時 Be 原子在化合物 $(\eta^5\text{-}C_5H_5)Be(CH_3)$ 之環戊二烯基五角環的正中心位置，可以表示成 $(\eta^5\text{-}C_5H_5)Be(CH_3)$。

	含主族金屬的有機金屬化合物中，鎂（Mg）化合物最為人熟知的是<u>格林納試劑</u>（RMgX）。請說明其結構及化學特性。
7	Among all the organometallic compounds containing main-group metal, Grignard reagent (RMgX) probably is the most famous category of magnesium (Mg) containing compounds. Draw out a representative structure of Grignard reagent and illustrate its chemical reactivity.

答：<u>格林納試劑</u>（EtMgBr）可能形成寡聚物，而寡聚物有時候不容易形成結晶。有化學家將寡聚物的<u>格林納試劑</u>（EtMgBr）加上 NEt_3 反應，幸運地養出了鎂二聚物的結晶，此二聚物以 Br 為架橋，如下圖所示。<u>格林納試劑</u>（RMgX）可以當<u>親核基</u>使用，比<u>烷基鋰</u>（RLi）溫和。

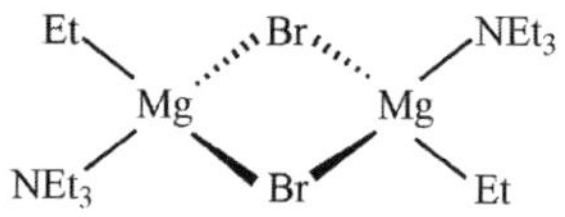

	二烷基鎂如 Me_2Mg 可能形成寡聚物，而以 Me 架橋方式形成<u>三中心／四電子鍵</u>（three-centers/four-electrons bond, 3c/4e）。請說明其結構及化學特性。
8	
	Dialkyl magnesium such as Me_2Mg could form oligomer and using Me as bridging ligand to generate three-centers/four-electrons bond (3c/4e)。Depict a representative structure and illustrate its chemical reactivity.

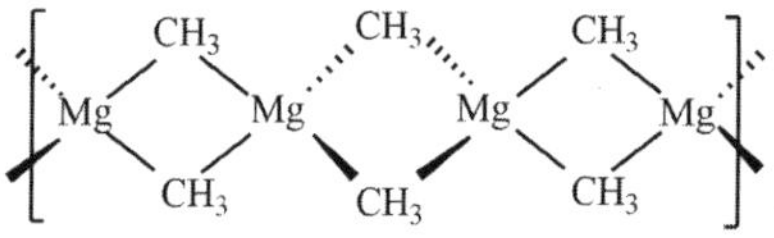

答：二烷基鎂如 Me_2Mg 可能形成多聚物。此處 Me 以架橋方式形成<u>三中心／四電子鍵</u>。乍看之下，在以 CH_3 為<u>架橋</u>其上的碳原子似乎違反<u>八隅體</u>（Octet Rule）規則，好像碳原子中心形成五個鍵。其實，這樣的鍵結模式在<u>分子軌域理論</u>（MOT）是可以解釋的。在這裡，A 原子和 B 原子之間繪一條線並不一定隱含<u>路易士結構理論</u>的一個<u>鍵／兩電子</u>的概念，它只表達兩原子之間有某種作用力，正如在<u>三中心</u>

／四電子鍵，事實上，三原子（**Mg-C-Mg**）之間的鍵結是所謂的類似彎曲形的香蕉鍵（Banana Bond），而非直線。

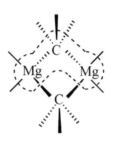

9	二烷基鎂如 Me₂Mg 可以和格林納試劑 CpMgMe 藉著形成烷基架橋來交換其上的烷基。請說明其結構及交換方式。 Dialkyl magnesium such as Me₂Mg could interact with Grignard reagents (RMgX) and exchange methyl groups through the way of forming bridging ligands. Depict the exchange mechanism and illustrate the way methyl groups are exchanged.

答：二甲基鎂（Me₂Mg）可以和格林納試劑（CpMgMe）藉著形成烷基架橋來交換其上的烷基，如下圖示。化學家在甲基上利用同位素標記法（Isotope Labeling），可以清楚看到甲基在做交換，甲基從 CpMgMe 上轉移到 MgMe₂ 上。

10	化合物 [(Me)₂Al(μ₂-Me)₂Mg(μ₂-Me)₂Al(Me)₂] 內含有兩個鋁（Al）及一個鎂（Mg），且以烷基為架橋。請說明其結構。

Compound [(Me)₂Al(μ₂-Me)₂Mg(μ₂-Me)₂Al(Me)₂] contains two Aluminum ions and one Magnesium ion. It uses methyl groups as bridging ligands. Please describe the structure of the compound.

答：從已知晶體結構可看出雙鋁單鎂化合物分子中，鎂也可能和鋁形成八甲基雙鋁單鎂化合物 [(Me)₂Al(μ₂-Me)₂Mg(μ₂-Me)₂Al(Me)₂]。從晶體結構來看甲基在金屬之間當成<u>架橋</u>。分子是以類似<u>螺旋式</u>（spiro）方式來排列。

鋁（Al）容易形成二聚物，常以 X⁻、Me、Ph 等等為架橋，形成<u>三中心／四電子鍵</u>（three-centers/four-electrons bond, 3c/4e）。請舉出一些例子。

11　Aluminum (Al) compounds tend to form dimer and using X⁻, Me and Ph as bridging ligands to form three-centers/four-electrons bond (3c/4e). Please provide some examples for it.

答：IIIA 族的硼及鋁容易形成二聚物。常以 X⁻、Me、Ph 等等為架橋，形成<u>三中心／四電子鍵</u>。下圖為形成二聚物的鋁化合物，其架橋有各種不同型式的基團。直接以 Al-Al 形成二鋁化合物的例子並不多。實驗證據顯示，Al-Al 之間除了 σ-鍵外，還有弱的 π-鍵。

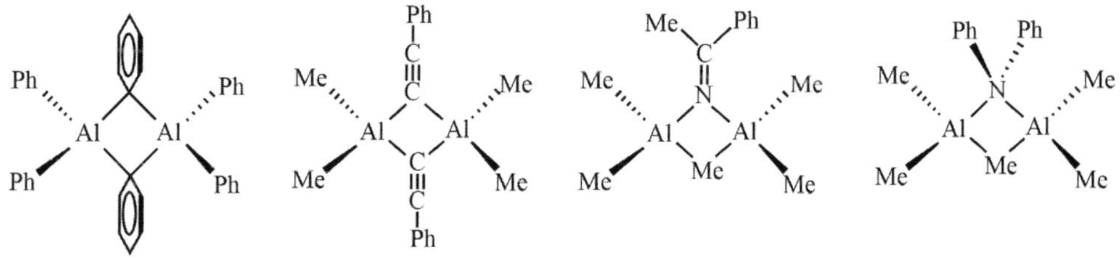

12

有機化學反應有個著名的**硼氫化反應**（Hydroboration），是以硼烷（B_2H_6 或 $BH_3 \cdot L$）和烯類化合物反應，進行所謂的 anti-Makovnikov 機制。鋁（Al）的有機金屬化合物 R_2AlH 和烯類化合物也有類似的反應，稱為**鋁氫化反應**（Hydroalumination）。請說明。

There is a famous organic reaction called "Hydroboration". It starts with B_2H_6 or $BH_3 \cdot L$ as borane source and reacts with alkene. In most of the cases, it undergoes the so called "anti-Makovnikov mechanism." A counterpart reaction is called "Hydroalumination" for Aluminum (Al) that starts with R_2AlH as Aluminum source. Explain.

答：硼氫化反應（Hydroboration）通常是以硼烷（B_2H_6 或 $BH_3 \cdot L$）和烯類化物反應，進行所謂的 anti-Makovnikov 機制。鋁的有機金屬化合物 R_2AlH 和烯類反應也走類似的路徑，稱為鋁氫化反應（Hydroalumination），機制也雷同，大多數情形也進行所謂的 anti-Makovnikov 機制，另有少部分進行 Makovnikov 機制，這和烯類上烷基取代基性質有關。一般而言，鋁氫化反應比硼氫化反應的位向選擇性比較差。但鋁氫化反應之後除去含鋁部分的基團比較容易，不需要像硼氫化反應要使用到過氧化物。

13

在早期的**齊格勒—納塔反應**（Ziegler-Natta Reaction）中，鋁（Al）以三乙基鋁（$Al(C_2H_5)_3$）形式和四氯化鈦或三氯化鈦（$TiCl_4$ 或 $TiCl_3$）結合當共催化劑。後來化學家改良鈦化合物為 Cp_2TiCl_2，再混以三乙基鋁（$Al(C_2H_5)_3$）當成改良型的齊格勒—納塔反應觸媒。請說明箇中原由。

In the early age, $Al(C_2H_5)_3$ and $TiCl_4$ (or $TiCl_3$) were bundled together as the catalyst for the Ziegler-Natta reaction. Lately, Titanium (Ti) source such as $TiCl_4$ (or $TiCl_3$) has been changed to Cp_2TiCl_2. Explain the reason why this change is beneficial.

答：早期在齊格勒─納塔反應（Ziegler-Natta Reaction）中，三乙基鋁（$Al(C_2H_5)_3$）和四氯化鈦或三氯化鈦（$TiCl_4$ 或 $TiCl_3$）結合當成共催化劑。後來化學家將 $TiCl_4$ 或 $TiCl_3$ 改為 Cp_2TiCl_2，再結合三乙基鋁（$Al(C_2H_5)_3$）當成改良型的齊格勒─納塔反應觸媒。主要原因是因為鈦金屬化合物 Cp_2TiCl_2 上具有更大立體障礙的環戊二烯基離子當配位基的關係，使生成鏈狀聚合物的比例大幅提高，且使產物具有更大的密度及強度。

14

近來，一些非過渡金屬如鋰（Li）、鈉（Na）、鎂（Mg）、鋅（Zn）、鋁（Al）等等的化合物被利用來當開環聚合反應（Ring-Opening Polymerization, ROP）的催化劑。請說明開環聚合反應及使用這些非過渡金屬的原由。

Lately, main group metal elements such as Lithium (Li), Sodium (Na), Magnesium (Mg), Zinc (Zn) and Aluminum (Al) et al. have been employed in the so called "Ring-Opening Polymerization (ROP)" as catalysts. Please explain the reason why these metals are selected for ROP.

答：被用來當開環聚合反應（Ring-Opening Polymerization, ROP）的催化劑種類很多。近來，一些非過渡金屬如鋰（Li）、鈉（Na）、鎂（Mg）、鋅（Zn）、鋁（Al）等等的化合物被利用來當此反應的催化劑。這些金屬在其正常的氧化狀態下可歸類為硬的路易士酸（Lewis Acid）。這些含非過渡金屬的催化劑經常接有烷氧基（Alkoxyl, -OR），以金屬的路易士酸性及烷氧基的親核性來進行和反應物的接觸及攻擊反應。現以非過渡金屬化合物來當環酯類開環反應的催化劑加以說明。這裡的金屬中心路易士酸讓羰基接近，而金屬上的烷氧基（Alkoxyl, -OR）再攻擊環酯類的碳陽離子使其開環。如此周而復始，形成開環後的聚合物。這類聚合反應的單體有些是從植物中得來（如玉米），所形成的聚合物是生物可分解（Bio-degradable）的產物。如此，其原料（如玉米）取之於大地，最後分解後還之於大地，不會造成堆積的問題，且原料可重複取得，如此對生態環境的衝擊可以降低。因此，近年來這類型生物可分解的聚合物的生產方式受到環保人士的青睞。對 Lactones 或 Lactides 的開環聚合反應就是很好的例子。只是這類型材質的物理性質必須加強，以符合製造民生日常用品的使用要求。

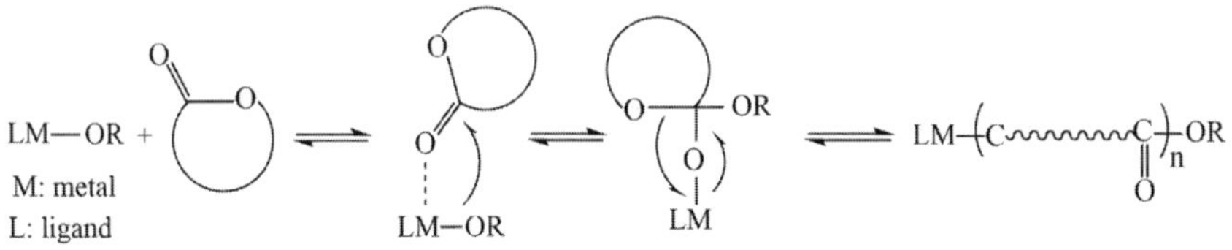

15

說明有機金屬化合物（CuR, R_2Cu）的合成方式。早期，銅（Cu）在有機金屬化學中以親核基（CuR, R_2Cu）的角色出現，這角色後來被格林納試劑（RMgX）所逐漸取代。請說明箇中原由。

Please provide methods for the preparations of CuR and R_2Cu. In the early age, Copper (Cu) compounds such as CuR and R_2Cu were employed as nucleophiles in organic synthesis. It was gradually replaced by Grignard Reagent (RMgX). Explain.

答： CuR 可以由 CuX 和 LiR 開始，經幾步反應得到。也可以由 CuX 和 R_2Zn 交換 R 基而得到。銅的有機金屬化合物（CuR, R_2Cu）可當親核基，這角色後來被更溫和的格林納試劑（RMgX）所逐漸取代。

$$\mathrm{CuX + LiR \xrightarrow[-\,LiX]{Et_2O,\ THF} CuR \xrightarrow{LiR} Li[CuR_2]}$$

$$\mathrm{CuX + R_2Zn \longrightarrow CuR + RZnX}$$

	在 Sonogashira 耦合反應中有兩個循環即鈀循環（Palladium cycle）及銅循環（Copper cycle），其中銅循環（Copper cycle）以 Cu(I) 做為共催化劑。請說明其功能。
16	There are two catalytic cycles, Palladium cycle and Copper cycle, in Sonogashira cross-coupling reaction. In the Copper cycle, Cu(I) has been employed as co-catalyst. Illustrate its function.

答：Sonogashira 耦合反應是將單取代炔類和烷類耦合的反應。反應中有兩個循環即鈀循環（Palladium cycle）及銅循環（Copper cycle）。銅循環（Copper Cycle）中以 Cu(I) 做為共催化劑，在適當選擇的鹼及溶劑配合下，炔類（RC≡CH）先與一價銅化合物（CuX）形成以 π 形式鍵結的有機銅化物，此時炔類末端的質子酸性增加，可以鹼（NR₃）除去 HX 形成 Copper Acetylide。接著，再進行 Sonogashira 耦合反應的鈀循環（Palladium Cycle）。

$$R-C\equiv C-H \xrightarrow{+\ CuX} R-C\overset{...}{\equiv}C-H \underset{CuX}{\quad} \xrightarrow{+\ NR_3} R-C\equiv C-Cu$$

	在早期最有名的以零價銅的形式（Cu(0)）來進行苯基自身耦合反應的應該是烏曼反應（Ullmann reaction）。請說明此反應及其優缺點。
17	Ullmann reaction is a classic organic reaction. It uses Cu(0) to carry out self-coupling reaction of Ar-X. List the advantages and disadvantages of this process.

答：烏曼在一九〇一年以零價銅來對苯基鹵化物進行 sp^2-sp^2 的自身耦合反應（Self-coupling Reaction），後來稱為烏曼反應（Ullmann Reaction）。這應該是早期最有名的利用零價銅來進行苯基自身耦合反應的報導。缺點是這反應必須使用計量的銅金屬，且必須在大於 200℃ 的溫度下反應，又苯環上的取代基必須是拉電子基。

$$2\ Y-\!\!\!\bigcirc\!\!\!-X \xrightarrow[T \gg 200^{\circ}C]{[Cu]} Y-\!\!\!\bigcirc\!\!\!-\!\!\!\bigcirc\!\!\!-Y$$

銀離子（Ag$^+$）被用來和咪唑鹽 （Imidazolium）反應生成銀金屬氮異環碳醯錯合物（N-Heterocyclic Carbene, NHC），此錯合物可當成氮異環碳醯配位基。請說明銀離子在此的功能，並說明 NHC 當配位基的用途。

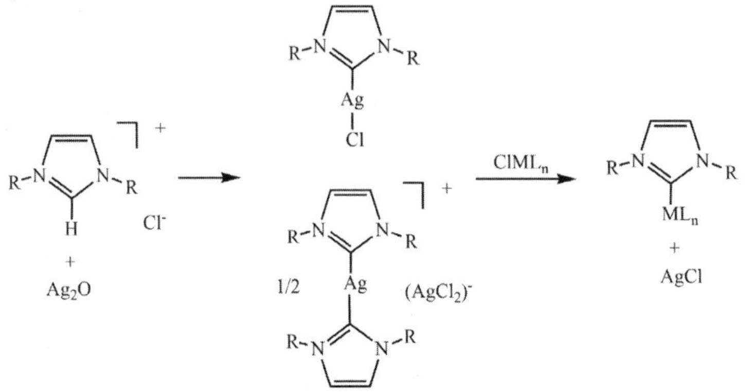

The silver ion (Ag$^+$) has been used to react with imidazolium to form N-Heterocyclic Carbene salt (NHC). This NHC ligand can be employed to coordinate with metal to form metal complex. Explain the function of Ag$^+$ here and the role played by NHC as ligand.

答：近來，氮異環碳醯（N-Heterocyclic Carbene, NHC）被認為是繼磷基（PR$_3$）之後最有潛力的配位基。NHC 的製備方法很多，其中最引人注目的方法是以銀離子（Ag$^+$, Ag$_2$O）來和咪唑鹽 （Imidazolium）反應生成銀金屬氮異環碳醯錯化合物當前驅物，再把它當作碳醯的轉移劑，最後把碳醯配位到其他金屬上。其中，銀金屬氮異環碳醯錯化合物可視為有機金屬化合物。氮異環碳醯可當提供兩個電子的配位基和過渡金屬形成強鍵結。氮異環碳醯上取代基（R）指向金屬方向，因此，其立體障礙效應（Steric effect）比一般配位基要大。此外，氮異環碳醯的毒性比磷基為小。

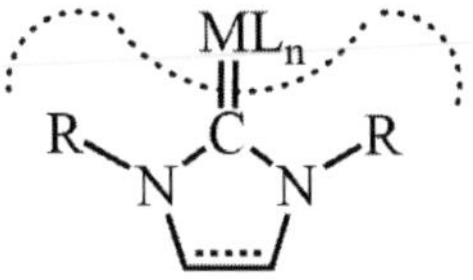

19

(Ph₃P)Au⁺ 和 H⁺ 兩個基團互為軌域瓣類比（Isolobal Analogy），具有類似的鍵結能力。請說明化學家使用 (Ph₃P)Au⁺ 取代 H⁺ 的時機。

$$H^+ \quad\longleftrightarrow\quad (PPh_3)Au^+$$

According to the concept of "Isolobal Analogy", two fragments, (Ph₃P)Au⁺ and H⁺, are isolobal. These two fragments shall exhibit similar bonding capacity. Under what circumstance will Chemists replace H⁺ with (Ph₃P)Au⁺?

答：有機金屬化學由金直接參與的例子很少。正一價金化合物 (Ph₃P)AuCl 勉強可以視為含有金元素的有機金屬化合物，此時金的電子組態是：$6s^0 5d^{10}$，d 軌域全填滿電子。(Ph₃P)AuCl 解離 Cl⁻ 離子後的正一價 Ph₃PAu⁺ 可視為放大體積版的 H⁺。或是說 (Ph₃P)Au⁺ 和 H⁺ 兩個基團是軌域瓣類比（Isolobal Analogy），具有類似的鍵結能力。當具有 Na⁺ 或 K⁺ 等等的小陽離子的離子化合物養晶不易時，有時候可以大體積的陽離子 (Ph₃P)Au⁺ 取代 Na⁺ 或 K⁺，一般會使離子化合物具有更好的結晶性。

補充說明：離子化合物內的陰、陽離子的大小差異太大，化合物容易水解，不穩定。將 Na⁺ 或 K⁺ 取代成大體積的 (Ph₃P)Au⁺，離子化合物比較穩定。

20

Negishi 將原來 Kumada 使用的格林納試劑（RMgX）中的鎂（Mg）金屬以鋅（Zn）金屬來取代。請說明此反應及其優缺點。

In Kumada reaction, Grignard reagents (RMgX) is used as organometallic portion. Lately, Magnesium (Mg) is replaced by Zinc (Zn) in Negishi reaction. List the advantages and disadvantages of this change.

答：在前述的 Negishi 耦合反應中，Negishi 將原來 Kumada 使用的格林納試（RMgX）中的鎂（Mg）金屬以鋅（Zn）金屬來取代，結果發現催化效果更好。原因是含鋅的有機金屬起始物比較穩定。

$$R-X \ + \ R'-Zn-X' \ \xrightarrow{\ [Pd]\ } \ R-R'$$

21

鋅（Zn）和環戊二烯基離子（Cyclopentadienyl, Cp）的鍵結模式可採取 η^5-或 η^1-方式鍵結。請說明此類型的鍵結模式。

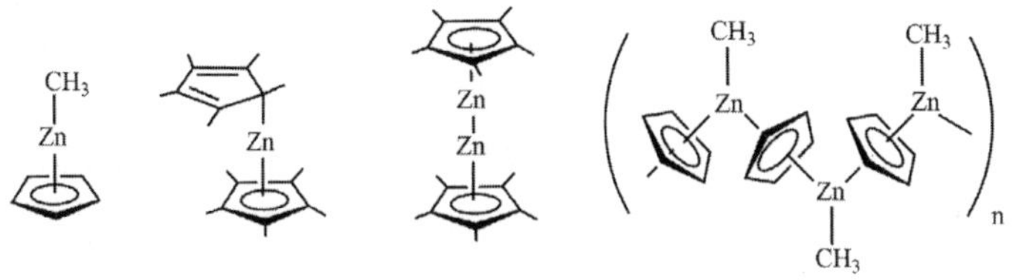

The bonding mode between Zinc (Zn) and Cyclopentadienyl (Cp) could be in η^5- or η^1-form. Explain these bonding modes.

答： 主族元素金屬鋅（Zn）和環戊二烯基離子（Cyclopentadienyl, Cp）的鍵結之間可能是離子鍵或共價鍵模式。當採離子性鍵結模式時，比較像是 η^1-方式鍵結。反之，可採取 η^5-方式鍵結。這些含有 CpZn 基團的化合物的鍵結模式皆為已知，可看出主族元素金屬的鍵結模式的變化彈性很大。

22

請說明台灣發生的鎘米事件的由來及含鎘的有機金屬化合物的化學。

The pollution of Cadmium (Cd) in Taiwan was taken place around 1980s. It was found that the produced rice for food contained overdosed Cadmium. Explain this event and elaborate more about the organometallic chemistry of Cadmium.

答： 鎘（Cd）是一種毒性很大的重金屬，其化合物也大多數是屬於有毒物質。工業排放含鎘廢水進入排水系統，直接造成環境污染，含鎘廢水甚至污染農田。通過食物鏈，有機鎘（R_2Cd）進入了人體，慢慢積累在腎臟和骨骼中並引發中毒。台灣發生的鎘米事件就是食用的稻米被工業排放廢水的鎘污染造成的。

鎘的有機金屬化合物 R_2Cd 可以由鹵化物 $CdCl_2$ 和烷基鋰（RLi）或格林納試劑（RMgX）反應得到。

$$CdCl_2 + 2\ RLi \rightarrow R_2Cd + 2\ LiCl$$

$$CdCl_2 + 2\ RMgX \rightarrow R_2Cd + 2\ MgXCl$$

化學家發現二甲基鎘可以單體與二聚物達平衡的方式存在於溶液中。

$$2\ \text{CdMe}_2 \rightleftharpoons \text{Me}-\text{Cd}\overset{\text{Me}}{\underset{\text{Me}}{\diagup\diagdown}}\text{Cd}-\text{Me}$$

23

請說明發生在一九五〇年代日本熊本縣<u>水俁市</u>（Minamata）的汞中毒事件，和含汞的有機金屬化合物的關係。

The severe pollution of Mercury (Hg) in Minamata Japan took place around 1950s. It was found that the caught fish by boat near seashore contained overdosed Mercury. Explain this event and elaborate more about the organometallic chemistry of Mercury.

答：汞（Hg）在室溫是可流動性的液態金屬。有機汞化物（R_2Hg）是有劇毒的化合物。最有名的毒害例子發生在一九五〇年代日本熊本縣<u>水俁市</u>（Minamata），當時爆發了相當嚴重的汞金屬環境污染案件。原因是工業排放含汞廢水進入沿岸海域，通過食物鏈由魚類累積超標的汞濃度，附近居民捕魚及食用生魚片，最後有機汞化物進入了人體，而出現了居民集體神經性中毒現象，包括手腳行動不協調及記憶力嚴重衰退等等。電子工業及皮革工業使用汞化物的機會多，使用後含汞廢水必須先經處理始能排放到水域。若直接排放含汞廢水進入生物圈，必然對人體健康造成嚴重的威脅。汞的有機金屬化合物 R_2Hg 可以由 $HgCl_2$ 和烷基鋰（RLi）反應得來。雙甲基汞化合物（Me_2Hg）是線形分子。中心汞可視為 sp 混成和甲基以 sp^3 混成形成 σ-鍵結。

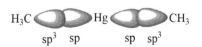

實驗操作接觸到雙甲基汞化合物（Me_2Hg）時必須非常小心，甲基汞很容易穿透乳膠手套進入操作者的雙手皮膚內造成嚴重毒害。

<table>
<tr><td rowspan="2">24</td><td>汞（Hg）和環戊二烯基離子（Cyclopentadienyl, Cp）鍵結形成 $(C_5H_5)_2Hg$ 分子，Hg 和 C_5H_5 之間採取 σ-方式鍵結。然而，在室溫下 ^1H NMR 只有一根吸收峰。請說明其鍵結模式。</td></tr>
<tr><td>Molecule $(C_5H_5)_2Hg$ was obtained from the reaction of Mercury (Hg) with cyclopentadienyl (Cp). Presumably, the bonding between cyclopentadienyl and Hg is in σ-form. Yet, it has only one ^1H NMR signal been shown for this compound at room temperature. Explain the bonding mode and dynamic behavior indicated by NMR data for this compound.</td></tr>
</table>

答：汞（Hg）和環戊二烯基（Cp）五角環的鍵結模式似乎都以 η¹-方式為主。在室溫下，^1H NMR 只觀察到一根吸收峰，表示環戊二烯基五角環有流變現象（Fluxional），使 C_5H_5 上的所有氫的環境相同。

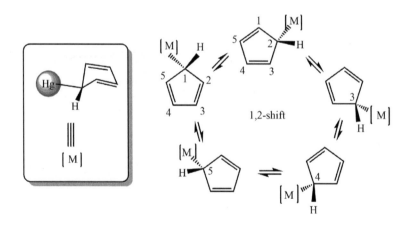

<table>
<tr><td rowspan="2">25</td><td>環戊二烯基離子（Cyclopentadienyl, Cp）可以使用 η⁵-模式和銦（In）鍵結並形成寡聚物。請說明此鍵結模式。</td></tr>
<tr><td>Cyclopentadienyl (Cp) can interact with Indium (In) in η⁵-form and yields oligomer. Explain this bonding mode.</td></tr>
</table>

答：<u>銦</u>（In）和<u>環戊二烯基</u>（Cyclopentadienyl, Cp）五角環的鍵結模式可以 η^5-（少數以 η^1-）方式為之。左圖為 CpIn 在氣態時被視為以 η^5-方式鍵結，右圖為 CpIn 在固態時的鍵結模式，為一連續鏈狀分子。<u>銦</u>上有孤對電子可保護<u>銦</u>原子核不受<u>親核基</u>攻擊。

26	<u>苯環</u>（C_6H_6）可以 η^6-方式和<u>鎵</u>（Ga）和<u>銦</u>（In）鍵結，結構如下。請說明此鍵結模式。 Benzene ring (C_6H_6) can interact with Gallium (Ga) and Indium (In) in η^6-mode as shown here. Explain this bonding mode.

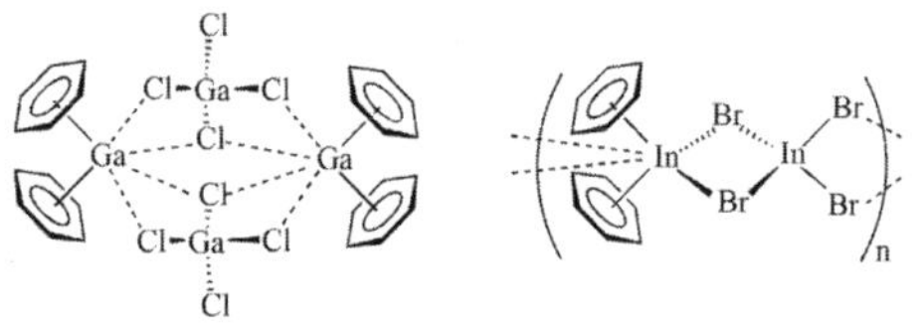

答：除了和<u>環戊二烯基</u>（Cyclopentadienyl, Cp）五角環（Cp）的鍵結模式外，<u>鎵</u>（Ga）和<u>銦</u>（In）可以 η^6-方式和苯環鍵結。左圖為<u>鎵</u>在固態時被發現以 $(\eta^6\text{-arene})_2$Ga 基團方式來參與鍵結，右圖為<u>銦</u>被發現以 $(\eta^6\text{-arene})_2$In 基團方式來和架橋 Br 鍵結，化合物在固態時為一連續鏈狀分子。

27	<u>錫氫化反應</u>（Hydrostannation）也可能用於<u>合環反應</u>（Ring-Closing reaction）將兩端點有三鍵的鏈狀有機物合成金屬環化物。請說明。 The method of "Hydrostannation" could be used in "Ring-Closing reaction" to join the two heads of (Z)-hexa-3-en-1,5-diyne to form a metallacyclc. Explain.

答：<u>錫氫化反應</u>（Hydrostannation）可以用於<u>合環反應</u>（Ring-Closing Reaction），將兩端點有三鍵的鏈狀有機物連結成金屬環化物。

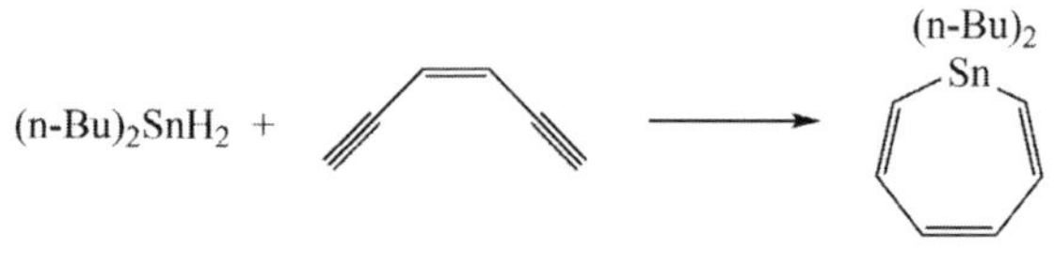

| 28 | 環戊二烯基（Cyclopentadienyl, Cp）和環庚三烯基（Cycloheptatrienyl）以 η^1-方式和錫（Sn）鍵結時，被發現以 1,2-shift 方式進行流變現象行為。請說明。 |
| | The cyclopentadienyl and cycloheptatrienyl rings might be bonded with Tin (Sn) in η^1- manner. It was observed that there is a fluxional behavior took place through 1,2-shift mechanism within ring itself. Explain. |

答： 當環戊二烯基（Cyclopentadienyl, Cp）五角環以 η^1-方式和錫鍵結時，可以從變溫 ^{1}H NMR 觀察到 1,2-shift 的流變現象（Fluxional）。同樣地，環庚三烯基（Cycloheptatrienyl）七角環以 η^1-方式和錫鍵結時，也有發現類似的現象，一樣以 1,2-shift 方式進行流變現象行為。

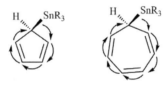

| 29 | 含鉛氫化合物 R_3PbH 和烯類或炔類可以進行類似硼氫化反應（Hydroboration）的鉛氫化反應（Hydroplumbation）。請說明。 |
| | Similar to the method of "Hydroboration", the reaction of R_3PbH with alkene or alkyne also undergoes "Hydroplumbation". Explain. |

答： 鉛氫化合物 R_3PbH 和烯類或炔類可以進行類似硼氫化反應（Hydroboration）的鉛氫化反應（Hydroplumbation）。一般認為反應進行所謂的 anti-Makovnikov 機制。

$$R'CH=CH_2 + R_3PbH \longrightarrow R'CH_2CH_2PbR_3$$

$$HC\equiv CR' + R_3PbH \longrightarrow \underset{R_3Pb}{\overset{H}{}}C=C\underset{H}{\overset{R'}{}}$$

30

砷（As）化物的毒性極強。請說明一些砷化物的結構。並說明砷化物的化學反應及其化學性質。

Arsenic (As) is rather toxic in its inorganic form. It is also highly toxic while arsenic is linked with organic moiety. List some arsenic-containing compounds and draw out their structures. Also, elaborate more about their chemical reactions and reactivities.

答：一般人聞「砷」色變，因為砷的毒性驚人。古人常使用的毒藥砒霜即含有砷。長期吸入砷可能累積在內臟、骨骼及頭髮中。清朝光緒皇帝頭髮及骨骼被檢測出含砷量超標甚多，懷疑是被人下砒霜毒死的。拿破崙的頭髮中也驗出含砷量異常，曾被懷疑是遭人下毒。另有一說法是拿破崙曾被囚禁在科西嘉島監獄內，那時期的監獄內壁紙的染料含砷量都超標，可能是在獄中慢慢吸入砷導致慢性中毒。慢性砷中毒在台灣則以一九五〇年代末期台灣西南沿海地區的烏腳病最為有名，嚴重者最後必須截肢。後來確認為烏腳病的成因是當地居民飲用的地下水含砷量過高所造成的。砷也是一致癌物質，有些農藥如殺蟲劑及除草劑含有砷，對生態環境造成不容忽視的威脅。無機砷常以三價砷（如 As_2O_3）及五價砷（如 $NaAsO_3$）型態存在，特別是五價砷最為常見。有機砷可以從三價砷（如 Me_3As）轉變到五價砷（如 Me_5As）。五價砷（如 Me_5As）加熱可轉變回到三價砷（如 Me_3As），遇水則被水解。

$$Me_3As \xrightarrow{\text{Cl}_2} Me_3AsCl_2 \xrightarrow{\text{MeLi, Et}_2O} Me_5As$$

$$2\ Me_5As \xrightarrow{> 100^oC} 2\ Me_3As + 2\ CH_4 + C_2H_4$$

$$2\ Me_5As \xrightarrow{\text{H}_2O} Me_4AsOH + MeH$$

五價砷（如 Ph_5As）和路易士酸（如 BPh_3）反應形成離子化合物 $[Ph_4As]^+[BPh_4]^-$。

$$Ph_5As + BPh_3 \longrightarrow [Ph_4As]^+[BPh_4]^-$$

一般非過渡金屬因不含有未填滿的 d 軌域電子，不須考量結晶場穩定能量，只需要以 VSEPR 理論來考量其可能的穩定結構。五配位 Ph_5As 的結構在固態時發現可為雙三角錐或金字塔形。根據 VSEPR 理論，五配位時雙三角錐構型比金字塔形構型穩定，會有金字塔形出現應該是在固態分子堆積時受到堆積作用力（Packing Force）的影響。

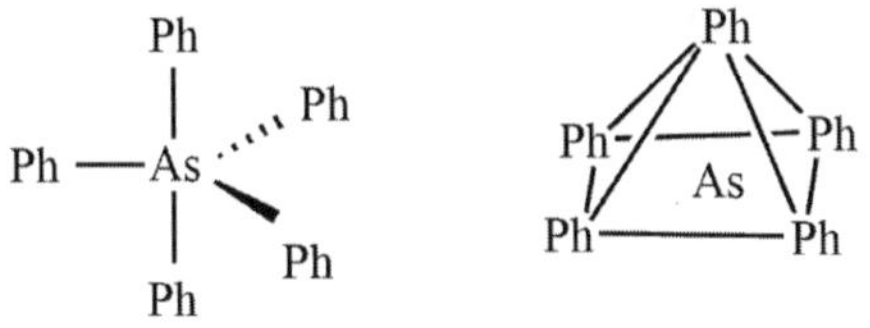

五配位的 R_nAsX_{5-n} 分子當其中有鹵素取代基時，有可能藉著鹵素當架橋（Bridging）形成二聚體（Dimer）或寡聚體（Oligomer）。

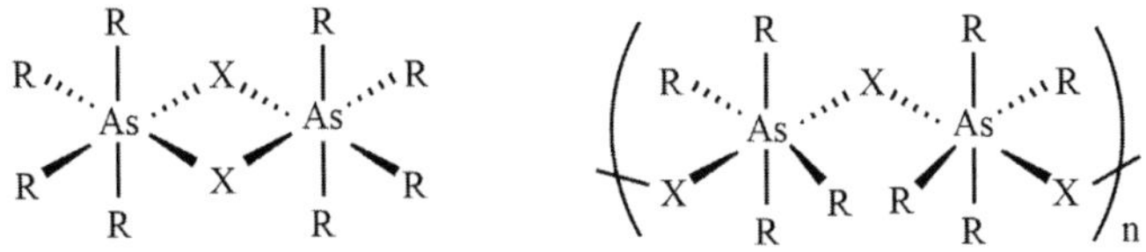

有機磷配位基（PR_3）被認為除了有相當 σ-提供（σ-donor）能力外也有稍微的 π-接受（π-acceptor）能力。有機砷配位基（AsR_3）則被認為 π-接受的能力比有機磷配位基（PR_3）更強。越往下面的銻及鉍有機配位基（SbR_3 及 BiR_3）的 π-接受能力越來越強。不過總體而言，這些配位基鍵結到金屬上的穩定度順序如下：PR_3 > AsR_3 > SbR_3 > BiR_3。銻和鉍的化學和砷很類似，大致上為三價及五價的化學行為。銻和鉍的分子結構也和砷相似，毒性比砷更強。

31

鑭系（Lanthanides）和錒系元素（Actinides）合稱為稀土元素（Rare Earth Elements）。請說明稀土元素的化學性質。請舉出一些環戊二烯基離子（Cyclopentadienyl, Cp）和稀土元素形成分子的例子。

The collection of Lanthanides and Actinides is called "Rare Earth Elements". Explain their chemical properties. Also, please provide some compounds of cyclopentadienyl coordinated rare earth elements.

答：鑭系（Lanthanides）和錒系元素（Actinides）稱為稀土元素（Rare Earth Elements）。其實稀土元素在地球上的儲量並不算是太稀少。稀土元素親氧性很強，很容易和氧形成氧化物。因此，稀土元素通常以氧化物形式儲存在地殼。稀土元素經常以正三價狀態存在，原子半徑相近，也就是說它們的「電荷／原子半徑」比非常接近，因此純化不容易，導致價格昂貴。和主族元素相比較，稀土元素因為經常以正三價狀態存在，路易士酸性較高。也因為體積較大，能接受比較多配位基來配位。稀土元素對一般有機溶劑的溶解度比較差，在吡啶（Pyridine）中有比較好的溶解度。在近代電子通訊產品上使用稀土元素是不可或缺的。某些稀土金屬的順磁錯合物被用在核磁共振（NMR）光譜技術中，當成吸收峰的偏離試劑（Lanthanide Shift Reagent）。稀土元素的有機金屬化學比較少被開發，一方面因為價格比較昂貴，另一方面其金屬為高氧化態不利於和軟配位基（Soft Ligand）結合。某些鑭系元素可和環戊二烯基以 η^5-方式配位，再藉著氫、鹵素或甲基當架橋形成二聚體（Dimer）。烷基和鑭系元素金屬之間的鍵結到底是離子鍵或共價鍵一直有爭議。應該是比一般的過渡金屬和烷基之間的鍵結更具離子性。

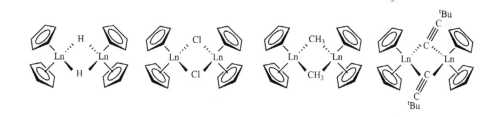

32　鈾（U）大概是錒系元素（Actinides）中最有名的一個。請說明鈾元素的化學性質。也請提供由鈾（U）元素所形成有機金屬分子的例子及其結構。

Uranium (U) is probably the most famous element in Actinides. Please provide some examples of Uranium-containing organometallic compounds. Explain their structures and chemical properties.

答：鈾大概是錒系元素（Actinides）中最有名的一個。二次大戰中美國曾使用鈾當第一顆原子彈的原料，核能電廠也以鈾當燃料。鈾的體積較大能接受多個配位基來結合，或是和大環配位基如環辛四烯，形成鈾辛（Uranocene, $(\eta^8\text{-}C_8H_8)_2U$）。

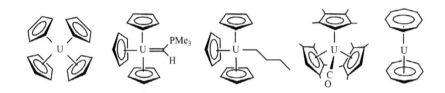

有些時候這類型化合物使用 Cp*當配位基會比使用 Cp 好，一方面 Cp*提供更多電子密度給金屬，另一方面 Cp*提供更好的保護，如果化合物上有取代基上具有 β-氫，這樣能夠有效地避開所謂的 β-氫離去步驟（β-Hydrogen Elimination）的分解機制。

參考書目及文獻

一、常用有機金屬化學參考書目

1. R. H. Crabtree, *The Organometallic Chemistry of the Transition Metals*, 5th ed. Wiley, 2009.

2. C. Elschenbroich, A. Salzer, *Organometallics: a concise introduction*, 3rd ed. 2006, Wiley-VCH.

3. C. M. Lukehart, *Fundamental Transition Metal Organometallic Chemistry*, Thomson Brook/Cole, 1985.

4. J. F. Hartwig, *Organotransition Metal Chemistry: From Bonding to Catalysis*. University Science Books, 2012.

5. L. S. Hegedus, *Transition Metals in the Synthesis of Complex Organic Molecules*, University Science Books: Mill Valley, 1999.

6. J. P. Collman, L. S. Hegedus, J. R. Norton, R. G. Finke, *Principles and Applications of Organotransition Metal Chemistry*, University Science Books: Mill Valley, 1987.

7. E. C. Constable, *Metals and Ligand Reactivity: an Introduction to the Organic Chemistry of Metal Complexes*, John Wiley & Sons: New York, 1996.

8. J. E. Huheey, E. A. Keiter, R. L. Keiter, *Inorganic Chemistry: Principles of Structure and Reactivity*, 4th Ed., Harper Collins, 1997.

9. G. L. Miessler, P. J. Fischer, D. A. Tarr, *Inorganic Chemistry*, 5th ed. Pearson, 2014.

二、內容廣泛的有機金屬化學套書從第一版到第三版

1. G. Wilkinson, F. G.A. Stone, E. W. Abel ed., *Comprehensive Organometallic Chemistry*, Elsevier, 1982.

2. E. W. Abel, F. G. A. Stone, G. Wilkinson ed., *Comprehensive Organometallic*

Chemistry II, Elsevier, 1995.

3. R. H. Crabtree and D. M.P. Mingos ed., *Comprehensive Organometallic Chemistry III*: From Fundamentals to Applications, Elsevier, 2007.

三、有機金屬催化反應

1. G. W. Parshall and S. D. Ittel, *Homogeneous Catalysis: The Applications and Chemistry of Catalysis by Soluble Transition Metal Complexes*, 2nd ed., John Wiley & Sons, 1992.

2. D. Steinborn (Author), A. Frankel (Translator), *Fundamentals of Organometallic Catalysis*, 1st ed., Wiley-VCH, 2012.

四、無機合成技術

1. D. F. Shriver, M. A. Drezdzon, *The Manipulation of Air-Sensitive Compounds*, 2nd Ed. John-Wiley & Sons, New York, 1986.

五、反應機制參考書籍

1. J. D. Atwood, *Inorganic and Organometallic Reaction Mechanisms*, 2nd ed., Wiley-VCH, 1997.

2. F. Basolo, R. G. Pearson, *Mechanisms of Inorganic Reactions: A Study of Metal Complexes in Solution*, 2nd ed., J. Wiley & Sons, 1967.

六、一些相關參考書籍

1. 洪豐裕，《有機金屬化學》。國立中興大學出版中心，華藝學術出版社，2015。

2. 洪豐裕，《從解題著手懂配位化學》。國立中興大學出版中心，藝軒圖書出版社，2016。

3. J. Tsuji, *Palladium Reagents and Catalysts: New Perspectives for the 21st Century*, John Wiley & Sons, 2007.

4. I. N. Levine, *Quantum Chemistry*, 6th ed., Prentice Hall. 2008.

5. F. A. Cotton, *Chemical Applications of Group Theory*, 3rd ed., JOHN WILEY & SONS, 1990.

七、其他

1. Ferrocene 發現歷史：G. B. Kauffman, *The Discovery of Ferrocene, the First Sandwich Compound, J. Chem. Ed.* 1983, *60*, 185-186.

2. 四重鍵發現歷史：F. A. Cotton, *Discovering and Understanding Multiple Metal-to-Metal Bonds, Acc. Chem. Res.* 1978, *11*, 225-232.

國家圖書館出版品預行編目(CIP)資料

有機金屬化學解題良伴 / 洪豐裕著.
　-- 初版. --臺中市：興大, 民 107.09
　　面；　公分. -- （興大學術系列叢書）
ISBN 978-986-05-6333-7（平裝）

1.有機金屬化合物　2.有機化學

346.6　　　　　　　　　　　　107011216

興大學術系列叢書
有機金屬化學解題良伴
Problem Solving Companion for Organometallic Chemistry

作　　者／洪豐裕
總 編 輯／林偉
責任編輯／黃俊升、方光乾、李佳燕
美編排版／菩薩蠻

發 行 人／薛富盛
出 版 者／國立中興大學
　　　　　地　　址：402台中市南區興大路145號
　　　　　電　　話：(04)2284-0291
　　　　　傳　　真：(02)2287-3454
　　　　　服務信箱：press@nchu.edu.tw
經 銷 商／思行文化傳播有限公司
　　　　　地　　址：新北市永和區民權路53號8樓815室
　　　　　電　　話：(02)2949-0172
　　　　　傳　　真：(02)2949-0161
　　　　　服務信箱：service@tec2c.com

出版日期／民國 107 年 9 月 初版一刷
定　　價／新台幣 600 元

法律顧問／郭林勇律師
ISBN ／ 978-986-05-6333-7
GPN ／ 1010701012